Handbuch Einstellungstest

Christian Püttjer und *Uwe Schnierda* arbeiten seit 1992 als Trainer und Berater in den Bereichen Karriere, Bewerbung und Rhetorik. Ihre Erfahrungen aus Bewerbungsmappen-Checks, Einzelberatungen und Seminaren haben sie, angereichert durch viele Tipps und Übungen, in zahlreichen Ratgebern veröffentlicht. Bei Campus erscheinen von Püttjer & Schnierda unter anderem *Trainingsmappe Einstellungstest Allgemeinbildung*, *Trainingsmappe Einstellungstest für die Ausbildungsplatzsuche* und *Das große Bewerbungshandbuch*.

Christian Püttjer & Uwe Schnierda

Handbuch
Einstellungstest

INTERNATIONAL
COACHING

Bogenstraße 39 » 46236 Bottrop
Tel. 02041.7065-35 » Fax 02041.7065-36
Mobil 0177.2466549 » Web: www.a-xit.com

Campus Verlag
Frankfurt/New York

Bibliografische Information der Deutschen Nationalbibliothek:
Die Deutsche Nationalbibliothek verzeichnet diese Publikation in der
Deutschen Nationalbibliografie. Detaillierte bibliografische Daten
sind im Internet unter http://dnb.d-nb.de abrufbar.
ISBN 978-3-593-38299-9

Copyright © 2008 Campus Verlag GmbH, Frankfurt/Main
Umschlaggestaltung: R.M.E, Roland Eschlbeck und Ruth Botzenhardt
Satz: Publikations Atelier, Dreieich
Druck und Bindung: Druck Partner Rübelmann, Hemsbach
Gedruckt auf säurefreiem und chlorfrei gebleichtem Papier.
Printed in Germany

Besuchen Sie uns im Internet: www.campus.de

Inhalt

Statt eines Vorworts:
Sind Einstellungstests aus der Steinzeit?

Das Zittern vor einem Einstellungstest, die Sorge, den Anforderungen nicht gerecht werden zu können, und die Angst, beruflich nicht weiterzukommen, sind nicht neu. Im Gegenteil, auch schon in der Steinzeit sorgten Einstellungstests bei so manchem Prüfling für schlaflose Nächte. Und obwohl im Laufe der Jahrtausende einige Informationen über den »Steinzeit-Einstellungstest« der mündlichen Überlieferung zum Opfer gefallen sind, sind doch die drei wesentlichen Schwerpunkte der damaligen Einstellungstests immer noch bekannt. Eingesetzt wurden damals:

1. der Steinzeit-Ankreuztest,
2. das Steinzeit-Einstellungsgespräch und
3. der Steinzeit-Kennenlerntag, in der Jungsteinzeit auch Steinzeit-Assessment-Center genannt.

Typische Fragen seinerzeit waren: »Welches Beutetier jagt der Steinzeitjäger? a) Maus, b) Maulwurf, c) Mammut«. Im Einstellungsgespräch mussten Fragen wie »Welche Erfahrungen haben Sie im Überwintern?« (Fachwissen) oder »Was tun Sie, wenn Ihnen plötzlich ein wütender Bär gegenübersteht?« (Kreativität) überzeugend beantwortet werden. Bei dem Kennenlerntag oder Assessment-Center ergaben sich Übungen, die in leicht veränderter Form auch heute noch eingesetzt werden, wie von selbst. Es wurde die richtige Jagdstrategie besprochen (Gruppendiskussion), wichtige Futter- und Ruheplätze der Tiere wurden von einzelnen Teilnehmern vorgestellt (Themenpräsentation), nervige Einzelgänger wurden auf den Gruppengeist eingeschworen (Mitarbeiter-/Kritikgespräch), und nicht zuletzt wurde die abschließende Jagdparty geplant (kreative Gruppenübung).

Und welche Bedeutung hat das für Ihren Einstellungstest?

Einstellungstests werden in der Tat schon sehr lange durchgeführt, aber sie sind kein Relikt aus längst vergangenen Tagen, sondern heute aktueller denn je. Genauso wie damals die Horden, Sippen und Clans bei künftigen Jägern Fachwissen abfragten, Fragerunden zur persönlichen Motivation durchführten und Gruppenrituale mit theoretischen oder praktischen Übungen veranstalteten, tun dies heute große Konzerne, mittelständische Firmen, Kleinunternehmer, Verbände, Organisationen und der öffentliche Dienst bei Berufseinsteigern und -aufsteigern. Genauso wie damals gilt auch heute, dass diejenigen Kandidaten einen echten Startvorteil haben, die sich bereits im Vorfeld mit typischen Testaufgaben, üblichen Fragen oder gängigen Gruppenübungen auseinandergesetzt haben. Und genauso wie damals hilft die Einsicht, dass man sich nicht blind seinem Schicksal ergeben, sondern sich so gründlich wie möglich vorbereiten sollte, um beim Einstellungstest möglichst gut abzuschneiden.

Dabei möchten wir Ihnen mit Rat und Tat helfen. Denn im Gegensatz zu den Steinzeit-Testteilnehmern können Sie unsere zahlreichen Übungsaufgaben und praxisnahen Beispiele jetzt in Papierform nutzen.

Lassen Sie sich nicht durch verwirrende Gerüchte, widersprüchliche Beschreibungen oder womöglich furchteinflößende Erlebnisse anderer verunsichern. Angst ist ein schlechter Ratgeber! Zeigen Sie lieber, dass Sie die Herausforderung annehmen – auf Einstellungs- und Eignungstests kann man sich nämlich durchaus vorbereiten. Viele Aufgaben und Übungen tauchen in nur leicht veränderter Form immer wieder auf. Wer also die Mühe einer intensiven Testvorbereitung auf sich nimmt, wird davon im Ernstfall profitieren. Dann müssen Sie nämlich nicht lange herumraten, worum es im jeweiligen Test eigentlich geht, sondern können die knappe Zeit sofort dafür nutzen, mit der Erarbeitung der richtigen Lösung zu beginnen.

Jetzt geht es los mit unserem Rundumschlag in Sachen Testvorbereitung, bei dem ein aktueller und detaillierter Einblick auf Sie wartet.

Für Ihren Testtag wünschen wir Ihnen den verdienten Erfolg!

Christian Püttjer & Uwe Schnierda

Was erwartet Sie beim Einstellungstest?

Obwohl es nicht *den* Einstellungs- oder Eignungstest gibt, der für die Besetzung aller Arbeitsplätze gleichermaßen gut geeignet ist, sind in den Tests bestimmte Inhalte immer wieder enthalten. Es gibt Testelemente und Aufgabentypen, die schon seit Jahrzehnten regelmäßig eingesetzt werden. Testteilnehmer, die sich bereits im Vorfeld einen ersten Überblick verschaffen und sich mit bestimmten Aufgabentypen auseinandersetzen, sind damit klar im Vorteil.

Wissen, Intelligenz, Konzentration, Persönlichkeit

Einstellungstests lassen sich in die vier großen Blöcke Wissenstests, Intelligenztests, Konzentrationstests und Persönlichkeitstests unterteilen. In der folgenden Übersicht haben wir für Sie aufgeführt, welche Testinhalte die jeweiligen Blöcke umfassen.

Inhalte von Einstellungstests

Wissenstests	• Allgemeinwissen
	• Rechtschreibung
	• Praktische Mathematik
	• Fremdsprachen (meist Englisch)
	• Berufswissen
Intelligenztests	• Logisches Denken
	• Räumliches Vorstellungsvermögen
	• Sprachliche Intelligenz
	• Kreative Intelligenz

Konzentrationstests	• Aufmerksamkeit
	• Merkfähigkeit
Persönlichkeitstests	• Motivation
	• Selbsteinschätzung
	• Kommunikation (beispielsweise Teamfähigkeit, Überzeugungskraft, Einfühlungsvermögen, Problemlösungsfähigkeit, Begeisterungsfähigkeit)

Wissenstests: In diesem Block wird Wissen aus den Bereichen Allgemeinbildung, Rechtschreibung und praktische Mathematik abgeprüft. Gelegentlich werden auch die Englischkenntnisse der Bewerber getestet, beispielsweise von Firmen, die ihre Kunden europa- oder weltweit beliefern und betreuen, also ihre Geschäftsbeziehungen auf Englisch pflegen. Neuerdings wird auch häufiger konkretes Berufswissen abgefragt, beispielsweise, was typische Aufgaben im angestrebten Wunschberuf sind.

Intelligenztests: In Einstellungstests werden zwar einzelne Aufgaben aus Intelligenztests eingestreut, komplette Intelligenztests werden aber eher selten eingesetzt, daher ist eine Aussage über den Intelligenzquotienten der Kandidaten in der Regel nicht möglich. Auf die Testteilnehmer warten im Einstellungstest aber dennoch regelmäßig Aufgaben, die überprüfen sollen, wie es um das logische Denken, das räumliche Vorstellungsvermögen, die sprachliche oder die kreative Intelligenz bestellt ist.

Konzentrationstests: Die Firmen haben aus verständlichen Gründen ein großes Interesse daran, Mitarbeiter zu finden, die in der Lage sind, auch über einen längeren Zeitraum aufmerksam, konzentriert und möglichst fehlerfrei zu arbeiten. Daher enthalten Einstellungstests häufig Elemente aus Konzentrationstests. Man möchte feststellen, wie sorgfältig die Kandidaten unter belastendem Zeitdruck Aufgaben lösen. In eine ähnliche Richtung gehen Testaufgaben zur Überprüfung der Merkfähigkeit, also der Gedächtnisleistung.

Persönlichkeitstests: In Persönlichkeitstests geht es um die Persönlichkeit der Bewerber. Hier wird gerne die Motivation, die Ihrer Entscheidung für das angestrebte Berufsfeld zugrunde liegt, auf den Prüfstand gestellt. In Vorstellungsgesprächen, die manchmal vor den Einstellungstests stattfinden, manchmal danach, manchmal aber auch direkt in diese integriert werden, werden Sie mit »Personalerfragen« konfrontiert. Man möchte im Gespräch erfahren, welche Themen Sie bewegen, ob und wie Sie kritische Situationen gemeistert haben, wie Sie mit Vorgesetzten, Kollegen oder Kunden umgehen werden beziehungsweise umgegangen sind. Und nicht zuletzt ist auch ein wichtiger Punkt, wie Sie sich selbst managen, also in stressigen Situationen reagieren oder sich aus Stimmungstiefs selbst wieder herausholen.

Manchmal werden Selbsteinschätzungen der Kandidaten mithilfe von Fragebögen gefordert. Und immer häufiger werden neuerdings für Ausbildungsplatzsuchende Kennenlerntage oder Praxistage und für Hochschulabsolventen und berufserfahrene Bewerber Assessment-Center durchgeführt. Die Kandidaten müssen beim Kennenlerntag oder im Assessment-Center mit praktischen Übungen rechnen, bei denen es um den persönlichen Auftritt und den Umgang mit anderen geht. Zu diesem Zweck werden unter anderem Gruppendiskussionen und Gruppenarbeiten veranstaltet. Daneben stehen sprachliche Fähigkeiten, das soziale Verhalten und die Eigeninitiative der Kandidaten im Zentrum der Beobachtung. Die Firmen wollen auf diese Weise feststellen, wie ausgeprägt vorher festgelegte Persönlichkeitsmerkmale – beispielsweise Teamfähigkeit, Überzeugungskraft, Einfühlungsvermögen, Problemlösungsfähigkeit oder Begeisterungsfähigkeit – bei den künftigen Mitarbeitern sind.

Ihr Trainingsprogramm

Die eingangs aufgeworfene Frage »Was wird getestet?« haben wir Ihnen beantwortet. Sie sind nun vertraut mit der Unterscheidung von *Wissenstests, Intelligenztests, Konzentrationstests* und *Persönlichkeitstests* sowie den dazugehörigen Teilbereichen. Jetzt geht es um die praktische Nutzung Ihrer neuen Erkenntnisse. In einem strukturierten Trainingsprogramm – wie im Folgenden dargestellt – werden wir Sie im weiteren Verlauf mit klassischen und neuen Aufgaben aus allen vier Testbereichen vertraut machen.

- Persönlichkeitstest: Motivation Ihrer Bewerbung, ab Seite 38
- Wissenstest: Allgemeinbildung, ab Seite 51
- Wissenstest: Rechtschreibung, ab Seite 116

- Wissenstest: praktische Mathematik, ab Seite 124
- Wissenstest: Englisch, ab Seite 143
- Wissenstest: Berufswissen, ab Seite 156
- Intelligenztest: logisches Denken, ab Seite 165
- Intelligenztest: räumliches Vorstellungsvermögen, ab Seite 203
- Intelligenztest: sprachliche Intelligenz, ab Seite 241
- Intelligenztest: kreative Intelligenz, ab Seite 252
- Konzentrationstest: Aufmerksamkeit, ab Seite 281
- Konzentrationstest: Merkfähigkeit, ab Seite 298
- Persönlichkeitstest: Selbsteinschätzung, ab Seite 314
- Persönlichkeitstest: Kommunikation im Vorstellungsgespräch, ab Seite 327
- Persönlichkeitstest: Kommunikation beim Kennenlerntag, ab Seite 366
- Persönlichkeitstest: Kommunikation im Assessment-Center, ab Seite 379

Dabei steht der Persönlichkeitstest »Motivation Ihrer Bewerbung« ganz bewusst an erster Stelle des Trainingsprogramms. Wir haben diesen Test deshalb nach vorne gerückt, weil hier neuerdings immer mehr Firmen im Einstellungstest einen Schwerpunkt setzen. Und zwar sowohl beim klassischen Einstellungstest mit Einzelübungen als auch beim Kennenlerntag oder im Assessment-Center mit Gruppenübungen.

Vor dem Hintergrund, dass etwa 20 Prozent aller Ausbildungen vorzeitig abgebrochen werden und so mancher Hochschulabsolvent oder berufserfahrene Bewerber in der Probezeit gleich wieder kündigt, ist dies auch verständlich. Die Firmen sind nämlich sehr stark daran interessiert, diejenigen Mitarbeiterinnen und Mitarbeiter zu finden, die von Anfang an wissen, worauf sie sich mit ihrem Berufswunsch eingelassen haben und was ihre Stärken sind.

Eine überzeugende Beantwortung der Frage »Warum wollen Sie gerade *diesen* Arbeitsplatz haben?« ist also wesentlich für die Einstellungsentscheidung der Firmen. Ihre Antwort auf diese Frage kann schriftlich, aber auch mündlich in Vortragsform eingefordert werden. Lassen Sie sich also im Kapitel »Persönlichkeitstest: Motivation Ihrer Bewerbung« – gleich zu Beginn unseres Trainingsprogramms – erklären, mit welchen Argumenten Sie die Firmenseite überzeugen können, damit auch Sie zum gefragten Wunschbewerber werden.

Bevor es aber mit Ihren Trainingseinheiten losgeht, möchten wir Ihnen im nächsten Kapitel »Das ist neu: aktuelle Trends im Einstellungstest« gegenwärtige Entwicklungen der beruflichen Testpraxis knapp skizzieren. Im darauf folgenden Kapitel »Vorsicht Selbstblockade: sieben populäre Test-Irrtümer« werden wir Ihnen Mut machen und mit einigen Vorurteilen über Einstellungs- und Eignungstests aufräumen. Dann lassen wir im Kapitel »Aus der Praxis: beispielhafte Abläufe von Einstellungstests« Testteilnehmer selbst zu Wort kommen. Und dann beginnt Ihr eigentliches Testtraining!

Bewerben mit der
Püttjer & Schnierda-Profil-Methode

Gesichtslose Bewerber, die austauschbar erscheinen, machen es sich und den Firmen unnötig schwer, zueinander zu finden. Machen Sie es besser: Sie werden sich im Bewerbungsverfahren mehr Aufmerksamkeit verschaffen, wenn Sie Ihr Profil aussagekräftig und glaubwürdig vermitteln können.

Die Profil-Methode, die wir dazu in unserer über 15-jährigen Beratungspraxis entwickelt haben, hat schon vielen Bewerbern zu mehr Erfolg verholfen (www.karriereakademie.de).

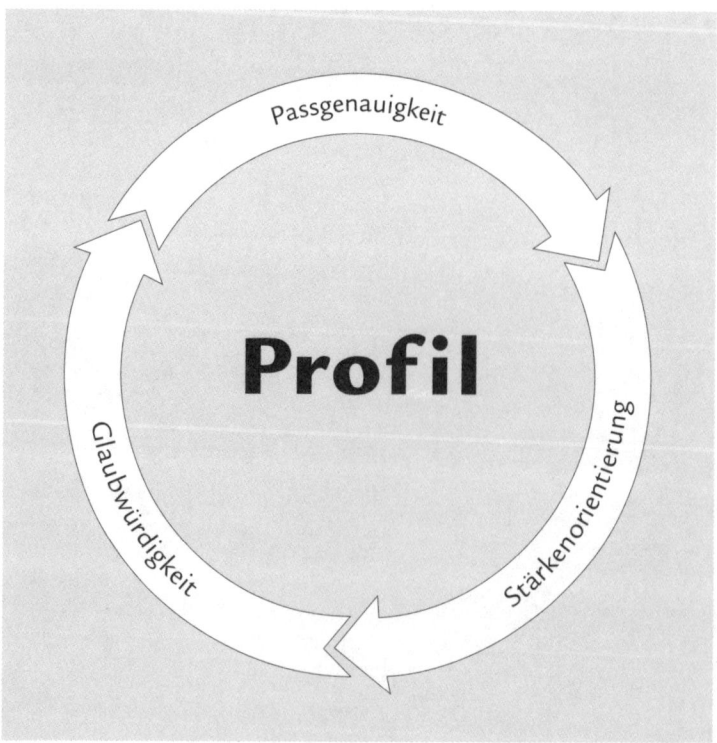

Drei Kernelemente kennzeichnen die Profil-Methode: Punkten Sie mit einer passgenauen Bewerbung, vermitteln Sie Ihre Stärken, und treten Sie glaubwürdig auf.

1. Passgenauigkeit

Je besser Sie im Bewerbungsverfahren auf die Anforderungen des Berufs eingehen, desto höher ist Ihre Erfolgsquote. Machen Sie sich den Blick der Personalverantwortlichen zu eigen. Argumentieren Sie von den Anforderungen der zu vergebenden Stelle her. So wird Ihr Auftritt passgenau.

2. Stärkenorientierung

Niemand lässt sich durch Krisen- und Problemschilderungen von etwas überzeugen – auch Unternehmen nicht! Verzichten Sie deshalb auf Abwertungen und Relativierungen, und stellen Sie lieber Ihre Vorzüge in den Mittelpunkt. So werden Ihre Stärken sichtbar.

3. Glaubwürdigkeit

Verbiegen Sie sich nicht im Bewerbungsverfahren, Ihre Persönlichkeit ist gefragt! Verstecken Sie sich nicht hinter leeren Floskeln und abstrakten Formulierungen, liefern Sie stattdessen nachvollziehbare Beispiele, die Ihren Auftritt mit Leben füllen. So gewinnen Sie Glaubwürdigkeit.

Alle im Campus Verlag erschienenen Bewerbungsratgeber von Püttjer & Schnierda basieren auf der Profil-Methode. Profitieren auch Sie von unserer Erfahrung und unserem Expertenwissen!

Das ist neu: aktuelle Trends im Einstellungstest

Einstellungstests in der heutigen Form werden seit Mitte der 1960er Jahre in der Personalarbeit der Wirtschaft und des öffentlichen Diensts eingesetzt, das ist immerhin eine Zeitspanne von etwa 50 Jahren. Dabei haben sich im Laufe der Jahrzehnte einige Änderungen ergeben. Die wichtigste Veränderung ist: Einstellungstests werden im Großen und Ganzen immer berufsnäher konzipiert. Natürlich gibt es Ausnahmen von diesem Trend, aber Aufgaben aus der Anfangszeit der Einstellungstests lassen sich in der beruflichen Testpraxis glücklicherweise nur noch selten antreffen.

Die »Streichholz-Frage«, »Duschen oder Baden?«, »Der »Apfelbaum« und die »Höhlenübung«

Bei den ersten Einstellungstests standen viele Kandidatinnen und Kandidaten den Aufgabenstellungen sehr kritisch gegenüber, weil diese oft unrealistisch waren und wenig Bezug zur betrieblichen Praxis besaßen. So wurde in manchen Tests gefragt, wie lang ein Streichholz ist, ob der Kandidat morgens lieber duscht oder badet und ob er lieber mit den Fingern oder mit Besteck isst. In anderen Tests mussten die Kandidaten einen Apfelbaum zeichnen, der recht willkürlich bewertet wurde. Hatte der Baum beispielsweise Wurzeln, wurde dies positiv, nämlich als Ausdruck der Selbstsicherheit des Zeichners, gedeutet. Trug der Baum hingegen Früchte, wurde unterstellt, dass hier eine unreife Persönlichkeit auf schnellen Besitz aus sei, ohne selbst etwas dafür leisten zu wollen. Auch die Gruppenübung »Höhlendilemma« war höchst umstritten. Hier lautete die Aufgabenstellung folgendermaßen: *Sie sind mit Ihrer Gruppe in einer Höhle eingeschlossen. Das Wasser steigt kontinuierlich, in 20 Minuten wird der Wasserpegel die Höhlendecke erreicht haben. Das Rettungsteam wird in dieser Zeit nur einen aus Ihrer Gruppe bergen können. Setzen Sie in der Diskussion durch, dass Sie die wichtigste Person sind, die es zu retten gilt. Alle anderen werden ertrinken.*

Glücklicherweise kamen den meisten Testverantwortlichen doch irgendwann Bedenken, ob derartige Fragen und Übungen überhaupt irgendeine Aussagekraft haben. Nicht zuletzt deshalb, weil die »Ergebnisse« solcher Tests auch kaum Erfolg im tatsächlichen Berufsalltag vorhersagen konnten.

Trend 1: Individuelle Stärken werden berücksichtigt

Mittlerweile werden in vielen Einstellungstests individuelle berufliche Stärken stärker als früher berücksichtigt. Die Erkenntnis, dass nicht jede Kandidatin und jeder Kandidat alles gleich gut kann, da Menschen nun einmal ganz unterschiedliche Stärken, Begabungen und Neigungen mitbringen, hat sich auch bei Ausbildungsverantwortlichen und Personalexperten durchgesetzt. Konkret bedeutet dies, es wird keinesfalls erwartet, dass Teilnehmer an Einstellungstests in allen Bereichen die Bestnote erzielen. Die einen sind nun einmal stärker im logischen Denken, die anderen verfügen über ein besseres räumliches Vorstellungsvermögen. Manche bringen eine gute Allgemeinbildung mit, andere beherrschen den Dreisatz perfekt. Wiederum andere sind sehr gut in Rechtschreibung, aber auch die Ideen kreativer Köpfe sind gefragt.

Trend 2: Die Bewerberpersönlichkeit steht auf dem Prüfstand

In den letzten Jahren hat sich bei der Auswahl von Bewerberinnen und Bewerbern eine Trendwende vollzogen. Fakt ist, dass nicht mehr allein Fachwissen gefragt ist, sondern dass es auch ganz wesentlich um persönliche Fähigkeiten, die sogenannten Soft Skills, geht. Dies gilt für Berufseinsteiger wie für Berufswechsler, für Manager genauso wie für Ausbildungsplatzsuchende. Zu den Soft Skills zählen sprachliche und soziale Fähigkeiten, man will also erfahren, ob Sie mitdiskutieren, überzeugen, zuhören, argumentieren, sachlich kritisieren oder sogar begeistern können. Die gängigen Schlagworte für Soft Skills haben Sie gewiss schon einmal gehört, es ist die Rede von Teamfähigkeit, Kritikfähigkeit, Zielstrebigkeit, Hilfsbereitschaft, Verlässlichkeit, Kompromissbereitschaft oder Durchsetzungsstärke.

Während man beim Fachwissen durchaus bereit ist, über die eine oder andere Schwäche des Bewerbers hinwegzusehen, sieht es bei der Bewerberpersönlichkeit anders aus. Wer sich im beruflichen Alltag ständig mit Kollegen streitet, bei Problemen stets die Schuld bei anderen sucht, sich bei der Arbeit nicht mit anderen abstimmt oder bei Schwierigkeiten gleich den Kopf hängen lässt, ist im Firmenalltag ein echter Störfaktor. Deshalb versuchen die Unternehmen, sich mithilfe von mündlichen Persönlichkeitstests, Persönlichkeitsfragebögen, Einstellungsgesprächen, Kennenlerntagen oder Assessment-Centern ein erstes Bild von der Persönlichkeit des Bewerbers zu verschaffen.

Trend 3: Motivierte Bewerber sind Wunschkandidaten

In jüngster Zeit betonen Ausbildungs- und Personalverantwortliche immer häufiger, dass sie auf der Suche nach Bewerberinnen und Bewerbern mit einer hohen Eigenmotivation sind. Diese Eigenschaft zählt mit zu den persönlichen Fähigkeiten der Kandidaten. Sie spielt deshalb eine so herausragende Rolle, weil sie zentral für beruflichen Erfolg ist. Eigenmotivierte Kandidaten haben mehrere Praktika absolviert, Informationen in Ratgebern und im Internet recherchiert, den direkten Kontakt zu den Firmen auf Informationsveranstaltungen und Firmenmessen gesucht und sich gründlich mit ihren Vorlieben und Stärken auseinandergesetzt. Dank dieser Vorarbeit sind eigenmotivierte Kandidaten als künftige Mitarbeiter sehr gefragt. Sie zeichnen sich dadurch aus, sich selbst berufliche Ziele stecken zu können und konsequent auf deren Erreichung hinzuarbeiten. Auch im Arbeitsalltag sind motivierte Mitarbeiter der Schlüssel zum Erfolg. Andere Kollegen lassen sich von ihrer Motivation anstecken, bei Rückschlägen wird nicht gleich aufgegeben, sondern nach Lösungen gesucht, und gemeinsam erreichte Erfolge schweißen das Team erst richtig zusammen.

Wir erleben in unserer Beratungspraxis häufig, dass Bewerberinnen und Bewerber auch in Sachen Eigenmotivation viel zu bieten haben. Allerdings bereitet es vielen Schwierigkeiten, diesen wichtigen Faktor gegenüber Ausbildungs- sowie Personalverantwortlichen oder Geschäftsführern deutlich zu machen. Floskeln à la »Ich bin motiviert und dynamisch« helfen hier nicht weiter. Besser ist es, konkrete Beispiele zu geben und auf erste Erfolge in der Schule, in der Freizeit oder in absolvierten Praktika hinzuweisen. Wie dies im

Einzelnen geht, werden wir Ihnen im ersten Kapitel unseres Test-Trainings-programms »Persönlichkeitstest: Motivation Ihrer Bewerbung« erläutern.

Sie kennen jetzt die drei aktuellen Trends im Einstellungstest: Die individuellen Stärken der Testteilnehmer werden mehr als früher berücksichtigt, die Anforderungen an die Bewerberpersönlichkeit sind gestiegen, und dem Merkmal Eigenmotivation kommt ein herausragender Stellenwert zu. Im weiteren Verlauf dieses Buchs werden wir Sie noch häufiger darauf hinweisen, welche Auswirkungen diese Trends auf die jeweiligen Inhalte von Einstellungstests haben. Und dieses Wissen wird Ihnen dabei helfen, sich noch gezielter vorbereiten zu können.

Vorsicht Selbstblockade: sieben populäre Test-Irrtümer

Wenn es um das Thema Einstellungstest geht, liegen die Nerven blank und die Emotionen kochen hoch. Dies ist verständlich, denn niemand setzt sich gerne freiwillig stressigen Prüfungssituationen aus, zu denen Tests nun einmal zählen. Daher sollte – unserer Ansicht nach – eine gezielte Vorbereitung auf Einstellungstests Sie nicht nur mit typischen Testaufgaben und -übungen vertraut machen. Wir finden es genauso wichtig, dass Sie Ihre innere Einstellung einmal sorgfältig prüfen und gemeinsam mit uns überlegen, ob Sie womöglich durch gängige Vorurteile und Klischees über Einstellungstests blockiert werden – was doch schade wäre!

Wir erleben immer wieder Bewerberinnen und Bewerber, die viel zu bieten haben, interessante Persönlichkeiten sind und eigentlich viel mehr erreichen können, als sie für möglich halten. Vorausgesetzt, sie glauben erst einmal an sich selbst. Das ist nicht immer leicht. Es ist im Gegenteil sogar oft so, dass man sich in Bewerbungssituationen jeder Art viel zu selbstkritisch verhält und sich durch Panikmache, Schwarzmalerei oder Pessimismus in schlechte Stimmung versetzt.

Lösen Sie sich von störenden Selbstblockaden, damit Sie motiviert an Ihren Einstellungstest herangehen können. Setzen Sie sich jetzt mit den sieben populären Test-Irrtümern auseinander, um Ihren Einstellungstest gleichermaßen selbstbewusst und umfassend vorbereitet in Angriff zu nehmen.

Irrtum Nr. 1: Es gibt den einzig richtigen Einstellungstest

Falsch! Wer sich etwas intensiver mit diesem Thema beschäftigt, wird schnell feststellen, dass es *den* einzig richtigen Einstellungstest, der für alle Berufsfelder, für alle Bewerberinnen und Bewerber sowie für alle Firmen und Behörden gleichermaßen geeignet ist, nicht gibt. Einstellungstests sind immer Kombinationen verschiedener Einzeltests. Und wie diese Testkombination im konkreten Fall zusammengesetzt ist, hängt von den speziellen Vorlieben der Verantwortlichen in den Firmen und Behörden ab.

Irrtum Nr. 2: Auf Einstellungstests kann man sich nicht vorbereiten

Falsch! Natürlich kann ein Testratgeber nicht im Verhältnis eins zu eins auf Einstellungstests vorbereiten. Die Erfahrung bestätigt aber immer wieder, dass es durchaus sinnvoll ist, sich mit den typischen Aufgaben im Vorfeld vertraut zu machen. Wer bereits eine erste Vorstellung davon hat, wie Testaufgaben konstruiert sind, tappt im Ernstfall weniger im Dunkeln und geht zielgerichtet an die Lösung der Aufgaben heran. Somit steht er am eigentlichen Testtag weniger unter Stress, weiß schneller, worum es geht, und hat sich so einen echten Vorsprung erarbeitet.

Irrtum Nr. 3: Einstellungstests messen den Intelligenzquotienten (IQ) der Kandidaten

Falsch! Das Ergebnis aus einem Einstellungstest sagt in der Regel wenig bis gar nichts über den IQ der Kandidaten aus. Testpsychologen kritisieren schon seit Jahrzehnten, dass ein großer Teil der Firmen unwissenschaftliche Tests einsetzt. Das Abschneiden in diesen »Pseudotests« hat nichts mit einer stärker oder schwächer ausgeprägten Intelligenz zu tun. Darüber hinaus hat sich die Wissenschaft längst vom eindimensionalen Intelligenzbegriff, der durch einen bestimmten IQ ausgedrückt wird, verabschiedet. Je nach Standpunkt spricht man auch von der Bedeutung der emotionalen Intelligenz, der Erfolgsintelligenz oder der praktischen Intelligenz. Auch Teilintelligenzen, wie kreative Intelligenz, musische Intelligenz oder Bewegungsintelligenz, werden heutzutage stärker als früher berücksichtigt. Über beruflichen Erfolg entscheidet letztendlich also wesentlich mehr als bloß der IQ!

Irrtum Nr. 4: Wer im Einstellungstest am besten abschneidet, wird eingestellt

Falsch! Eingestellt wird derjenige, der im gesamten Einstellungsverfahren deutlich machen kann, dass er eigene Stärken und Schwächen realistisch einzuschätzen vermag, sich mit den Anforderungen des Berufsfelds gedanklich und praktisch auseinandergesetzt hat und auch zwischenmenschlich überzeugen kann. Als Faustregel gilt: Man sollte im Einstellungstest ein Ergebnis erzielen, das im oberen Drittel liegt, man muss aber keinesfalls der oder die Beste sein.

Irrtum Nr. 5: Einstellungstests haben nichts mit den späteren beruflichen Aufgaben zu tun

Falsch! Viele Firmen haben längst gemerkt, dass das Bestehen eines bloßen Ankreuztests wenig darüber aussagt, ob ein Kandidat später auch die beruflichen Aufgaben bewältigen wird. Deshalb gibt es immer mehr Kennenlerntage oder Assessment-Center mit praktischen Einzelaufgaben und Gruppenübungen. Dabei geht es nicht vorrangig um das logische Denken, die Konzentrationsfähigkeit oder das Allgemeinwissen der Kandidaten, sondern um ihre Teamfähigkeit und Überzeugungskraft, ihr Einfühlungsvermögen, ihre Problemlösungs- oder Begeisterungsfähigkeit.

Irrtum Nr. 6: Personalverantwortliche sind Sadisten, die Bewerber mit Einstellungstests genüsslich quälen wollen

Falsch! In erster Linie sind Einstellungstests üblich geworden, weil Ausbildungs- und Personalverantwortliche wenig Vertrauen in Zeugnisnoten haben. An einigen Schulen, Fachhochschulen und Universitäten sind die Anforderungen einfach höher als an anderen. Manche Lehrer und Dozenten drücken am Ende der Schul- oder Hochschulzeit ein Auge zu und geben zu gute Noten, andere wiederum sind zu streng und entscheiden sich prinzipiell eher für die schlechtere Note. Die Aufgaben im Einstellungstest sind hingegen für alle Kandidaten gleich, alle müssen die gleiche Hürde überspringen.

Irrtum Nr. 7: Wer im Einstellungstest durchfällt, wird niemals einen Arbeitsplatz bekommen

Falsch! Viele Wege führen zum Arbeitsplatz. In kleineren Betrieben werden weniger Ankreuztests durchgeführt als in großen Firmen. Dort stehen eher praktische Übungen und Arbeitsproben im Vordergrund. Wer also trotz intensiver Vorbereitung immer noch große Probleme in Einstellungstests hat, sollte auf die Firmen setzen, die mehr Wert auf Praxis legen. Dort überzeugen dann passende Praktika und ein positiver sowie engagierter persönlicher Auftritt im Vorstellungsgespräch.

Aus der Praxis: beispielhafte Abläufe von Einstellungstests

Test ist nicht gleich Test. Wie wir Ihnen bereits erläutert haben gibt es ganz unterschiedliche Schwerpunkte, die in Tests überprüft werden. Dies hängt einerseits von den Berufsfeldern ab, in denen die Bewerber eingesetzt werden sollen. Andererseits gibt es aber auch bestimmte Vorlieben von Personal- und Ausbildungsverantwortlichen.

Im Mittelpunkt mancher Einstellungstests stehen Allgemeinbildung oder logisches Denken, in anderen hingegen Rechtschreib- oder Mathematikkenntnisse. Einige Firmen veranstalten Gruppenauswahlverfahren, bei denen das persönliche Auftreten der Kandidaten im Mittelpunkt steht. Andere möchten vor allem erfahren, wie es um die Motivation der Bewerber steht. Und natürlich gibt es auch Unternehmen, die im Rundumschlag Allgemeinbildung, Logik, Konzentrationsfähigkeit, sprachliche Intelligenz, Mathematikkenntnisse und auch noch Persönlichkeitsmerkmale wie Team- und Problemlösungsfähigkeit sowie Eigenmotivation überprüfen.

Durch unsere mittlerweile über 15-jährige Erfahrung bei der Durchführung von Bewerbungstrainings und -seminaren haben wir einen sehr umfangreichen und intensiven Einblick in die Testpraxis der Firmen und Behörden bekommen, an dem wir Sie gerne teilhaben lassen möchten. Auf der Basis der Rückmeldungen unserer Seminarteilnehmer und Kunden, aber auch durch unsere direkten Kontakte zu Geschäftsführern, Führungskräften, Personalberatern und Ausbildungsverantwortlichen konnten wir ein umfangreiches und immer wieder aktualisiertes Archiv aufbauen, das Berichte und Protokolle zu Einstellungstests enthält.

Damit Sie sich besser vorstellen können, wie ein Testtag konkret ablaufen kann, stellen wir Ihnen nun die persönlichen Erlebnisse von Kandidaten und Bewerbern vor, die an Einstellungstests bei Firmen und Behörden aus verschiedenen Branchen und Bereichen teilgenommen haben:

1. Testtag bei einer Bank
2. Testtag beim Bundesgrenzschutz
3. Testtag bei einer Versicherung
4. Testtag bei einer Möbelkette
5. Testtag bei einem Energieunternehmen
6. Testtag bei einem Steuerberater
7. Testtag bei einem Autohaus
8. Testtag bei der Filiale einer Handelskette
9. Testtag bei einer Kreisverwaltung

Testtag bei einer Bank

»Nachdem ich mit meiner Bewerbungsmappe überzeugen konnte, wurde ich zum Einstellungstest bei einer der drei größten deutschen Banken eingeladen. In der Einladung wurde mir mitgeteilt, dass ich etwa vier Stunden für den Test einplanen sollte. Leider war der Testbeginn erst um 13 Uhr und zu diesem Zeitpunkt ist meine Leistungskurve nicht gerade top, aber dies ließ sich leider nicht ändern.

Zusammen mit etwa 25 anderen Bewerberinnen und Bewerbern wurde ich in den Testraum geführt. Dort musste ich mir anhand eines Namensschilds auf dem Tisch meinen Platz suchen. Die Testunterlagen lagen bereit. Der Testleiter erklärte für jeden Aufgabenblock, was zu tun sei. Dann konnte man noch Fragen stellen, und dann ging es los. Die Zeit wurde vom Testleiter gestoppt. Wer nach Ablauf der verfügbaren Zeit noch versuchte weiterzuschreiben, wurde ermahnt. Ein Kandidat erhielt drei Ermahnungen, damit war der Test für ihn sofort zu Ende, und er wurde nach Hause geschickt.

Der Test selbst bestand aus den klassischen Zahlenreihen, die fortgesetzt werden mussten. Weiter habe ich Konzentrations- und praktische Mathematikaufgaben wie Prozentrechnen und Dreisatz bewältigen müssen. Es wurden auch Fragen zur Allgemeinbildung aus den Bereichen Wirtschaft und Politik gestellt.

Ich bestand den Test, allerdings stellte sich dann heraus, dass es sich dabei lediglich um den schriftlichen Teil handelte. Denn mit der schriftlichen Mitteilung über das Bestehen bekam ich auch gleich eine Einladung zum Gruppenauswahlverfahren. An diesem zweiten Testtag waren wir 13 Teilnehmer. Wir mussten Kundengespräche führen und Gruppenaufgaben wie die Planung einer Werbekampagne für ein neues Konto für Jugendliche lösen. Ganz am Ende dieses Testtags gab es noch eine intensive Fragerunde. Ich wurde von einer Personalleiterin und einem Filialleiter ganz schön in die Mangel genommen.

Mein Fazit: Ich habe den Ausbildungsplatz angeboten bekommen, habe mich dann aber doch für eine andere Bank entschieden, die von meinem Wohnort besser zu erreichen ist. Da ich mich gründlich vorbereitet hatte, kam ich an den beiden Testtagen zwar ins Schwitzen, fühlte mich aber die meiste Zeit über sicher.«

Testtag beim Bundesgrenzschutz

»Ich fand den Einstellungstest beim Bundesgrenzschutz recht anspruchsvoll. Dies lag daran, dass im Test nicht immer vorgegebene Antworten anzukreuzen waren (das sonst übliche Multiple-Choice-Verfahren), sondern teilweise auch eigene Antworten formuliert werden mussten. So musste ich unter anderem fünf Minister der aktuellen Bundesregierung und fünf Bundeskanzler aufschreiben. Alle 16 Bundesländer samt Landeshauptstadt waren auch zu nennen.

Die Nachbarländer, die an Deutschland angrenzen, musste ich auch kennen. Außerdem musste ich ein Diktat bewältigen, hierfür hatte ich meine Rechtschreibkenntnisse aber vor dem Test noch einmal aufpoliert. Fremdwörter waren in mehreren Schreibweisen vorgegeben, und man musste die richtige Schreibweise ankreuzen. Es folgten auch noch ein Konzentrations- und ein kurzer Englischtest, hier waren Verben in Lücken einzusetzen.

Mein Fazit: Ich hätte meine Allgemeinbildung vor dem Test gründlicher auf Vordermann bringen müssen, leider bin ich durchgefallen, probiere es aber demnächst noch einmal.«

Testtag bei einer Versicherung

»Ich wurde zum Einstellungstest bei einer großen Versicherung eingeladen. Die Stimmung war sehr angespannt, es waren auch über 50 Leute da, obwohl es nur zwölf Ausbildungsplätze gab, die zu besetzen waren. Wir wurden in einen Konferenzraum geführt. Dort gab es dann die übliche Einweisung zum Test: kein Abgucken möglich, da A- und B-Version; bei vermeintlich unlösbaren Aufgaben einfach mit den nächsten Aufgaben weitermachen und nicht wundern, dass die Zeit nicht reichen würde.

Es ging los mit einem Test zur Allgemeinbildung, es gab Fragen aus den Bereichen Wirtschaft, Politik, Erdkunde und Europäische Union. Dann folgten Logikaufgaben, Zahlenreihen waren zu vervollständigen und Tabellen auszuwerten. Ein sehr umfangreicher Test bezog sich auf unsere Ausdauer. Wir mussten unglaublich viele Rechenaufgaben lösen (immer abwechselnd plus und minus). Die Aufgaben waren aber nicht wirklich schwer, es ging wohl darum, wer insgesamt am wenigsten Fehler machte. Ganz am Ende sollten wir dann noch auf einer DIN-A4-Seite begründen, warum wir uns für den Ausbildungsberuf interessieren. Hier konnte ich sicherlich viele Pluspunkte sammeln, da ich das schon zu Hause geübt und aufgeschrieben hatte.

Mein Fazit: Ich habe den Einstellungstest bestanden. Wer sich mit einschlägigen Büchern zu Hause vorbereitet, erlebt an Testtagen keine bösen Überraschungen.«

Testtag bei einer Möbelkette

»Da ich die Bewerbung bei der Möbelkette erst recht kurzfristig auf den Weg gebracht hatte, war ich ganz überrascht, schon nach fünf Tagen eine Einladung zum Testtag zu erhalten. In dem Schreiben wurde darauf hingewiesen, dass ich in Freizeitkleidung erscheinen sollte und dass mich nicht die typischen Ankreuztests, sondern ein lockerer Bewerbertag erwarten würde, bei dem sich die Bewerber und die Firma in persönlichen Gesprächen näher kennen lernen sollten. So war es denn auch.

Zusammen mit mir waren etwa 35 Bewerber eingeladen. Die Möbelkette war sehr bemüht, sich als junges lockeres Unternehmen zu präsentieren. Keiner der Vorgesetzten trug einen Schlips. Es war nicht nur die Chefetage anwesend, sondern auch viele Auszubildende des zweiten und dritten Ausbildungsjahres. Zunächst wurde uns das Unternehmen mit einem Firmenvideo präsentiert. Dann hatten wir die Möglichkeit, Fragen zu stellen. Ich hatte schon den Eindruck, dass aufmerksam registriert wurde, wer sich an dieser Fragerunde beteiligte.

Danach gab es praktische Gruppenübungen in Teams von jeweils sieben Kandidaten. Unsere Gruppe sollte für den Eingangsbereich Sommermöbel dekorieren. Wir mussten uns innerhalb von 30 Minuten einigen, welche Möbel wir auswählen wollten. Dabei wurden uns fiktive Einkaufspreise genannt, aus denen wir Endpreise gestalten sollten. So konnten wir beispielsweise Sonderangebote selbst bestimmen.

Danach hatten wir eine Mittagspause zusammen mit den Auszubildenden, also ohne die Chefetage. Ich habe die Möglichkeit genutzt, mich an einen Tisch mit einem Auszubildenden im Verkauf zu setzen und ihn nach seinen Erfahrungen zu befragen.

Eine weitere Gruppenübung schloss sich an die Mittagspause an. Diesmal war es eine Diskussionsübung. Nun musste ich mit sechs anderen Kandidaten zusammen das Thema ›Welche Wünsche hat die Möbelkette an künftige Auszubildende?‹ diskutieren. Das ging ganz gut, einige Teilnehmer stritten miteinander, da habe ich etwas vermittelt, was wohl bei den Beobachtern gut ankam.

Abschließend wurden wir noch durchs Lager geführt. Ich hatte hier den Eindruck, dass man auch den Kandidaten, die letztendlich nicht genommen wurden, zeigen wollte, was für ein modernes Unternehmen die Möbelkette ist. Das Ganze kam mir teilweise wie eine Werbeveranstaltung vor.

Mein Fazit: Insgesamt eigentlich ein ganz interessanter und lockerer Bewerbungstag.«

Testtag bei einem Energieunternehmen

»Mit einigen Jahren Berufserfahrung wollte ich nun den Schritt zur Führungskraft in Angriff nehmen. Bei meinem Arbeitgeber geht dies nur, wenn man die Hürde Assessment-Center (AC) überwindet. Nachdem mein Vorgesetzter eine schriftliche Empfehlung für mich eingereicht hatte, ging es los.

An dem AC nahmen neun Kandidaten, sechs Beobachter aus der Führungsriege und ein externer Moderator der durchführenden Personalberatung statt.

Die erste Übung bestand in einer Selbstpräsentation. Wir hatten zehn Minuten Vorbereitungszeit und sollten uns dann vor der Gruppe ebenfalls zehn Minuten lang vorstellen. Im Rahmen dieser Selbstdarstellung waren auch Fragen wie ›Welche Erfolge konnten Sie in den letzten zwei Jahren erzielen?‹ und ›Wo sehen Sie Ihre persönlichen Entwicklungsziele?‹ zu beantworten. Es schloss sich ein einstündiges Interview an. Auch hier wurden viele Fragen zum Berufsalltag und zu meinem Umgang mit typischen Problemen wie Konflikten unter Kollegen, unzufriedenen Kunden und ähnlichem gestellt.

In einer ersten Gruppendiskussion stand dann das Thema Kundenorientierung im Mittelpunkt. Wir sollten in der Gruppe 40 Minuten lang überlegen, wie man diesen Faktor besser und nachhaltig im Unternehmen verankern kann. In der zweiten Gruppendiskussion ging es um neue Wachstumsfelder für das Unternehmen. Die Energiebranche befindet sich ja in einem starken Umbruchprozess. Hier bestand die Frage darin, wie neue Kunden zu gewinnen wären und welche Rolle alternative Energien in Zukunft spielen würden.

Da sich mein Assessment-Center über zwei Tage erstreckte, hatten wir eine Nacht Pause. So dachten wir zumindest, aber wir bekamen Hausaufgaben mit aufs Hotelzimmer. Eine umfangreiche Fallstudie musste ausgewertet und eine Präsentation mit den wichtigsten Ergebnissen vorbereitet werden.

Als künftige Führungskraft würde ich verstärkt Mitarbeiter anzuleiten haben, daher mussten wir am zweiten Tag des Assessment-Centers einige Mitarbeitergespräche führen. Unsere fiktiven Mitarbeiter kamen regelmäßig zu spät zur Arbeit oder hielten Sicherheitsvorschriften öfter nicht ein. Hier kam es darauf an, die Ruhe zu bewahren und sich nicht provozieren zu lassen, aber dennoch auf die Mitarbeiter so einzuwirken, dass das zu kritisierende Verhalten künftig nicht mehr gezeigt werden würde.

Während meine Kollegen aus der Firma im Interview waren, ihre Präsentationen hielten oder Mitarbeitergespräche führten, wurden wir anderen mit Tests beschäftigt. Ich hatte Konzentrationstests zu bewältigen, die eigentlich nicht schwer waren, aber die Zeit war doch sehr knapp. Auch Zahlenreihen mussten fortgesetzt werden, hier hatte ich mich ebenfalls vorbereitet und kam mit den Aufgabenstellungen im Großen und Ganzen zurecht. In einem dritten Test zur Berufsmotivation ging es um Dinge wie Leistungs- und Führungsmotivation, Zielorientierung, Konfliktfähigkeit sowie Belastbarkeit. Auch auf Fragen dieser Art war ich gut vorbereitet.

Mein Fazit: Ein wirklich stressiges Schaulaufen über zwei Tage. Ich hatte mich aber in den Wochen vorher mit möglichen Aufgabenstellungen und sinnvollen Lösungsstrategien beschäftigt. Meine Beförderung erfolgte dann auch!«

Testtag bei einem Steuerberater

»Ich war ganz überrascht, als sich das Vorstellungsgespräch bei dem Steuerberater, bei dem ich mich beworben hatte, zu einem Test entwickelte. Außer dem Steuerberater und seinem Kollegen waren noch einige Angestellte anwesend. Alle stellten sich kurz vor, dann waren wir, also die sechs eingeladenen Bewerberinnen um die zwei Ausbildungsplätze, an der Reihe. Zum Glück hatte ich meine Vorstellung geübt und konnte flüssig reden, musste also nicht so peinlich herumstottern wie einige andere Kandidatinnen.

Dann gab es Rechenaufgaben, und zwar mündlich gestellt. Das heißt, der Steuerberater diktierte die Aufgaben und wir mussten unsere Ergebnisse auf ein Blatt Papier schreiben. Das Ganze dauerte etwa 20 Minuten. Nach einer kurzen Pause mit Kaffee und Mineralwasser folgte ein Diktat als Rechtschreibtest. Während einer weiteren Pause wurden die beiden Tests wohl ausgewertet.

Drei Kandidatinnen wurden dann gleich nach Hause geschickt. Ich gehörte zu den übrigen dreien, denen nun noch in einer gemeinsamen Fragerunde intensiver auf den Zahn gefühlt wurde. Die Fragen zielten auf die Gründe für unseren Ausbildungswunsch, auf Hobbys und Interessen, es wurde auch nach den Lieblingsfächern in der Schule gefragt und nach anderen Ausbildungen, die uns interessieren könnten.

Mein Fazit: Ich habe zwar einen Ausbildungsplatz angeboten bekommen, allerdings war ich überrascht, welchen Aufwand der Steuerberater mit uns getrieben hat.«

Testtag bei einem Autohaus

»Ich hatte mich für eine kaufmännische Ausbildung in einem großen Autohaus beworben. Meine Bewerbungsmappe konnte wohl überzeugen, denn nach zwei Wochen erhielt ich eine Einladung zum Einstellungstest. Der Test fand am Sonnabend statt und startete um 9 Uhr. Es waren etwa 15 Kandidaten und vier Mitarbeiter des Autohauses da. Einer stellte sich als Geschäftsführer vor. Er begrüßte und erklärte uns, wie viel Wert das Autohaus auf einen angemessenen Umgang mit Kunden und eine überzeugende Außendarstellung legt.

Dann ging es los, jeder stellte sich in der Runde eine Minute lang vor. Ich hatte das vorher geübt, deshalb konnte ich bei meiner Vorstellung Blickkontakt zum Geschäftsführer und den anderen Mitarbeitern halten. Damit konnte ich auf jeden Fall besser überzeugen als die Kandidaten, die beim Reden die ganze Zeit über zu Boden guckten und auch viel zu leise sprachen.

Daraufhin wurden wir in mehrere Teams aufgeteilt, und meine Gruppe erhielt die Aufgabe, einen Tag der offenen Tür für das Autohaus zu planen; dafür hatten wir 45 Minuten Zeit. Mir fiel eine Menge ein, beispielsweise eine Hüpfburg für die Kinder der Kunden aufzubauen, einen Getränkestand anzumieten und natürlich die Kunden zu Probefahrten mit den neuen Modellen einzuladen. Andere bekamen in der Diskussion die Zähne kaum auseinander, ich glaube nicht, dass sie so Punkte sammeln konnten. Hinterher stellte sich übrigens heraus, dass die anderen Gruppen genau die gleiche Aufgabe hatten.

Nach dieser Gruppenaufgabe wartete noch ein schriftlicher Test auf uns. Viele Rechenaufgaben stammten aus dem Bereich Prozentrechnung, beispielsweise mussten wir 19 Prozent Mehrwertsteuer zum Nettopreis der Einkaufsware hinzurechnen oder vom Endpreis abziehen. Und auch die typischen Dreisatzaufgaben (ein Auto verbraucht 6 Liter Benzin auf 150 Kilometer, wie viel Benzin verbraucht es auf 350 Kilometer) waren reichlich vertreten.

Ich habe im Test 78 von 100 Punkten erreicht, was ausreichend war, um in die zweite Runde zu kommen, die eine Woche später stattfand. Im persönlichen Gespräch mit dem Geschäftsführer und dem Verkaufsleiter wurden mir viele Fragen gestellt, beispielsweise dazu, wie ich mich über den Ausbildungsbetrieb und den Ausbildungsberuf informiert hätte, wo meine Stärken lägen, welche Schulfächer mich interessierten und was ich in meiner Freizeit machen würde.

Mein Fazit: Wer sich vorbereitet, schafft – wie ich – so einen Test auch!«

Testtag bei der Filiale einer Handelskette

»Das Besondere an diesem Einstellungstest war für mich, dass die Zeit bei den einzelnen Aufgaben nicht vorgegeben beziehungsweise gestoppt wurde. So kannte ich das nämlich von einigen anderen Einstellungstests, an denen ich teilgenommen hatte. Bei der Filiale der Handelskette war es nun so, dass die Teilnehmer einen ausführlichen Testbogen bekamen, dafür aber insgesamt eine Stunde Zeit hatten. Man hatte also für die einzelnen Aufgaben so viel Zeit, wie man wollte.

Dabei muss man natürlich stark aufpassen, dass man sich nicht bei schwierigen Aufgaben verrennt und dann keine Zeit mehr für den Rest hat. Die Fragen betrafen die Allgemeinbildung (Bundesländer, Hauptstädte der Bundesländer, Name des Bundespräsidenten sowie des amerikanischen Präsidenten und vieles mehr). Danach wurden wir aufgefordert, mindestens fünf weitere Handelsketten zu nennen. Zu jeder Handelskette sollten wir in einem Satz aufschreiben, was unserer Meinung nach das Besondere an ihr sei.

Ein vorgegebener Text enthielt Rechtschreibfehler und musste von uns verbessert werden. Dann sollten wir noch 30 Adressen von Filialen auf Ungenauigkeiten überprüfen. Weiter wurden uns Zeichnungen mit Sprechblasen vorgelegt, in die wir einen passenden Text eintragen sollten, also Dinge wie ›Kann ich Ihnen weiterhelfen?‹ oder ›Die Getränke stehen hinten links!‹.

Ich hatte den Eindruck, dass die meisten mit dem Test gut zurechtkamen. Ich wurde dann noch zu einem Vorstellungsgespräch beim Filialleiter eingeladen. Dabei ging es unter anderem um mein Abschneiden im Test und um meinen Berufswunsch.

Mein Fazit: Es war ganz okay – zumal ich den Ausbildungsplatz bekommen habe!«

Testtag bei einer Kreisverwaltung

»Ich hatte mich parallel bei einer Kreisverwaltung und bei mehreren Banken beworben. Da ich aus diesem Grund zu mehreren Einstellungstests eingeladen wurde, kann ich diese jetzt vergleichen, was schon ganz spannend ist. Ein großer Unterschied bei der Kreisverwaltung, bei der ich mich beworben hatte, lag darin, dass dort die Fragen zur Allgemeinbildung mündlich gestellt wurden.

Die für mich zuständige Ausbildungsverantwortliche war recht nett, sie hatte eine Stoppuhr dabei, und ich musste auf ihre Fragen innerhalb von vier Sekunden antworten. Wenn es einmal etwas länger dauerte, gab sie mir aber trotzdem noch ein oder zwei Sekunden dazu. Die Fragen waren typisch: erster Bundeskanzler, erster Bundespräsident, aktueller und vorheriger Ministerpräsident. Es gab auch viele Fragen zur Geschichte Deutschlands: Dauer des Zweiten Weltkriegs, Gründung der BRD und der DDR, letzter Staatsratsvorsitzender der DDR, Ende der DDR 1989, Wiedervereinigung Deutschlands 1990 und ähnliches.

Mir wurden dann auch sehr viele Fragen zu meiner persönlichen Motivation gestellt: ob es in meiner Familie und in meinem Freundeskreis auch Leute gebe, die in einer Verwaltung arbeiten würden; wie ich mit Lehrern zurechtgekommen sei; wo ich meine persönlichen Neigungen sehen würde; welche Ausbildungsberufe noch für mich infrage kämen.

Da ich in der Schule einmal eine Ehrenrunde gedreht habe, wurde auch hier nachgehakt. Ich konnte aber glaubhaft machen, dass ich damals eine schwächere Phase hatte, die nun schon lange hinter mir liegt.

Abschließend musste ich dann noch einen schriftlichen Teil bewältigen. In einem vorgegebenen Text musste ich die enthaltenen Rechtschreibfehler erkennen und vorgegebene Fremdwörter korrigieren.

Mein Fazit: Die Plätze waren leider zu knapp, ich habe den Ausbildungsplatz bei der Kreisverwaltung nicht bekommen. Glücklicherweise erhielt ich von einer der Banken eine Ausbildungsplatzzusage.«

Persönlichkeitstest:
Motivation Ihrer Bewerbung

Worum geht es?

Wenn Kandidaten zum Testtag eingeladen werden, kommt es immer häufiger vor, dass die Motivation der Bewerber gründlich hinterfragt wird. Denn leider kommen Ausbildungsabbrüche relativ oft vor: Nach Angaben der Firmen beenden etwa 20 Prozent der Berufseinsteiger die Ausbildung ohne Abschluss beziehungsweise kündigen in der Probezeit. Und auch nicht jeder Stellenwechsler ist den Aufgaben in der neuen Position auf Dauer gewachsen. Die Firmen möchten aber auf jeden Fall vermeiden, dass sie an Mitarbeiter geraten, die sich nur mangels besserer Angebote oder aus einer Laune heraus bei ihnen bewerben. Kurz gesagt: Mit Tests zur Motivation will man herausfinden, wie ernst Sie es mit Ihrer Bewerbung meinen.

Was erwartet Sie?

Die Motivation der Testteilnehmer wird mithilfe von Aufsätzen, Kurzvorträgen vor der Gruppe und vor Firmenvertretern oder gezielten Fragen im persönlichen Gespräch überprüft. Eine typische Aufgabenstellung für Aufsätze ist: »Begründen Sie schriftlich auf einer DIN-A4-Seite, warum Sie sich für eine Ausbildung zur Versicherungskauffrau entschieden haben!« Beim Kurzvortrag könnte die Aufgabe lauten: »Sie möchten bei uns am Traineeprogramm teilnehmen. Bitte erläutern Sie zwei Minuten lang vor der Gruppe Ihre Motivation!« Und typische Fragen im Interview sind: »Seit wann wissen Sie, dass Sie sich für dieses Berufsfeld interessieren?« oder »Wenn wir Ihre Freunde zu Ihrem Ausbildungswunsch zum KFZ-Mechatroniker befragen würden, wären diese der Meinung, dass diese Ausbildung zu Ihnen passt?«

Wie können Sie Punkte sammeln?

Sämtliche Übungen zur Motivation der Bewerbung lassen sich hervorragend zu Hause vorbereiten. Überzeugen Sie mit guten Argumenten, indem Sie auf Ihre Erfahrungen aus Praktika oder Ihrem Berufsleben verweisen. Erklären Sie, wo Sie sich über die Ausbildung oder den Tätigkeitsbereich informiert haben und seit wann Sie diesen Berufswunsch hegen. Ganz wichtig: Lassen Sie durchblicken, dass Sie wissen, was auf Sie zukommt. Dies gelingt Ihnen, indem Sie drei bis vier Tätigkeiten, die auf Sie zukommen werden, nennen und schildern, bei welchen Gelegenheiten Sie diese in der Vergangenheit bereits kennen gelernt haben.

Aufsatz zur Motivation

In dieser Übungseinheit werden Sie lernen, wie Sie Ihre Motivation in schriftlicher Form überzeugend darstellen und mit Ihrem Aufsatz Personalverantwortliche beeindrucken können. Um Ihnen zu zeigen, auf was Sie dabei achten müssen, stellen wir Ihnen nun zunächst ein Negativbeispiel und anschließend ein Positivbeispiel einschließlich unserer Bewertung vor.

Negativbeispiel: Aufsatz eines Ausbildungsplatzsuchenden zur Motivation

Wird ein Bewerber für einen Ausbildungsplatz zum Kaufmann im Groß- und Außenhandel aufgefordert, seine Motivation in Aufsatzform darzulegen, sollte sie auf keinen Fall so formuliert werden:

Unvorbereiteter Testkandidat

»Ich beende im Sommer die Schule, deshalb muss ich mich jetzt um einen Ausbildungsplatz kümmern. Beim Arbeitsamt hat man mir gesagt, dass Sie ausbilden. Deswegen habe ich eine Bewerbung an Sie geschickt und bin nun hier zum Testtag eingeladen worden. Ich wäre eigentlich lieber Bankkaufmann geworden, aber dafür sind meine Noten nicht gut genug. Aber Ihre Ausbildung interessiert mich auch. Ich bin nämlich teamfähig, leistungsbereit, motiviert und kundenorientiert. Meine Hobbys sind Computerspiele und das Internet.«

In seinem viel zu kurzen Aufsatz schießt der Schulabgänger ein Eigentor nach dem nächsten. Schon die ersten Sätze klingen schief: Schließlich beendet jeder Schüler irgendwann einmal die Schule. Dies ist aber noch lange kein Grund für eine Firma, ihm einen Ausbildungsplatz zu geben. Die Formulierung »deswegen muss ich mich jetzt um einen Ausbildungsplatz kümmern«

klingt daher etwas gequält. Vielleicht möchte er ja viel lieber herumhängen, als jeden Tag ins Büro zu gehen?

Damit noch nicht genug: Der Schüler schreibt ganz unverblümt, dass die Ausbildung zum Groß- und Außenhandelskaufmann für ihn nur zweite Wahl ist. Eigentlich würde er »lieber Bankkaufmann« werden. So fragt sich der Ausbildungsverantwortliche natürlich, warum dieser Bewerber überhaupt zum Testtag gekommen ist. Der Verweis auf die zu schlechten Noten ist dann nur noch ein weiteres Eigentor.

Am Ende versucht der Bewerber, das Ruder herumzureißen, und reiht Schlagworte aneinander. Allerdings wird man ihm kaum glauben, dass er teamfähig ist. Schließlich hockt er ja stets vor dem Computer, wenn seine Hobbys »Computerspiele und das Internet« sind. Und wäre er wirklich »leistungsbereit« und »motiviert«, so hätte er sich im Aufsatz viel besser präsentiert. Auch eine Kundenorientierung nimmt man ihm nicht ab. Denn ein »Kunde« für seine Bewerbung – nämlich der Ausbildungsverantwortliche – wird seinen Aufsatz lesen: Und dieser hat noch nichts Interessantes oder Überzeugendes erfahren.

An diesem Negativbeispiel ist ganz klar zu erkennen, dass es zu wenig ist, einen Testtag einfach auf sich zukommen zu lassen. Wenn Sie aufgefordert werden, Ihre Motivation für die Ausbildung schriftlich zu belegen, müssen Sie überzeugende Argumente parat haben. Und diese Argumente lassen sich vorbereiten.

Einige wesentliche Punkte gehören in Ihren Aufsatz hinein: Verweisen Sie auf Ihr Praktikum, nennen Sie Erfahrungen, die Sie in Jobs und Aushilfstätigkeiten sammeln konnten, benennen Sie Ihre Lieblingsfächer in der Schule, natürlich mit Bezug zur Ausbildung. Zusatzpunkte sammeln Sie immer mit Computer- und Sprachkenntnissen. Engagement außerhalb der Schule wird ebenfalls gerne gesehen, beispielsweise in Vereinen oder Freizeitgruppen. Aber auch passende Kurse an der Volkshochschule sind ein Bonus.

Positivbeispiel: Aufsatz eines Ausbildungsplatzsuchenden zur Motivation

Damit Sie sehen, wie sich unsere Vorgaben für einen gelungenen Aufsatz zur Motivation der Bewerbung umsetzen lassen, stellen wir Ihnen jetzt die verbesserte Version vor:

Vorbereiteter Testkandidat

»Ich interessiere mich schon länger für eine Ausbildung zum Groß- und Außenhandelskaufmann. Deswegen habe ich mich um ein dreiwöchiges Praktikum gekümmert. Bei dem Büroartikelhersteller Schmidt GmbH habe ich die Abteilungen Import, Verkauf, Versand und Service kennen gelernt. Ich konnte bei Verkaufsgesprächen dabei sein und habe gesehen, wie Aufträge kalkuliert werden. Das Praktikum hat mich in meinem Ausbildungswunsch noch bestärkt.

Wenn man sich in Geschäften umschaut und sieht, dass beispielsweise Turnschuhe oft aus Taiwan oder China kommen und MP3-Player in Korea gefertigt und hier verkauft werden, weiß man, dass viel Handel zwischen den Ländern stattfindet. Daher denke ich, dass Groß- und Außenhandelskaufleute auch in Zukunft viel zu tun haben werden.

In der Schule habe ich den PC-Führerschein erworben. Mit den Programmen Word, Excel und PowerPoint bin ich vertraut, und auch mit dem Internet kann ich umgehen.

In der Schule sind meine Lieblingsfächer Englisch und Erdkunde. Im Urlaub in Spanien habe ich Freunde kennen gelernt, mit denen ich heute noch auf Englisch chatte. Ich interessiere mich auch in meiner Freizeit für Computer und das Internet. Für Schulreferate habe ich gezielt im Internet nach Informationen gesucht. Daneben bin ich Mitglied im Fußballverein.

Es wäre schön, wenn ich bei Ihnen eine Ausbildung zum Groß- und Außenhandelskaufmann machen könnte.«

Dieser Aufsatz zur Motivation liest sich doch schon ganz anders. Der Bewerber eiert nicht herum, erwähnt keine Selbstverständlichkeiten und vermeidet Missverständnisse. Ganz wichtig ist, dass er auf praktische Erfahrungen verweist. Mit der Darstellung seines Praktikums findet er einen sehr guten Einstieg. Es wird deutlich, dass dieser Bewerber weiß, was ihn in der Ausbildung erwartet. Er hat sogar schon verschiedene Abteilungen kennen gelernt. Das, was in der ersten Version einfach nur behauptet wurde, wird nun durch praktische Beispiele belegt: Da er schon an Verkaufsgesprächen teilnehmen konnte, wird man ihm seine Kundenorientierung abnehmen. Und das dreiwöchige Praktikum war länger als die üblichen Schulpraktika, wodurch er seine Leistungsbereitschaft und Motivation unterstreicht. Der erwähnte PC-Führerschein bringt interessante Zusatzpunkte: Schließlich ist der Computer ein wichtiges Arbeitsmittel der Kaufleute.

Insgesamt nimmt man diesem engagierten Bewerber seine Motivation ab und traut ihm zu, die Ausbildung zum Groß- und Außenhandelskaufmann erfolgreich abschließen zu können.

Auch Hochschulabsolventen sollten sich nicht unter Wert verkaufen, sie sollten auf jeden Fall neben ihren Kenntnissen aus dem Studium die gesammelten Erfahrungen aus Praktika, Nebenjobs, studentischem Engagement und Abschlussarbeiten mit Praxisbezug überzeugend darstellen.

Damit Sie auch hier eine Vorstellung davon gewinnen, wie eine unvorbereitete Kandidatin sich um ihre Chancen bringt und eine vorbereitete Testkandidatin positiv auf sich aufmerksam macht, haben wir wieder ein Negativ- und ein Positivbeispiel für Sie vorbereitet.

Negativbeispiel: Aufsatz einer Hochschulabsolventin zur Motivation

Unvorbereitete Testkandidatin

»Für das Traineeprogramm bewerbe ich mich, weil es meiner Meinung eine interessante Einstiegsposition ist. Zu meinem Werdegang gibt es Folgendes zu sagen: Nach meinem Abitur entschied ich mich nach reiflicher Überlegung für eine Ausbildung zur Bankkauffrau. Die Ausbildung schloss ich mit gutem Erfolg ab. Bei der anschließenden Arbeit für eine namhafte Sparkasse fühlte ich mich aber unterfordert. Daher begann ich ein Studium der Rechtswissenschaft, was mir aber auch nicht zusagte. Letztendlich wechselte ich zum Fach Volkswirtschaftslehre. Meine Professoren bestätigten mir durchaus gute Leistungen, sodass der Studienfachwechsel eigentlich als gerechtfertigt erscheinen müsste. Neben dem Studium habe ich regelmäßig gejobbt. Mit unermüdlichem Einsatz schaffte ich es, mich für ein Praktikum zu empfehlen. Um auch meine Pflichten gegenüber der Gesellschaft zu erfüllen, engagiere ich mich in einer Studenteninitiative, die eine Brücke zwischen Hochschule und Wirtschaft zu schlagen beabsichtigt. Alle Projekte, an denen ich je beteiligt war, konnte ich zur allgemeinen Zufriedenheit aller abwickeln.«

Obwohl die Kandidatin behauptet, sich zielgerichtet zu bewerben, gewinnt man doch den Eindruck, dass sie nur dringend irgendeinen Einstiegsjob sucht. In ihrer bisherigen Entwicklung ist kein roter Faden erkennbar, der zum Traineeprogramm hinführt. Im Gegenteil, sie scheint eher orientierungslos zu sein. Im Zickzackkurs wechselt sie zwischen Bank, Rechtswissenschaft und Volkswirtschaftslehre. Die unmittelbar hintereinander gemachten Aussagen, dass sie sich nach reiflicher Überlegung für eine Bankausbildung entschieden habe, sich aber anschließend unterfordert fühlte, wirken widersprüchlich. Auch die Aufnahme des ersten Studiums war nicht gut vorbereitet. Die schriftliche Selbstdarstellung erinnert an einen Aufsatz zum Thema »Was in meinem Leben alles nicht geklappt hat«.

Positivbeispiel: Aufsatz einer Hochschulabsolventin zur Motivation

Vorbereitete Testkandidatin

»Für das Traineeprogramm bewerbe ich mich, da ich im Handel bereits erste berufliche Erfahrungen sammeln konnte. Neben meinem Studium mit dem Schwerpunkt Handelsbetriebslehre war ich regelmäßig im Verkauf tätig.

Bei der Shoppingcenter AG war ich an einem Projekt zur Steigerung der Kundenzufriedenheit beteiligt. Neben Marketingaspekten umfasste diese Aufgabe auch die Optimierung von logistischen Abläufen. Da ich ebenfalls bereits studienbegleitend in der Filiale Dortmund der Shoppingcenter AG als Verkäuferin gearbeitet hatte, konnte ich konkrete Erfahrungen in der Kundenbetreuung und der Reklamationsbearbeitung einbringen.

In meinem Studium der Volkswirtschaft habe ich im Hauptstudium besonders die betriebswirtschaftlichen Schwerpunkte Handelsbetriebslehre und Unternehmensführung vertieft. Meine Kenntnisse aus dem Studium konnte ich in einem Praktikum bei der Lifestyle GmbH einsetzen. Dort unterstützte ich im Vertriebsinnendienst die Key-Account-Manager und führte Markt- und Zielgruppenanalysen durch. Für die Studenteninitiative AIESEC habe ich einen Firmenkontakttag mitorganisiert und neue Unternehmen für den Förderkreis gewonnen.

Sehr gute Englischkenntnisse bringe ich ebenso mit wie praxiserprobte Softwarekenntnisse der Programme Word, Excel und Power-Point. Meine ersten Erfahrungen aus dem Salesbereich und meine Kenntnisse aus meinem Wirtschaftsstudium möchte ich gerne bei Ihnen im Traineeprogramm weiter ausbauen.«

Das Profil, das die Testkandidatin nun mit ihrem gelungenen Aufsatz zur Motivation vermittelt, überzeugt. Sie hat darauf geachtet, ihre Erfahrungen im Handel und Verkauf herauszustreichen. Auch die Studienschwerpunkte Handelsbetriebslehre und Unternehmensführung passen. Die Tätigkeit als Verkäuferin für die Shoppingcenter AG wird mit der Teilnahme an einem Projekt dieses Unternehmens gekoppelt. Das Praktikum bei der Lifestyle GmbH macht ihr Interesse an Vertriebsaufgaben sichtbar. Durch die Erwähnung der im Praktikum und im Nebenjob ausgeübten Tätigkeiten kann die Hochschulabsolventin plausibel machen, dass sie die für Vertrieb und Marketing wichtigen Soft Skills mitbringt. Die Projektteilnahme ist beispielsweise ein Beleg für ihre Teamfähigkeit. Der Verkäuferjob dokumentiert ihre Kundenorientierung und Belastbarkeit. Für die Studenteninitiative AIESEC hat sie ihr Organisationstalent (Firmenkontakttag) und ihre Kontaktstärke (Unternehmensansprache) eingebracht.

Nun sind Sie am Zug und müssen Ihre Motivation selbst schriftlich belegen. Orientieren Sie sich dabei an unseren Positivbeispielen! Verweisen Sie auf konkrete Erfahrungen aus Praktika oder Nebenjobs und auf Ihre Lieblingsfächer oder Studienschwerpunkte. Schildern Sie Ihre Computer- und Sprachkenntnisse. Und benennen Sie ganz deutlich zu Beginn und zum Ende des Aufsatzes Ihren konkreten Ausbildungs- oder Stellenwunsch (»Ich möchte bei Ihnen eine Ausbildung zum ... machen,«/»Ich möchte in Ihrem Unternehmen arbeiten, weil ...«).

Ihr Aufsatz zur Motivation

»Bitte begründen Sie kurz schriftlich, warum Sie glauben, für die gewünschte Ausbildung/die ausgeschriebene Stelle der beziehungsweise die Richtige zu sein!«

_____

_____

_____

_____

_____

_____

_____

_____

_____

_____

_____

_____

_____

_____

_____

_____

_____

_____

Kurzvortrag zur Motivation

Auch als Kurzvortrag ist die Übung »Begründen Sie die Motivation für Ihre Bewerbung« auf Firmenseite sehr beliebt. Sie bekommen üblicherweise eine kleine Vorbereitungszeit eingeräumt, und dann beginnt Ihr Vortrag.

Ihr Kurzvortrag

»Sie haben nun zehn Minuten Vorbereitungszeit. Anschließend möchten wir Sie bitten, einen einminütigen Vortrag zu halten. Beantworten Sie in Ihrer Vorstellung bitte die Frage: Warum haben Sie sich für eine Bewerbung bei uns entschieden?«

Auch diese mündliche Kurzvorstellung wird Ihnen mit etwas Übung viel besser gelingen. Am besten halten Sie den Vortrag zur Motivation Ihrer Bewerbung mehrmals zu Hause, und zwar so lange, bis er Ihnen in Fleisch und Blut übergegangen ist. Sie können auch vor Livepublikum üben. Fragen Sie Freunde, Bekannte oder Eltern, ob Sie ihnen Ihre Berufsmotivation in einem Kurzvortrag erläutern dürfen. Inhaltlich gelten für Ihren Kurzvortrag zur Motivation die Hinweise, die wir Ihnen im vorherigen Abschnitt zum »Aufsatz zur Motivation« gegeben haben. Darüber hinaus sollten Sie aber noch einige weitere Tipps für gelungene Vorträge beherzigen.

Checkliste für Ihren Kurzvortrag zur Motivation Ihrer Bewerbung

❏ Bereiten Sie Ihren Vortrag stichwortartig vor.
❏ Nennen Sie zu Beginn Ihren Namen und Ihren konkreten Berufswunsch.
❏ Formulieren Sie im Voraus den ersten und den letzten Satz vollständig aus, damit Sie Sicherheit für die wichtige Start- und Schlussphase gewinnen.
❏ Lassen Sie Beispiele aus Praktika, aus der Schule, aus Aushilfsjobs, Nebentätigkeiten oder aus der Freizeit einfließen.
❏ Geben Sie Ihre Lieblingsfächer in der Schule/Schwerpunkte im Studium an. Hatten Sie gute oder sehr gute Noten, sollten Sie dies auch aussprechen.
❏ Nennen Sie konkrete PC-Programme, die Sie benutzen.
❏ Verweisen Sie auf Ihre Sprachkenntnisse.
❏ Gehen Sie kurz auf Ihre Hobbys und Freizeitaktivitäten ein.
❏ Wiederholen Sie am Ende noch einmal Ihren Berufswunsch.
❏ Blicken Sie während des Vortrags ins Publikum.
❏ Sprechen Sie langsam und laut genug.
❏ Halten Sie die Zeitvorgabe möglichst genau ein.

Fragen zur Motivation

Da die Frage nach der Motivation Ihres Berufswunsches für die Firmenseite so außerordentlich wichtig ist, taucht sie in jedem Fall auch in Vorstellungsgesprächen oder Interviews auf. Dann sitzen Sie Ausbildungs- oder Personalverantwortlichen, Geschäftsführern oder auch künftigen Vorgesetzten gegenüber und müssen Fragen wie die folgenden glaubwürdig beantworten.

Dabei richten sich die ersten beiden Fragen an Ausbildungsplatzsuchende, die Fragen drei und vier an Hochschulabsolventen und die letzten beiden Fragen an berufserfahrene Bewerber.

Bitte antworten Sie jetzt!

Frage an Ausbildungsplatzsuchende: »Was interessiert Sie an der Ausbildung?«

Ihre Antwort: _____

_____

Frage an Ausbildungsplatzsuchende: »Warum haben Sie sich für gerade diese Ausbildung beworben?«

Ihre Antwort: _____

_____

Frage an Hochschulabsolventen: »Warum haben Sie sich bei uns beworben?«

Ihre Antwort: _____

_____

Frage an Hochschulabsolventen: »Würden Sie sich selbst einstellen?«

Ihre Antwort: _____

_____

Frage an berufserfahrene Bewerber: »Warum sind Sie heute hier?«

Ihre Antwort: _____

_____

Frage an berufserfahrene Bewerber: »Wie vermeiden Sie beim jetzt anstehenden Stellenwechsel eine Fehlentscheidung?«

Ihre Antwort: _____

_____

Wenn es Ihnen schwergefallen ist, die jeweiligen Fragen auf Anhieb überzeugend zu beantworten, überrascht uns dies nicht. So manche harmlos klingende Frage kann Kandidaten gerade in der Stresssituation Einstellungstest aus dem Tritt bringen. Deshalb haben wir für Sie im Kapitel »Persönlichkeitstest: Kommunikation im Vorstellungsgespräch« typische Fragen einschließlich ungeeigneter und überzeugender Beispielantworten zusammengestellt. In diesem Kapitel finden Ausbildungsplatzsuchende, Hochschulabsolventen und berufserfahrene Bewerber in drei getrennten Abschnitten jeweils 40 Fragen und Antworten, an denen sie sich orientieren können. Wir möchten natürlich nicht, dass Sie unsere geeigneten Antworten einfach auswendig lernen und im Gespräch mit der Firmenseite herunterleiern. Vielmehr ist uns wichtig, dass Sie wissen, welche Art von Antworten überzeugt, damit Sie eigene, glaubwürdige Aussagen formulieren können.

Wissenstest: Allgemeinbildung

Worum geht es?

Wenn im Einstellungstest Fragen zur Allgemeinbildung auftauchen, wollen die Personalverantwortlichen herausfinden, ob die Bewerber über eine sichere Basis an Faktenwissen verfügen. Es wird im Grunde Schul- oder Studienwissen überprüft, die Fragen kommen beispielsweise aus Themengebieten wie Wirtschaft, Geschichte oder Geografie. Dabei müssen die Kandidaten nicht in jedem Wissensbereich die Höchstpunktzahl erreichen. Wer sich bei einer Bank oder einer Versicherung bewirbt, sollte aber selbstverständlich Wirtschaftskenntnisse mitbringen, wer eine Ausbildung zur Reiseverkehrskauffrau machen möchte, sollte gut in Geografie sein, und wer sich im öffentlichen Dienst bewirbt, sollte über Grundkenntnisse der deutschen Geschichte und der Europäischen Union verfügen.

Was erwartet Sie?

Wir haben für Sie über 400 gängige Fragen zur Allgemeinbildung aus Einstellungstests zusammengestellt. Frischen Sie Ihr Wissen in diesen Bereichen auf:

- Europäische Union,
- Wirtschaft,
- Geografie,
- Geschichte,
- Politik,
- Kultur,
- Religion,

- Entdecker und Erfindungen,
- Naturwissenschaften,
- Medien und Computer.

Die richtigen Lösungen auf unsere Fragen finden Sie ab Seite 457.

Wie können Sie Punkte sammeln?

Fragen zur Allgemeinbildung sind üblicherweise in Multiple-Choice-Form aufbereitet, das heißt, dass Sie die richtige Antwort aus vorgegebenen Möglichkeiten auswählen sollen, so wie bei den Quizshows im Fernsehen. Wenn Sie die richtige Antwort nicht auf Anhieb wissen, machen Sie es wie die Fernsehkandidaten: Überlegen Sie sich, welche Vorschläge Sie auf jeden Fall ausschließen können, und dann entscheiden Sie sich unter den verbleibenden Antworten für die wahrscheinlichste. Gehen Sie unsere Fragenkataloge mehrmals durch, am besten im Abstand von einigen Tagen, dann ist der Lerneffekt für Sie am größten.

Allgemeinbildung: Europäische Union

Was erwartet Sie?

In den vergangenen Jahren ist die Zahl der Länder, die zur Europäischen Union (EU) gehören, kontinuierlich größer geworden. Die Bedeutung der EU wird auch in den nächsten Jahrzehnten immer weiter zunehmen. Obwohl die Entscheidungen der EU in immer mehr Lebensbereiche eingreifen, kennt kaum jemand die Handlungsträger des Europäischen Einigungsprozesses. Welche EU-Institutionen gibt es? Wo haben sie ihre Standorte? Was sind ihre Aufgaben? Doch nicht nur der aktuelle Stand, sondern auch die historische Entwicklung der Europäischen Union sollten Sie in Grundzügen kennen.

Was wollen die Firmen?

Fragen zur Europäischen Union finden immer stärker Eingang in die Einstellungstests von Firmen, Verwaltungen und Verbänden. Wenn Sie also den Europäischen Rat vom Europarat unterscheiden können, wissen, wann der Europatag gefeiert wird, oder die Zahl der EU-Länder kennen, haben Sie gute Karten. Wer in diesem anspruchsvollen Wissensbereich auf der Höhe der Zeit ist, signalisiert damit, dass er bei wichtigen Themen am Ball bleibt und bereit ist, ständig dazuzulernen. Mit guten Kenntnissen über die Europäische Union signalisieren Sie also zweierlei: Sie wissen, worum es beim Thema Europa und seiner politischen Organisation geht, und Sie dokumentieren plausibel, dass Sie über die von Firmen geforderte Lernbereitschaft verfügen.

Wie können Sie Punkte sammeln?

Stellen Sie sich im ersten Durchgang direkt unseren Fragen. Achten Sie darauf, die richtigen Namen der Institutionen der EU zu erfassen. Schon beim zweiten oder dritten Durchgang dieses Fragenblocks werden Sie deutliche Erfolgserlebnisse haben. Wenn Sie dann Nachrichten im Fernsehen schauen oder im Radio hören oder die Zeitung lesen, werden Ihnen viele Begriffe aus dem Themenbereich Europäische Union bekannt vorkommen. Verknüpfen Sie Ihr neu erworbenes Wissen dann mit aktuellen Ereignissen. Auf diese Weise werden Sie es langfristig in Ihrem Gedächtnis verankern.

1. **Was regelt das Schengener Abkommen?**

a)   die Einführung des Euro

b)   den Verzicht auf Grenzkontrollen

c)   die Gründung des Europäischen Gerichtshofs

d)   die Abschaffung der D-Mark

2. **Wie heißen die Vorgaben, die erfüllt werden müssen, damit ein Land der Europäischen Währungsunion beitreten darf?**

a)   BeNeLux-Kriterien

b)   Schengen-Kriterien

c)   Maastricht-Kriterien

d)   Berlin-Kriterien

3. **Welche Aussage zu den EU-Konvergenzkriterien ist zutreffend?**

a)   Die Neuverschuldung darf nicht mehr als 3 Prozent des Bruttoinlandsprodukts betragen.

b)   Eine Neuverschuldung ist nicht erlaubt.

c)   Die Neuverschuldung darf nicht mehr als 5 Prozent des Bruttoinlandsprodukts betragen.

d)   Die Neuverschuldung darf nicht höher sein als der Durchschnitt der letzten drei Jahre.

4. **Der Rat der Europäischen Union in der Zusammensetzung »Wirtschaft/Finanzen« wird bezeichnet als ...**

a)   Wi-Fi-Rat

b)   Ecofin-Rat

c)   Euro-Rat

d)   Öko-Fin-Rat

5. **Welcher Staat gehört zur Europäischen Union?**

a)   Norwegen

b)   Russland

c)   Portugal

d)   Ukraine

6. **Welcher Staat gehört nicht zur Europäischen Union?**

a)   Lettland

b)   Irland

c)   Slowakei

d)   Schweiz

7. **Wie hoch ist derzeit die Bevölkerungszahl der EU?**

a)   circa 490 Millionen Einwohner

b)   circa 620 Millionen Einwohner

c)   circa 730 Millionen Einwohner

d)   circa 850 Millionen Einwohner

8. Welche Stadt ist die größte Stadt der Europäischen Union?

a) Berlin
b) Madrid
c) Moskau
d) London

9. Russland ist ...

a) Mitglied der Europäischen Union
b) Mitglied der Europäischen Währungsunion
c) Mitglied des Schengener Abkommens
d) Mitglied des Europarats

10. Welches sind die drei Arbeitssprachen der EU?

a) Englisch, Französisch, Deutsch
b) Englisch, Spanisch, Deutsch
c) Englisch, Spanisch, Französisch
d) Englisch, Polnisch, Deutsch

11. Was war die EWG?

a) frühere Gerichtsorganisation der EU
b) ehemalige Finanzorganisation der EU
c) Vorläuferorganisation der EU
d) Vorläuferorganisation der Europäischen Polizei

12. Welche sechs Länder sind Gründungsmitglieder der Europäischen Gemeinschaft?

a) Deutschland, Frankreich, Spanien, Belgien, Niederlande, Luxemburg
b) Spanien, Frankreich, Italien, Belgien, Niederlande, Luxemburg
c) Deutschland, Frankreich, Finnland, Belgien, Niederlande, Luxemburg
d) Deutschland, Frankreich, Italien, Belgien, Niederlande, Luxemburg

13. Die wichtigste Änderung des Vertrags von Nizza war ...

a) die Möglichkeit der Beschlussfassung mit qualifizierter Mehrheit statt mit Einstimmigkeit
b) die Möglichkeit der Beschlussfassung mit Einstimmigkeit statt mit qualifizierter Mehrheit
c) die Möglichkeit der Beschlussfassung mit einfacher Mehrheit statt mit Einstimmigkeit
d) die Möglichkeit der Beschlussfassung mit einfacher Mehrheit statt mit qualifizierter Mehrheit

14. Wie heißen die »vier Grundfreiheiten« des Binnenmarkts der EU?

a) Personen, Kapital, Waren, Rohstoffe
b) Personen, Kapital, Waren, Dienstleistungen
c) Sozialleistungen, Kapital, Waren, Dienstleistungen
d) Personen, Kapital, Waren, Subventionen

15. Wo sitzt die Zentralbank der Europäischen Union?

a) Frankfurt am Main
b) London
c) Den Haag
d) Paris

16. In welchem Land ist der Euro bereits seit 2002 Zahlungsmittel?

a) Dänemark
b) Schweden
c) Estland
d) Finnland

17. Welches Land hat den Euro bisher nicht als Währung eingeführt?

a) Spanien
b) Griechenland
c) Großbritannien
d) Belgien

18. Seit wann gibt es den Euro als Bargeld?

a) 1. Januar 2004
b) 1. Januar 2002
c) 1. Juli 1990
d) 1. Januar 2000

19. Einer der größten Posten des EU-Haushalts, circa 40 Prozent, geht nach wie vor auf das Konto der ...

a) Verwaltung der EU
b) Verteidigungspolitik
c) Agrarpolitik
d) Bildungspolitik

20. Was begründeten die Römischen Verträge von 1957?

a) Europäische Gemeinschaft für Kohle und Stahl
b) Europäische Union
c) EWG und Euratom
d) Europäische Verfassung

21. Wie viele Sterne sind auf der offiziellen Europaflagge abgebildet?

a) 25
b) zwölf
c) sechs
d) 27

22. Wo liegt der Sitz des Europäischen Parlaments?

a) Luxemburg und Brüssel
b) Straßburg und Brüssel
c) Straßburg
d) Brüssel und Liechtenstein

23. Wer hat das Initiativrecht in der EU-Gesetzgebung?

a) Rat der Europäischen Union
b) Europäische Kommission
c) Europäisches Parlament
d) Europäischer Gerichtshof

24. Wie oft wird das Europäische Parlament gewählt?

a) alle fünf Jahre
b) alle vier Jahre
c) alle sechs Jahre
d) alle sieben Jahre

25. EU-Verordnungen sind ...

a) erst nach Umsetzung in nationales Recht in den Mitgliedsstaaten gültig
b) mittelbar in den Mitgliedsstaaten gültig
c) erst durch die Rechtsprechung des Europäischen Gerichtshofs in den Mitgliedsstaaten gültig
d) unmittelbar in den Mitgliedsstaaten gültig

26. Wo hat die Europäische Kommission ihren Sitz?

a) Straßburg
b) Brüssel
c) Berlin
d) Paris

27. **Aus wie vielen Personen besteht aktuell die Europäische Kommission insgesamt?**
a) 15 Kommissare
b) 250 Kommissare
c) 780 Kommissare
d) 27 Kommissare

28. **Welches Land ist nicht Mitglied des Europarats?**
a) Russland
b) Weißrussland
c) Türkei
d) Georgien

29. **Wo hat der Europäische Gerichtshof (EuGH) seinen Sitz?**
a) Luxemburg
b) Berlin
c) Karlsruhe
d) London

30. **Der Ministerrat der EU ist ...**
a) der Europarat
b) der Europäische Rat
c) der Rat der Europäischen Union
d) die Europäische Kommission

31. **Präsident des Ministerrats der EU ist üblicherweise ...**
a) ein Finanzminister
b) ein Innenminister
c) ein Verteidigungsminister
d) ein Außenminister

32. **Wenn ein EU-Gipfel stattfindet, trifft sich ...**
a) der Europarat
b) der Rat der Europäischen Union
c) der Europäische Rat
d) der Präsident des Europäischen Parlaments mit den Präsidenten der Parlamente aller EU-Mitgliedsländer

33. **Wann wurde die Europäische Gemeinschaft für Kohle und Stahl (EGKS), die sogenannte Montanunion gegründet?**
a) 9. Mai 1950
b) 4. September 1949
c) 12. Januar 1968
d) 18. April 1951

34. **Auf welchen französischen Außenminister geht die Gründung der EGKS, also der Vorläuferorganisation der EU, zurück?**
a) Robert Schuman
b) Jean Monnet
c) Charles de Gaulle
d) Alfred Grosser

35. **Wie heißen die Fonds, die die regionale Entwicklung armer Regionen innerhalb der EU fördern sollen?**
a) Rentenfonds
b) Wachstumsfonds
c) Aktienfonds
d) Strukturfonds

36. **Das gebräuchlichste Gesetzgebungsverfahren der EU ist das ...**
a) Kontrollverfahren
b) Parlamentsverfahren
c) Mitentscheidungsverfahren
d) Kommissionsverfahren

37. **Wie bezeichnet man einen Staat, der mehr in den EU-Haushalt einzahlt, als er herausbekommt?**
a) Schuldenzahler
b) Bruttozahler
c) Entwicklungszahler
d) Nettozahler

38. Die EU ...

a) darf wiederholt einen unausgegli-
chenen Haushalt vorlegen

b) besitzt einen eigenen Haushalt

c) kann eigene Steuern erheben

d) darf manchmal einen unausgegli-
chenen Haushalt vorlegen

**39. Wo hat die Europäische Zentral-
bank ihren Sitz?**

a) Brüssel

b) Paris

c) Frankfurt am Main

d) Straßburg

**40. Wann wurde der Euro gesetz-
liche Währung der beteiligten
EU-Mitgliedsstaaten?**

a) 1. Januar 2004

b) 1. Januar 2002

c) 1. Januar 1999

d) 1. Januar 1989

**41. Wann wird der Europatag der
Europäischen Union gefeiert?**

a) 5. Mai

b) 9. November

c) 5. Dezember

d) 9. Mai

**42. Wie heißt das unabhängige Poli-
zeiamt der EU?**

a) Europol

b) Eurokrim

c) EuroKA

d) Europo

**43. Wie nennt man das Prinzip der
Angleichung nationalen Rechts
innerhalb der EU?**

a) Harmonisierung

b) Vereinheitlichung

c) EU-Angleichung

d) Vereinfachung

**44. Die »Kopenhagener Kriterien«
sind ...**

a) politische und wirtschaftliche Voraussetzungen, die Beitrittskandidaten erfüllen müssen

b) gesellschaftliche Voraussetzungen,
die Mitgliedsländer erfüllen müssen

c) Aus- und Fortbildungsvorausset-
zungen, die EU-Universitäten
erfüllen müssen

d) ökonomische und regionale Voraussetzungen, die subventionierte
Agrarbetriebe erfüllen müssen

**45. Welcher Abstammung war einer
griechischen Sage zufolge die
»Königstochter Europa«?**

a) deutscher Abstammung

b) französischer Abstammung

c) asiatischer Abstammung

d) griechischer Abstammung

**46. Wie heißt das Verfahren, mit
dem EU-Mitgliedsstaaten zu
mehr Disziplin im Bereich der
Haushaltspolitik bewegt werden
können?**

a) EU-Haushaltsverfahren

b) EU-Defizitverfahren

c) EU-Nettokreditverfahren

d) EU-Disziplinverfahren

Wie geht es weiter?

Die Beantwortung der folgenden Fragen sollten Sie aktuell im Internet re-cherchieren, falls Sie damit rechnen, in Kürze zu einem Einstellungstest oder einem Vorstellungsgespräch eingeladen zu werden:

- Welches EU-Land hat momentan die EU-Ratspräsidentschaft inne?
- Wie heißt der/die aktuelle EU-Ratspräsident/-in?
- Wie heißt der/die aktuelle EU-Ministerratspräsident/-in?
- Wie heißt zurzeit der/die Präsident/-in der EU-Kommission?
- Wer ist momentan Hohe/r Kommissar/-in der EU?
- Wer ist aktuell Außenkommissar/-in (Kommissar für Außenbeziehungen und europäische Nachbarschaftspolitik) der EU?
- Wer ist momentan Hohe Vertreter/-in für die Gemeinsame Außen- und Sicherheitspolitik (GASP) der EU?
- Welche Staaten sind zurzeit Beitrittskandidaten der EU?
- Aus wie vielen Mitgliedsstaaten besteht die EU?
- Wie viele und welche EU-Länder haben den Euro als Bargeld eingeführt?

Allgemeinbildung: Wirtschaft

Was erwartet Sie?

Unsere Fragen aus dem Bereich Wirtschaft zielen auf ein ganzes Bündel wichtiger Fakten ab. Kennen Sie die Vorteile des Leasings? Können Sie den Unterschied zwischen dem Bruttoinlandsprodukt und dem Bruttonationaleinkommen benennen? Und wissen Sie, welche Ziele dem »magischen Viereck« des Stabilitätsgesetzes zugrunde liegen? Frischen Sie Ihr Vorwissen mithilfe unserer Fragen auf und informieren Sie sich über aktuelle Trends. Dann wird auch Sie auch die Frage nach dem Unterschied zwischen einem »Brain-Drain« und einem »Brain-Gain« nicht mehr erschrecken.

Was wollen die Firmen?

Wer den beruflichen Einstieg in kaufmännische Arbeitsfelder zum Ziel hat, kommt an Einstellungstests kaum vorbei. Nicht nur große Konzerne, sondern auch mittelständische Unternehmen überprüfen mithilfe von Fragen, ob der Bewerber auch über das gewünschte wirtschaftliche Basiswissen verfügt. Aber auch im Vorstellungsgespräch kann es durchaus vorkommen, dass Fragen aus dem Bereich Wirtschaft eingestreut werden. Wer – wie wir – regelmäßig in Kontakt mit Wirtschaftsvertretern und Personalverantwortlichen steht, kennt die regelmäßigen Klagen über mangelndes wirtschaftliches Hintergrundwissen. Mit etwas Training können Sie es besser machen! Informieren Sie sich über die Stichworte und Themenbereiche, die für die Firmen wichtig sind, damit Sie bei passender Gelegenheit mit Ihrem Wissen glänzen können.

Wie können Sie Punkte sammeln?

Wirtschaft ist ein dynamischer Prozess, der ständig in Bewegung ist und sich laufend verändert. Es gibt immer wieder neue Trends, über die man Bescheid wissen sollte. Glücklicherweise gibt es aber auch ein wirtschaftliches Grundlagenwissen, das nicht an Bedeutung verliert. Fahren Sie also zweigleisig: Beschäftigen Sie sich mit dem Basiswissen der Wirtschaft und lernen Sie, welche aktuellen Entwicklungen im Zeitalter der Globalisierung stattfinden. Und wenn Sie in nächster Zeit mit einem Einstellungstest rechnen, sollten Sie ab sofort auf jeden Fall regelmäßig den Wirtschaftsteil einer Zeitung oder Zeitschrift lesen.

47. Wer hat das Modell der freien Marktwirtschaft beschrieben?

a) Adam Smith
b) Adam Opel
c) Ludwig Erhard
d) Helmut Schmidt

48. Welches Merkmal gehört zur freien Marktwirtschaft?

a) Pressefreiheit
b) Kunstfreiheit
c) Vertragsfreiheit
d) Straffreiheit

49. Welches Merkmal gehört nicht zur freien Marktwirtschaft?

a) Konsumentenfreiheit
b) Gewerbefreiheit
c) Kapitalismus
d) Sozialismus

50. Wie umschreibt man den Begriff Geldentwertung?

a) Inflation
b) Depression
c) Institution
d) Impression

51. Was begann am 24. Oktober 1929 mit dem »Schwarzen Donnerstag«?

a) Weltwirtschaftsaufschwung
b) Ende des freien Welthandels
c) Zweiter Weltkrieg
d) Weltwirtschaftskrise

52. Wie bezeichnet man einen anhaltenden Rückgang des Preisniveaus für Waren und Dienstleistungen?

a) Inflation
b) Deflation
c) Illusion
d) Depression

53. Fallen Stagnation des Wirtschaftswachstums und Inflation zusammen bezeichnet man dies als ...

a) Stagnation
b) Stagnaflation
c) Stagflation
d) Staginflation

54. Zahlungsunfähige Unternehmen gehen in ...

a) Insolvenz
b) Investition
c) Investment
d) Inkontinenz

55. Der Fachbegriff für die Summe der in einem Land produzierten Güter und Dienstleistungen heißt ...

a) Nettovermögen
b) Bruttoinlandsprodukt
c) Wertschöpfung
d) Wirtschaftswachstum

56. Viele Unternehmen gewähren einen Rabatt, wenn die Kunden innerhalb einer bestimmten Frist bezahlen. Wie heißt dieser Rabatt?

a) Pronto
b) Skonto
c) Tara
d) E-Cash

57. Das Gewicht der Verpackung einer Ware heißt ...

a) Netto
b) Leer
c) Tara
d) Karton

58. Nach Abzug der Kosten oder Steuern heißt ...

a) Tara
b) Brutto
c) Real
d) Netto

59. Vor Abzug der Kosten oder Steuern heißt ...

a) Gesamt
b) Netto
c) Brutto
d) Blanko

60. Steigende Kurse an der Börse werden bezeichnet als ...

a) Baisse
b) Down
c) Ground
d) Hausse

61. Was ist eine Dividende?

a) eine jährliche Steuer
b) eine jährliche Teilung von Aktien
c) eine jährliche Gewinnzahlung auf eine Aktie
d) eine jährliche Gewinnzahlung auf Pfandbriefe

62. Welche Aussage zur Abgabenquote ist richtig?

a) Sie beschreibt den Anteil der Umsatzsteuer am allgemeinen Steueraufkommen.
b) Sie beschreibt den Anteil der Sozialabgaben im Verhältnis zum Bruttoinlandsprodukt.
c) Sie beschreibt den Anteil der Steuern und Sozialabgaben im Verhältnis zur Gesamtbevölkerung.
d) Sie beschreibt den Anteil von Steuern und Sozialabgaben im Verhältnis zum Bruttoinlandsprodukt.

63. Welche Aussage gilt für die Absatzpolitik?

a) Ziel der Absatzpolitik ist es, den Unternehmenserfolg zu sichern und auszubauen.

b) Ziel der Absatzpolitik ist es, den Verbraucher über Inhaltsstoffe zu informieren.

c) Ziel der Absatzpolitik ist es, den Unternehmenserfolg durch Personalabbau zu sichern.

d) Ziel der Absatzpolitik ist es, das Unternehmenswachstum durch stufenweises Marketing, also Absatzmarketing, zu steigern.

64. Was ist unter Allgemeinen Geschäftsbedingungen zu verstehen?

a) vorformulierte Bedingungen für eine Vielzahl von Verträgen

b) allgemeine Verbraucherschutzgesetze

c) gesetzliche Regelungen für die Geschäfte zwischen Privatleuten

d) gerichtliche Regelungen für die Geschäfte zwischen staatlichen Behörden und Unternehmen

65. Eine Aussperrung ist ...

a) die Insolvenz einer Firma

b) eine Maßnahme im Arbeitskampf

c) die fristlose Kündigung von Mitarbeitern

d) die Beschränkung von Importgeschäften durch Zollvorschriften

66. Das Arbeitsschutzgesetz regelt ...

a) die Verhütung von Unfällen

b) den Schutz vor illegalen Arbeitern

c) die Verhütung von Jugendarbeit

d) den Schutz vor Schwarzarbeit

67. Wie heißt die Bank der Zentralbanken?

a) Internationale Bank

b) Bank für Internationalen Zahlungsausgleich

c) Europäische Zentralbank

d) Weltbank

68. Wie viel Liter enthält ein Barrel Rohöl?

a) 175 Liter

b) 100 Liter

c) 159 Liter

d) 191,7 Liter

69. Was zählt zur betrieblichen Altersvorsorge?

a) Pensionskassen

b) Immobilien

c) gesetzliche Rentenversicherung

d) fondsgebundene Lebensversicherungen

70. Was ist kennzeichnend für einen Binnenmarkt?

a) gesteuerter Export und Import

b) freie Meinungsäußerungen und Pressefreiheit

c) freier Verkehr von Waren, Dienstleistungen und Kapital

d) gesteuerter Verkehr von Waren und Dienstleistungen

71. Unter DAX verstehen Börsianer ...

a) steigende Börsenkurse

b) eine Kennziffer, die den Durchschnittskurs ausgewählter deutscher Aktien wiedergibt

c) einen Feiertag, an dem keine Börsenkurse festgelegt werden

d) fallende Börsenkurse

72. Was ist der Dow Jones?

a) ein US-amerikanischer Aktien-index

b) ein US-amerikanischer Rohstoff-index

c) ein französischer Aktienindex

d) ein deutscher Inflationsindex

73. Was ist die Wall Street?

a) eine Stadtmauer in London

b) ein Stadtmuseum in Washington

c) eine Straße in New York

d) eine Straße in Los Angeles

74. Wenn die Aktienkurse über einen längeren Zeitraum steigen, bezeichnet man dies als ...

a) Daxmarkt

b) Bärenmarkt

c) Elefantenmarkt

d) Bullenmarkt

75. Die Emigration gut ausgebildeter Menschen bezeichnet man als ...

a) Jobhopping

b) Brain-Drain

c) Brainstorming

d) Brain-Gain

76. Was ist unter Bruttonational-einkommen zu verstehen?

a) der Wert aller Güter und Dienst-leistungen, die in einem Jahr erwirtschaftet werden

b) das Einkommen der Inländer in einer Volkswirtschaft

c) die jährliche Summe von Löhnen, Gehältern und Vermögenseinkom-men

d) das Arbeitseinkommen aller Deut-schen, die sowohl im Inland als auch im Ausland arbeiten

77. Die Behörde mit den meisten Mitarbeitern in Deutschland ist ...

a) das Finanzamt

b) das Ordnungsamt

c) das Verteidigungsministerium

d) die Bundesagentur für Arbeit

78. Welche Aussage ist richtig?

a) Mit Errichtung der Europäischen Zentralbank und der Einführung des Euro wurde die Bundesbank aufgelöst.

b) Aufgabe der Bundesbank ist die Kontrolle der Goldreserven.

c) Aufgaben der Bundesbank sind die Erhaltung der Preisstabilität und die Verwaltung der Währungs-reserven.

d) Die Bundesbank ist für die Festle-gung des Eurokurses zuständig.

79. Wie wird ein Unternehmensleit-bild bezeichnet?

a) Corporate Governance

b) Corporate Branding

c) Corporate Design

d) Corporate Identity

80. Welcher Faktor berücksichtigt die gestiegenen Lebenserwar-tungen von Rentnern beim Leis-tungsbezug?

a) biologischer Faktor

b) Demografiefaktor

c) Demokratiefaktor

d) Finanzierungsfaktor

81. Wie bezeichnet man die Rück-nahme staatlicher Eingriffe ins Wirtschaftsgeschehen?

a) Subvention

b) Monopolregulierung

c) Privatisierung

d) Deregulierung

82. **Was bedeutet die Abkürzung DGB?**
a) Deutscher Genossenschaftsbund
b) Deutscher Gewerkschaftsbund
c) Deutsche Gewerkschaft
d) Deutscher Gewerbebund

83. **Die Dachorganisation aller Industrie- und Handelskammern in Deutschland heißt ...**
a) DIUH
b) DIHT
c) DIHK
d) DOHK

84. **Wie heißt die parallele Ausbildung in Betrieb und Berufsschule?**
a) duale Ausbildung
b) Ausbildungspakt
c) überbetriebliche Ausbildung
d) doppelte Ausbildung

85. **Wie bezeichnet man die Abwicklung von Geschäftsprozessen zwischen Unternehmen und Kunden über das Internet?**
a) E-Ressource
b) E-Commerce
c) E-Mail
d) E-Cash

86. **Wie heißt das System der Verteilung von Finanzmitteln zwischen Bund, Ländern und Gemeinden?**
a) Finanzreform
b) Finanzierungslücke
c) Finanzkampf
d) Finanzausgleich

87. **Was ist die Friedenspflicht?**
a) die Pflicht Streitigkeiten unter Kollegen zu vermeiden
b) die Pflicht Konflikte zwischen Firmen zu beenden
c) die Pflicht, während eines laufenden Tarifvertrags keine Arbeitskämpfe zu führen
d) die Verpflichtung, dass sich Arbeitgeber und Arbeitnehmer in Tariffragen einigen müssen

88. **Wie heißen Zusammenschlüsse von Unternehmen?**
a) Expansionen
b) Pensionen
c) feindliche Übernahmen
d) Fusionen

89. **Wie heißt das allgemeine Abkommen zum Abbau von Zöllen und sonstigen Handelshemmnissen?**
a) GATT
b) FATT
c) ATT
d) HATT

90. **Welche Steuer ist für die Finanzierung von Gemeinden sehr wichtig?**
a) Erbschaftssteuer
b) Gewerbesteuer
c) Sektsteuer
d) Mineralölsteuer

91. *Der Prozess der stetigen Zunahme der internationalen wirtschaftlichen Verflechtung heißt ...*
a) Internationalisierung
b) Restrukturierung
c) Globalisierung
d) Ökonomisierung

92. Wer beschließt den Haushaltsplan des Bundes?

a) Bundesregierung
b) Bundesminister
c) Bundeskanzler
d) Bundesparlament

93. Wie nennt man das Wissen, das Menschen durch Ausbildung, Erfahrung und Weiterbildung erwerben?

a) Wissenskapital
b) Humankapital
c) Unternehmenskapital
d) Bildungskapital

94. Wie bezeichnet man das dingliche Recht an einem Grundstück?

a) Hypothek
b) Pfandbrief
c) Personenkredit
d) Notarrecht

95. Die Abkürzung IWF bedeutet ...

a) Internationale Weltbank
b) Internationaler Währungsfonds
c) Internationaler Wirtschaftsfonds
d) Internationaler Wissensfonds

96. Die Anschaffung von Produktionsmitteln durch Unternehmen ist eine ...

a) Investition
b) Suggestion
c) Subvention
d) Intervention

97. Das Just- in-time-Konzept ...

a) führt zu einer Vergrößerung von Lagerbeständen
b) führt zu einer Verkleinerung von Lagerbeständen
c) hat keinen Einfluss auf die Lagerbestände
d) schafft Lagerbestände vollständig ab

98. Wie nennt man den theoretischen Gegensatz zum Keynesianismus?

a) Nachfragetheorie
b) Liberalismus
c) Monetarismus
d) Sozialismus

99. Ein Konjunkturzyklus besteht aus den Bestandteilen ...

a) Expansion, Export, Reimport, Deregulierung
b) Expansion, Boom, Rezession, Depression
c) Stagnation, Boom, Rezession, Depression
d) Expansion, Boom, Stagnation, Depression

100. Was ist unter Lohnstückkosten zu verstehen?

a) der Anteil der Stromkosten, die für eine Produkteinheit notwendig sind
b) der Anteil der Arbeitskosten, die für eine Produkteinheit notwendig sind
c) der Anteil der Sozialversicherungskosten, die für eine Produkteinheit notwendig sind
d) der Anteil der Raumkosten, die für eine Produkteinheit notwendig sind

101. Welche Ziele liegen dem »magischen Viereck« zugrunde?

a) schwache Gewerkschaften, starke Arbeitgeberverbände, mäßige Arbeitslosigkeit, mäßiges Wirtschaftswachstum

b) hoher Export, niedriger Import, mäßige Inflation, starkes Wirtschaftswachstum

c) starke Gewerkschaften, schwache Arbeitgeberverbände, Vollbeschäftigung, Tarifautonomie

d) Vollbeschäftigung, Preisstabilität, Wirtschaftswachstum, außenwirtschaftliches Gleichgewicht

102. Man spricht in Deutschland von einem mittelständischen Unternehmen, ...

a) wenn es nicht mehr als 100 Mitarbeiter beschäftigt

b) wenn es nicht mehr als 150 Mitarbeiter beschäftigt

c) wenn es nicht mehr als 10 Mitarbeiter beschäftigt

d) wenn es nicht mehr als 500 Mitarbeiter beschäftigt

103. Gibt es auf dem Markt nur wenige Anbieter oder wenige Nachfrager, bezeichnet man dies als ...

a) Triopol

b) Wettbewerb

c) Oligopol

d) Polypol

104. Wie nennt man Absprachen von Unternehmen, die Wettbewerb verhindern sollen?

a) unlautere Verträge

b) Kartell

c) Karting

d) Wettbewerbsmonopole

105. Das Zusammenwirken von privaten Kapitalgebern und staatlichen Hoheitsträgern nennt man ...

a) Public Partnership

b) Public Private Corporation

c) Private Civil Corporation

d) Public Private Partnership

106. Was bedeutet die Abkürzung GmbH?

a) Gesellschaft mit begrenzter Haftung

b) Gesellschaft mit beschränkter Haftung

c) Gemeinschaft mit beschränkter Haftung

d) Gesellschaft mit beschränktem Handlungsspielraum

107. Auf welchen fünf Säulen ruht das Sozialversicherungsystem in Deutschland?

a) Lebens-, Arbeitslosen-, Renten-, Kranken-, Pflegeversicherung

b) Unfall-, Arbeitslosen-, Renten-, Kranken-, Haftpflichtversicherung

c) Unfall-, Arbeitslosen-, Renten-, Kranken-, Pflegeversicherung

d) Unfall-, Arbeitslosen-, Renten-, Kranken-, Sozialversicherung

108. Welche indirekte Steuer bringt dem Staat die höchsten Einnahmen?

a) Mineralölsteuer

b) Umsatzsteuer

c) Tabaksteuer

d) Biersteuer

109. Welches Tarifmodell gilt bei der Einkommensteuer?

a) progressives Modell
b) proportionales Modell
c) regressives Modell
d) Stufenmodell

110. Das Stakeholder-Relationship-Management ...

a) stellt die Aktionäre in den Mittelpunkt
b) ist vorrangig auf Mitarbeiterinteressen ausgerichtet
c) erfasst Unternehmen in ihren gesamten sozialökonomischen Beziehungen
d) beruht auf dem Shareholder-Value-Ansatz

111. Wie bezeichnet man das Verhältnis von erhobenen Steuern zum Bruttoinlandsprodukt?

a) Steuerquote
b) Steuerschlupfloch
c) Staatsquote
d) Nettoquote

112. Strukturwandel ist ...

a) schädlich für Marktwirtschaften
b) in Marktwirtschaften nicht zu beobachten
c) ein Kennzeichen von Agrargesellschaften
d) Kennzeichen einer Marktwirtschaft

113. Tarifverhandlungen sind Bestandteil der ...

a) Gehaltsgespräche
b) Tarifverträge
c) Tarifautonomie
d) Gehaltsvereinbarungen

114. Wie wird ein Trickbetrug im Internet genannt?

a) Stealing
b) Tricking
c) Contacting
d) Phishing

115. Was bedeutet Venture Capital?

a) Staatskapital
b) Kapitalzins
c) Risikokapital
d) liquides Kapital

116. Wie heißen Steuern, die den Verbrauch beeinflussen?

a) Ökosteuern
b) Regelungssteuern
c) Verbrauchsteuern
d) Verbrauchsregelungen

117. Die Mineralölsteuer ist eine ...

a) Verbrauchsteuer
b) Umsatzsteuer
c) direkte Steuer
d) Rentensubventionssteuer

118. Das volkswirtschaftliche Zwei-Sektoren-Modell besteht aus ...

a) Angebot und Nachfrage
b) Haushalten und Unternehmen
c) privaten und öffentlichen Krediten
d) Gewerbe- und Niederlassungsfreiheit

119. Wann erfolgte die Einführung der Deutschen Mark?

a) 21. Juni 1948
b) 31. Dezember 1945
c) 21. Juli 1949
d) 1. Januar 1919

120. Wie kann sich eine Steigerung des Dollarkurses auf den Euroraum auswirken?

a) Verminderung der Exporte in die USA

b) Zunahme von Urlaubsreisen in die USA

c) Erhöhung des Ölpreises

d) Verbilligung von landwirtschaftlichen Produkten aus den USA

121. Der Dollarkurs fällt, was kann dies für den Euroraum bedeuten?

a) Verteuerung eines Urlaubs in den USA

b) Steigerung der Exporte in die USA

c) höhere Preise für neue US-amerikanische Autos

d) Verminderung der Exporte in die USA

122. Der Werkvertrag ...

a) ist ein Dauerschuldverhältnis

b) dient der Herbeiführung eines vorher festgelegten Erfolgs

c) regelt die Gebrauchsüberlassung einer Sache auf Zeit

d) kann nicht gekündigt werden

123. Wie wird der Sachverständigenrat zur Begutachtung der gesamtwirtschaftlichen Entwicklung umgangssprachlich genannt?

a) die fünf Wirtschaftsinstitute

b) die fünf Wirtschaftsexperten

c) die fünf Wirtschaftsweisen

d) die fünf Wirtschaftshellseher

124. Was bedeutet die Abkürzung WTO?

a) World Traffic Organization

b) World Trade Organization

c) Western Trade Organization

d) World Trader Organization

125. Womit werden die wirtschaftlichen Transaktionen eines Landes mit dem Ausland erfasst?

a) Zahlungsbilanz

b) Leistungsbilanz

c) Kapitalbilanz

d) Handelsbilanz

126. Die Umsatzsteuer ist eine ...

a) direkte Steuer

b) indirekte Steuer

c) Einkommensteuer

d) Erbschaftsteuer

127. Für die Berechnung des Verbraucherpreisindex wird eine repräsentative Menge von Gütern herangezogen, diese nennt man ...

a) Durchschnittspreis

b) Warenkorb

c) Warendurchschnitt

d) Haushaltswaren

Wie geht es weiter?

Auch zum Thema Wirtschaft sollten Sie vor Einstellungstests und Vorstellungsgesprächen auf dem Laufenden sein. Recherchieren Sie diese und weitere aktuelle Fragen zeitnah im Internet:

- Wie ist der momentane Kurs des Euro zum Dollar?
- Wie viel Wirtschaftswachstum gab es im vergangenen Jahr?
- Wie hoch war die Arbeitslosenquote im vergangenen Jahr?
- Wie hoch war die Inflation (Preisindex) im vergangenen Jahr?
- Wo steht der DAX?
- Welche Höhe hat der Dow Jones?
- Wer ist aktuell Vorsitzende/r des DGB?
- Wie heißt der/die momentane Präsident/-in der DIHK?
- Wie heißt der/die aktuelle Präsident/-in des BDI?
- Wer ist zurzeit Präsident/-in der BDA?

Falls Sie sich bei einer Aktiengesellschaft bewerben, recherchieren Sie bitte auch:

- Wie ist der Aktienkurs des Unternehmens aktuell?
- Wo stand der Aktienkurs vor einem Jahr?
- Welche Entwicklung haben die Aktienkurse ähnlicher Unternehmen gehabt?

Allgemeinbildung: Geografie

Was erwartet Sie?

Nicht nur in Deutschland ist das Allgemeinwissen über Städte, Bundesländer, Inseln, Flüsse oder Gebirge oft lückenhaft. Nach einer aktuellen Umfrage des Magazins *National Geographic* wussten von 1 000 britischen Schülern zwischen sechs und 14 Jahren mehr als 20 Prozent nicht, wo
Großbritannien auf einer Weltkarte zu finden ist. Und sogar mehr als 40
Prozent konnten nicht zeigen, wo die USA liegen (Quelle: www.netzeitung.
de). Um hier eine Lanze für Ausbildungsplatzsuchende oder Hochschulabsolventen zu brechen: Man sollte berücksichtigen, dass zwar das Wissen im
Bereich Geografie abgenommen, dafür aber die Kenntnisse in den Feldern
PC und Fremdsprachen deutlich zugenommen haben. Alles auf einmal geht
eben nicht. Allerdings haben Sie nun die Chance, sich im Schnelldurchlauf
wichtige geografische Daten einzuprägen. Diese und noch viele weitere Fragen werden Sie danach beantworten können: Wohin mündet die Donau?
Welchen Namen trägt die Hauptstadt Sloweniens? Und wie heißt der längste
Fluss Europas?

Was wollen die Firmen?

Die Firmen möchten, dass sich die Kandidaten auf der Deutschlandkarte
und in der Welt orientieren können. Schließlich werden Geschäftsbeziehungen immer globaler, daher sollten beispielsweise angehende Speditions-
kaufleute den Unterschied zwischen Slowenien und der Slowakei kennen.
Aber auch künftige Mitarbeiter in den Bereichen Marketing und Vertrieb
sollten einige Kenndaten über ausgewählte Regionen im Hinterkopf haben,
wenn es daran geht, Verkaufsstrategien zu planen, denn bevölkerungsreiche
Städte oder Regionen sind nun einmal echte Umsatzbringer. Die Firmen haben immer ein Interesse daran, dass künftige Mitarbeiter sich nicht nur in
ihrem Fachgebiet auskennen, sondern auch darüber hinaus Faktenwissen
parat haben.

Wie können Sie Punkte sammeln?

Frischen Sie Ihr Wissen auf. Bei Fragen zur Geografie ist es oft nicht möglich, die richtige Antwort durch schlussfolgerndes Nachdenken zu finden: Entweder man kennt die richtige Antwort, oder eben nicht. Eignen Sie sich daher die folgenden wichtigen Fakten als Grundlage an, auf der Sie weiter aufbauen können.

128. Wie heißt die Landeshauptstadt von Baden-Württemberg?

a) Heilbronn
b) Karlsruhe
c) Heidelberg
d) Stuttgart

129. Wie heißt die bevölkerungsreichste Stadt Sachsen-Anhalts?

a) Dessau
b) Magdeburg
c) Halle
d) Wittenberg

130. Wie heißt die bevölkerungsreichste Stadt Brandenburgs?

a) Frankfurt an der Oder
b) Cottbus
c) Brandenburg an der Havel
d) Potsdam

131. In welchem Gebirge liegt der Fichtelberg?

a) Fichtelgebirge
b) Thüringer Wald
c) Erzgebirge
d) Rhön

132. Wie heißt die Landeshauptstadt von Brandenburg?

a) Brandenburg an der Havel
b) Potsdam
c) Berlin
d) Dresden

133. Wie heißt die bevölkerungsreichste Stadt des Saarlands?

a) Trier
b) Metz
c) Kaiserslautern
d) Saarbrücken

134. Wie heißt die Landeshauptstadt von Thüringen?

a) Jena
b) Gera
c) Erfurt
d) Suhl

135. In welchem Gebirge liegt der Brocken?

a) Harz
b) Weserbergland
c) Teutoburger Wald
d) Eifel

136. Wie heißt die Landeshauptstadt von Schleswig-Holstein?

a) Lübeck
b) Kiel
c) Flensburg
d) Schleswig

137. Wie heißt die Landeshauptstadt von Sachsen-Anhalt?

a) Halle
b) Dessau
c) Magdeburg
d) Dresden

138. Wie heißt die Landeshauptstadt von Sachsen?

a) Dresden
b) Leipzig
c) Cottbus
d) Chemnitz

139. In welchem Gebirge liegt die Wasserkuppe?

a) Spessart
b) Rhön
c) Schwarzwald
d) Schwäbische Alb

140. Wie heißt der höchste Berg Österreichs?

a) Zugspitze
b) Großglockner
c) Montblanc
d) Wildspitze

141. Wie heißt die bevölkerungsreichste Stadt Baden-Württembergs?

a) Freiburg
b) Konstanz
c) Heidelberg
d) Stuttgart

142. Wie heißt die Landeshauptstadt von Nordrhein-Westfalen?

a) Köln
b) Essen
c) Düsseldorf
d) Dortmund

143. Wie heißt die bevölkerungsreichste Stadt Deutschlands?

a) Hamburg
b) Köln
c) Berlin
d) München

144. Wie heißt die bevölkerungsreichste Stadt Nordrhein-Westfalens?

a) Essen
b) Dortmund
c) Düsseldorf
d) Köln

145. Wohin mündet die Donau?

a) Rotes Meer
b) Totes Meer
c) Schwarzes Meer
d) Steinhuder Meer

146. In welchem Gebirge liegt die Zugspitze?

a) Schwarzwald
b) Erzgebirge
c) Fichtelgebirge
d) Alpen

147. In welchem Gebirge liegt der Große Feldberg?

a) Eifel
b) Hunsrück
c) Taunus
d) Schwarzwald

148. Wo liegt die Quelle der Donau?

a) Schwarzwald
b) Teutoburger Wald
c) Thüringer Wald
d) Westerwald

149. Wie hoch ist der höchste Berg Deutschlands?

a) 3 322 Meter
b) 8 488 Meter
c) 2 962 Meter
d) 1 898 Meter

150. Wohin mündet der Rhein?

a) Ostsee
b) Schwarzes Meer
c) Mittelmeer
d) Nordsee

151. Wohin mündet die Elbe?

a) Nordsee
b) Ostsee
c) Steinhuder Meer
d) Bodensee

152. Wohin mündet die Oder?

a) Kieler Bucht
b) Pommersche Bucht
c) Mecklenburger Bucht
d) Lübecker Bucht

153. Wo liegt die Mündung der Weser?

a) Wilhelmshaven
b) Cuxhaven
c) Dollart
d) Bremerhaven

154. Wo liegt die Quelle des Rheins?

a) Alpen
b) Schwarzwald
c) Fichtelgebirge
d) Bayerischer Wald

155. Wo liegt die Quelle der Elbe?

a) Harz
b) Hunsrück
c) Pfälzer Wald
d) Riesengebirge

156. Zu welchem Bundesland gehört die Insel Usedom?

a) Mecklenburg-Vorpommern
b) Sachen-Anhalt
c) Niedersachsen
d) Schleswig-Holstein

157. In welcher Metropolregion (Stadt und Umland) leben die meisten Menschen der Welt?

a) New York
b) São Paulo
c) Mexiko-Stadt
d) Tokio

158. Wie heißt die größte deutsche Insel?

a) Sylt
b) Usedom
c) Borkum
d) Rügen

159. Welche Stadt ist bevölkerungsmäßig die größte Stadt Europas?

a) London
b) Berlin
c) Paris
d) Moskau

160. Welche Stadt liegt nicht in Sachsen?

a) Zwickau
b) Chemnitz
c) Schwerin
d) Leipzig

161. Welche Stadt liegt am südlichsten?

a) Konstanz
b) Bayreuth
c) München
d) Nürnberg

162. Welches Bundesland grenzt an Rheinland-Pfalz?

a) Niedersachen
b) Sachsen-Anhalt
c) Saarland
d) Thüringen

163. Welches Land grenzt an Deutschland?

a) Ungarn
b) Slowenien
c) Schweden
d) Tschechien

164. Wie heißt die Hauptstadt der Türkei?

a) Ankara
b) Antalya
c) Izmir
d) Istanbul

165. Wie heißt die Hauptstadt von Bulgarien?

a) Bukarest
b) Budapest
c) Sarajevo
d) Sofia

166. Wie heißt die Hauptstadt Sloweniens?

a) Sarajevo
b) Ljubljana
c) Sofia
d) Bratislava

167. Wie heißt die Hauptstadt Indiens?

a) Mumbai
b) Bengaluru
c) Bhopal
d) Neu-Delhi

168. Wie heißt die Hauptstadt von Luxemburg?

a) Nancy
b) Straßburg
c) Luxemburg
d) Augsburg

169. Wie heißt die Hauptstadt von Liechtenstein?

a) Monaco
b) Vaduz
c) Liechtenstein
d) Metz

170. Wie heißt die Hauptstadt von Südafrika?

a) Johannesburg
b) Pretoria
c) Kapstadt
d) Durban

171. Wie heißt die Hauptstadt der USA?

a) Washington
b) Atlanta
c) New York
d) Los Angeles

172. Welches Land liegt am Schwarzen Meer?

a) Serbien
b) Bulgarien
c) Kroatien
d) Weißrussland

173. Wie heißt der längste Fluss Europas?

a) Wolga
b) Donau
c) Elbe
d) Rhein

174. In welchem Gebirge liegt der Mount Everest?

a) Rocky Mountains
b) Himalaja
c) Anden
d) Alpen

175. Der Sueskanal verbindet das Mittelmeer mit dem ...

a) Schwarzen Meer
b) Roten Meer
c) Weißen Meer
d) Kaspischen Meer

176. Welcher Berg ist der höchste Europas?

a) Matterhorn
b) Achtermann
c) Mount Everest
d) Montblanc

Anmerkung: Der Berg Elbrus im Kaukasus/Russland ist noch höher, es ist aber strittig, ob der Elbrus noch Europa oder schon Asien zuzurechnen ist.

177. Wo liegt das Kap der guten Hoffnung?

a) Südamerika
b) Südaustralien
c) Südafrika
d) Süditalien

Wie geht es weiter?

Wie in der Einleitung zu diesem Frageblock bereits erwähnt, spielt Geografie im Einstellungstest beispielsweise dann eine größere Rolle, wenn Sie in Ihrem künftigen Arbeitsfeld mit ausländischen Kunden zu tun haben, selbst im Ausland arbeiten werden oder Vertriebs- oder Marketingprojekte für ausgewählte Regionen im In- und Ausland planen sollen. Wenn Sie damit rechnen, von Ihrer künftigen Firma entsprechend eingesetzt zu werden, können Sie Ihr Wissen im Bereich Geografie vor einem Vorstellungsgespräch noch taktisch erweitern, dann bereitet Ihnen die Beantwortung dieser Fragen keine Schwierigkeiten:

- Wissen Sie, an welchen deutschen Standorten die Firma noch vertreten ist?
- Kennen Sie europaweite beziehungsweise weltweite Standorte des Unternehmens?
- In welchen Ländern lässt die Firma ihre Waren produzieren?
- In welchen Ländern lassen wichtige Mitbewerber ihre Waren produzieren?
- Welche Städte und Regionen zählen zu den Hauptabsatzgebieten der Firma?
- Wie ist die »geografische« Firmengeschichte? Wo wurde die Firma gegründet? Gab es eine Neugründung mit Wechsel des Standorts?
- Welche für die Firma wichtigen Regionen im In- und Ausland werden sich künftig verändern (beispielsweise expandierende Metropolen, stagnierende Mittelzentren, Landstriche mit abnehmender Bedeutung)?

Allgemeinbildung: Geschichte

Was erwartet Sie?

Viele Menschen haben leider eher negative Erinnerungen an ihren Geschichts-
unterricht der Schulzeit. Einerseits ist das verständlich, da die Gedanken vieler Jugendlicher sich weniger um den Unterschied zwischen Ludwig XIV. und
Ludwig XVI. drehen, sondern sich mehr mit der Frage beschäftigen, wie man
ein Date mit Nicole oder Nico bekommt. Andererseits ist geschichtliches
Hintergrundwissen wichtig, um aktuelle politische Entwicklungen besser
verstehen zu können. Machen Sie sich daher mit uns auf eine kleine Reise
durch die Geschichte der Menschheit. Anschließend wissen Sie, welchen
Krieg der Westfälische Friede beendete und wie der erste Reichspräsident der
Weimarer Republik hieß.

Was wollen die Firmen?

Fragen aus dem Themenkomplex Geschichte haben schon lange Eingang in
die Einstellungstests der Firmen gefunden. Sowohl die jüngere Geschichte
Deutschlands als auch wesentliche Ereignisse der Weltgeschichte werden abgefragt. Wieder einmal steht die Lernbereitschaft im Vordergrund. Viele Firmen folgern aus soliden Geschichtskenntnissen, dass Bewerber generell bereit
sind, sich Wissen in solchen Bereichen anzueignen, die in der Schule zu den
von vielen geschmähten »Nebenfächern« gehören. Bewerber, die sich bei Verbänden, Verwaltungen oder Institutionen bewerben, müssen auf jeden Fall
mit Fragen aus diesem Bereich rechnen, weil beispielsweise im öffentlichen
Dienst Grundkenntnisse in den Bereichen Politik und Geschichte den gleichen Stellenwert haben wie Wirtschaftskenntnisse in der Privatwirtschaft.

Wie können Sie Punkte sammeln?

Der Vorteil bei geschichtlichen Daten ist die Beständigkeit. Grundlegende
Veränderungen gibt es nur sehr selten. Was Sie einmal in diesem Bereich ge-

lernt haben, können Sie ein Leben lang nutzen. Bleiben Sie im Geschichts-training, indem Sie bei aktuellen politischen Themen auch einmal an die ge-schichtlichen Hintergründe denken. Und freuen Sie sich, dass die durch kriegerische und blutige Auseinandersetzungen bestimmte Vergangenheit Europas heute einer überwiegend friedlicheren Gegenwart gewichen ist.

178. Das sogenannte Zweistromland, durch das die Flüsse Euphrat und Tigris flossen, nennt man ...

a) Ägypten
b) Mesopotamien
c) Syrien
d) Sumerien

179. In welcher Stadt fanden, der Überlieferung nach, die ersten Olympischen Spiele statt?

a) Athen
b) Sparta
c) Olympia
d) Marathon

180. Wie wird der antike griechische Stadtstaat bezeichnet?

a) Ethnos
b) Spartas
c) Polis
d) Demokratos

181. Der berühmte karthagische Feldherr, der mit seinen Kriegs-elefanten die Alpen überquerte, um das Römische Reich anzu-greifen hieß ...

a) Hannibal
b) Massinissa
c) Alexander
d) Cicero

182. Wie hieß der erste römische Kaiser?

a) Caesar
b) Nero
c) Caligula
d) Augustus

183. In welchem Jahr fand, gemäß der Überlieferung, die Grün-dung Roms statt?

a) 753 vor Christus
b) 333 nach Christus
c) 3 nach Christus
d) 531 vor Christus

184. Welcher römische Kaiser erließ 313 das religiöse Toleranzedikt von Mailand, das zur massiven Ausbreitung des Christentums führte?

a) Nero
b) Claudius
c) Konstantin I.
d) Caligula

185. Wie hieß der bekannteste Hun-nenkönig?

a) Kublai Khan
b) Attila
c) Iwan
d) Dschingis Khan

186. Welcher Herrscher wurde im Jahr 800 durch Papst Leo III. zum Kaiser über das Heilige Römische Reich gekrönt?

a) Karl der Große
b) Peter der Große
c) Alexander der Große
d) Friedrich der Große

187. Wie heißt die Epoche zwischen Antike und Neuzeit?

a) Renaissance
b) Mittelalter
c) Barock
d) Klassik

188. Die Grundherrschaft im Mittelalter nannte man ...

a) Ritterherrschaft
b) Privilegienherrschaft
c) Feudalherrschaft
d) Absolutismus

189. Wann begann beziehungsweise endete der Dreißigjährige Krieg?

a) 917 bis 947
b) 1914 bis 1944
c) 1839 bis 1869
d) 1618 bis 1648

190. Der Westfälische Friede beendete ...

a) den Siebenjährigen Krieg
b) den Hundertjährigen Krieg
c) den Dreißigjährigen Krieg
d) den Sechstagekrieg

191. Die Niederlage Preußens gegen Napoleon hatte in Preußen umfangreiche Reformen zur Folge. Wer war für die Bildungsreformen verantwortlich?

a) Wilhelm von Humboldt
b) Friedrich Wilhelm I.
c) Alexander von Humboldt
d) Kurfürst Friedrich III.

192. Wann trat die Paulskirchenverfassung in Kraft?

a) 1849
b) 1871
c) 1914
d) niemals

193. Durch welche(n) Krieg(e) zerbrach das Heilige Römische Reich endgültig?

a) Dreißigjähriger Krieg
b) Deutsch-Dänischer Krieg
c) Hundertjähriger Krieg
d) Napoleonische Kriege

194. Wer wurde im französischen Schloss Versailles zum deutschen Kaiser proklamiert?

a) Friedrich der Große
b) Kaiser Wilhelm I.
c) Kaiser Wilhelm II.
d) Karl der Große

195. Das sogenannte »Deutsche Kaiserreich« dauerte von ...

a) 1871 bis 1919
b) 1871 bis 1917
c) 1871 bis 1918
d) 1871 bis 1914

196. Wie hieß der erste Reichskanzler des Deutschen Reichs?

a) Friedrich Ebert

b) Kaiser Wilhelm I.

c) Kaiser Wilhelm II.

d) Otto von Bismarck

197. Das sogenannte »Deutsche Reich« dauerte von ...

a) 1918 bis 1945

b) 1871 bis 1945

c) 1871 bis 1918

d) 1917 bis 1945

198. Welche Versicherungen führte Otto von Bismarck mit seiner 1881 initiierten Sozialgesetzgebung ein?

a) Kranken- und Unfallversicherung

b) Arbeitslosenversicherung

c) Pflegeversicherung

d) Unfall- und Arbeitslosenversicherung

199. Wann begann beziehungsweise endete der Erste Weltkrieg?

a) 1914 bis 1919

b) 1918 bis 1933

c) 1914 bis 1918

d) 1917 bis 1918

200. In welchem Jahr traten die USA in den Ersten Weltkrieg ein?

a) 1914

b) gar nicht

c) 1917

d) 1915

201. Was war die Weimarer Republik?

a) eine Monarchie

b) eine Diktatur

c) eine Demokratie

d) eine Anarchie

202. In welchem Jahr begann die sogenannte »Weltwirtschaftskrise«?

a) 1929

b) 1918

c) 1919

d) 1933

203. Welcher Politiker rief am 9. November 1918 von einem Fenster des Berliner Reichstags die Republik aus?

a) Friedrich Ebert

b) Philipp Scheidemann

c) Max von Baden

d) Otto von Bismarck

204. Wie hieß der erste Reichspräsident der Weimarer Republik?

a) Konrad Adenauer

b) Paul von Hindenburg

c) Friedrich Ebert

d) Heinrich Brüning

205. In welchem Jahr fand die sogenannte Machtergreifung durch die Nationalsozialisten statt?

a) 1934

b) 1933

c) 1931

d) 1932

206. Wann begann beziehungsweise endete der Zweite Weltkrieg?

a) 1939 bis 1945

b) 1939 bis 1941

c) 1940 bis 1945

d) 1918 bis 1933

207. Auf welches Land wurden am Ende des Zweiten Weltkriegs zwei Atombomben abgeworfen?

a) Russland
b) Deutschland
c) Japan
d) China

208. Das Attentat vom 20. Juli 1944 gegen Adolf Hitler wurde ausgeführt von ...

a) Joachim von Ribbentrop
b) Hermann Göring
c) Sophie Scholl
d) Claus Schenk Graf von Stauffenberg

209. Den Ost-West-Konflikt zwischen 1945 bis 1990 unter Führung der USA auf der einen und der Sowjetunion auf der anderen Seite nennt man ...

a) Heiße Phase
b) Kalter Krieg
c) Kontrollierter Konflikt
d) Wettbewerb der Nationen

210. Welchem französischen König wird der Satz »Der Staat, das bin ich!« zugeschrieben?

a) Ludwig XI.
b) Ludwig XVI.
c) Ludwig XIV.
d) Ludwig XVII.

211. In welchem Jahr fand die französische Revolution statt?

a) 1648
b) 1789
c) 1776
d) 1871

212. Wann begann die industrielle Revolution in Großbritannien?

a) Mitte des 17. Jahrhunderts
b) Ende des 19. Jahrhunderts
c) Anfang des 18. Jahrhunderts
d) Ende des 18. Jahrhunderts

213. Wie hieß der russische Zar, der grundlegende Reformen nach westlichem Vorbild durchführte?

a) Iwan der Schreckliche
b) Alexander der Gutmütige
c) Nikolaus der Starke
d) Peter der Große

214. Wie hieß der absolute Alleinherrscher der Sowjetunion von 1927 bis 1953?

a) Trotzki
b) Stalin
c) Lenin
d) Kalinin

215. Wie heißt die Nachfolgeorganisation der Sowjetunion?

a) GUS
b) SOZ
c) RUS
d) KOM

216. Auf welches Datum bezieht sich der Unabhängigkeitstag der USA?

a) 4. Juli 1865
b) 4. Juli 1565
c) 4. Juli 1776
d) 4. Juli 1666

217. Wie hieß der erste Präsident der USA?

a)   George Washington
b)   Abraham Lincoln
c)   Walter York
d)   John Little

218. Wie hieß der erste Präsident der USA, der ermordet wurde?

a)   John F. Kennedy
b)   Ronald Reagan
c)   Robert Kennedy
d)   Abraham Lincoln

Wie geht es weiter?

Wenn Sie Ihr Wissen im Themenfeld Geschichte vor Einstellungstests und Vorstellungsgesprächen zielgerichtet erweitern möchten, sollten Sie dabei die Aufgaben und Zielsetzungen Ihres künftigen Arbeitgebers im Blick behalten. Wie dies geht, werden wir Ihnen nun beispielhaft für Kandidaten erläutern, die sich um eine Stelle im Auswärtigen Amt beworben haben. Entwickeln Sie bei Bedarf anhand unserer Beispielfragen ähnliche Fragen, die Ihr künftiger Arbeitgeber Ihnen stellen könnte.

- Welche geschichtlichen Besonderheiten sind im Verhältnis zwischen Deutschland und Russland auch heute noch zu berücksichtigen?
- Wie ist das aktuelle Verhältnis zwischen Frankreich und Deutschland?
- Welche historischen Spannungsfelder wirken in Großbritannien bis heute fort?
- Welche historischen Ereignisse prägen das Verhältnis der USA zu Deutschland bis in die Gegenwart?
- Wodurch ist das besondere Verhältnis zwischen Israel und Deutschland gekennzeichnet?
- Wie könnte der Friedensprozess zwischen Israel und seinen Nachbarn wieder in Gang gebracht werden?
- Welche geschichtlichen Ereignisse sollte man im Gedächtnis haben, wenn man sich zum deutsch-polnischen Verhältnis äußert?
- Welche Chancen und Risiken besitzt die Europäische Union vor dem Hintergrund der geschichtlichen Entwicklungen zwischen den Mitgliedsländern?

Allgemeinbildung: Politik

Was erwartet Sie?

Die beiden größten Blöcke im Bereich Allgemeinbildung sind die Fragenkataloge zu den Themen Wirtschaft und Politik, und das mit gutem Grund: Um das hiesige wirtschaftliche Geschehen verstehen zu können, ist auch eine Kenntnis des bundesdeutschen politischen Systems notwendig. Da aber nicht nur die Wirtschaft, sondern auch die Politik immer internationaler wird, erwarten Sie auch Fragen zu den politischen Systemen anderer Staaten sowie zu staatenübergreifenden Institutionen und Bündnissen. Nach Ihrem Training können Sie diese Fragen beantworten: Wofür stehen die Sterne der US-amerikanischen Flagge? Was bedeutet Laizismus? Und wer wählt den Bundesratspräsidenten?

Was wollen die Firmen?

Politische Entscheidungen beeinflussen nicht nur jeden Einzelnen, sondern auch die Wirtschaft. Obwohl in den Medien ständig über das politische Geschehen berichtet wird, verfügen doch nur wenige Menschen über ein Raster, in das sie die Informationen sinnvoll einordnen können. Manche Firmen erwarten aber ein politisches Orientierungswissen. Deshalb werden Sie in Einstellungstests auch mit Fragen aus diesem Themenblock konfrontiert werden. Wenn Sie sich hingegen bei öffentlichen Arbeitgebern wie Verwaltungen, dem Bundesgrenzschutz oder der Polizei bewerben, wird man auch Detailwissen einfordern. Schließlich müssen Sie als angehender Vertreter des Staates die Grundzüge des Staatsrechts kennen und wissen, wie politische Abläufe gestaltet werden.

Wie können Sie Punkte sammeln?

Machen Sie das trockene Thema Politik für sich lebendiger. Lassen Sie die Nachrichten nicht nur an sich vorbeirauschen, sondern nutzen Sie sie als Aufhänger, um Ihr Wissen auch in diesem Bereich auszubauen. Wenn Sie erst einmal über grundlegende Strukturen und Kenntnisse verfügen, wird es Ihnen viel leichter fallen, aktuelle politische Ereignisse in ihren historischen und globalen Kontext einzuordnen.

219. Wer wählt den Bundeskanzler beziehungsweise die Bundeskanzlerin?

a) Bundesrat
b) Bundesgerichtshof
c) Bundestag
d) Bundesversammlung

220. Wie oft kann der Bundeskanzler wiedergewählt werden?

a) einmal
b) zweimal
c) unbegrenzt
d) dreimal

221. Wer ernennt den Bundeskanzler?

a) der Bundesratspräsident
b) der Bundestagspräsident
c) der Bundespräsident
d) der Präsident des Bundesrechnungshofs

222. Die Hälfte der Stimmen des Bundestags plus eine weitere Stimme ist ...

a) die Zweidrittelmehrheit
b) die einfache Mehrheit
c) die Kanzlermehrheit
d) die konstruktive Mehrheit

223. Was bedeutet Richtlinienkompetenz?

a) Der Bundeskanzler gibt die Grundlinien der Politik vor.
b) Der Bundeskanzler ordnet an, was die Minister zu tun haben.
c) Der Bundeskanzler erlässt schriftliche Richtlinien für die Minister.
d) Der Bundeskanzler ist an die Richtlinien des Grundgesetzes gebunden.

224. Wie hieß der erste Bundeskanzler der Bundesrepublik Deutschland?

a) Willy Brandt
b) Ludwig Erhard
c) Konrad Adenauer
d) Otto von Bismarck

225. Welcher Bundeskanzler war Nachfolger Ludwig Erhards?

a) Kurt Georg Kiesinger
b) Helmut Kohl
c) Willy Brandt
d) Helmut Schmidt

226. **Für welche Politik erhielt Bundeskanzler Willy Brandt den Friedensnobelpreis?**
a) Westpolitik
b) Ostpolitik
c) Wiedervereinigung
d) Gründung der Europäischen Union

227. **Wen löste Angela Merkel als Bundeskanzlerin ab?**
a) Helmut Kohl
b) Gerhard Schröder
c) Edmund Stoiber
d) Roman Herzog

228. **Wer wählt den Bundespräsidenten?**
a) Bundesrat
b) Bundespräsidentenkammer
c) Bundestag
d) Bundesversammlung

229. **Wie oft ist eine Wiederwahl des Bundespräsidenten erlaubt?**
a) gar nicht
b) zweimal
c) einmal
d) dreimal

230. **Wie lange dauert die Amtszeit des Bundespräsidenten?**
a) fünf Jahre
b) vier Jahre
c) drei Jahre
d) sechs Jahre

231. **Wer muss Gesetze des Bundestags unterzeichnen, damit sie in Kraft treten können?**
a) Bundestagspräsident
b) Bundesratspräsident
c) Bundeskanzler
d) Bundespräsident

232. **Wer vertritt Deutschland völkerrechtlich?**
a) Bundespräsident
b) Bundeskanzler
c) Außenminister
d) Verteidigungsminister

233. **An welcher Stelle der protokollarischen Rangfolge Deutschlands steht der Bundeskanzler beziehungsweise die Bundeskanzlerin?**
a) an erster Stelle
b) an dritter Stelle
c) an zweiter Stelle
d) an vierter Stelle

234. **Wie hieß der erste Bundespräsident der Bundesrepublik Deutschland?**
a) Theodor Heuss
b) Roman Herzog
c) Konrad Adenauer
d) Heinrich Lübke

235. **Welcher Bundespräsident folgte auf Roman Herzog?**
a) Horst Köhler
b) Richard von Weizsäcker
c) Gerhard Schröder
d) Johannes Rau

236. **Was bedeutet »Deutschland ist eine parlamentarische Demokratie«?**
a) Das Volk wählt den Bundestag.
b) Der Bundeskanzler wird vom Volk gewählt.
c) Das Parlament wählt den Bundespräsidenten.
d) Die Ministerpräsidenten wählen den Bundeskanzler.

237. Was bedeutet »Föderalismus«?

a) die Unterteilung in Stadtstaaten

b) die Unabhängigkeit von Parlament und Gericht

c) die Unabhängigkeit von Regierung und Gericht

d) die Unterteilung in kleinere Gliedstaaten

238. Wo ist der Sitz des Bundesverfassungsgerichts?

a) Berlin

b) Bonn

c) Köln

d) Karlsruhe

239. Wie hieß die Staatspartei der DDR?

a) Sozialistische Elite Deutschlands

b) Soziale Einheitspartei Deutschlands

c) Sozialistische Einheitspartei Deutschlands

d) Sozialdemokratische Einheitspartei Deutschlands

240. »Unabhängige Richter« im Sinne des Grundgesetzes heißt ...

a) Richter sind weisungsgebunden

b) Richter unterliegen ihrem Gewissen

c) Richter sind an Gesetze gebunden

d) Richter sind nicht an Gesetze gebunden

241. Was bedeutet »konstruktives Misstrauensvotum«?

a) Der Bundespräsident kann den Bundeskanzler nur dann entlassen, wenn er gleichzeitig einen Nachfolger ernennt.

b) Das Parlament kann den Bundeskanzler mit Mehrheit nur dann abwählen, wenn die Mehrheit sich gleichzeitig auf einen Nachfolger einigt.

c) Das Parlament kann den Bundeskanzler mit Mehrheit nur dann abwählen, wenn seine Fraktion gleichzeitig einen Nachfolger vorschlägt.

d) Der Bundespräsident kann nur dann abgewählt werden, wenn die Bundesversammlung gleichzeitig einen Nachfolger vorschlägt.

242. Wie viele Wahlkreise gibt es in Deutschland?

a) 301

b) 299

c) 290

d) 302

243. Wie groß ist die gesetzliche Anzahl der Mitglieder des Bundestags?

a) 600

b) 602

c) 604

d) 598

244. Wie wird der Bundestag gewählt?

a) in indirekter Wahl durch das Volk

b) in direkter Wahl durch die Landtage

c) in direkter Wahl durch das Volk

d) in direkter Wahl durch die Parteien

245. Wann wurde das Grundgesetz verkündet?

a)   4. Mai 1945

b)   24. Mai 1949

c)   3. Oktober 1990

d)   23. Mai 1949

246. Wann ist das Grundgesetz in Kraft getreten?

a)   9. November 1989

b)   3. Oktober 1990

c)   24. Mai 1949

d)   4. Oktober 1990

247. Welche Mehrheit ist erforderlich, um das Grundgesetz zu ändern?

a)   Zweidrittelmehrheit des Bundestags

b)   qualifizierte Mehrheit des Bundestags

c)   einfache Mehrheit des Bundestages und einfache Mehrheit des Bundesrats

d)   Zweidrittelmehrheit des Bundestags und des Bundesrats

248. An welchem Tag erfolgte die Wiedervereinigung der beiden deutschen Staaten?

a)   9. November 1989

b)   3. Oktober 1990

c)   5. Mai 1945

d)   23. Mai 1949

249. Unter welchem Bundeskanzler erfolgte die deutsche Wiedervereinigung?

a)   Helmut Kohl

b)   Willy Brandt

c)   Helmut Schmidt

d)   Konrad Adenauer

250. Was fand am 17. Juni 1953 in der DDR statt?

a)   Bau der Berliner Mauer

b)   Bau der innerdeutschen Grenze

c)   Beginn der Blockade von Berlin, die durch die Berliner Luftbrücke überwunden wurde

d)   Demonstrationen, Proteste und Streiks, die als Volksaufstand bezeichnet werden

251. Wann begann der Bau der Berliner Mauer?

a)   17. Juni 1953

b)   13. August 1961

c)   23. Mai 1949

d)   8. November 1964

252. Wann fiel die Berliner Mauer?

a)   3. Oktober 1990

b)   8. November 1964

c)   1. Januar 1990

d)   9. November 1989

253. Was meint Pluralismus?

a)   die Mehrheit im Bundestag bei Abstimmungen

b)   die höchste Prozentzahl bei Meinungsumfragen

c)   die Bindung der höchsten Gerichte an die Gesetze

d)   die gleichberechtigte Existenz verschiedener politischer Ansichten

254. Was ist die Legislative?

a)   die Regierung

b)   die Rechtsprechung

c)   das Kabinett

d)   das Parlament

255. Was ist die Exekutive?

a) die Gerichte

b) die Regierung

c) der Bundesaußenminister

d) die Landtage

256. Was ist die Judikative?

a) der Justizminister

b) die juristische Fakultät einer Universität

c) die Gerichte

d) die Gesamtheit der Juraprofessoren

257. Was wird unter der vierten Gewalt verstanden?

a) die Medien

b) die Armee

c) die Polizei

d) das Bundesverfassungsgericht

258. In welchem Artikel des Grundgesetzes wird die Pressefreiheit geschützt?

a) Artikel 1

b) Artikel 5

c) Artikel 9

d) Artikel 104

259. Wie heißt der Staatenbund, dem Großbritannien und die Nachfolgestaaten des British Empire angehören?

a) Commonwealth of Nations

b) United Nations

c) Dominian Nations

d) British Nations

260. Das britische Parlament besteht aus zwei Kammern, ...

a) dem House of Lords und dem House of Workers

b) dem House of Lords und dem House of Commons

c) dem House of Law und dem House of Commons

d) dem House of Peers und dem House of Commons

261. Wie heißt der Vorsitzende des House of Commons?

a) Speaker

b) Prime Minister

c) Lordsiegelbewahrer

d) Lordkanzler

262. Wie bezeichnet man es in Frankreich, wenn Präsident und Premierminister unterschiedlichen Parteien angehören?

a) Cohabitation

b) Commonsense

c) Collage

d) Cocteau

263. Wie wird das Prinzip der Trennung von Kirche und Staat in Frankreich bezeichnet?

a) Liberalismus

b) Ethnozismus

c) Glaubensfreiheit

d) Laizismus

264. Im Zentrum der Reformpolitik von Michail Gorbatschow standen die Begriffe »Perestroika« und »Glasnost«. Was bedeuten sie?

a) Umgestaltung und Transparenz

b) Veränderung und Steuerung

c) Wiederherstellung und Geschlossenheit

d) Besinnung und Stärke

265. Wie lange bestand die Sowjetunion (UdSSR)?

a) 1922 bis 1991
b) 1917 bis 1989
c) 1933 bis 1989
d) 1945 bis 1991

266. Wie hieß der Wahlspruch der Sowjetunion?

a) Der hat die Macht, an den die Menge glaubt!
b) Der Mensch ist das Maß aller Dinge!
c) Vertrauen ist gut, Kontrolle ist besser!
d) Proletarier aller Länder, vereinigt euch!

267. Wofür stehen die 50 Sterne auf der Flagge der USA?

a) für die 48 Bundesstaaten und zwei Stadtstaaten der USA
b) für die 50 Bundesstaaten
c) für die 49 Bundesstaaten und die Hauptstadt Washington D.C.
d) für die 49 Bundesstaaten und den Distrikt Alaska

268. Wie heißt das Parlament der USA?

a) Senat
b) Repräsentantenhaus
c) Parlament
d) Kongress

269. Welche zwei Elemente der US-Verfassung von 1787 haben auch in das Grundgesetz der Bundesrepublik Deutschland Eingang gefunden?

a) Gewaltenteilung und Pressefreiheit
b) Religionsfreiheit
c) Wirtschaftsfreiheit und Demokratie
d) Grundrechte und Föderalismus

270. Wie heißen die beiden großen Parteien in den USA?

a) Republikaner und Liberale
b) Republikaner und Demokraten
c) Republikaner und Sozialisten
d) Liberale und Demokraten

271. Wann wurden die beiden Türme des World Trade Centers in New York durch einen Terroranschlag zerstört?

a) 9. November 1989
b) 11. September 2005
c) 3. April 1949
d) 11. September 2001

272. Wie heißt der offizielle Amtssitz des Präsidenten der USA?

a) Weißes Haus
b) Pentagon
c) Supreme Court
d) Oval Office

273. Was ist die North Atlantic Treaty Organization?

a) ein bildungspolitisches Bündnis
b) ein parteipolitisches Bündnis
c) ein politisch-militärisches Bündnis
d) ein wirtschaftlich-politisches Bündnis

274. In welcher Stadt hat der Nordatlantikrat der NATO seinen Sitz?

a) New York
b) Rejkjavik
c) Brüssel
d) London

**275. Wie hieß die militärische Gegen-
organisation der NATO im
Kalten Krieg?**

a) Moskauer Pakt

b) Warschauer Pakt

c) Kiewer Pakt

d) Prager Pakt

**276. Wie hieß die Vorgängerorganisa-
tion der OSZE?**

a) KSZE

b) OPEC

c) OECD

d) Völkerbund

**277. Welche Staaten gehören der
OSZE an?**

a) die Staaten Europas, die Nachfolgestaaten der Sowjetunion

b) die Staaten Europas, die USA, die
Nachfolgestaaten der Sowjetunion

c) die Staaten Europas, die USA,
Kanada, die Nachfolgestaaten der
Sowjetunion

d) die Staaten Europas, die USA,
Kanada

**278. Was regelt das Kyoto-Protokoll
aus dem Jahr 1997?**

a) Klimaschutz durch Einschränkung
des Wirtschaftswachstums

b) Klimaschutz durch nachhaltiges
Wirtschaften

c) Klimaschutz durch Pflicht zur Einführung von Katalysatoren für
Diesel-LKW

d) Klimaschutz durch Schadstoff-
senkung in der Luft

Wie geht es weiter?

Für das Thema Politik gilt genauso wie für die Themen Europäische Union und Wirtschaft, dass Sie die folgenden Fragen aktuell im Internet recherchieren sollten, falls Sie damit rechnen, in Kürze zu einem Einstellungstest oder einem Vorstellungsgespräch eingeladen zu werden:

- Wie ist der Name des/der amtierenden Bundespräsidenten/-in?
- Wer ist momentan Bundeskanzler/-in?
- Wie heißt der/die derzeitige Außenminister/-in?
- Wer ist momentan Verteidigungsminister/-in?
- Wer ist aktuell Innenminister/-in?
- Wie heißt der/die Ministerpräsident/-in beziehungsweise der/die Regierende Bürgermeister/-in des Bundeslandes, in dem Sie wohnen?
- Wer ist momentan Präsident/-in der USA?
- Wie heißt der/die aktuelle Präsident/-in Russlands?
- Wer ist zurzeit Premierminister/-in in Großbritannien?
- Wie heißt der/die amtierende Präsident/-in Frankreichs?
- Wer ist momentan Generalsekretär/-in der Vereinten Nationen?

Allgemeinbildung: Kultur

Was erwartet Sie?

Auch wenn Kenntnisse aus den Bereichen Europäische Union, Wirtschaft, Naturwissenschaften oder Politik im Mittelpunkt von Einstellungstests stehen, wird doch gelegentlich auch auf Fragen aus den Bereichen Musik, Kunst oder Literatur zurückgegriffen. Hier geht es weniger um detailliertes Wissen, sondern eher um die Allgemeinbildung der Bewerber. Nach dem Durcharbeiten dieses Kapitels werden Sie auch die folgenden Fragen nicht mehr in Verlegenheit bringen: Welcher russische Schriftsteller schrieb *Krieg und Frieden*? Welcher deutsche Schriftsteller erhielt 1999 den Nobelpreis? Und was bedeutet der Begriff »Renaissance«?

Was wollen die Firmen?

Literatur, Kunst und Musik stehen im Firmenalltag zunächst nicht im Vordergrund. Sie sollten aber bedenken, dass sich viele Firmen im Kulturbereich engagieren, beispielsweise durch Sponsoring oder das Veranstalten von Kunstausstellungen. Daran sehen Sie, dass die Firmen den schönen Künsten durchaus Gewicht beimessen. Kultur ist sinnstiftendes Band im Alltag und auch als Small-Talk-Thema bei Geschäftsessen durchaus wichtig. Es wird von Bewerbern schon erwartet, dass sie sich auch über die harten Fakten des Arbeitsbereichs hinaus ein wenig auskennen. Gerade wenn Sie sich um eine Position mit viel Kundenkontakt bewerben, möchte man sehen, dass Sie auch bei Themen außerhalb des Geschäftlichen mithalten können.

Wie können Sie Punkte sammeln?

Machen Sie es sich einfach. Die Themen Kultur und Geschichte stehen in einem engen Zusammenhang. Wenn Sie also hier kulturelles Orientierungswissen erwerben, hilft Ihnen dies in beiden Bereichen. Versuchen Sie immer wieder, Zusammenhänge zu erkennen, damit sich Ihnen Ihr neues Wissen besser einprägt.

279. Wer schrieb das Drama *Nathan der Weise?*

a) Gotthold Ephraim Lessing
b) Christian Fürchtegott Gellert
c) Jakob Michael Reinhold Lenz
d) Siegfried Lenz

280. Von welchem Autor stammt das Zitat »Dort, wo man Bücher verbrennt, verbrennt man auch am Ende Menschen«?

a) Bertolt Brecht
b) Gottfried Benn
c) Thomas Mann
d) Heinrich Heine

281. Der weltberühmte Antikriegsroman *Im Westen nichts Neues* **stammt von ...**

a) Heinrich Mann
b) Hermann Hesse
c) Erich Maria Remarque
d) Erich Kästner

282. Wie heißt der berühmteste Vertreter der Weimarer Klassik?

a) Gotthold Ephraim Lessing
b) Johann Wolfgang von Goethe
c) Heinrich Böll
d) Franz Kafka

283. Welcher Autor schrieb die Tragödie *Faust?*

a) Johann Wolfgang von Goethe
b) Friedrich von Schiller
c) Gerhart Hauptmann
d) Siegfried Lenz

284. Wer gilt als letzter deutscher Dichter der Romantik?

a) Theodor Storm
b) Wilhelm Raabe
c) Friedrich von Schiller
d) Heinrich Heine

285. Welcher Literaturepoche wird das Werk *Die Leiden des jungen Werther* **zugeordnet?**

a) Aufklärung
b) Sturm und Drang
c) Biedermeier
d) Romantik

286. Welcher deutsche Schriftsteller erhielt 1999 den Literaturnobelpreis?

a) Uwe Johnson
b) Heinrich Böll
c) Bertolt Brecht
d) Günter Grass

287. Welcher Autor schrieb die *Dreigroschenoper?*

a) Bertolt Brecht
b) Alfred Döblin
c) Erich Kästner
d) Rainer Maria Rilke

288. Welche Literaturepoche folgte der Periode des »Sturm und Drang«?

a) spätes Mittelalter
b) Romantik
c) Klassik
d) Aufklärung

289. Der berühmte Roman, der von einer Lübecker Kaufmannsfamilie handelt, heißt ...

a) *Die Ackermanns*
b) *Die Buddenbrooks*
c) *Die Räuber*
d) *Die Bürgschaft*

290. Mit welchem Namen wird die Lyrik des Minnesangs verbunden?

a) Martin Luther
b) Walther von der Vogelweide
c) Ulrich von Hutten
d) Hans Sachs

291. Der Abenteuerroman *Die drei Musketiere* stammt von ...

a) Alexandre Dumas
b) Victor Hugo
c) Jules Verne
d) Miguel de Cervantes

292. William Shakespeare schrieb die Tragödie ...

a) *Don Quijote*
b) *König Ödipus*
c) *Hamlet*
d) *Elektra*

293. Welcher russische Schriftsteller schrieb den historischen Roman *Krieg und Frieden*?

a) Maxim Gorki
b) Fjodor Dostojewski
c) Leo Tolstoi
d) Anton Tschechow

294. Die berühmten Höhlenmalereien der Altsteinzeit befinden sich in ...

a) Kairo und Thessaloniki
b) Altamira und Lascaux
c) Florenz und Turin
d) St. Petersburg und Krasnodar

295. Notre-Dame in Paris ist eine ...

a) romanische Kathedrale
b) barocke Kathedrale
c) gotische Kathedrale
d) klassizistische Kathedrale

296. Wie heißen die drei weltgrößten Kathedralen im gotischen Stil?

a) Speyrer Dom, Mailänder Dom, Mainzer Dom
b) Kathedrale von Sevilla, Mailänder Dom, Kölner Dom
c) Wormser Dom, Kölner Dom, Aachener Dom
d) Kathedrale von Sevilla, Petersdom, Berliner Dom

297. Was bedeutet der Begriff »Renaissance«?

a) Erinnerung
b) Wiedergeburt
c) Nähe
d) Widerschein

298. Welcher Maler schuf die »Mona Lisa«?

a) Pablo Picasso
b) Rembrandt
c) Jan Vermeer
d) Leonardo da Vinci

299. Ein wichtiges Motiv für die Romantik ist ...

a) die Stadt
b) die Natur
c) die griechische Mythologie
d) die römische Mythologie

300. Wer komponierte die »Kleine Nachtmusik«?

a) Johann Sebastian Bach
b) Wolfgang Amadeus Mozart
c) Johann Strauß
d) Richard Strauss

301. Die Oper *La Traviata* komponierte ...

a) Giuseppe Verdi
b) Ludwig van Beethoven
c) Franz Schubert
d) Joseph Haydn

303. Wer komponierte die Oper *Don Giovanni*?

a) Christoph Willibald Gluck
b) Heinrich Schütz
c) Wolfgang Amadeus Mozart
d) Ludwig van Beethoven

302. Wie viele Saiten hat ein Kontrabass?

a) fünf
b) vier
c) sechs
d) acht

Wie geht es weiter?

Ihr Wissen im Bereich Kultur können Sie sehr einfach ausbauen. Besuchen Sie eine aktuelle Ausstellung in einem Museum, schließen Sie sich einer Stadtführung an, schauen Sie sich die Architektur ausgewählter Bauwerke an, besuchen Sie Konzerte, lesen Sie viel. Rechnen Sie in diesem Themenfeld mit Nachfragen vonseiten des künftigen Arbeitgebers, können Sie Ihren kulturellen Horizont anhand der folgenden Fragen noch erweitern:

• Welche Bauwerke sind prägend für das Erscheinungsbild der Stadt/ der Region, in der Sie eingesetzt werden sollen?
• Zu welchen Epochen zählen diese Bauwerke?
• Gibt es berühmte Töchter oder Söhne der Stadt/der Region (Architekten, Musiker, Autoren, Schauspieler)?
• Wie heißen die führenden Museen der Stadt/der Region?
• Welche Sammlungen beherbergen die führenden Museen der Stadt/ der Region?
• Welche aktuellen Ausstellungen gibt es in den führenden Museen der Stadt/der Region?
• Welchen Baustilen sind die Rathäuser, Theater, Opernhäuser, Schauspielhäuser, Museen, Schlösser, Herrenhäuser der Stadt/der Region zuzurechnen?
• Wer sind Ihre persönlichen Favoriten in den Bereichen Musik, Literatur, Architektur, Ballett, Theater oder Film?

Allgemeinbildung: Religion

Was erwartet Sie?

Fragen rund um das Thema Religion liegen uns persönlich am Herzen. Wir finden, dass man zumindest die fünf Weltreligionen und einige ihrer jeweiligen Besonderheiten kennen sollte. Nicht zuletzt vor dem Hintergrund, dass es immer wieder Spannungen zwischen Religionsgruppen gibt, halten wir eine kleine Auswahl von Fakten für bedeutsam. So versteht man besser, wo es Unterschiede gibt und wo die Wurzeln für manche Konflikte liegen.

Was wollen die Firmen?

Auf den ersten Blick erscheint die Frage, ob Firmen an Ihrem Wissen über Religion interessiert sind, eher überflüssig. Weder darf die religiöse Zugehörigkeit von Bewerberinnen und Bewerbern im Vorstellungsgespräch direkt erfragt werden, noch sind dazu Fragen im Einstellungstest erlaubt. Vor dem Hintergrund immer internationaler operierender Unternehmen sieht die Sache aber schon ganz anders aus: Für große Konzerne mit vielen Mitarbeitern oder für Firmen, die ihre Mitarbeiter häufig ins Ausland schicken, ist interkulturelle Kompetenz nicht nur ein Schlagwort. Und zu dieser Kompetenz in Sachen »anderer Kultur« gehört natürlich auch etwas Wissen um die jeweiligen religiösen Besonderheiten.

Wie können Sie Punkte sammeln?

Machen Sie sich mithilfe unserer Fragen aus dem Bereich Religion zum kleinen Experten in Sachen interkulturelle Kompetenz. Wenn Sie häufiger mit Kolleginnen oder Kollegen, die einen anderen religiösen Hintergrund besitzen, zu tun haben, sollten Sie Ihr Wissen ausbauen, indem Sie einfach direkt nachfragen. Dies ist nicht nur horizonterweiternd, sondern auch spannend. Lernen Sie aus erster Hand, welchen Stellenwert Religion und kulturelle Prägung für andere haben.

304. Wie viele Menschen sind Anhänger des Christentums?

a) circa 1 Milliarde
b) circa 700 Millionen
c) circa 2 Milliarden
d) circa 200 Millionen

305. Das Christentum ist ...

a) atheistisch
b) polytheistisch
c) monotheistisch
d) unotheistisch

306. Was feiern Christen an Ostern?

a) die Kreuzigung von Jesus
b) die Auferstehung von Jesus
c) die Geburt von Jesus
d) das Ende der Fastenzeit

307. Am Karfreitag gedenken Christen ...

a) der Kreuzigung von Jesus
b) der Taufe von Jesus
c) der Wunder von Jesus
d) der Auferstehung von Jesus

308. Wie hieß der Theologieprofessor, der die Reformation begründete?

a) Johann Tetzel
b) Kardinal Albrecht
c) Papst Leo X.
d) Martin Luther

309. Die vier Evangelisten des Neuen Testaments heißen ...

a) Matthäus, Markus, Jonas, Lukas
b) Matthäus, Martin, Lukas, Johannes
c) Matthäus, Markus, Lukas, Johannes
d) Martin, Markus, Lukas, Johannes

310. »Du sollst nicht töten« lautet das ...

a) sechste Gebot
b) erste Gebot
c) zehnte Gebot
d) dritte Gebot

311. Wie hieß der polnische Papst, dem eine maßgebliche Rolle bei der Beendigung des Kommunismus zugesprochen wird?

a) Benedikt XVI.
b) Johannes Paul II.
c) Johannes Paul I.
d) Paul VI.

312. Simon Petrus ...

a) war der erste deutsche Papst
b) war ein Protestant
c) war einer der zwölf Apostel
d) war der Verräter Jesu

313. Wie heißt die Verpflichtung zur Ehelosigkeit innerhalb der römisch-katholischen Kirche?

a) Zölestin
b) Zölibat
c) Zölom
d) Zömeterium

314. Welchen Namen trug der »Stammvater« Israels?

a) Moses
b) Isaak
c) Abraham
d) Jakob

315. Wie werden jüdische Gelehrte bezeichnet?

a) Priester
b) Rabbiner
c) Orthodoxe
d) Bischöfe

316. Wie viele Menschen gehören dem Islam an?

a) circa 1,3 Milliarden
b) circa 250 Millionen
c) circa 2 Milliarden
d) circa 4 Milliarden

317. Die heilige Schrift des Islam heißt ...

a) Bibel
b) Tanach
c) Neues Testament
d) Koran

318. Wie bezeichnet man die zwei größten Richtungen innerhalb des Islam?

a) Sunniten und Aleviten
b) Schiiten und Charidschiten
c) Sufis und Sunniten
d) Sunniten und Schiiten

319. Der Stifter und Verkünder der islamischen Religion hieß ...

a) Kalif
b) Ali
c) Mohammed
d) Ayatollah

320. Wie viele Menschen gehören dem Buddhismus an?

a) circa 400 Millionen
b) circa 100 Millionen
c) circa 1,2 Milliarden
d) circa 2 Milliarden

321. Was bedeutet »Buddha«?

a) der Erlöser
b) der Erkenner
c) der Erleuchtete
d) der Edle

322. Was ist kennzeichnend für den Buddhismus?

a) Einführung des Kastensystems
b) Festlegung des Monotheismus
c) Unvergänglichkeit der Seele
d) Entwicklung von Mitgefühl

323. Wie wird die Lehre Buddhas bezeichnet?

a) Dharma
b) heilige Überlieferung
c) Karma
d) Veda

324. Das Kastensystem ist kennzeichnend für ...

a) den Islam
b) den Buddhismus
c) das Judentum
d) den Hinduismus

325. Wie ist der Name der heiligen Schriften des Hinduismus?

a) Veden
b) Suren
c) Thora
d) Dharma

Wie geht es weiter?

Grundsätzlich gilt für Gespräche im beruflichen Umfeld mit Kollegen und Kunden die bewährte Small-Talk-Regel, die besagt, dass private Probleme, politische Ansichten und religiöse Ausrichtungen lieber nicht thematisiert werden sollten. Grundsatzdiskussionen zur falschen Zeit und am falschen Ort über das Spannungsverhältnis zwischen Frauen und Männern, über nervige Politiker und über religiöse Fehlentwicklungen in bestimmten Ländern bekommen schnell eine Eigendynamik, bei der die angestrebte gute Stimmung womöglich auf der Strecke bleibt. Anders sieht es aus, wenn Sie jemanden schon länger kennen und womöglich sogar eine gemeinsame Vorliebe für kontroverse Diskussionsthemen entwickelt haben. Dann können Sie Ihr Faktenwissen auch im Themenfeld Religion erweitern, dabei helfen Ihnen diese Fragen:

- Wie haben sich die Anteile der Bevölkerung bezogen auf die verschiedenen Religionen einschließlich Atheisten innerhalb der letzten Jahrzehnte in Deutschland entwickelt?
- Wie war diese Entwicklung innerhalb der Europäischen Union?
- Welche Länder kennen Sie, in denen es ein gutes Miteinander von Religionen gibt?
- Und in welchen Ländern ist das Verhältnis der Religionen eher problematisch?
- Welche Vorzüge können Sie an anderen Religionen entdecken?
- Was stört Sie manchmal?
- Welchen Stellenwert hat Religion in Ihrem Alltag?
- Welche Werte sind für Ihr Leben wichtig?

Allgemeinbildung: Entdecker und Erfinder

Was erwartet Sie?

Fragen nach berühmten Entdeckern oder Erfindern machen eigentlich jedem Spaß. Auf irgendeine Weise haben die meisten doch schon einmal von Roald Amundsen, Alfred Nobel oder James Watt gehört. Aber was genau mit diesen Namen verbunden ist, wissen dann jedoch erheblich weniger. Wir haben noch weitere wichtige Entdecker und Erfinder für Sie ausgewählt.

Was wollen die Firmen?

Fragen nach Entdeckern und Erfindern haben für die Einstellungstests der Firmen einen ganz praktischen Vorteil: Sie lassen sich sehr gut abfragen. Nicht zuletzt aus diesem Grund enthalten die meisten Tests auch Fragen nach berühmten Frauen und Männern. Insbesondere solche Persönlichkeiten sollten Sie kennen, die Herausragendes in den Feldern geleistet haben, in denen Sie selbst arbeiten wollen. Eignen Sie sich also ganz nach Bedarf zuerst diejenigen Namen an, die Ihnen beispielsweise im Bereich Technik, Biologie, Chemie, Medizin oder Physik geläufig sein sollten.

Wie können Sie Punkte sammeln?

Gerade in den Quizsendungen im Fernsehen wird immer wieder nach Erfindern und Entdeckern gefragt. Sie werden schnell feststellen, dass Sie nach diesem Training besser als vorher mithalten können. Wenn Sie sich noch mehr Namen außergewöhnlicher Persönlichkeiten aneignen möchten, sollten Sie taktisch vorgehen: Forschen Sie selbst nach Berühmtheiten in Ihrem Fachgebiet, und dehnen Sie Ihre Recherche dann Schritt für Schritt auf Nachbargebiete aus.

326. Wer spaltete als Erster ein Atom?

a) Albert Einstein
b) Max Planck
c) Ernest Rutherford
d) John Dalton

327. Auf welchen Forscher geht das Periodensystem der Elemente zurück?

a) Louis Pasteur
b) Dmitri Mendelejew
c) Carl Remigius Fresenius
d) Otto Hahn

328. Thomas Alva Edison ...

a) erfand die Glühbirne
b) verbesserte die Bogenlampe
c) verbesserte die Glühbirne
d) erfand die Bogenlampe

329. Welcher Industrielle installierte als Erster ein Fließband in seiner Autofabrik?

a) Henry Ford
b) Gottlieb Daimler
c) Rudolf Diesel
d) Wilhelm Maybach

330. Wer gilt als Erfinder des Blitzableiters?

a) George Washington
b) Benjamin Franklin
c) Abraham Lincoln
d) Bill Clinton

331. Als Mitentdecker des Penizillins gilt ...

a) George Emil Palade
b) Günter Blobel
c) Peter Doherty
d) Alexander Fleming

332. Wem gelang die erste Nonstop-Atlantiküberquerung mit einem Flugzeug?

a) Willy Messerschmitt
b) Charles Lindbergh
c) Manfred von Richthofen
d) Otto Lilienthal

333. Welcher Chemiker erfand das Dynamit?

a) Alfred Nobel
b) Ernest Rutherford
c) Otto Hahn
d) Michael Faraday

334. Der Erfinder des Telefons war ...

a) Albert Einstein
b) Philipp Reis
c) Graham Bell
d) Werner von Siemens

335. Wer gilt als »Vater des Dampfzeitalters«?

a) James Watt
b) Gottfried Daimler
c) Thomas Newcomen
d) Carl Benz

336. Der erste Mensch am Südpol war ...

a) Ernest Shackleton
b) Robert Scott
c) Roald Amundsen
d) Fridtjof Nansen

337. Wie hieß der weltweit bekannteste deutsche Naturforscher?

a) Georg Lichtenberg
b) Wilhelm von Humboldt
c) Werner von Siemens
d) Alexander von Humboldt

338. Welcher deutsche Forscher und Mediziner gilt als Begründer der Immunologie?

a) Robert Koch

b) Max Planck

c) Paul Ehrlich

d) Emil Behring

339. Das nachmittelalterliche Weltbild, nach dem sich nicht die Sonne um die Erde, sondern die Erde um die Sonne dreht, wurde begründet von ...

a) Nikolaus Kopernikus

b) Albrecht von Wallenstein

c) Galileo Galilei

d) Isaac Newton

340. Von wem wurde die Relativitätstheorie verfasst?

a) Niels Bohr

b) Marie Curie

c) Albert Einstein

d) Masatoshi Koshiba

341. Er war Mathematiker, Philosoph, Jurist, Naturwissenschaftler, Politiker, Historiker, Theologe und Diplomat und gilt als »letzter Universalgelehrter Deutschlands«, sein Name war ...

a) Adam Ries

b) Isaac Newton

c) Alexander von Humboldt

d) Gottfried Wilhelm Leibniz

342. Die Standardnormalverteilung der Wahrscheinlichkeitsrechnung geht auf welchen Mathematiker zurück?

a) Carl Friedrich Gauß

b) Archimedes

c) René Descartes

d) Blaise Pascal

343. Der Begründer der Psychoanalyse war ...

a) Edward Thorndike

b) Sigmund Freud

c) Carl Gustav Jung

d) John B. Watson

344. Welcher Mathematiker versuchte mechanische Rechenmaschinen zu entwickeln, die als Vorläufer des Computers gelten?

a) Charles Babbage

b) Nikolaus von Kues

c) Johannes Kepler

d) Isaac Newton

345. Welche Frau war Stuntpilotin und im Zweiten Weltkrieg Hauptmann der deutschen Luftwaffe?

a) Elisabeth Tible

b) Käthe Paulus

c) Beate Uhse

d) Harriet Quimby

346. Wer entdeckte vor Christoph Kolumbus Amerika?

a) Francisco Pizarro

b) Leif Eriksson

c) Amerigo Vespucci

d) Hernán Cortés

347. Womit ist der Name Johannes Gutenberg verbunden?

a) Buchdruck

b) Glühbirne

c) Dynamit

d) Telefon

348. Welcher Naturforscher gilt als »Vater der Genetik«?

a) Charles Darwin

b) Christian Doppler

c) Gregor Mendel

d) Konrad Lorenz

349. Welcher Mathematiker beschrieb den Lehrsatz, mit dem sich die Seitenlängen eines rechtwinkligen Dreiecks berechnen lassen?

a) Euklid
b) Pythagoras
c) Archimedes
d) Gauß

350. Von welchem Physiker wurde das Gesetz der Gravitation erstmals beschrieben?

a) Isaac Newton
b) Gottfried Wilhelm Leibniz
c) Galileo Galilei
d) René Descartes

Wie geht es weiter?

Auch heute noch machen Forscher und Wissenschaftler aufsehenerregende Entdeckungen. Vieles wird in Teamarbeit geleistet, aber Auszeichnungen oder gar Nobelpreise werden in der Regel doch an Einzelpersonen vergeben. Wenn Sie sich über die Leistungen weiterer Entdecker und Erfinder informieren möchten und an den Bedingungen interessiert sind, unter denen kreativ gearbeitet werden kann, gibt es zahlreiche Ansatzpunkte. Diese Fragen helfen Ihnen dabei:

- Welche für den Alltag wichtigen Produkte können Sie mit berühmten Erfindern in Verbindung bringen?
- Welche Erfindungen sind für Ihren Arbeitsbereich bahnbrechend, und wem sind sie zuzurechnen?
- Welche Patente hat Ihr künftiger Arbeitgeber in der Vergangenheit angemeldet, und welche Person hat dabei die Hauptarbeit geleistet?
- Welchen Stellenwert haben Forschung und Entwicklung überhaupt bei Ihrem künftigen Arbeitgeber?
- Welche Kongresse und Tagungen zu aktuellen Entwicklungen in Ihrem Berufsfeld haben Sie in den letzten Jahren besucht?
- Welche Einzelpersonen in Forschung und Wissenschaft halten Sie für »geistige Motoren« in Ihrem Arbeitsfeld?
- Was kann getan werden, damit in Schule, Studium und Arbeitsleben ein kreatives Umfeld für neue Erfindungen entsteht?
- Welche Erfindung würden Sie sich wünschen?

Allgemeinbildung: Naturwissenschaften

Was erwartet Sie?

Die Erkenntnisse der Naturwissenschaften spielen eine große Rolle im täglichen Leben, und damit auch im Arbeitsleben. Wir haben für Sie deshalb Fragen aus den Bereichen Meteorologie, Biologie, Medizin, Physik, Chemie und Technik zusammengestellt. Nach Ihrem Trainingslauf durch die Naturwissenschaften wissen Sie, ob Kokken Bakterien oder Viren sind, wie viel Liter Blut ein Erwachsener im Körper hat und wie lange das Licht von der Sonne bis zur Erde braucht. Sicherlich haben Sie sich schon einiges an Grundlagenwissen in diesem Bereich in der Schule angeeignet. Die Erfahrung bestätigt aber immer wieder, dass dieses Wissen auch schnell in Vergessenheit gerät. Daher ist eine gezielte Auffrischung sicherlich nützlich.

Was wollen die Firmen?

Fragen aus den Naturwissenschaften sind sehr oft in Einstellungstests enthalten. Je stärker Sie in Ihrem zukünftigen Arbeitsfeld mit Technik, Medizin, Chemie, Physik oder Biologie zu tun haben werden, desto mehr Fragen wird man Ihnen zum jeweiligen Bereich stellen. Aber auch kaufmännisch ausgerichtete Bewerber sollten über grundlegende Erkenntnisse aus den Naturwissenschaften verfügen. Schließlich sind es die Erkenntnisse aus Forschung und Wissenschaft, die den Wirtschaftsstandort Deutschland attraktiv gemacht haben.

Wie können Sie Punkte sammeln?

Wenn Sie sich als Fachkraft auf eine Stelle im naturwissenschaftlichen Bereich bewerben, müssen Sie sich natürlich gezielt vorbereiten und insbesondere das geforderte Spezialwissen parat haben. Den guten Eindruck können Sie verstärken, indem Sie den Personalverantwortlichen zeigen, dass auch angrenzende Fachgebiete für Sie kein völliges Neuland sind – hier helfen Ihnen unsere Übungsfragen. Gleiches gilt bei der Bewerbung um Ausbildungsplätze zur Medizinisch-technischen Assistentin oder zum Chemikanten. In diesen Fällen sollten Sie sich zusätzlich mit den entsprechenden Ausbildungsordnungen auseinandersetzen und auch den Kontakt zu Auszubildenden suchen, die die Testhürde bereits überwunden haben.

351. Wenn kalte Luft vom Nordpol auf warme Luft aus dem Süden trifft, entsteht durch Drehbewegungen möglicherweise ein ...

a) Taifun
b) Hurrikan
c) Orkan
d) Gewitter

352. In welcher Schicht findet hauptsächlich das Wetter statt?

a) Stratosphäre
b) Thermosphäre
c) Ionosphäre
d) Troposphäre

353. Aus wie vielen Hauptschichten besteht die Erdatmosphäre?

a) fünf Schichten
b) vier Schichten
c) sieben Schichten
d) drei Schichten

354. Ein Barometer misst ...

a) die Lufttemperatur
b) den Luftdruck
c) den Wasserdruck
d) den Winddruck

355. Wind entsteht, weil ...

a) dadurch ein unterschiedlicher Luftdruck von Luftmassen ausgeglichen wird
b) die Erde sich um sich selbst dreht
c) von der Sonne erwärmte Luft abfällt und kalte Luft aufsteigt
d) die Erde sich um die Sonne dreht

356. In der Antarktis wurde die tiefste Temperatur auf der Erde (außerhalb von Laborbedingungen) gemessen, sie betrug ...

a) –59,2 Grad Celsius
b) –89,2 Grad Celsius
c) –119,2 Grad Celsius
d) –139,2 Grad Celsius

357. Was ist unter dem Treibhauseffekt zu verstehen?

a) die globale Erwärmung
b) die Abnahme von Kohlendioxid
c) die lokale Erwärmung
d) die Zunahme von Sauerstoff

358. Wovor schützt eine intakte Ozonschicht?

a) saurem Regen
b) radioaktiver Strahlung
c) Kohlendioxid
d) ultravioletter Strahlung

359. Gene sind enthalten in ...

a) Chromosomen

b) Adrenalin

c) Dopamin

d) Östrogenen

360. Wie viele Chromosomen haben Menschen?

a) 23 Chromosomen

b) 52 Chromosomen

c) 38 Chromosomen

d) 46 Chromosomen

361. Was sind Kokken?

a) Viren

b) Bakterien

c) Hormone

d) Vitamine

362. Wale sind ...

a) Fische

b) Reptilien

c) Amphibien

d) Säugetiere

363. Der »moderne Mensch« wird bezeichnet als ...

a) Homo sapiens

b) Homo oeconomicus

c) Homo neanderthalensis

d) Homo ötzi

364. Wann begann die Entwicklung des modernen Menschen?

a) vor etwa 800 000 Jahren

b) vor etwa 1 Million Jahren

c) vor etwa 200 000 Jahren

d) vor etwa 10 000 Jahren

365. Was ist charakteristisch für Säugetiere?

a) ein Fell

b) ein Fell und das Säugen des Nachwuchses mit Milch

c) das Säugen des Nachwuchses mit Milch

d) ein Fell, zwei Beine und das Säugen des Nachwuchses mit Milch

366. Krokodile sind ...

a) eine Schwesterngruppe der Fische

b) eine Schwesterngruppe der Vögel

c) eine Schwesterngruppe der Affen

d) eine Schwesterngruppe der Schlangen

367. Insekten haben ...

a) vier Beinpaare

b) zwei Beinpaare

c) drei Beinpaare

d) zwei oder drei Beinpaare

368. Wie werden die vier Rindermägen genannt?

a) Pansen, Korbmagen, Blättermagen, Labmagen

b) Pansen, Netzmagen, Blättermagen, Labmagen

c) Pansen, Netzmagen, Nadelmagen, Labmagen

d) Pansen, Netzmagen, Blättermagen, Nachmagen

369. Wie heißt der kleinste Vogel der Erde?

a) Mausvogel

b) Fink

c) Klippensänger

d) Kolibri

370. Wie viel Liter Blut hat ein erwachsener Mensch?

a) circa 5 bis 6 Liter

b) circa 3 bis 4 Liter

c) circa 7 bis 8 Liter

d) circa 6 bis 7 Liter

371. Blut transportiert ...

a) Sauerstoff, Kohlenmonoxid, Hormone und Nährstoffe

b) Sauerstoff, Kohlendioxid, Hormone und Nährstoffe

c) Sauerstoff, Kohlendioxid, Urin und Nährstoffe

d) Methan, Kohlendioxid, Hormone und Nährstoffe

372. Venen transportieren Blut ...

a) innerhalb der Organe

b) von den Organen zum Herzen

c) vom Herzen zu den Organen

d) weg vom Herzen und wieder zurück

373. Wie lange dauert es, bis das gesamte Blut eines Menschen in Ruhephase vom Herzen ausgehend durch den gesamten Kreislauf gepumpt wird?

a) circa 1 Minute

b) circa 5 Minuten

c) circa 10 Minuten

d) circa 30 Minuten

374. Wie schnell ist die Herzfrequenz eines Erwachsenen in der Ruhephase?

a) circa 120 bis 150 Schläge pro Minute

b) circa 50 bis 80 Schläge pro Minute

c) circa 150 bis 180 Schläge pro Minute

d) circa 30 bis 50 Schläge pro Minute

375. Wie viele Halswirbel hat der Mensch?

a) zehn

b) sieben

c) elf

d) dreizehn

376. Wodurch gelangt Licht zuerst ins Auge?

a) Netzhaut

b) Iris

c) Hornhaut

d) Aderhaut

377. Aus wie vielen Knochen besteht das Skelett des Menschen?

a) 208 bis 214 Knochen

b) 102 bis 108 Knochen

c) 98 bis 104 Knochen

d) 134 bis 140 Knochen

378. Die Lichtgeschwindigkeit beträgt ...

a) circa 300 000 Kilometer pro Sekunde

b) circa 3 000 Kilometer pro Sekunde

c) circa 30 000 Kilometer pro Sekunde

d) circa 3 Millionen Kilometer pro Sekunde

379. Wie lange braucht das Licht von der Sonne zur Erde?

a) 1 Minute und 8 Sekunden

b) 60 Minuten und 14 Sekunden

c) 4 Minuten und 52 Sekunden

d) 8 Minuten und 20 Sekunden

380. In welcher Einheit wird physikalische Arbeit angegeben?

a) Kilogramm

b) Watt

c) Joule

d) Kalorie

381. Im Vakuum ist Schall …

a) schneller als außerhalb des Vakuums

b) nicht ausbreitungsfähig

c) am schnellsten

d) genauso schnell wie außerhalb des Vakuums

382. Unter Wasser …

a) ist Schall langsamer als in der Luft

b) ist Schall genauso schnell wie in der Luft

c) kann sich Schall nicht fortpflanzen

d) ist Schall schneller als in der Luft

383. Was bedeutet konkav?

a) auf der einen Seite plan und auf der anderen Seite nach außen gewölbt

b) nach innen gewölbt

c) auf der einen Seite nach außen gewölbt und auf der anderen Seite nach innen gewölbt

d) nach außen gewölbt

384. Welcher Temperatur entspricht der absolute Nullpunkt?

a) − 273 Grad Celsius

b) 0 Grad Celsius

c) − 411 Grad Celsius

d) − 143 Grad Celsius

385. In welcher Einheit wird die Stärke des elektrischen Stroms gemessen?

a) Volt

b) Watt

c) Ampere

d) Joule

386. Wie kann man hohe elektrische Spannungen in niedrige verwandeln?

a) durch einen Magneten

b) durch einen Transformator

c) durch einen Kondensator

d) durch einen Dynamo

387. Der magnetische Südpol …

a) liegt in der Nähe des geografischen Südpols

b) entspricht dem geografischen Südpol

c) liegt in der Nähe des Äquators

d) liegt im Sommer in der Nähe des geografischen Südpols und im Winter in der Nähe des geografischen Nordpols

388. Was sind Supraleiter?

a) bestimmte Materialien, die bei Nässe ihren elektrischen Widerstand vollständig verlieren

b) bestimmte Materialien, die bei Erwärmung ihren elektrischen Widerstand vollständig verlieren

c) bestimmte Materialien, die bei Verschmelzung ihren elektrischen Widerstand vollständig verlieren

d) bestimmte Materialien, die bei Abkühlung ihren elektrischen Widerstand vollständig verlieren

389. Wie heißen die drei Aggregatzustände von Stoffen?

a) fest, flüssig, luftig

b) formbar, flüssig, gasförmig

c) heiß, kalt, neutral

d) fest, flüssig, gasförmig

390. Welche vier Elemente kannte man im Mittelalter?

a)   Erde, Wasser, Luft, Feuer
b)   Wasser, Luft, Hitze, Sand
c)   Feuer, Erde, Gas, Flüssigkeit
d)   Luft, Kälte, Wasser, Erde

391. Welches Gas ist Hauptbestandteil der Luft?

a)   Stickstoff
b)   Sauerstoff
c)   Argon
d)   Kohlenstoffdioxid

392. Seife ist ...

a)   leicht sauer
b)   neutral
c)   basisch
d)   sauer

393. Was ist Trockeneis?

a)   gefrorenes Wasser
b)   gefrorener Sauerstoff
c)   gefrorenes Kohlenstoffdioxid
d)   gefrorenes Wasserstoffperoxid

394. Wodurch kann eine chemische Reaktion beschleunigt werden?

a)   Katalysator
b)   Oxidation
c)   Synthese
d)   Kohlenstoffdioxid

395. Wie viele chemische Elemente gibt es?

a)   etwa 99
b)   etwa 118
c)   etwa 78
d)   etwa 134

396. Welches Gas riecht nach faulen Eiern?

a)   Kohlenstoffmonoxid
b)   Methan
c)   Kohlenstoffperoxid
d)   Schwefelwasserstoff

397. Welches ist das häufigste Element im Universum?

a)   Sauerstoff
b)   Stickstoff
c)   Wasserstoff
d)   Kohlenstoff

398. Seit dem Jahr 2006 ist Pluto nicht mehr ein ...

a)   Mond
b)   Planet
c)   Komet
d)   Roter Riese

399. Die Distanz zwischen Sonne und Erde beträgt ...

a)   etwa 50 Millionen Kilometer
b)   etwa 350 Millionen Kilometer
c)   etwa 150 Millionen Kilometer
d)   etwa 550 Millionen Kilometer

400. Wie weit ist der Mond von der Erde entfernt?

a)   circa 110 000 Kilometer
b)   circa 390 000 Kilometer
c)   circa 30 000 Kilometer
d)   circa 490 000 Kilometer

Wie geht es weiter?

Viele Menschen erinnern sich nur ungern an den Physik-, Chemie- oder Biologieunterricht in der Schule. Andererseits erwarten wir alle jedoch ständig Fortschritte in den Bereichen Medizin, Pharmazie, Energie, Technik und Informatik. Grundlagenforschung und angewandte Forschung haben in den führenden Industrienationen einen hohen Stellenwert. Neue naturwissenschaftliche Forschungen und Entdeckungen sorgen dafür, dass auch künftig wettbewerbsfähige Produkte angeboten werden können. Die folgenden Fragen helfen Ihnen dabei, nicht den Anschluss an aktuelle naturwissenschaftliche Entwicklungen zu verlieren:

- Welche naturwissenschaftlichen Themen werden momentan besonders kontrovers diskutiert und warum? (Beispielsweise: Atomenergie, Stammzellenforschung, genmanipuliertes Saatgut.)
- Welche neueren Erfindungen aus den Bereichen Physik, Chemie, Biologie, Informatik und Technik halten Sie für besonders wichtig? (Jeweils ein oder zwei Erfindungen pro Bereich.)
- Welche Krankheiten lassen sich heute viel besser als früher behandeln?
- Für welche drängenden Krankheiten gibt es noch keine befriedigenden medizinischen Lösungen?
- Bei welchen Alterskrankheiten würden Sie sich bessere medizinische Lösungen wünschen?
- Was kann getan werden, um bei Schülerinnen und Schülern mehr nachhaltiges Interesse an den Fächern Physik, Chemie, Biologie, Informatik, Technik und Mathematik zu wecken?

Allgemeinbildung: Medien und Computer

Was erwartet Sie?

Medien und Computer spielen heutzutage eine zentrale Rolle in Alltag und Berufsleben. Einige Grundbegriffe und Persönlichkeiten aus der Welt der Datenverarbeitung sollten Sie daher kennen. Massenmedien begegnen Ihnen in vielfältiger Form, beispielsweise als Zeitungen, Zeitschriften, Radio, Fernsehen, aber auch als Internetangebot. Können Sie die folgenden Fragen beantworten: Was bedeutet die Internetabkürzung »www«? Wann ist eine Umfrage repräsentativ? Und welchen Auftrag haben die öffentlich-rechtlichen Hörfunk- und Fernsehprogramme?

Was wollen die Firmen?

Es geht den Firmen nicht darum, bei jedem Bewerber tiefgehende Informatikkenntnisse abzuprüfen. Computerfreaks würden über unsere Fragen daher auch eher schmunzeln. Aber ein Grundwissen über Computer und Medien ist aus Sicht der Firmen unerlässlich. Schließlich gibt es eigentlich keinen Arbeitsplatz mehr, an dem nicht auch mit dem PC oder dem Mac gearbeitet wird. Daneben müssen sich die Firmen und ihre Mitarbeiter auch mit dem Bereich Medien auseinandersetzen: einerseits um das Bild des Unternehmens in die Öffentlichkeit zu bringen, aber andererseits natürlich auch, um für Produkte oder Dienstleistungen zu werben. Bewerber sollten sich daher auch im Bereich der Medien auskennen, wobei auch hier kein Spezialwissen, sondern eher grundlegende Informationen im Vordergrund stehen.

Wie können Sie Punkte sammeln?

Die Geschichte der Computer und der elektronischen Medien ist jung, dennoch weiß man oft wenig über die Hintergründe ihrer Entwicklung. Nutzen Sie die folgenden Fragen, um den PC nicht nur als Arbeitsmittel, sondern als revolutionäre Erfindung verstehen zu lernen. Auch ein Blick hinter die Fassaden der Medienwelt sollte für Sie dazugehören. Lassen Sie im Einstellungstest durchblicken, dass Sie sich auch mit aktuellen Entwicklungen und deren Entstehungsgeschichte auskennen.

401. Wie viel Bit sind ein Byte?

a)   10 Bit

b)   8 Bit

c)   2 Bit

d)   3 Bit

402. Was bedeutet die Abkürzung »www«?

a)   worldwirelessweb

b)   wordwidewap

c)   worldwildweb

d)   worldwideweb

403. Wie hieß der Erfinder der ersten Rechenmaschine der Welt, die sich das binäre Zahlensystem zunutze machte?

a)   Bill Gates

b)   Konrad Zuse

c)   Heinz Nixdorf

d)   Steve Jobs

404. Wie nennt man die Wissenschaft von der systematischen Verarbeitung von Informationen?

a)   Kryptologie

b)   Informatik

c)   Rechnerarchitektur

d)   künstliche Intelligenz

405. Das Dualsystem besteht aus den Ziffern ...

a)   0 und 2

b)   1 und 2

c)   0 und 3

d)   0 und 1

406. Wie nennt man einen Programmierfehler in einer Software?

a)   S-Take

b)   Blog

c)   Bug

d)   Back

407. Was bedeutet die Abkürzung FAQ?

a)   Firewire Asked Questions

b)   Five Asked Questions

c)   Frequently Asked Questions

d)   Fast Asked Questions

408. Beziehungen zwischen Unternehmen und Behörden werden abgekürzt als ...

a)   B2R

b)   B2G

c)   G2B

d)   R2B

409. Welcher Fernsehsender ist öffentlich-rechtlich?

a) ZDF

b) Sat.1

c) RTL

d) ProSieben

410. Wodurch finanzieren sich die meisten privaten Fernsehgesellschaften hauptsächlich?

a) Gebühren der GEZ

b) Werbung und Gebühren der GEZ

c) Werbung

d) eigene Gebühren

411. Wie heißt der bekannte Medienunternehmer, der auch italienischer Ministerpräsident ist (war)?

a) Romano Prodi

b) Silvio Berlusconi

c) Massimo D'Alema

d) Giulio Andreotti

412. Welchen Auftrag haben die öffentlich-rechtlichen Hörfunk- und Fernsehprogramme?

a) Zuschauer sollen möglichst ausgewogen informiert, gebildet und unterhalten werden.

b) Zuschauer mit möglichst hohem Bildungsabschluss sollen erreicht werden.

c) Sie sollen eine möglichst hohe Einschaltquote erzielen.

d) Zuschauer mit möglichst niedrigem Bildungsabschluss sollen angesprochen und gebildet werden.

413. Wie viele Personen müssen mindestens befragt werden, damit eine Umfrage als repräsentativ gilt?

a) 1 000

b) 5 000

c) 10 000

d) 50 000

414. Ihre Hochblüte erreichten Zeitungen in den 20er Jahren des 19. Jahrhunderts. Durch welches Medium verloren sie an Bedeutung?

a) Telefon

b) Fernsehen

c) Zeitschriften

d) Radio

415. Wie nennt man die im Fernsehen an den Abenden von Bundestagswahlen zu sehenden Gesprächsrunden mit Spitzenpolitikern der Parteien?

a) Löwenparty

b) Wolfsquartett

c) Hyänentreff

d) Elefantenrunde

Wie geht es weiter?

Der Bereich Medien und Computer ist in weiten Teilen einer großen Schnell-
lebigkeit unterworfen. Recherchieren Sie daher im Internet folgende Fragen,
wenn Sie in nächster Zeit zu einem Einstellungstest eingeladen werden:

- Welche aktuellen Tendenzen gibt es zurzeit im Bereich der Datenverar-
  beitung (Betriebssysteme, Soft- und Hardware)?
- Welche neuen Speichermedien gibt es?
- Wurden in letzter Zeit neue Präsentationsmedien und -programme
  entwickelt?
- Welche neuen Informationsmöglichkeiten gibt es?
- Gibt es solche speziell für Ihr Fachgebiet (Online-Dienste, Blogs und so
  weiter)?
- Wurden neue meinungsbildende Zeitschriften in den letzten Monaten
  auf den Markt gebracht?

Wenn Sie jetzt auf den Geschmack gekommen sind und Ihre Allgemeinbildung noch intensiver auffrischen und ausbauen möchten, empfehlen wir Ihnen unsere *Trainingsmappe Einstellungstest Allgemeinbildung*. Darin haben wir
für Sie 1 000 Fragen zusammengestellt, die Sie optimal auf Einstellungstests
vorbereiten.

Wissenstest: Rechtschreibung

Worum geht es?

Je nach Berufsfeld wird unterschiedlich stark darauf geachtet, wie es um die Rechtschreibkenntnisse der Testteilnehmer bestellt ist. Selbstverständlich sollten Bürokaufleute oder Verwaltungsfachangestellte sicher im Schriftverkehr sein. Aber auch in Berufen mit Kundenkontakt, wie im Verkauf oder bei Versicherungen, müssen im Berufsalltag immer wieder Angebote geschrieben werden. Und diese sollten möglichst wenig Rechtschreibfehler enthalten. In eher handwerklich orientierten Ausbildungen muss man nicht so viel Schreibarbeit leisten. Deswegen liegt die Messlatte bei den Rechtschreibkenntnissen unterschiedlich hoch.

Was erwartet Sie?

Es gibt unterschiedliche Aufgabenstellungen, mit denen sich Rechtschreibkenntnisse überprüfen lassen. Oft werden Ihnen Listen mit Wörtern vorgelegt, die einmal richtig und einmal falsch geschrieben worden sind. Sie müssen dann die fehlerhafte Version anstreichen. Oder es werden im Multiple-Choice-Verfahren mehrere Schreibweisen für ein Fremdwort angeboten, und Sie müssen entscheiden, welche die richtige ist. Ein weiterer Klassiker ist natürlich das Diktat. Dabei wird Ihnen vom Testverantwortlichen ein kurzer Text vorgelesen, den Sie korrekt zu Papier bringen müssen.

Wie können Sie Punkte sammeln?

Frischen Sie Ihre Rechtschreibkenntnisse auf, indem Sie sich als Vorbereitung auf den Einstellungstest kürzere Texte diktieren lassen, beispielsweise von Freunden oder mithilfe eines MP3-Players. Rufen Sie sich die wichtigsten Rechtschreibregeln noch einmal ins Gedächtnis, beispielsweise die zur Groß- und Kleinschreibung. Auch mit der Schreibweise gängiger Fremdwörter sollten Sie sich vorab vertraut machen. Im Übrigen gilt auch für den Rechtschreibtest: Nobody is perfect! Bereiten Sie sich dennoch so gründlich wie möglich vor, damit Sie sich nicht hinterher darüber ärgern müssen, vermeidbare Fehler gemacht zu haben.

Überflüssige Buchstaben

Die nachfolgenden Wörter enthalten zusätzliche, überflüssige Buchstaben. Bitte streichen Sie jeweils den überflüssigen Buchstaben heraus. Sie haben dafür zwei Minuten Zeit.

Beispiele: Hauss , Helfsinki, Birrgit

1. Fahrrrad	11. Karamellle	21. Fliehder
2. Fiesch	12. energiebewuusst	22. eimnmotten
3. Fäehre	13. Ehnquete	23. fuhrehn
4. Väerkehr	14. Fleair	24. flexiebel
5. Bahnhoff	15. Kommenntar	25. beißßen
6. Kahrdiogramm	16. Lieteraturkritik	26. Gyrios
7. Günsstling	17. dableibben	27. Neoklassizissmus
8. Jahpaner	18. Medaillion	28. Baikallsee
9. Einleihtung	19. Dankesformehl	29. Queadriga
10. defennsiv	20. pflichtwiedrig	30. Reiemplantation

Fremdwörter richtig schreiben

Nachstehend finden Sie Fremdwörter in vier Schreibweisen, von denen aber nur eine richtig ist. Bitte umkringeln Sie die korrekte Schreibweise! Dafür haben Sie zwei Minuten Zeit.

Beispiel: a) Myhtologie, b) Myhthologie, c) Mythologih, d) Mythologie

1. a) Zilinder
   b) Zyhlinder
   c) Zylinder
   d) Zilihnder

2. a) Ideologie
   b) Ihdeologie
   c) Ideologi
   d) Ideolohgie

3. a) Cabinett
   b) Kabinet
   c) Kabihnett
   d) Kabinett

4. a) Lieberalität
   b) Liberalität
   c) Liberalitet
   d) Lihberalität

5. a) Insstitution
   b) Institution
   c) Instietution
   d) Instituhtion

6. a) Kakao
   b) Cakau
   c) Kakau
   d) Kakaoh

7. a) Hypnohse
   b) Hypnosse
   c) Hypnosä
   d) Hypnose

8. a) Mehrkantilist
   b) Merkantielist
   c) Merkantilist
   d) Merkantilisst

9. a) Patruille
   b) Patrouile
   c) Patrouille
   d) Patroullie

10. a) Hypostase
    b) Hypohstahse
    c) Hipposstase
    d) Hippostase

11. a) Ahnalyse
    b) Annalyse
    c) Analyse
    d) Analyseh

12. a) Protagonist
    b) Protahgonist
    c) Protagoniest
    d) Protagonnist

Schnell durchgestrichen

Bei den nachfolgenden Wortpaaren sind die Begriffe jeweils einmal richtig und einmal falsch geschrieben. Bitte streichen Sie die falsche Schreibweise durch. Dafür haben Sie 90 Sekunden Zeit.

Beispiele: Wagnis – ~~Wahgnis~~ , ~~verrtikal~~ – vertikal

1. verspinnen – verspinen
2. Verschlusstreifen – Verschlussstreifen
3. Katastrophe – Katastrohphe
4. Ostinato – Ostienato
5. Staatsaffäre – Staatsafäre
6. Orthopedie – Orthopädie
7. Tristesse – Triestesse
8. Koeffizient – Coeffizient
9. Reikjavik – Reykjavik
10. Oppurtunität – Opportunität
11. narzisstisch – narzistisch
12. überstrapaziren –überstrapazieren
13. Myhrtenzweig – Myrtenzweig
14. Trophäe – Trophä
15. Restsüsse – Restsüße
16. Rhythmus – Rythmus

17. Megaherz – Megahertz
18. Transpiration – Transpieration
19. Ingeniör – Ingenieur
20. Königsstuhl – Köhnigsstuhl
21. Rollladenschrank – Rolladenschrank
22. Existenzfilosofie – Existenzphilosophie
23. Trankilizer – Tranquilizer
24. vollkritzeln – vollkrizeln
25. Koalition – Koahlition
26. Mytologie – Mythologie
27. sehkundär – sekundär
28. Multiplikand – Multiplikant
29. Lohnsteuer – Lohnssteuer
30. Kolloquium – Kolloqium

Sprichwörter richtig schreiben

Die folgenden Sprichwörter sind teilweise falsch geschrieben. Bitte schreiben Sie sie vollständig neu und richtig.

Beispiel:

Mann soll dehn Tag nich vor dem Abent loben.
Richtige Schreibweise: Man soll den Tag nicht vor dem Abend loben.

Fangen Sie jetzt an, Sie haben für diese Aufgabe vier Minuten Zeit.

1. Wer ihm Glasshaus sitzt, sol nicht mit Steinehn werffen.
   Richtige Schreibweise: _____

2. Erfarung ist der Namme, denn die Mänschen iren Irtümern geben.
   Richtige Schreibweise: _____

3. Werr die Lahternne träkt, stollpert leichter, alss wer ihr folkt.
   Richtige Schreibweise: _____

4. Ein Lühgnner muss ein gutehss Gedechnis haben.
   Richtige Schreibweise: _____

5. Man solte fiel öffter nachdencken, und zwah vohrhär.
   Richtige Schreibweise: _____

Fehlerteufel im Griff

Ein Computervirus hat zugeschlagen. Dieser böse Fehlerteufel hat in Ihrem Text viele Buchstaben gelöscht. Bitte fügen Sie nun in die folgenden 90 Wörter die jeweils fehlenden Buchstaben ein. Sie haben dafür vier Minuten Zeit.

Beispiele: Verkauf , Zeugnis

1. Ti_chler	31. T_urenplanung	61. He_aus_orderu_g
2. ledi_	32. Ter_ine	62. sende_
3. I_solvenz	33. Son_eranferti_ungen	63. Un_erla_en
4. _irma	34. Beh_rde_	64. Ver_riebstr_iner
5. vor_iegend	35. Einb_uk_chenplanung	65. Beschwerdetr_in_ng
6. Innen_usbau	36. _eitdruc_	66. _ervicetrainin_
7. Segelle_rer	37. E_m_ttlung	67. P_oduktschulung
8. Holztechnik_r	38. Train_ngsbed_rf	68. Tele_onverkauf
9. Ausli_ferung	39. _urchführ_ng	69. Di_nst_eistung
10. Monta_e	40. D_k_mentation	70. freiberuflic_
11. Ein_auküchen	41. Sch_l_ngsaktivitäten	71. Zeit_a_agement
12. Kun_en	42. Verm_rk_ung	72. Selbs_moti_ation
13. Nachbesse_ung	43. ei_enstä_dige	73. Verhan_lung
14. Reklamati_nen	44. Ko_zepte	74. Mitarbei_erleitfä_en
15. Ein_rbeitung	45. Era_be_tung	75. Per_onalrefer_nt
16. _ollegen	46. Fac_wi_sen	76. Ne_kun_engewi_nung
17. Umba_	47. _undie_tes	77. K_stense_kung
18. gastron_mischer	48. Ver_rie_	78. _aßna_me
19. _inbau	49. _erufse_fahrung	79. _oordinatio_
20. Zeit_rbeit	50. _indest_ns	80. _alesaufgab_n
21. Umsa_zsteuer	51. a_sgeprä_tes	81. D_rekt_arketing
22. Auf_raggebern	52. Verh_ndlungsge_chick	82. Re_se_osten
23. Bauleitun_	53. so_veräne_	83. Ab_pra_he
24. I_mobilien	54. U_gang	84. A_beitg_ber
25. San_erung	55. _unden	85. ne_enberu_lich
26. Finc_s	56. Man_gement	86. K_rsschwer_unkte
27. Ap_artments	57. zielori_nt_erte	87. _eruf_weg
28. Mes_en	58. Ar_e_tsweise	88. A_sti_mung
29. E_ents	59. Rhet_rik	89. _ehal_svorstellun_
30. Preisver_andlungen	60. P_äsentati_n	90. Grü_en

Der Sinn von Abkürzungen

Was bedeuten die nachfolgenden Abkürzungen? Bitte formulieren Sie aus!
Sie haben dafür drei Minuten Zeit.

Beispiel: Die Abkürzung »s. o.« bedeutet ausgeschrieben »siehe oben«.

1. z. B. _____	18. ev. _____
2. u. a. _____	19. A. T. _____
3. Jh. _____	20. lat. _____
4. franz. _____	21. etw. _____
5. eigtl. _____	22. o. ä. _____
6. allg. _____	23. Plur. _____
7. u. _____	24. Ggs. _____
8. Geogr. _____	25. Sing. _____
9. EDV_____	26. Anm. _____
10. Abk. _____	27. u. Ä. _____
11. dt. _____	28. Abt. _____
12. KFZ _____	29. AG _____
13. Okt._____	30. zzt. _____
14. med. _____	31. MdB _____
15. jmd._____	32. m. a. W. _____
16. kath. _____	33. u. U. _____
17. USA _____	34. usw.

Wissenstest: praktische Mathematik

Worum geht es?

Keine Angst: Das von manchen in der Schule als Horror angesehene Fach Mathematik mit Exponentialgleichungen oder binomischen Formeln erwartet Sie im Einstellungstest nicht. Wenn es hier um mathematische Kenntnisse geht, stehen eher praktische Dinge im Vordergrund. Manchmal müssen Zahlenkolonnen addiert werden, ein anderes Mal geht es um Prozentrechnung, und sehr beliebt sind auch Aufgaben zum Dreisatz. Die Firmen wollen grundsätzlich überprüfen, ob ein Gespür für Zahlen bei den Kandidaten vorhanden ist, da dieses im Einzel- oder Großhandel natürlich sehr wichtig ist. Darüber hinaus ist das Berechnen von Aufschlägen auf Einkaufspreise oder das Ausrechnen von Rabatten auf den Endpreis ebenfalls von großer Bedeutung. Auch wenn dies im Berufsalltag üblicherweise mithilfe des Taschenrechners oder über die EDV geschieht, sollten die Kandidaten doch beweisen können, dass sie wissen, wie bestimmte Rechenwege funktionieren.

Was erwartet Sie?

Die Aufgaben aus dem Bereich der angewandten Mathematik sind in Einstellungstests meist überschaubar und damit lösbar. Typisch sind Aufgaben aus dem Bereich der Grundrechenarten, dann muss zusammengezählt, voneinander abgezogen, malgenommen oder geteilt werden. Beliebt sind auch Übungen zu Maßeinheiten, es sollen dann Kilogramm in Gramm umgerechnet oder Sekunden in Stunden umgewandelt werden. Textaufgaben beziehen sich auf den Dreisatz, etwa nach dem Muster: »Ein Auto verbraucht 8 Liter Benzin auf 100 Kilometer. Wie hoch ist der Verbrauch auf 150 Kilometer?«

Manchmal gibt es auch Aufgaben zum Bruchrechnen. Und fast immer sind Schätzaufgaben Bestandteil des Tests.

Wie können Sie Punkte sammeln?

Wie immer im Einstellungstest ist die Zeit knapp und die Menge der Aufgaben groß. Beißen Sie sich also nicht an einzelnen Aufgaben fest, sondern erledigen Sie zuerst diejenigen, die Sie sicher lösen können, um möglichst viele Punkte zu sammeln. In Ihrer Vorbereitung sollten Sie sich mithilfe unserer Musteraufgaben in Erinnerung rufen, welche Lösungswege zum richtigen Ergebnis führen. Aufgaben aus dem Bereich der angewandten Mathematik begegnen Ihnen auch ständig im Alltag. Nutzen Sie jede Gelegenheit, um auszurechnen, wie viel Guthabenzinsen Ihnen Banken für Ihre Ersparnisse zahlen würden, wie viel Kreditzinsen fällig werden oder wie viel Euro Ihnen eine Kundenkarte mit 3 Prozent Rabattanspruch beim jeweiligen Einkauf einbringt.

Zum Ergebnis

Bei diesem Aufgabentyp ist das Ergebnis vorgegeben. Sie müssen nun die richtigen Zahlen eintragen, damit es auch stimmt!

Beispiele:

__ – __ – __ = 48
Lösung: 50 – 1 – 1 = 48

__ x __ – __ = 48
Lösung: 7 × 7 – 1 = 48

Nun warten zahlreiche Aufgaben auf Sie, bei denen Sie die fehlenden Zahlen so wie in den Beispielen eintragen sollen. Achtung, auch für diese Aufgaben gilt: Punktrechnung vor Strichrechnung! Sie haben ab sofort sechs Minuten Zeit für die Lösung der Aufgaben in den vier Blöcken.

Block 1: Subtrahieren!

__ – __ – __ = 38   __ – __ – __ = 24   __ – __ – __ = 28

__ – __ – __ = 13   __ – __ – __ = 81   __ – __ – __ = 96

__ – __ – __ = 93   __ – __ – __ = 42   __ – __ – __ = 75

__ – __ – __ = 56   __ – __ – __ = 87   __ – __ – __ = 22

__ – __ – __ = 49   __ – __ – __ = 69   __ – __ – __ = 55

Block 2: Addieren und subtrahieren!

__ + __ – __ = 38   __ – __ + __ = 25   __ + __ – __ = 22

__ – __ + __ = 15   __ + __ – __ = 76   __ – __ + __ = 43

__ – __ + __ = 81   __ + __ – __ = 42   __ + __ – __ = 55

__ + __ – __ = 27   __ + __ – __ = 19   __ + __ – __ = 72

__ – __ + __ = 48   __ – __ + __ = 88   __ – __ + __ = 29

Block 3: Subtrahieren und dividieren!

__ – __ : __ = 6   __ – __ : __ = 8   __ – __ : __ = 4

__ – __ : __ = 5   __ – __ : __ = 3   __ – __ : __ = 2

__ – __ : __ = 1   __ – __ : __ = 7   __ – __ : __ = 9

__ – __ : __ = 10   __ – __ : __ = 15   __ – __ : __ = 11

__ – __ : __ = 14   __ – __ : __ = 13   __ – __ : __ = 22

Block 4: Multiplizieren und subtrahieren!

__ × __ – __ = 4   __ × __ – __ = 3   __ × __ – __ = 7

__ × __ – __ = 9   __ × __ – __ = 2   __ × __ – __ = 8

__ × __ – __ = 12   __ × __ – __ = 16   __ × __ – __ = 27

__ × __ – __ = 59   __ × __ – __ = 72   __ × __ – __ = 81

__ × __ – __ = 48   __ × __ – __ = 92   __ × __ – __ = 99

Anmerkung: Auf die Angabe von Lösungen haben wir bei diesem Aufgabentyp verzichtet, da es eine Vielzahl von Lösungsmöglichkeiten gibt. Bitte überprüfen Sie Ihre Eintragungen selbst mithilfe eines Taschenrechners.

Diagramme interpretieren

Die Auswertung von Diagrammen ist ein typischer Bestandteil vieler kaufmännischer Berufe, daher tauchen Aufgaben dieser Art in den entsprechenden Einstellungstests häufiger auf. Wir haben für Sie Daten der fiktiven Allfinanz-Bank aus den Jahren 2020 bis 2025 und Daten der Autoversicherungs AG vorbereitet. Bitte lesen Sie die Informationen genau durch, und entscheiden Sie dann, ob die vorgegebenen Aussagen zutreffen oder nicht zutreffen. Sie haben für beide Aufgaben zusammen vier Minuten Zeit.

Die Allfinanz-Bank

Sie sehen die geschäftliche Entwicklung der Allfinanz-Bank in den sechs Bereichen Bausparverträge, Hausfinanzierungen, Lebensversicherungen, Girokonten Privatkunden, Girokonten Firmenkunden, Wertpapierdepots bezogen auf die Geschäftsjahre 2020, 2021, 2022, 2023, 2024 und 2025.

Hinweis: Alle Angaben in den Abbildungen sind in Prozent und beziehen sich auf die Veränderung zum Vorjahr.

Bausparverträge

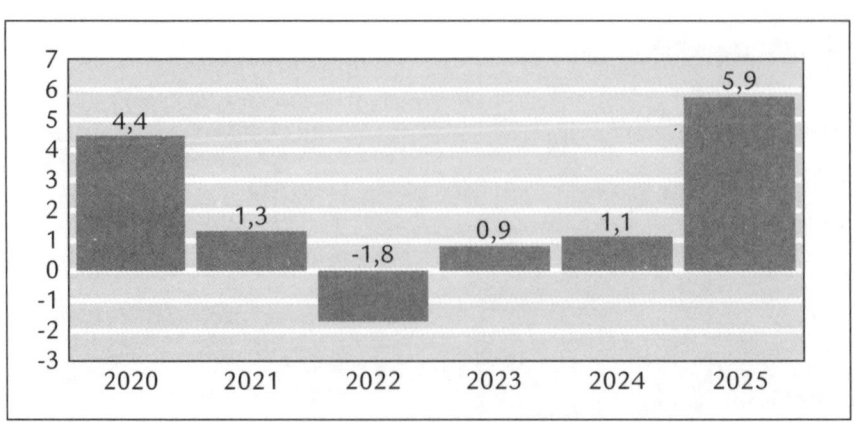

Hausfinanzierungen

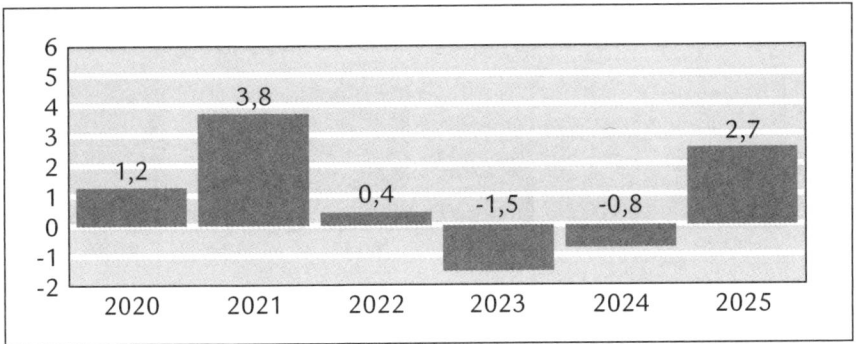

Lebensversicherungen

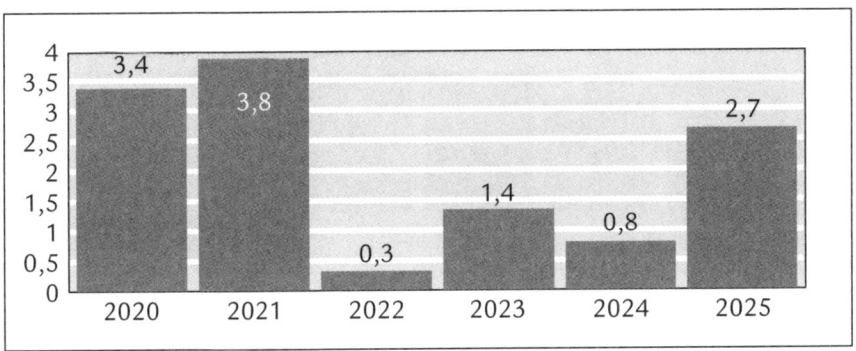

Girokonten Privatkunden

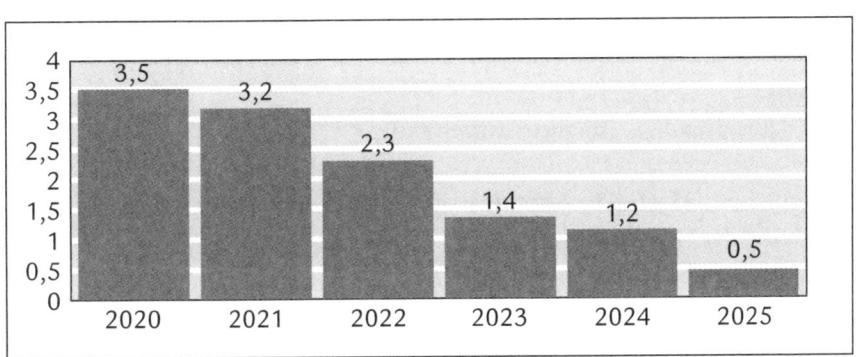

Girokonten Firmenkunden

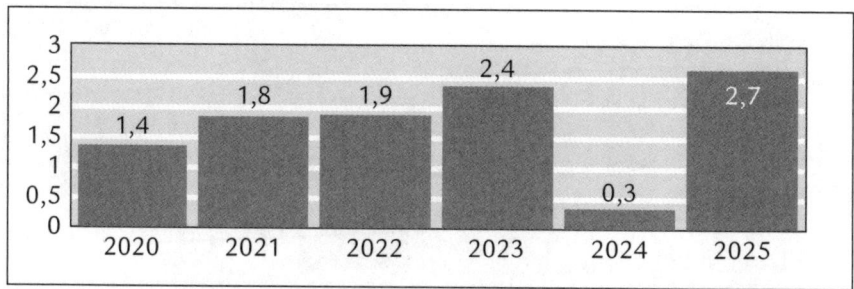

Wertpapierdepots

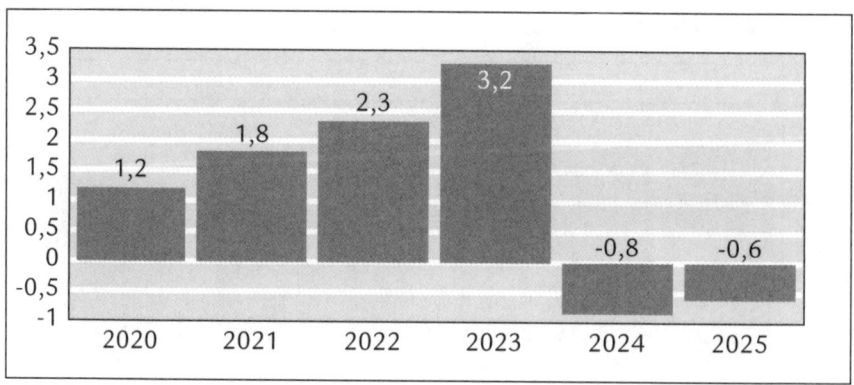

Bewerten Sie die folgenden Aussagen anhand der abgebildeten Daten. Bitte kreisen Sie die richtigen Antworten ein!

1. 2022 war das letzte Jahr, in dem der Bereich Wertpapierdepots Zuwächse hatte!
   a) zutreffend   b) nicht zutreffend

2. Im Jahr 2025 sind die Abschlusszahlen bei den Bausparverträgen höher als die der Hausfinanzierungen!
   a) zutreffend   b) nicht zutreffend

3. Die jährlichen Zuwächse bei den Girokonten von Privatkunden sind von 2020 bis 2022 höher als die bei den Girokonten von Firmenkunden.
   a) zutreffend   b) nicht zutreffend

4. Bei den Lebensversicherungsabschlüssen gab es von 2022 auf 2023 eine Steigerung um 1,1 Prozent.
   a) zutreffend   b) nicht zutreffend

5. Die Talsohle bei den neu abgeschlossenen Bausparverträgen ist durchschritten.
   a) zutreffend   b) nicht zutreffend

6. Der Trend bei der Einrichtung von Girokonten für Privatkunden ist rückläufig.
   a) zutreffend   b) nicht zutreffend

7. Im Jahr 2021 gab es einen Wertzuwachs der Wertpapierdepots in Höhe von 1,8 Millionen.
   a) zutreffend   b) nicht zutreffend

8. Im Jahr 2024 gab es bei den Girokonten für Firmenkunden ein unterdurchschnittliches Wachstum.
   a) zutreffend   b) nicht zutreffend

9. Die Eröffnung von Girokonten für Firmenkunden hat von 2023 auf 2024 um 2,1 Prozent abgenommen.
   a) zutreffend   b) nicht zutreffend

Die Autoversicherungs AG

Sie sehen die Schadensstatistik der Autoversicherungs AG. Ausgewiesen sind Wildunfälle pro Monat (in Zahlen) sowie die durchschnittlichen monatlichen Niederschlagsmengen.

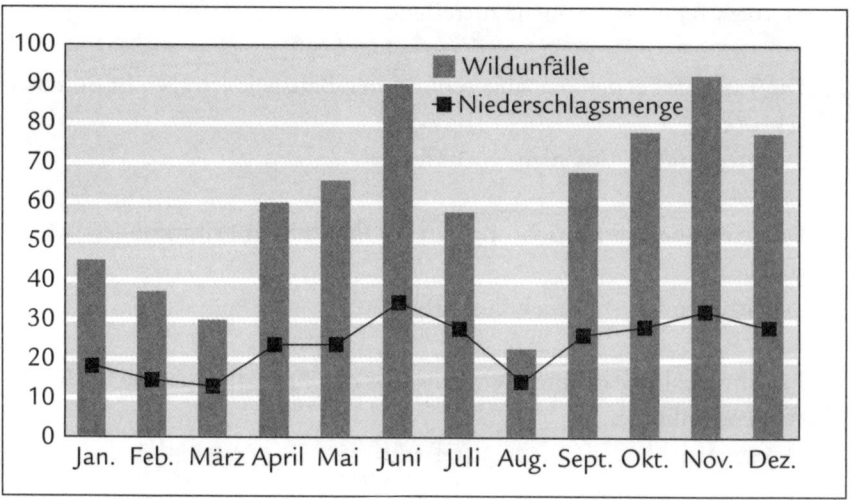

Bewerten Sie die folgenden Aussagen anhand des Diagramms. Bitte kreisen Sie die richtigen Antworten ein!

1. Im Monat März gab es die wenigsten Wildunfälle.
   a) zutreffend   b) nicht zutreffend

2. Die meisten Wildunfälle passieren in der zweiten Jahreshälfte.
   a) zutreffend   b) nicht zutreffend

3. Die höchste durchschnittliche Niederschlagsmenge beträgt 39 mm/h.
   a) zutreffend   b) nicht zutreffend

4. Die Unfallhäufigkeit und die durchschnittlichen Niederschlagsmengen korrelieren.
   a) zutreffend   b) nicht zutreffend

5. Im Sommer ist die Niederschlagswahrscheinlichkeit am geringsten.
   a) zutreffend   b) nicht zutreffend

6. Im Monat August beträgt die Unfallwahrscheinlichkeit 23 Prozent.
   a) zutreffend   b) nicht zutreffend

7. In den ersten drei Monaten passieren am häufigsten Unfälle mit Klein-
   wild, in den letzten drei Monaten des Jahres am häufigsten Unfälle mit
   Großwild.
   a) zutreffend   b) nicht zutreffend

8. Von August auf September steigen die Wildunfälle am stärksten an.
   a) zutreffend   b) nicht zutreffend

9. Die mittlere Jahresniederschlagsmenge beträgt 18 mm/h.
   a) zutreffend   b) nicht zutreffend

Schätzaufgaben

Bitte versuchen Sie, bei den folgenden Aufgaben das richtige Ergebnis nicht durch vollständiges Ausrechnen herauszufinden, dann wird die Zeit nicht reichen. Kombinieren Sie also Rechnen mit Schätzen. Sie haben für die folgenden acht Aufgaben acht Minuten Zeit.

1. 5 344 + 1 222 =
   a) 6 866
   b) 6 567
   c) 7 666
   d) 6 667
   e) 6 566

2. 12 322 + 3 055 + 5 043 =
   a) 19 420
   b) 20 420
   c) 20 419
   d) 20 418
   e) 21 420

3. 39 × 39 =
   a) 1 521
   b) 1 599
   c) 1 681
   d) 1 522
   e) 1 601

4. 13 755 : 3 =
   a) 4 688
   b) 4 485
   c) 4 766
   d) 5 552
   e) 4 585

5. 234 396 : 4 =
   a) 58 512
   b) 62 246
   c) 58 599
   d) 61 522
   e) 57 477

6. 3,2 × 2,2 =
   a) 6,04
   b) 6,4
   c) 7,4
   d) 7,04
   e) 6,44

7. 18,1 × 18,1 =
   a) 227,61
   b) 327
   c) 327, 61
   d) 227
   e) 311,61

8. $\sqrt{219,04}$ =
   a) 15,8
   b) 14,2
   c) 14,8
   d) 15,2
   e) 14,1

Prozent- und Zinsrechnen

Für die folgenden zehn Aufgaben haben Sie 20 Minuten Zeit.

1. Wie viel sind 15 Prozent von 200 Euro? _____

2. Wie viel sind 15 Prozent von 1 500 Euro? _____

3. Wie viel sind 18 Prozent von 18 000 Euro? _____

4. Von 60 Testaufgaben haben Sie 42 richtig, wie viel Prozent
   sind das? _____

5. Glückwunsch, Ihr Auszubildendengehalt ist gestiegen. Sie bekommen ab
   nächstem Monat 4 Prozent mehr, bisher bekamen Sie 600 Euro im Monat.
   Wie hoch ist Ihr Gehalt künftig? _____

6. Die Bäckerei Müller backt jeden Tag mehr Brötchen, als sie verkaufen
   kann. Sie verkauft jeden Tag 450 Brötchen, das sind 90 Prozent der ge-
   backenen Brötchen. Wie viele Brötchen werden täglich gebacken? ____

7. Der Tennisverein 1860 München hat 760 Mitglieder, 15 Prozent davon
   sind Jugendliche. Wie viele Erwachsene gehören dem Verein an? _____

8. Im Städtischen Krankenhaus Hamburg werden jährlich 3 600 Babys geboren, 45 Prozent davon sind Mädchen. Wie viele Jungen werden im
   Jahr geboren? _____

9. Sie überziehen bei der Bank Ihr Konto um 500 Euro, der Überziehungs-
   zins beträgt momentan 1,5 Prozent im Monat. Wie viel Zinsen müssen
   Sie – ausgedrückt in Euro – in einem Jahr zahlen, wenn Ihr Konto die
   ganze Zeit über mit 500 Euro im Minus ist? _____

10. Das Auto, das Sie kaufen möchten, soll 12 000 Euro kosten. Sie können
    und wollen aber nur 10 560 Euro bezahlen. Um wie viel Prozent müssen
    Sie den Autohändler herunterhandeln? _____

Maße und Gewichte

Zur Lösung der sechs Aufgaben haben Sie zwei Minuten Zeit.

1. Wie viele Sekunden sind
   2 Stunden und 40 Sekunden?
   a) 7 240 Sekunden
   b) 160 Sekunden
   c) 3 640 Sekunden
   d) 7 040 Sekunden

2. Wie viele Minuten sind
   1 800 Sekunden?
   a) 3 000 Minuten
   b) 300 Minuten
   c) 30 Minuten
   d) 3 Minuten

3. Wie viele Stunden und Minuten
   sind 427 Minuten?
   a) 6 Stunden und 7 Minuten
   b) 7 Stunden und 7 Minuten
   c) 8 Stunden und 7 Minuten
   d) 9 Stunden und 7 Minuten

4. Wie viel Kilogramm sind
   4 Gramm?
   a) 0,4 Kilogramm
   b) 0,04 Kilogramm
   c) 0,0004 Kilogramm
   d) 0,004 Kilogramm

5. Wie viel Liter sind 2 500 Milli-
   liter?
   a) 2,5 Liter
   b) 0,25 Liter
   c) 25 Liter
   d) 0,0025 Liter

6. Wie viele Quadratmeter sind
   12 Hektar?
   a) 12 000 Quadratmeter
   b) 120 000 Quadratmeter
   c) 1 200 Quadratmeter
   d) 120 Quadratmeter

Dezimalzahlen

Sie haben zwei Minuten zum Lösen der sechs Aufgaben.

1. $0,04 - 0,002 =$
   a) 0,38
   b) 0,038
   c) 0,0038
   d) 0,002

2. $49 : 0,07 =$
   a) 7 000
   b) 70
   c) 700
   d) 70 000

3. $0,05 \times 0,02 =$
   a) 0,01
   b) 0,0001
   c) 0,001
   d) 0,1

4. $0,9 \times 0,25 =$
   a) 0,36
   b) 0,26
   c) 0,036
   d) 0,225

5. $0,74 + 2,5 - 0,002 =$
   a) 3,238
   b) 3,338
   c) 3,772
   d) 3,612

6. $0,2 \times 0,2 : 0,5 =$
   a) 0,02
   b) 0,08
   c) 0,04
   d) 0,2

Bruchrechnen

Lösen Sie die folgenden sechs Bruchrechnungen in einer Minute.

1. $\frac{1}{4} + \frac{1}{2} =$
   a) $\frac{2}{4}$
   b) $\frac{3}{8}$
   c) $\frac{3}{2}$
   d) $\frac{3}{4}$

2. $3\frac{1}{8} + 2\frac{1}{2} =$
   a) $5\frac{3}{4}$
   b) $5\frac{4}{8}$
   c) $5\frac{5}{8}$
   d) $5\frac{6}{8}$

3. $\frac{2}{3} + \frac{4}{5} =$
   a) $1\frac{7}{10}$
   b) $1\frac{3}{4}$
   c) $1\frac{8}{15}$
   d) $1\frac{7}{15}$

4. $4 : \frac{1}{2} =$
   a) 8
   b) 4
   c) 2
   d) 6

5. $\frac{5}{8} - \frac{1}{7} =$
   a) $\frac{28}{56}$
   b) $\frac{27}{56}$
   c) $\frac{3}{8}$
   d) $\frac{2}{10}$

6. $2\frac{2}{5} \times 3\frac{3}{6} =$
   a) $7\frac{2}{5}$
   b) $8\frac{2}{5}$
   c) $7\frac{1}{5}$
   d) $8\frac{1}{6}$

Kettenrechnen

Bitte zählen Sie die Zahlen zusammen und tragen Sie das Endergebnis rechts, am Ende der Zeile, ein. Sie haben eine Minute Zeit!

a) $9 + 5 + 4 + 7 + 8 + 9 + 8 + 9 + 6 + 6 = $ _____

b) $8 + 5 + 3 + 7 + 8 + 4 + 0 + 7 + 8 + 7 = $ _____

c) $9 + 9 + 6 + 6 + 2 + 5 + 5 + 7 + 4 + 3 = $ _____

d) $3 + 3 + 5 + 2 + 4 + 6 + 6 + 4 + 8 + 5 = $ _____

e) $0 + 3 + 2 + 4 + 4 + 5 + 2 + 2 + 1 + 1 = $ _____

f) $2 + 2 + 9 + 5 + 6 + 3 + 3 + 3 + 5 + 2 = $ _____

g) $4 + 5 + 6 + 7 + 5 + 9 + 1 + 3 + 6 + 2 = $ _____

h) $5 + 6 + 7 + 5 + 4 + 3 + 4 + 4 + 3 + 1 = $ _____

Bitte zählen Sie die Zahlen zusammen und ziehen Sie ab, tragen Sie das Endergebnis dann rechts, am Ende der Zeile, ein. Sie haben zwei Minuten Zeit!

i) $8 + 7 + 7 + 6 - 4 - 5 - 5 + 7 - 6 + 5 = $ _____

j) $6 + 4 + 8 + 5 - 3 - 4 + 9 + 4 - 7 - 2 = $ _____

k) $9 + 3 + 5 + 7 - 2 + 2 -) 1 - 1 + 3 - 5 = $ _____

l) $8 + 5 + 7 - 9 + 3 - 3 + 5 - 2 + 4 + 6 = $ _____

m) $4 + 4 + 3 - 1 + 5 - 3 + 0 - 3 + 2 - 4 = $ _____

n) $2 + 1 + 4 + 3 - 2 + 2 - 2 + 1 - 1 + 5 = $ _____

o) $4 + 5 + 6 + 6 - 9 + 4 - 7 + 2 - 0 + 3 = $ _____

p) $7 + 2 + 0 - 3 + 5 + 5 + 4 - 4 - 3 - 2 = $ _____

q) $5 + 2 + 1 - 6 + 3 - 5 + 2 - 9 + 1 - 1 = $ _____

r) $4 + 5 - 7 + 4 - 9 + 2 - 9 + 8 - 9 + 6 = $ _____

s) $6-5+6+6-9+4-7+2-0+3 = $ _____

t) $7+2-0-3+5+5-3-4+3+2 = $ _____

u) $9-1-7+9+9-8-9+6+6-2 = $ _____

v) $0+8-8+7+1-5+5-8+8+7 = $ _____

Textaufgaben

Lösen Sie die folgenden Textaufgaben innerhalb von 15 Minuten.

1. Ein Auto verbraucht 5,8 Liter Benzin auf 100 Kilometer.
   Wie viel Benzin verbraucht es auf 250 Kilometer? _____

2. Für die Reparatur von 480 Meter Gehweg benötigen vier Arbeiter drei
   Tage. Wie viele Tage würde ein Arbeiter benötigen?_____

3. Das Brot der Bäckerei Schmidt wiegt durchschnittlich 3 000 Gramm.
   Von vier Broten wiegt das erste 2 990, das zweite 3 080, das dritte 3 010
   und das vierte 2 980 Gramm. Wie viel müsste das fünfte Brot wiegen,
   damit der Durchschnitt stimmt? _____

4. Ralf fährt mit seinem Fahrrad in drei Minuten 1 500 Meter.
   Wie viele Kilometer legt er in 2,5 Stunden zurück? _____

5. Laura benötigt mit ihrem Motorrad für eine Strecke mit der Länge von
   189 Kilometern 90 Minuten Fahrtzeit.
   Wie hoch ist ihre Geschwindigkeit? _____

6. Die Kreditsumme für ein Haus beträgt 180 000 Euro, der Zinssatz liegt
   jährlich bei 6,5 Prozent. Wie hoch ist die monatliche Zinsrate? _____

7. Nikolaj, Marie und Sascha gehen Kleidung einkaufen. Sie haben zusammen 180 Euro. Nikolaj gibt doppelt so viel aus wie Marie und Sascha
   dreimal so viel wie Nikolaj.
   Wie viel hat jeder ausgegeben?_____

8. Eine Treppe besteht aus 22 Stufen. Wäre jede Stufe um 1,6 Zentimeter
   höher, würde man zwei Stufen weniger benötigen.
   Wie hoch ist eine Stufe? _____

Falsche Zahlenreihen

Bitte streichen Sie die Zahl durch, die nicht in die Zahlenreihe gehört. Sie haben dafür 90 Sekunden Zeit.

1. 4, 5, 7, 10, 14, 19, 25, 32, 40, 42, 49

2. 2, 6, 12, 18, 20, 30, 42, 56, 72, 90, 110

3. 15, 18, 20, 23, 25, 28, 30, 32, 33, 35, 38

4. 25, 20, 23, 18, 23, 21, 16, 19, 14, 17, 12, 15

5. 30, 33, 99, 33, 36, 108, 36, 39, 116, 117, 39, 42, 126, 42

Wissenstest: Englisch

Worum geht es?

In vielen Arbeitsfeldern geht es schon lange nicht mehr ohne anwendbare Englischkenntnisse. Weinhändler in Deutschland beziehen Ware aus Südafrika, Boutiquen kaufen Kleidung aus Asien, und Möbelgeschäfte importieren Regale aus Polen. Unerlässlich dabei sind englische Sprachkenntnisse, damit Angebote eingeholt, Lieferungen vereinbart und kalkuliert sowie Reklamationen bearbeitet werden können. Der Kontakt findet per Telefon oder E-Mail statt, und zwar auf Englisch. Nun ist es nicht so, dass alle Mitarbeiter verhandlungssicher Business-Englisch sprechen müssen. Sie sollten aber doch belegen können, dass Sie einen Draht zur englischen Sprache haben und grundsätzlich in der Lage sind, Ihre Sprachkenntnisse auszubauen.

Was erwartet Sie?

Kandidaten, deren Englischkenntnisse im Einstellungstest abgeprüft wurden, berichten von Rechtschreibaufgaben, Lückentests, Verständnisübungen oder Grammatikaufgaben. Wenn Sie auf einen Wissenstest Englisch treffen, werden Ihnen die Aufgabenstellungen bekannt vorkommen. Wie in Englischarbeiten in der Schule müssen Sie die Formen unregelmäßiger Verben auflisten können, richtige Zeitformen in Lückentexte eintragen oder Verständnisfragen zu einem kurzen Text beantworten. Dabei geht es für die meisten Testteilnehmer nicht um spezielle Sprachkenntnisse, beispielsweise aus dem Bereich des technischen Englisch, sondern eher um allgemeine Kenntnisse. Schließlich möchte man Sie zwar nicht aufs Glatteis führen, aber doch herausbekommen, ob Sie mit der englischen Sprache umgehen können.

Wie können Sie Punkte sammeln?

Die meisten Kandidaten bringen Englischkenntnisse mit, aber oft fällt es ihnen schwer, unter Testbedingungen schnell genug umzuschalten. Dies ist verständlich, denn Gehirnforscher bestätigen immer wieder, dass es für das menschliche Gehirn sehr anstrengend ist, bei Aufgaben zwischen Zahlen- und Sprachverständnis schnell hin und her zu schalten. Schließlich arbeiten dabei ganz unterschiedliche Gehirnbereiche. Muss dann auch noch beim Sprachverständnis zwischen Deutsch und Englisch gewechselt werden, droht ein »Kurzschluss« im Gehirn – nicht zuletzt, weil der Stressfaktor beim Einstellungstest doch enorm ist. Arbeiten Sie zu Übungszwecken also nicht nur isoliert unsere Englischaufgaben durch, sondern gewöhnen Sie sich auch an das Umschalten. Trainieren Sie beispielsweise drei Testblöcke hintereinander, vielleicht erst Fragen zum Allgemeinwissen, dann Aufgaben aus dem Bereich Englisch und dann Übungen zur angewandten Mathematik.

Mixed exercices

In dieser Übung sind Ihre englischen Grammatikkenntnisse gefragt. Dabei gibt es zwei unterschiedliche Aufgabentypen. Einmal müssen Sie sich für das in einen Satz einzusetzende richtige Wort entscheiden. Bei dem anderen Aufgabentyp müssen Sie den richtigen Satz auswählen und ankreuzen.

Sie haben für die insgesamt 50 Aufgaben 6 Minuten Zeit. Good luck!

1. Where _____ Kevin and Barbara?
   a) be
   b) is
   c) are
   d) am

2. He _____ a rich man.
   a) is
   b) are
   c) am
   d) be

3. The book _____ on the desk.
   a) lays
   b) lies
   c) is
   d) are

4. Jake always _____ at seven o'clock in the morning.
   a) does get
   b) is getting
   c) gets up
   d) was getting

5. Look at the _____ cars.
   a) childrens
   b) childrens's
   c) children
   d) children's

6. Jake and Connor invite _____ friends.
   a) their
   b) them
   c) theirs
   d) they

7. I like _____ sister.
   a) mine
   b) yours
   c) hers
   d) my

8. _____ car is big.
   a) Ours
   b) Its
   c) Mine
   d) Our

9. I'm waiting for _____.
   a) him
   b) she
   c) they
   d) he

10. Tina is _____ wife.
    a) Douglas's
    b) Douglas
    c) Douglas'
    d) Douglasses

11. Peter likes _____.
    a) my
    b) its
    c) they
    d) me

12. I _____ shopping.
    a) go
    b) make the
    c) am doing
    d) do

13. I'm going out _____.
    a) every day
    b) now
    c) yesterday
    d) many times

14. Ryan eats three bananas _____.
    a) every day
    b) yesterday
    c) right now
    d) never

15. I usually _____ at a quarter past seven.
    a) leaving
    b) do leave
    c) was leaving
    d) leave

16. The fish _____ by the cat.
    a) eats
    b) was ate
    c) was eaten
    d) eat

17. Paper _____ of wood.
    a) is maden
    b) is made
    c) made
    d) was make

18. The boy _____ lives in London.
    a) which
    b) has
    c) who
    d) had

19. A fruit _____ is green.
    a) who
    b) what
    c) which
    d) whose

20. Kreuzen Sie den richtigen Satz an!
    a) Steve is as tall to Kevin.
    b) Steve is as tall as Kevin.
    c) Steve is tall as Kevin.
    d) Steve is tall than Kevin.

21. Kreuzen Sie den richtigen Satz an!
    a) Amy is not as tall than Steve.
    b) Amy is not tall as Steve.
    c) Amy is not as tall as Steve.
    d) Amy is not tall than Steve.

22. Kreuzen Sie den richtigen Satz an!
    a) Steve is taller as Amy.
    b) Steve is taller than Amy.
    c) Steve is taller us Amy.
    d) Steve is taller to Amy.

23. Kreuzen Sie den richtigen Satz an!
    a) She sings as beautifully as Jane.
    b) She sings as beautiful as Jane.
    c) She sings as beautifully than Jane.
    d) She sings as good as Jane.

24. Kreuzen Sie den richtigen Satz an!
    a) He doesn't run fast to Kevin.
    b) He doesn't run as fast with Kevin.
    c) He doesn't run fast as Kevin.
    d) He doesn't run as fast as Kevin.

25. Kreuzen Sie den richtigen Satz an!
    a) He talks quickly than Tom.
    b) He talks more quickly than Tom.
    c) He talks more quick than Tom.
    d) He talks more quickly as Tom.

26. Kreuzen Sie den richtigen Satz an!
    a) Brad ist the most beautifuliest man.
    b) Brad ist the most beautifully man.
    c) Brad ist the beautifulest man.
    d) Brad ist the most beautiful man.

27. Kreuzen Sie den richtigen Satz an!
    a) My sister is more rich than I am.
    b) My sister is richer than I am.
    c) My sister is richer as I am.
    d) My sister is most richer than I am.

28. _____ he will buy the tickets.
    a) On Monday
    b) At Monday
    c) Last Monday
    d) Monday

29. I did it _____ mistake.
    a) with
    b) at
    c) by
    d) to the

30. He's got a poster _____
his room.
a) on
b) into
c) to
d) in

31. I'll meet you _____ school.
a) in the
b) in
c) at
d) on

32. There were two houses _____
the picture.
a) on
b) onto
c) to
d) in

33. What time do you get up
_____ Mondays?
a) at
b) during
c) on
d) in

34. Mary was working _____
the garden.
a) at
b) on
c) into
d) in

35. We lay _____ the beach.
a) at
b) in
c) on
d) down

36. She lost her bag _____
the railway station.
a) at
b) in
c) into
d) off

37. Does he ever go to work
_____ bus?
a) by the
b) with
c) by
d) on the

38. Look _____ these
wonderful pictures.
a) into
b) on
c) onto
d) at

39. The school is _____ the
left.
a) on
b) at
c) by the
d) down

40. She's a _____ driver.
    a) carefull
    b) carefullly
    c) carefully
    d) careful

41. She drives _____.
    a) careful
    b) carefully
    c) carefullly
    d) carefull

42. I have missed you _____.
    a) quick
    b) bad
    c) badly
    d) slow

43. Some dogs can run very _____
    ___.
    a) fast
    b) fastly
    c) quick
    d) good

44. He dances really _____.
    a) goodly
    b) well
    c) careful
    d) good

45. We shout _____.
    a) awful
    b) loudly
    c) loud
    d) bad

46. Kreuzen Sie den richtigen Satz an!
    a) Always I turn off my cell
       phone.
    b) I turn always off my cell
       phone.
    c) I always turn off my cell phone.
    d) I always my cell phone turn
       off.

47. Kreuzen Sie den richtigen Satz an!
    a) She tidies room her up.
    b) She tidies up room her.
    c) She tidies her room up.
    d) She tidies up her room.

48. Kreuzen Sie den richtigen Satz an!
    a) In July to Berlin she moved.
    b) She moved in July to Berlin.
    c) She moved to Berlin in July.
    d) To Berlin she moved in July.

49. Kreuzen Sie den richtigen Satz an!
    a) My purse always I forget.
    b) I forget always my purse.
    c) Always I forget my purse.
    d) I always forget my purse.

50. Kreuzen Sie den richtigen Satz an!
    a) Often the sun in Spain shines.
    b) The sun in Spain often shines.
    c) The sun often shines in Spain.
    d) The sun shines often in Spain.

Wortbedeutung

Wie lautet die deutsche Bedeutung des englischen Worts? Kreisen Sie die richtige Lösung ein, für diese Aufgabe haben Sie drei Minuten Zeit.

1. tower
   a) Tour
   b) Turm
   c) Stadt
   d) Trauer

2. toothbrush
   a) Zahnbürste
   b) Munddusche
   c) Zahnpasta
   d) Wurzelbehandlung

3. questionnaire
   a) Fragebogen
   b) Fragender
   c) Verhör
   d) Fragerunde

4. quarrel
   a) Viertel
   b) Fass
   c) Streit
   d) Quartett

5. opposite
   a) offene Seite
   b) Opposition
   c) doch
   d) gegenüber

6. to bother
   a) zusammen (gehen)
   b) langweilen
   c) stören
   d) ausleihen

7. amazing
   a) einzigartig
   b) erstaunlich
   c) langweilig
   d) durchschnittlich

8. to argue
   a) streiten
   b) hoffen
   c) angeln
   d) glauben

9. cloud
   a) Küste
   b) laut
   c) Kurs
   d) Wolke

10. embarrassed
    a) enttäuscht
    b) verlegen
    c) entsetzlich
    d) verzweifelt

11. to hunt
    a) beeilen
    b) verletzen
    c) jagen
    d) vermissen

12. shoplifter
    a) Fahrstuhl
    b) Einkaufswagen
    c) Rolltreppe
    d) Ladendieb

13. thigh
    a) Oberschenkel
    b) Sache
    c) Thai
    d) höchstens

14. vegetable
    a) Klapptisch
    b) Gemüse
    c) vegetarisch
    d) Obst

15. to giggle
    a) suchen
    b) schlendern
    c) kitzeln
    d) kichern

16. fair
    a) Locken
    b) frei
    c) Messe
    d) einleuchtend

17. gloves
    a) Geschenke
    b) Strümpfe
    c) Handschuhe
    d) Gläser

18. solution
    a) Insolvenz
    b) Lösung
    c) Herausforderung
    d) Abbitte

19. appointment
    a) Treffen
    b) Anstrengung
    c) Notausgang
    d) Vertrag

20. rubbish
    a) Reinigung
    b) Untergrund
    c) Ziel
    d) Müll

Richtige Schreibweise

Welche der zwei Schreibweisen ist richtig? Kreuzen Sie die korrekte an, Ihr Zeitlimit beträgt eine Minute.

1.	a) sentences	b) sentenzes
2.	a) citizen	b) citiezen
3.	a) diktionary	b) dictionary
4	a) ghost	b) gost
5.	a) criing	b) crying
6.	a) convinceed	b) convinced
7.	a) discused	b) discussed
8.	a) suddenly	b) suddenlie
9.	a) cemetery	b) cemetary
10.	a) expirience	b) experience
11.	a) enjoyable	b) enjoyabel
12.	a) lugage	b) luggage
13.	a) requirment	b) requirement
14.	a) confident	b) confedent
15.	a) comunikator	b) communicator
16.	a) disappoint	b) disapoint
17.	a) brackets	b) brakets
18.	a) deligent	b) diligent
19.	a) references	b) referensses
20.	a) application	b) aplication

Grammatiktest

In der folgenden Liste finden Sie 30 englische Verben in der Grundform (Infinitiv). Bitte notieren Sie das jeweilige Verb in der in Klammern angegebenen Zeitform. Achten Sie dabei auch auf die Personenangabe! Beginnen Sie jetzt, Sie haben vier Minuten Zeit.

Hinweis: Den Zusatz *progressive* hinter den angegebenen Zeitformen, zum Beispiel *present progressive*, kennen manche auch unter der Bezeichnung *continuous*, also *present continuous*. Gleiches gilt für *past progressive*, *present perfect progressive*, *past perfect progressive* und *future progressive*.

1.	look	(simple present)	you _____
2.	come	(simple past)	he
3.	do	(simple present)	I _____
4.	buy	(simple past)	we _____
5.	sing	(simple present)	they _____
6.	run	(simple past)	you _____
7.	pay	(present perfect)	she _____
8.	go	(past perfect)	it _____
9.	talk	(present perfect)	they _____
10.	cook	(past perfect)	we _____
11.	read	(present progressive)	he _____
12.	take	(past progressive)	Anne _____
13.	have	(present progressive)	it _____
14.	carry	(past progressive)	we _____
15.	give	(will-future)	Ron _____
16.	hope	(conditional 1)	she _____
17.	meet	(will-future)	they _____
18.	like	(conditional 1)	they _____
19.	be	(present perfect progressive)	he _____
20.	live	(past perfect progressive)	Sally _____
21.	sleep	(present perfect progressive)	he _____
22.	eat	(past perfect progressive)	he_____
23.	help	(simple past)	he _____

24. start   (simple past)   you _____
25. write   (simple past)   I _____
26. know   (simple past)   she _____
27. ring   (simple past)   we _____
28. let   (simple past)   they _____
29. make   (future progressive)   you _____
30. spend   (future perfect)   I _____

Lückentext

Füllen Sie die Lücken im englischen Text mit den richtigen Formen der Verben, die in Klammern im Text stehen. Entweder Sie verwenden *simple past* (einfache Vergangenheit) oder *past progressive,* auch *past continuous* genannt (*was/were -ing*).

Beispiel:

Last year my friend and I _____[1] (go) to London on holiday.

Aus »go« wird im *simple past* »went«, also:
Last year my friend and I __went__[1] (go) to London on holiday.

Sie haben jetzt zwölf Minuten Zeit für den Lückentext.

Last year

Last year my friend and I _____[1] (go) to London on holiday. We _____[2] (stay) in a youth hostel near Piccadilly Circus. The hostel _____[3] (not be) very nice, but at least the other guests _____[4] (be) friendly.

One evening my friend and I _____[5] (decide) to go for a drink. We _____[6] (find) a nice bar near the hostel and _____[7] (buy) two drinks.

While we _____[8] (drink) them, two tough-looking men _____[9] (walk) into the bar. They _____[10] (sit) down at a table. They _____[11] (not see) us because we _____[12] (sit) in a dark corner. We _____[13] (listen) to their conversation for a few minutes and soon _____[14] (realise) that they _____[15] (talk) about a bank robbery ...

Wissenstest: Berufswissen

Worum geht es?

Die Firmen möchten am liebsten Mitarbeiter in ihren Reihen haben, die sich schon deutlich vor dem Antritt der neuen Stelle damit beschäftigt haben, welche beruflichen Aufgaben auf sie warten. Immer wieder treffen Personalverantwortliche nämlich auf Bewerber, die gar nicht so richtig wissen, worum es am Arbeitsplatz gehen wird und welche Aufgaben im Berufsalltag im Mittelpunkt stehen werden. Daher setzen manche Firmen Tests zum Berufswissen ein. Es geht dabei nicht darum, schon bis ins letzte Detail darüber im Bilde zu sein, was man in der Ausbildung alles lernen wird oder was im Berufsalltag im Mittelpunkt stehen wird. Wichtig ist aber, deutlich zu machen, dass man einen groben Überblick hat, was von einem verlangt wird.

Was erwartet Sie?

In Tests zum Berufswissen erwarten Sie beispielsweise Fragen danach, welche Tätigkeiten in dem von Ihnen angestrebten Beruf ausgeübt werden und welche Kenntnisse besonders wichtig sind. Beispielsweise werden Sie mit Listen konfrontiert, die 20 Tätigkeiten enthalten. Sie sollen dann die sieben einkreisen, die in Ihrem späteren Aufgabenbereich eine Rolle spielen könnten. Oder es wird kreativ, dann ist die Aufgabenstellung eher offen und könnte lauten: »Bitte nennen Sie fünf typische Aufgaben eines KFZ-Mechatronikers!« Manchmal müssen Sie auch Fragen zum Unternehmen wie »Kennen Sie das bekannteste Produkt unserer Firma?« beantworten.

Wie können Sie Punkte sammeln?

Sie haben sich bereits in der Bewerbungsphase über Ihren Wunschberuf informiert. Dies ist aber vielleicht schon einige Zeit her – rufen Sie sich also
noch einmal bewusst ins Gedächtnis, welche Aufgaben in Ihrem angestrebten
Beruf auf Sie warten. Wenn Sie hier Unsicherheit verspüren, nutzen Sie das
Internet. Klicken Sie auf die Homepage der Firma, auf die Seiten der Agentur
für Arbeit, auf Informationsseiten der Industrie- und Handelskammern oder
der Handwerkskammer. Auch Jobbörsen informieren gezielt über Anforderungen einzelner Berufsfelder.

Was macht eigentlich ein ...?

Bitte nennen Sie fünf Aufgaben, die zu Ihrem Beruf gehören. Sie haben eine Minute Zeit.

Ihr Beruf: _____

Aufgabe 1: _____

Aufgabe 2: _____

Aufgabe 3: _____

Aufgabe 4: _____

Aufgabe 5: _____

Im Lösungsteil finden Sie auf Seite 465 ein Beispiel für diese Übung anhand des Berufs Informatikkauffrau.

Bitte begründen Sie!

In der folgenden Liste sind 40 Tätigkeiten aufgeführt. Sie sollen daraus sieben zu Ihrem Beruf passende auswählen. Anschließend werden Sie aufgefordert, zu jeder der sieben ausgewählten Tätigkeiten eine kurze Begründung zu geben.

Beispiel: Hotelfachfrau
Tätigkeit 1: anbieten. Begründung: Ich werde Gästen Hotelzimmer anbieten.
Tätigkeit 2: erkundigen. Begründung: Ich erkundige mich, welche Getränke die Gäste zum Frühstück möchten.

Nun geht es los, Sie haben fünf Minuten Zeit für die Auswahl der sieben Begriffe und die jeweilige kurze Begründung!

Eine Vielzahl möglicher Tätigkeiten

1. anbieten	15. erinnern	29. reden
2. ausführen	16. erledigen	30. schreiben
3. auswählen	17. festlegen	31. sortieren
4. behalten	18. handeln	32. übergeben
5. benutzen	19. helfen	33. überprüfen
6. berichten	20. informieren	34. untersuchen
7. bewältigen	21. kontrollieren	35. verstehen
8. bewerten	22. koordinieren	36. vollenden
9. darstellen	23. lernen	37. vorbereiten
10. durchführen	24. mitteilen	38. wahrnehmen
11. einfühlen	25. nachweisen	39. weiterleiten
12. eintragen	26. ordnen	40. zuhören
13. entscheiden	27. pflegen	
14. erfassen	28. prüfen	

Ihr Beruf: _____

Tätigkeit 1: _____
Begründung: _____

Tätigkeit 2: _____
Begründung: _____

Tätigkeit 3: _____
Begründung: _____

Tätigkeit 4: _____
Begründung: _____

Tätigkeit 5: _____
Begründung: _____

Tätigkeit 6: _____
Begründung: _____

Tätigkeit 7: _____
Begründung: _____

Was gehört wozu?

Aus den hier aufgelisteten 15 Berufsinhalten sollen Sie jeweils fünf auswählen und diese dann den zutreffenden Bereichen zuordnen. Zur Auswahl stehen der kaufmännische, der technische und der pflegerische Bereich. Die Zeit läuft, Sie haben zwei Minuten Zeit. Notieren Sie Ihre Auswahl schriftlich!

Berufsinhalte zuordnen

1. Korrespondenz
2. Maschinenprüfung
3. Therapie
4. Montage
5. Rechnungswesen
6. Marketing
7. Diagnostik
8. Verarbeitung
9. Ernährungsberatung
10. Instandsetzung
11. Angebotserstellung
12. ambulante Versorgung
13. Rehabilitation
14. Produktion
15. Buchführung

Kaufmännischer Bereich:

1. _____

2. _____

3. _____

4. _____

5. _____

Technischer Bereich:

1. _____

2. _____

3. _____

4. _____

5. _____

Pflegerischer Bereich:

1. _____
2. _____
3. _____
4. _____
5. _____

Sind Sie informiert?

Insbesondere große Firmen wie Banken, Versicherungen oder Energiekonzerne legen viel Wert darauf, dass die Bewerber etwas über das Unternehmen wissen. Aber auch im Mittelstand und in Kleinunternehmen müssen Sie damit rechnen, Fragen zur Firma beantworten zu müssen. Wir haben zehn klassische Fragen für Sie zusammengestellt, beantworten Sie diese jetzt schriftlich. Wenn Ihnen die Antwort schwer fällt, informieren Sie sich am besten mithilfe des Internets.

Für die schriftliche Beantwortung dieser zehn Fragen haben Sie zehn Minuten Zeit:

1. »Wie viele Mitarbeiter hat unsere Firma?«
   Ihre Antwort: _____
   _____

2. »Zu welcher Branche gehört unsere Firma?«
   Ihre Antwort: _____
   _____

3. »Nennen Sie drei Produkte oder Dienstleistungen, die unsere Firma anbietet!«
   Ihre Antwort: _____
   _____

4. »Seit wann gibt es unsere Firma?«
   Ihre Antwort: _____
   _____

5. »Kennen Sie eine andere Firma, die zu unseren Mitbewerbern (Konkurrenten) gehört?«
   Ihre Antwort: _____
   _____

6. »Was ist das bekannteste Produkt unserer Firma?«
   Ihre Antwort: _____
   _____

7. »Wie würden Sie unsere Firma in einem Satz beschreiben?«

Ihre Antwort: _____

_____

8. »Kennen Sie noch andere Standorte unseres Unternehmens in Deutschland?«

Ihre Antwort: _____

_____

9. »Können Sie noch zwei weitere Länder nennen, in denen unsere Firma tätig ist?«

Ihre Antwort: _____

_____

10. »Wo ist Ihnen Werbung von uns aufgefallen?«

Ihre Antwort: _____

_____

Intelligenztest: logisches Denken

Worum geht es?

Auch wenn die Wissenschaft noch lange nicht abschließend geklärt hat, was Intelligenz eigentlich genau ist und wie sie sich messen lässt, hindert dies Firmen und Organisationen nicht daran, Aufgaben aus Intelligenztests zu verwenden. Damit fangen schon die ersten Probleme an. Denn wenn man überhaupt Aussagen zum Intelligenzquotienten treffen will, dann muss auch ein vollständiger Intelligenztest durchgeführt werden. Dafür reicht aber üblicherweise die Zeit nicht. Die Aufgaben, auf die Sie womöglich treffen werden, lassen eine Aussage über Ihre »Intelligenz« nicht zu. Meist haben sich Personalverantwortliche im Lauf der Jahre für eine bestimmte Methode entschieden und wählen entsprechende Aufgaben dann ganz subjektiv nach ihren persönlichen Vorlieben aus.

Was erwartet Sie?

Wenn es um das logische Denken geht, sind abstrakte Schlussfolgerungen zu ziehen. Sie sollen beispielsweise Wochentage im Kopf berechnen, und dann lautet eine typische Aufgabe: »Heute ist Freitag, welcher Tag war zwei Tage vor morgen?« Mit etwas Nachdenken und unseren Übungsaufgaben wird Ihnen die richtige Antwort leichter fallen, nämlich »Donnerstag!«. Beliebt sind auch Zahlenreihen, die weiter fortgeführt werden sollen, im Stil von »2, 4, 6, 8 – Welche Zahl folgt?« Selbstverständlich die »10«, aber es gibt im eigentlichen Test natürlich kompliziertere Zahlenreihen, die wir Ihnen im Anschluss vorstellen. Weiter typisch sind sogenannte Dominostein-Aufgaben. Auch hier gilt es, Beziehungen zwischen den gegebenen Punktwerten zu erkennen und leere Felder sinnvoll zu ergänzen.

Wie können Sie Punkte sammeln?

Die Erfahrung bestätigt auch für diesen Bereich wieder einmal, dass eine gezielte Vorbereitung auf den Einstellungstest tatsächlich Früchte trägt. Testkritiker werfen Logikaufgaben nicht zu Unrecht vor, dass diejenigen Kandidaten, die stärker unter Teststress und -angst leiden, hier keinen Zugang auf ihre sonst doch recht passabel funktionierenden analytischen Gehirnbereiche haben. Stress lähmt nun einmal und blockiert. Im Endergebnis kann es also passieren, dass nur der Umgang mit Stress und nicht die Fähigkeit zum Lösen abstrakter Aufgaben bewertet wird. Sie sind damit klar im Vorteil, wenn Sie jetzt unsere Übungsaufgaben in Angriff nehmen.

Symbolanalogien

In dieser Übung sollen Sie das passende Symbol finden. Jeweils drei Symbole sind vorgegeben, das vierte soll von Ihnen so ausgewählt werden, dass eine logische Beziehung erkennbar wird. Es geht also darum, bestimmte Gesetzmäßigkeiten zu erkennen und diese in Gedanken fortzusetzen.

Beispiel 1:

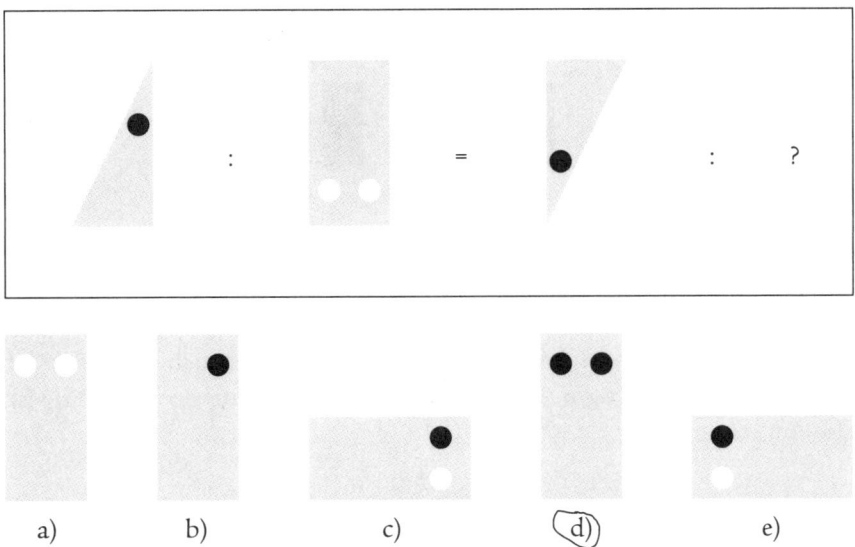

a)   b)   c)   d)   e)

Richtige Antwort: d. Hier ist die Beziehung zwischen dem ersten und dem dritten Symbol so, dass das erste Symbol auf den Kopf gestellt wurde. Der schwarze Kreis wurde zu einem weißen Kreis. Daher muss auch das zweite Symbol auf den Kopf gestellt werden. Damit kommen die Symbole a, b und d in die engere Auswahl. Allerdings entfällt a, da sich die Kreise auf dem Rechteck nicht verändert haben. Auch b entfällt, da hier nur ein Kreis vorhanden ist. Richtig ist also d, hier steht das Symbol auf dem Kopf, und auch die Kreise haben sich verändert, sie sind jetzt schwarz.

Beispiel 2:

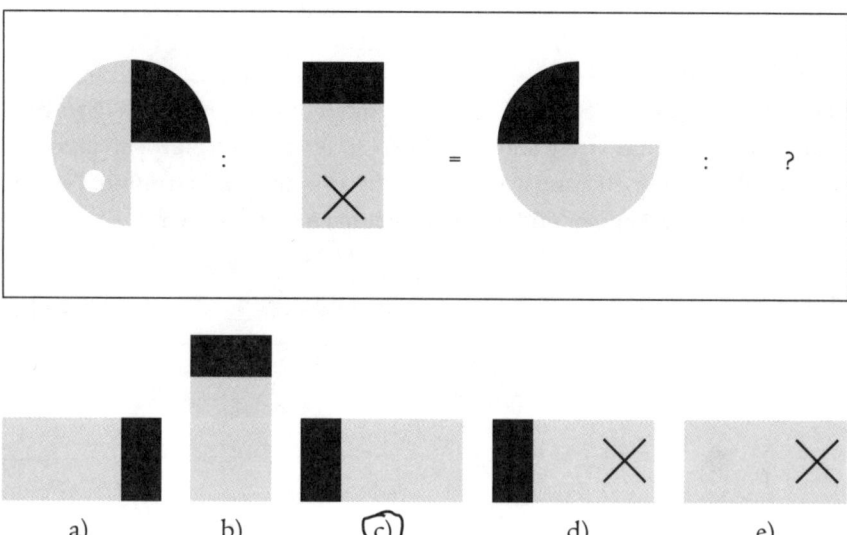

Richtige Antwort: c. Ein Vergleich zwischen dem ersten und dem dritten Symbol ergibt, dass hier der Dreiviertel-Kreis um 90 Grad nach links gedreht wurde und der aufgemalte kleine Kreis weggefallen ist. Dreht man das zweite Symbol um 90 Grad nach links, kommen die Auswahlmöglichkeiten c und d infrage. Allerdings ist bei d das aufgemalte Kreuz noch vorhanden, richtig ist also Antwort c.

Sie haben jetzt sieben Minuten Zeit für die folgenden 20 Aufgaben.

1.

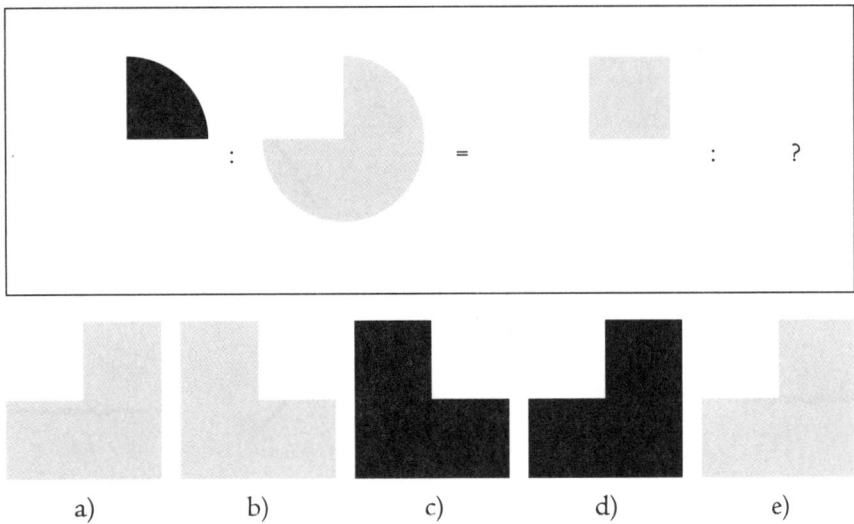

2.

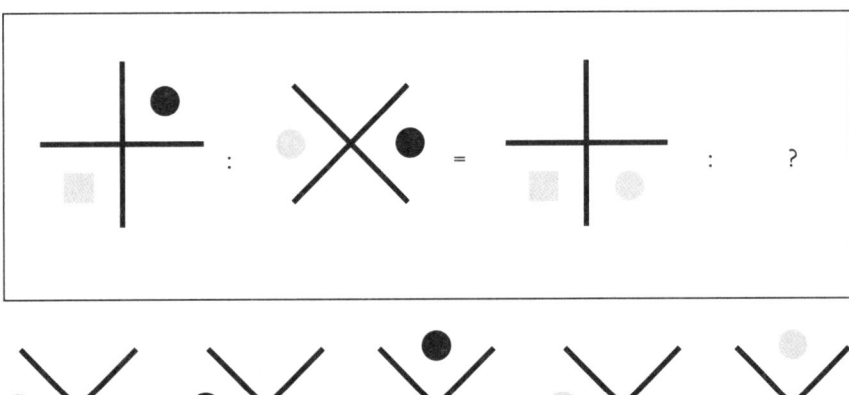

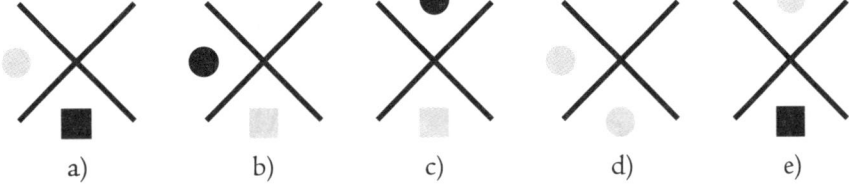

3.

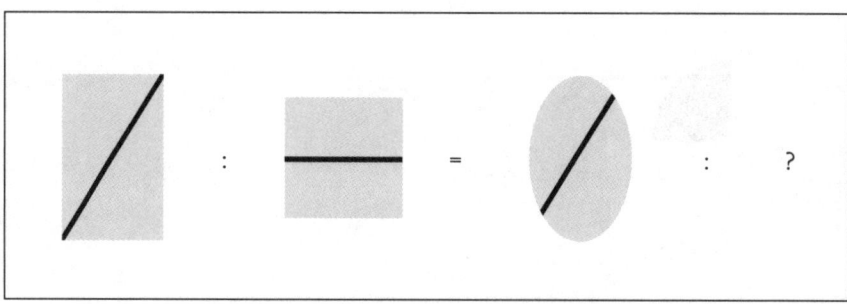

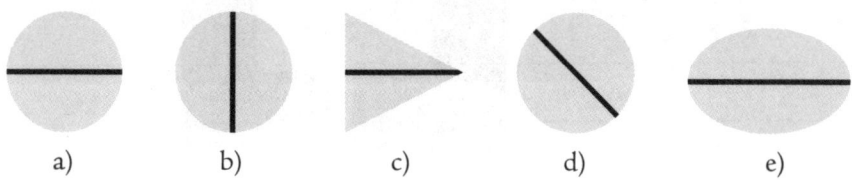

4.

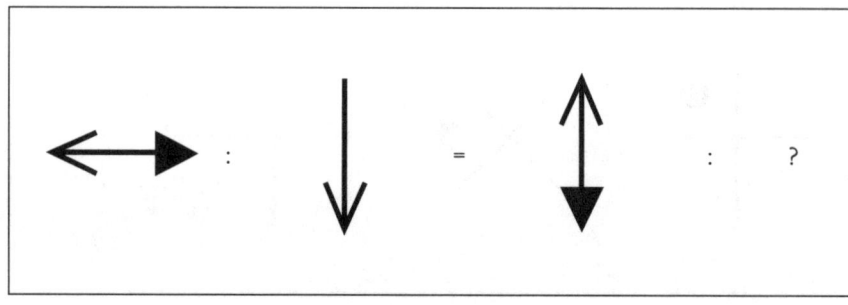

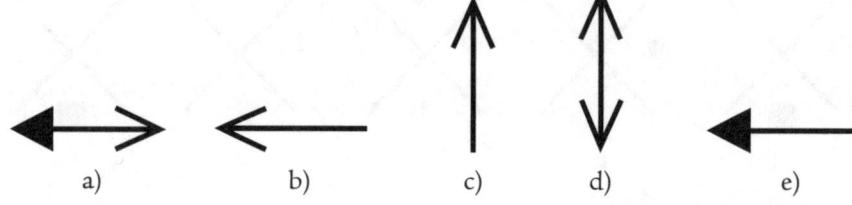

5.

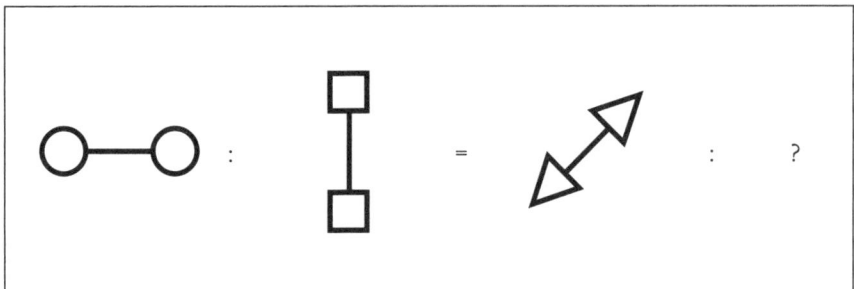

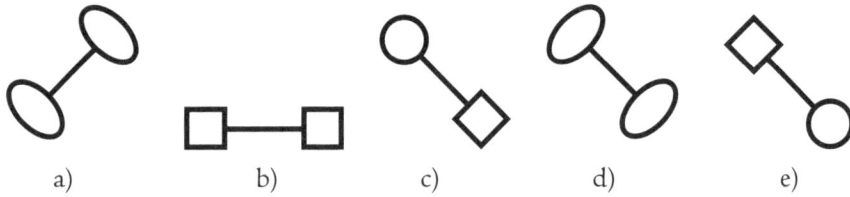

a)   b)   c)   d)   e)

6.

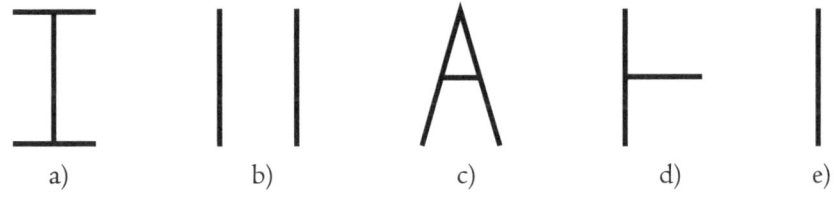

a)   b)   c)   d)   e)

7.

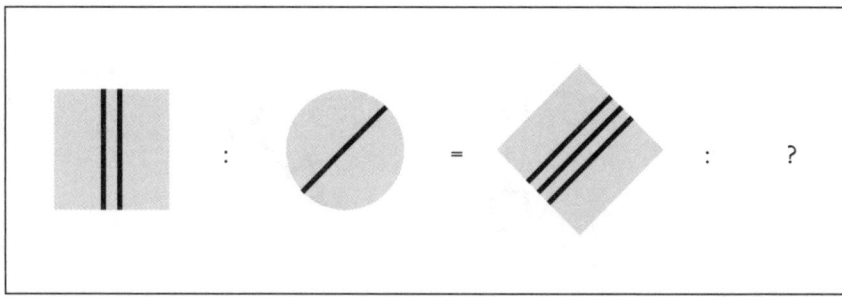

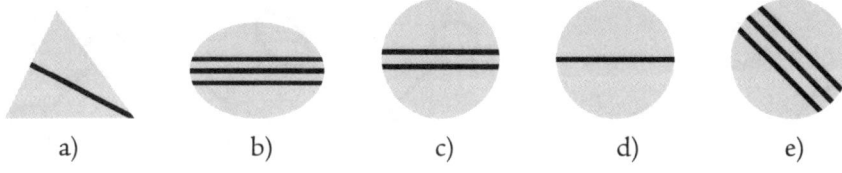

8.

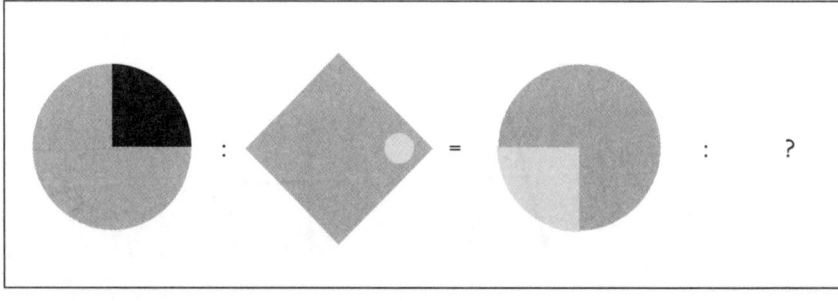

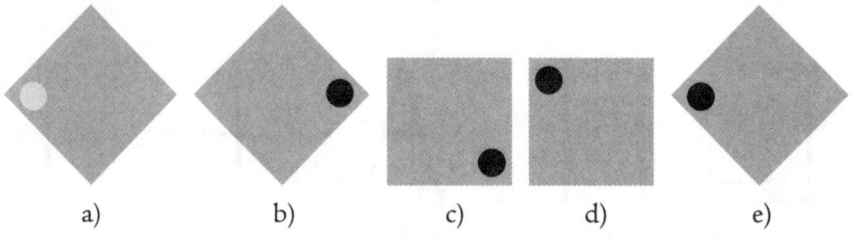

9.

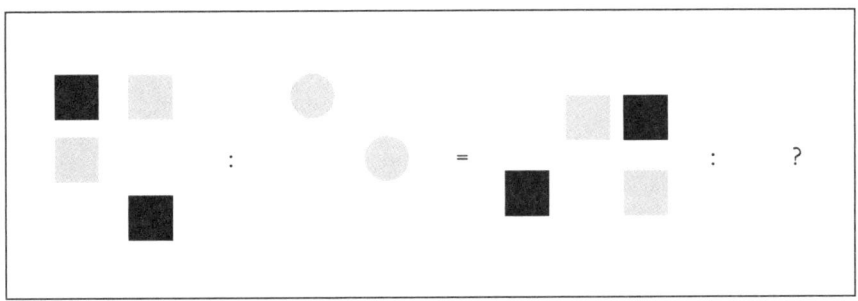

a)　　　　b)　　　　c)　　　d)　　　e)

10.

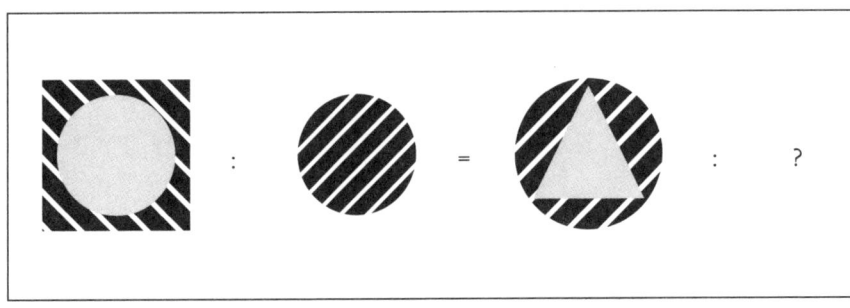

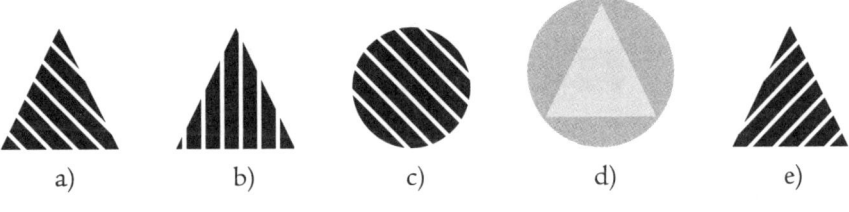

a)　　　　b)　　　　c)　　　　d)　　　　e)

11.

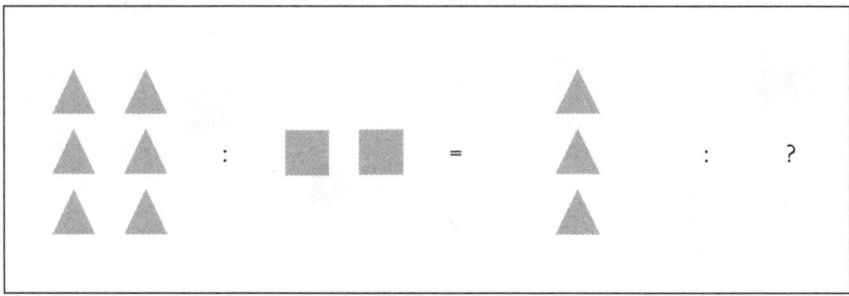

 a)   b)   c)   d)   e)

12.

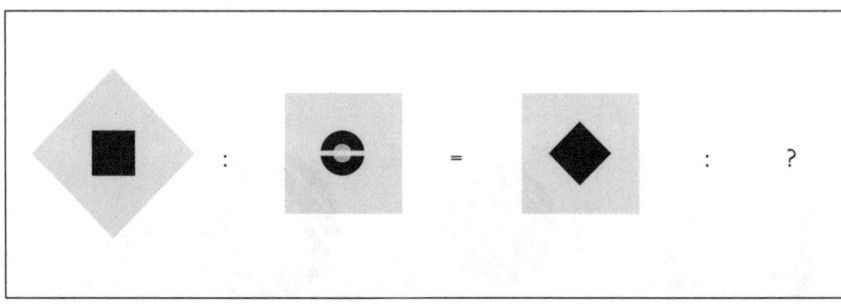

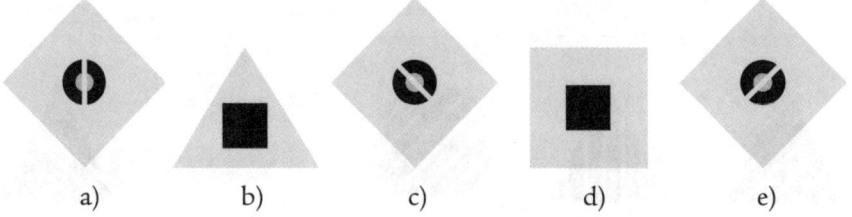

a)   b)   c)   d)   e)

13.

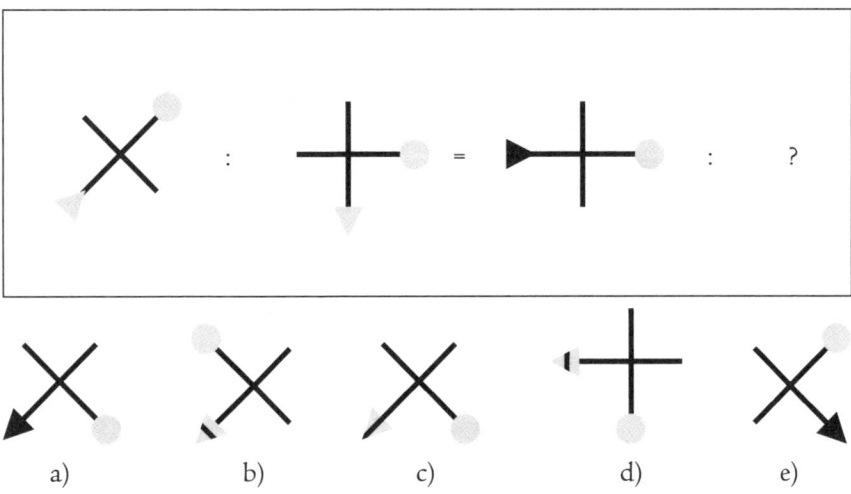

14.

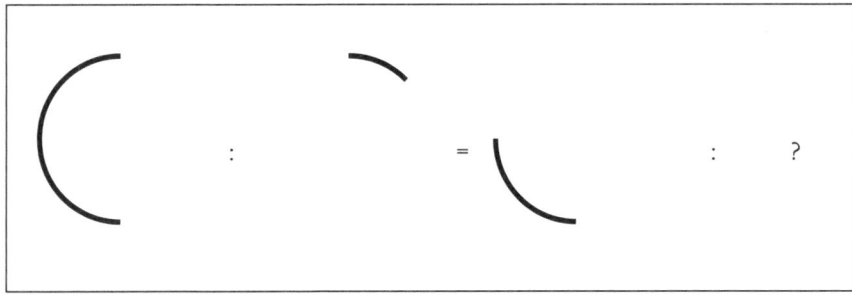

15.

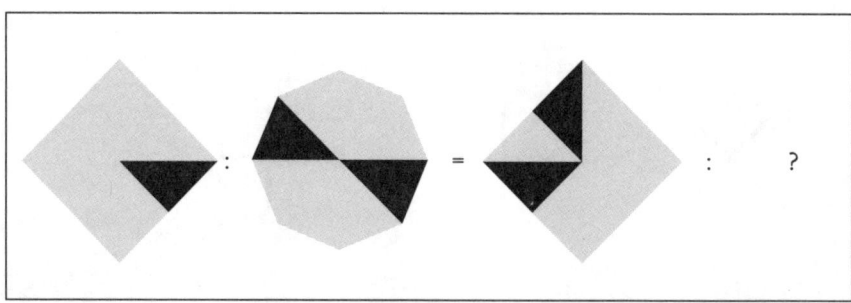

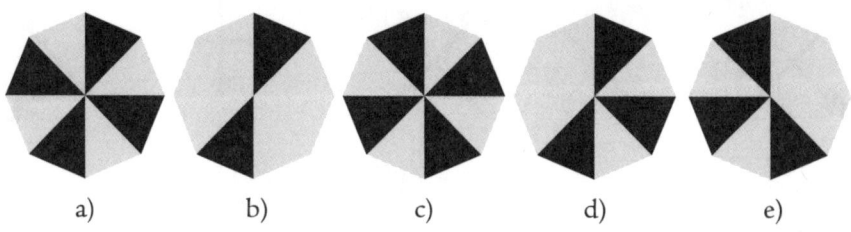

a)   b)   c)   d)   e)

16.

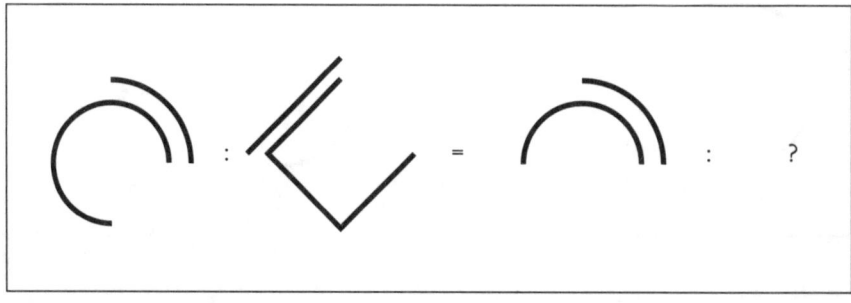

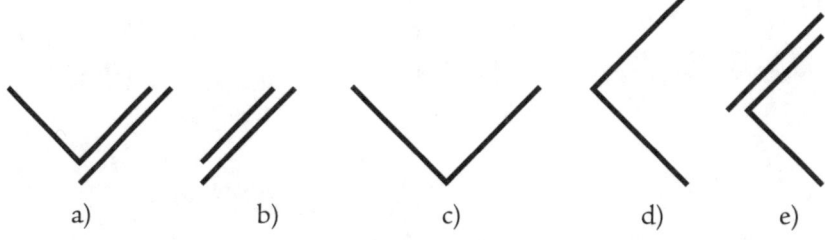

a)   b)   c)   d)   e)

17.

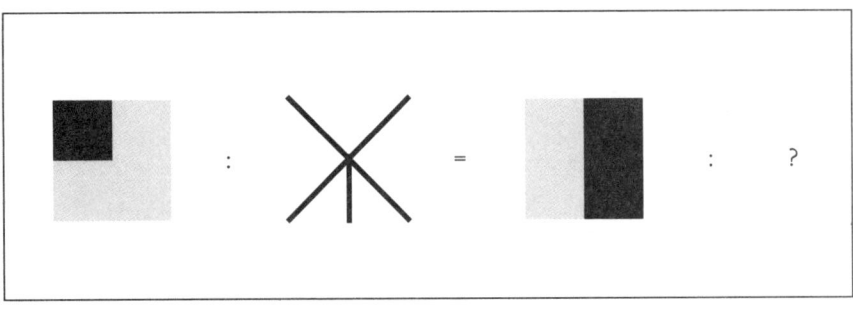

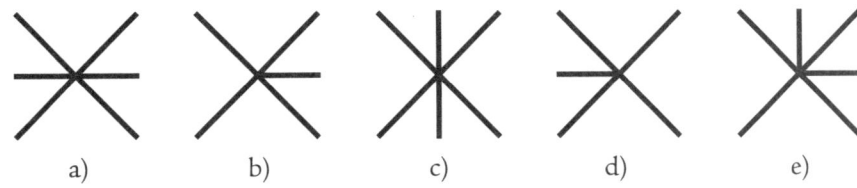

a)　　　　b)　　　　c)　　　　d)　　　　e)

18.

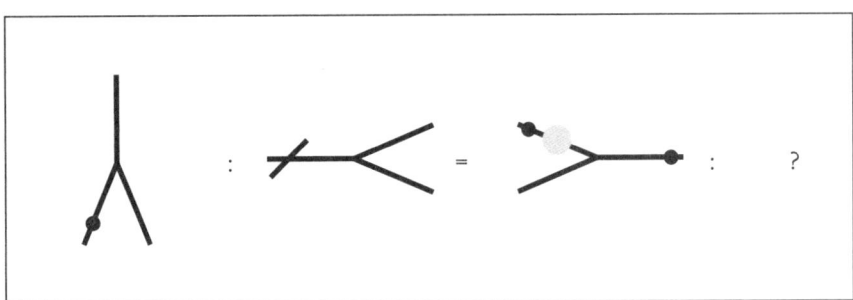

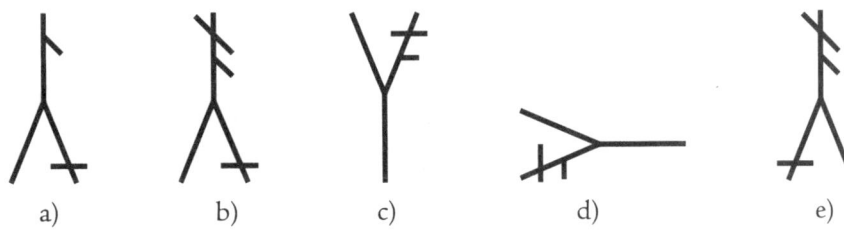

a)　　　　b)　　　　c)　　　　d)　　　　e)

19.

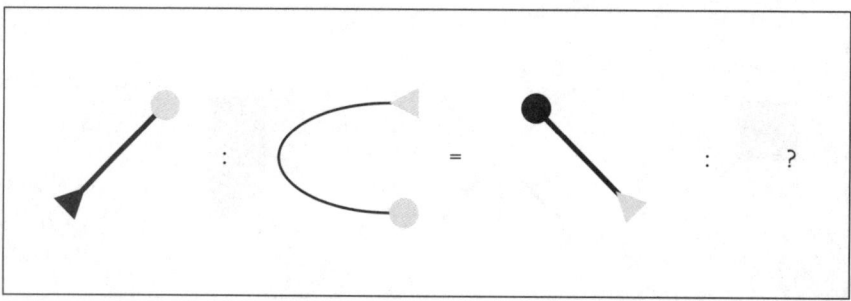

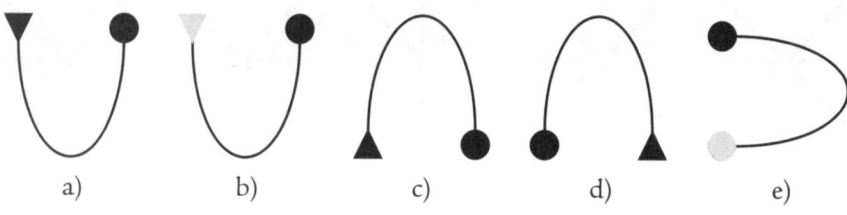

20.

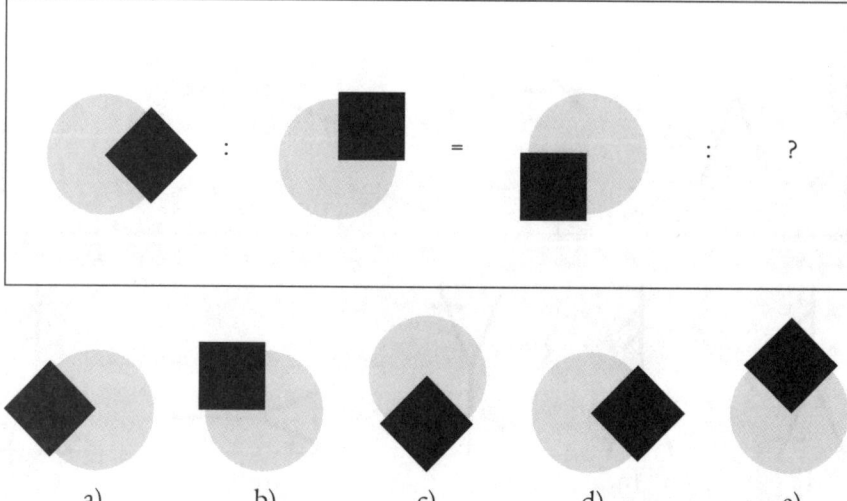

Ablaufdiagramme

Ablaufdiagramme sind schematische Darstellungen von Lösungsschritten, die die systematische Bewältigung einer Aufgabe abbilden. Sehen Sie sich die vier von uns ausgewählten Ablaufdiagramme auf den folgenden Seiten genau an, und beantworten Sie dann die dazu gestellten Fragen. Ihnen werden Antwortalternativen vorgestellt, entscheiden Sie sich für die richtige. Umkreisen Sie Ihre Lösung deutlich. Sie haben insgesamt zehn Minuten Zeit.

KFZ-Schadensabwicklung

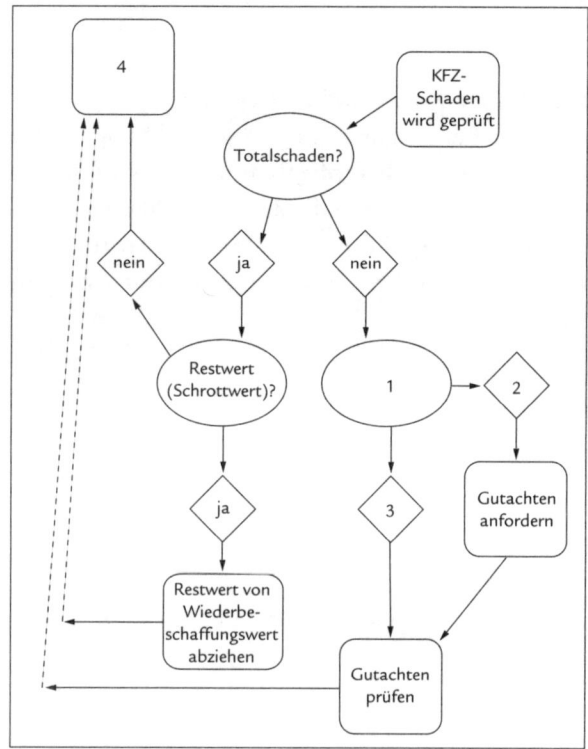

1. Welcher Text gehört in Feld 1?
   a) Protokoll der Zeugenaus-
      sagen vorhanden?
   b) Gutachten über Höhe der Re-
      paraturkosten vorhanden?
   c) Reparatur in Auftrag geben?
   d) Gutachten über Straßen-
      zustand vorhanden?

2. Welcher Text gehört in Feld 2?
   a) ja
   b) Vorgesetzten anrufen
   c) nein
   d) Feierabend

3. Welcher Text gehört in Feld 3?
   a) ja
   b) Versicherung kündigen
   c) nein
   d) niemals

4. Welcher Text gehört in Feld 4?
   a) Versicherungsvertrag zu-
      schicken
   b) Gutachten erneut prüfen
   c) Kundeninformationen bereit
      halten
   d) Schadenssumme an Kunden
      überweisen

Monitor prüfen

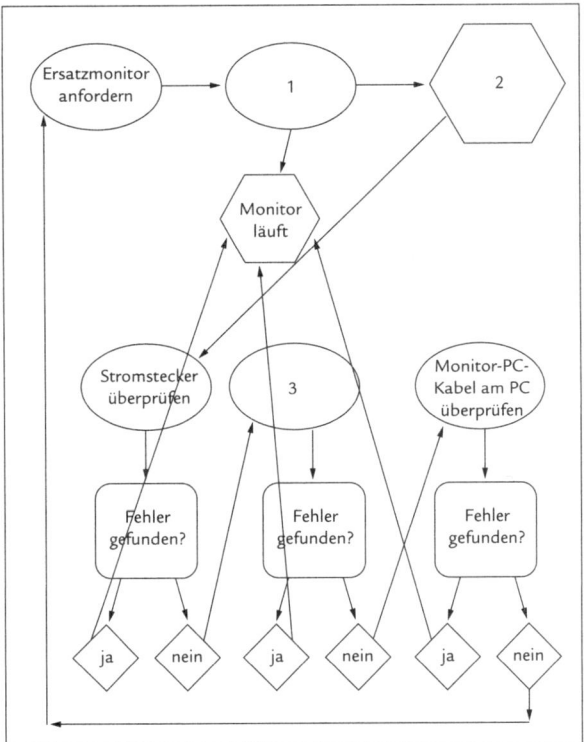

1. Welcher Text gehört in Feld 1?
   a) Monitor entsorgen
   b) Zweiten Ersatzmonitor anfordern
   c) Monitor einschalten
   d) Rechnung bezahlen

2. Welcher Text gehört in Feld 2?
   a) Monitor hat kein Bild
   b) Monitor funktioniert
   c) Ersatzmonitor anfordern
   d) neuen PC kaufen

3. Welcher Text gehört in Feld 3?
   a) Arbeitspause
   b) Monitor-PC-Kabel am Monitor überprüfen
   c) Dokumente ausdrucken
   d) Monitor-PC-Kabel am PC überprüfen

Müll sortieren

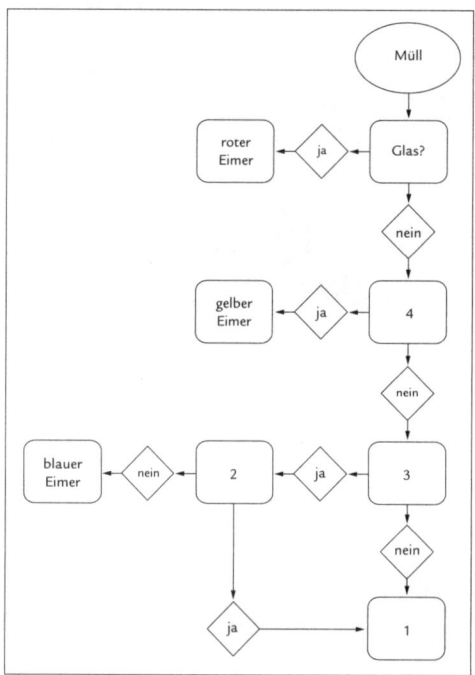

Für die Müllsortierung stehen ausschließlich vier Eimer zur Verfügung:

- roter Eimer: Glas,
- grüner Eimer: Restmüll und verschmutztes Plastik,
- gelber Eimer: Papier,
- blauer Eimer: Plastik.

1. Welcher Text gehört in Feld 1?
   a) verschmutztes Plastik
   b) grüner Eimer
   c) Papier
   d) Glas

2. Welcher Text gehört in Feld 2?
   a) sauber
   b) Papier
   c) Gläser
   d) verschmutzt

3. Welcher Text gehört in Feld 3?
   a) Papier?
   b) Flaschen?
   c) Plastik?
   d) Kataloge?

4. Welcher Text gehört in Feld 4?
   a) Papier?
   b) Scherben?
   c) Plastik?
   d) Restmüll?

Telefonanbieter

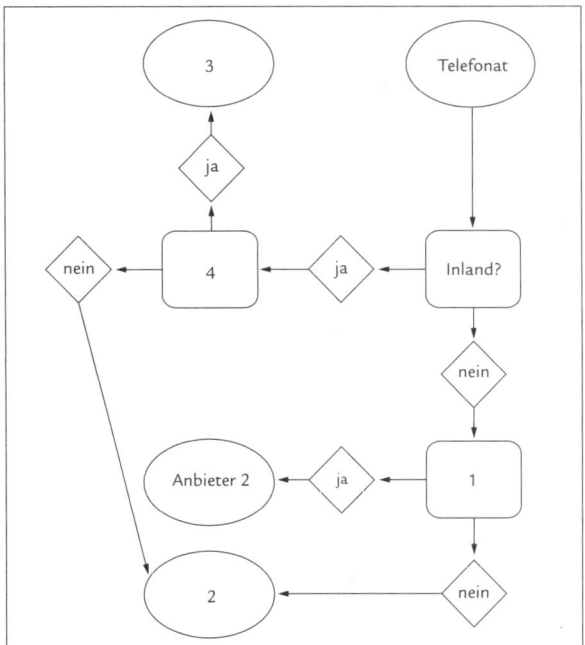

Für Telefonate stehen drei Anbieter zur Verfügung:

- Anbieter 1: Telefonate ins Festnetz Inland,
- Anbieter 2: Telefonate in Mobilfunknetze Ausland,
- Anbieter 3: Telefonate ins Festnetz Ausland und in Mobilfunknetze im Inland.

1. Welcher Text gehört in Feld 1?
   a) Mobilfunk Ausland?
   b) Festnetz?
   c) Gespräch nicht möglich
   d) Ausland?

2. Welcher Text gehört in Feld 2?
   a) Anbieter 1
   b) SMS
   c) Inland
   d) Anbieter 3

3. Welcher Text gehört in Feld 3?
   a) Gespräch nicht möglich
   b) Anbieter 1
   c) Inland
   d) Anbieter 3

4. Welcher Text gehört in Feld 4?
   a) Mobilfunk?
   b) Störungsstelle
   c) Festnetz?
   d) Anbieter 3

Welcher Dominostein ist der richtige?

Grundsätzlich gilt bei dieser Übung, dass es zwischen den einzelnen Punktwerten der Dominosteine Beziehungen gibt, die Sie erkennen sollen. Es kann
sich dabei um gleichmäßige Additionen handeln, aber auch um regelmäßig
wiederkehrende Kombinationen. Ihre Aufgabe besteht darin, aus den mit A
bis E bezeichneten Dominosteinen den richtigen auszuwählen.

Beispiel:

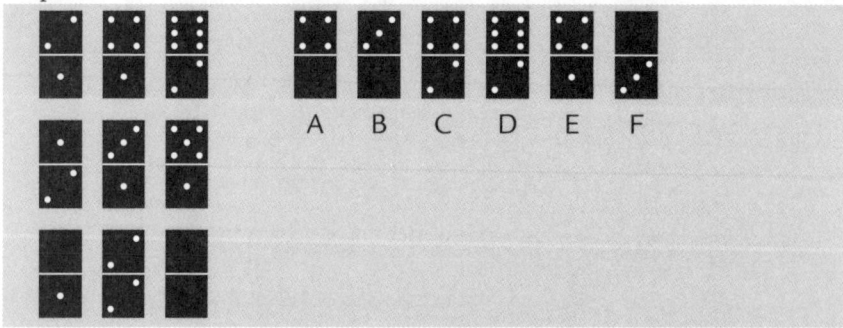

Im Beispiel gilt für die Punktwerte der oberen Felder in allen drei Reihen die
Addition »plus 2«:
1. Reihe: 2 + 2 = 4, 4 + 2 = 6
2. Reihe: 1 + 2 = 3, 3 + 2 = 5
3. Reihe: 0 + 2 = 2, 2 + 2 = 4
Lösung leeres oberes Feld also: 4

Für die Punktwerte der unteren Felder in allen drei Reihen gilt für das Beispiel aber eine ganz andere Regel: Der Punktwert 2 taucht immer einmal auf
und der Punktwert 1 immer zweimal.
1. Reihe: 1, 1, 2
2. Reihe: 2, 1, 1
3. Reihe: 1, 2, 1
Lösung leeres unteres Feld also: 1

Damit ist für die richtige Lösung dieser Aufgabe der Dominostein E anzukreuzen, der oben den Punktwert 4 und unten 1 trägt.

Beginnen Sie jetzt mit den 16 Aufgaben, Sie haben dafür zwölf Minuten Zeit.

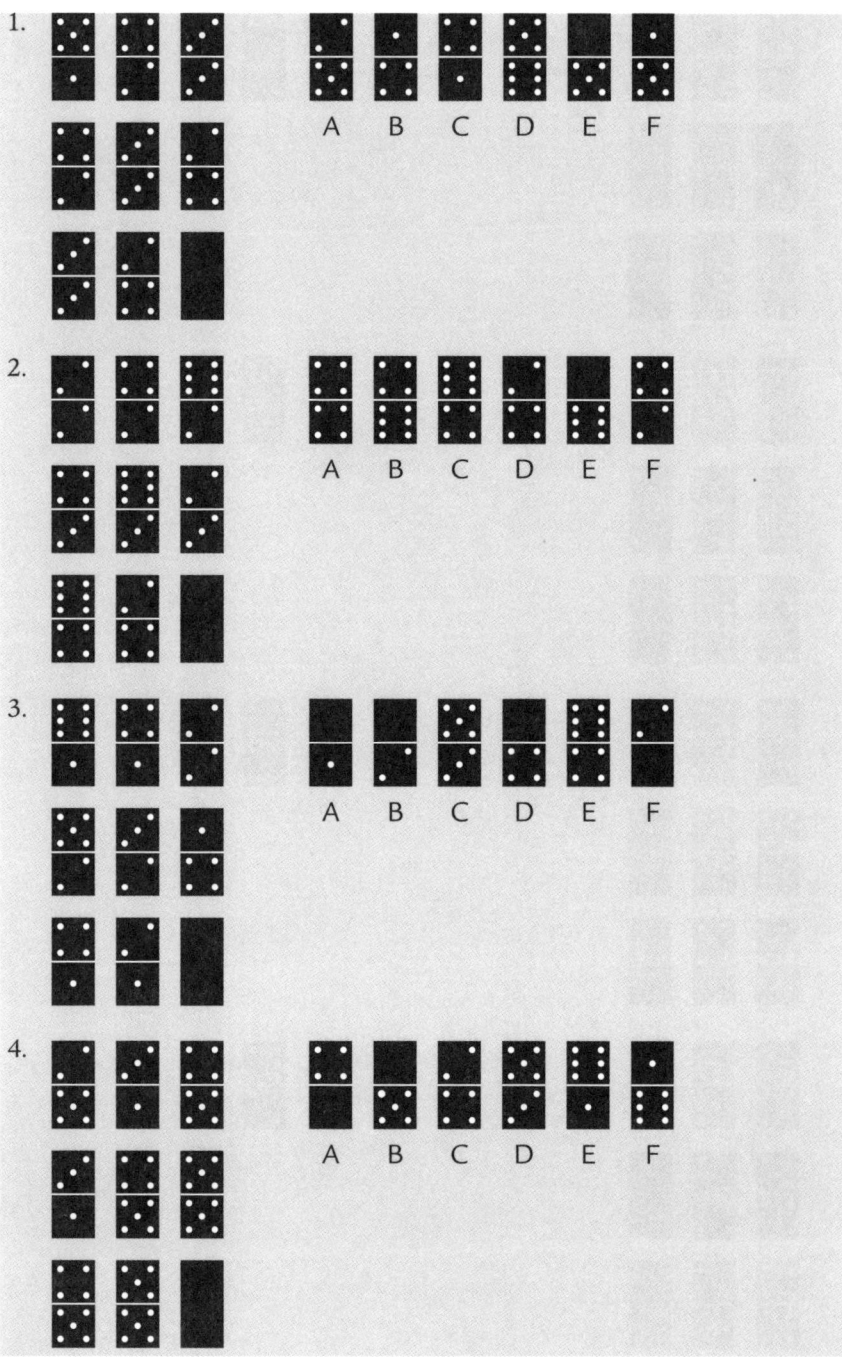

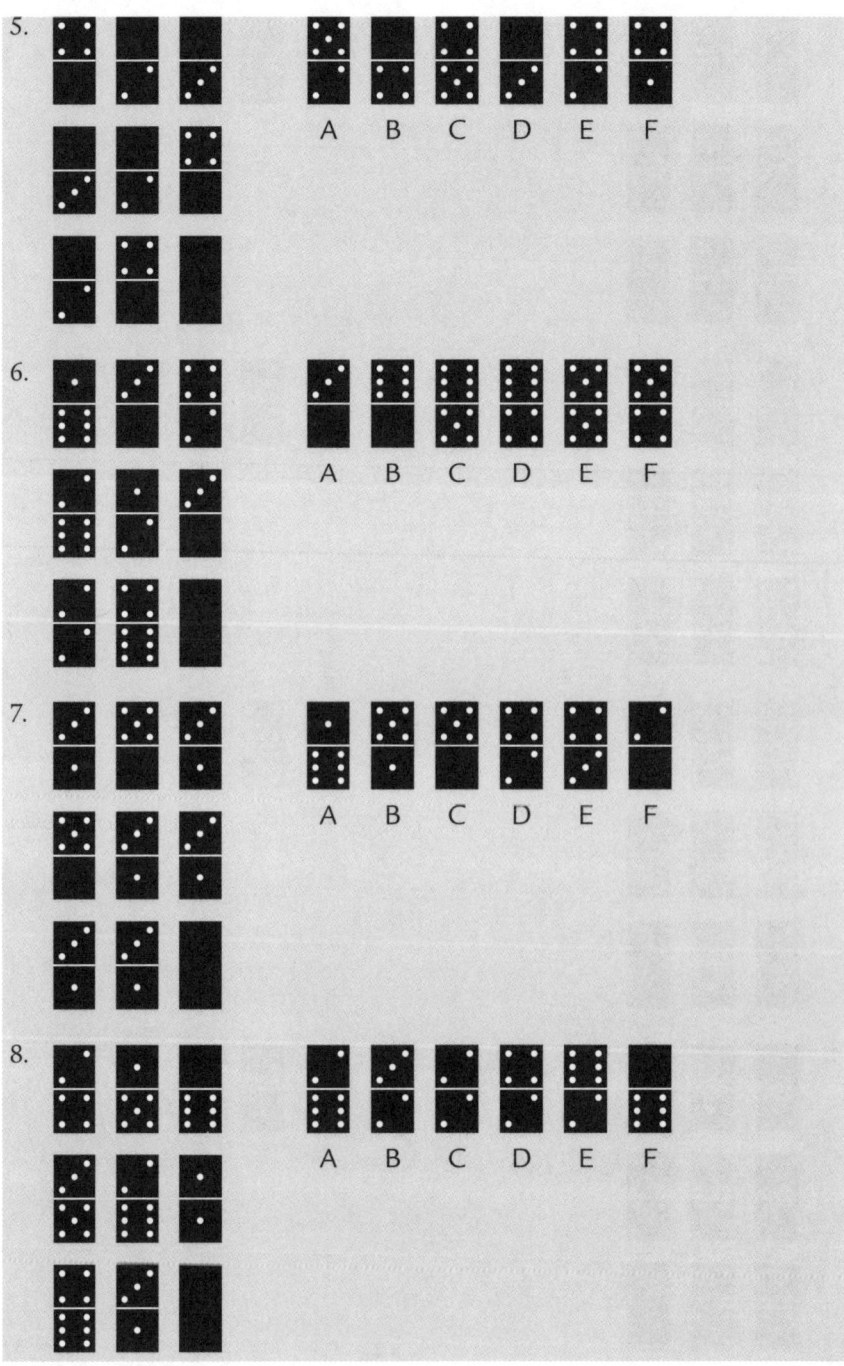

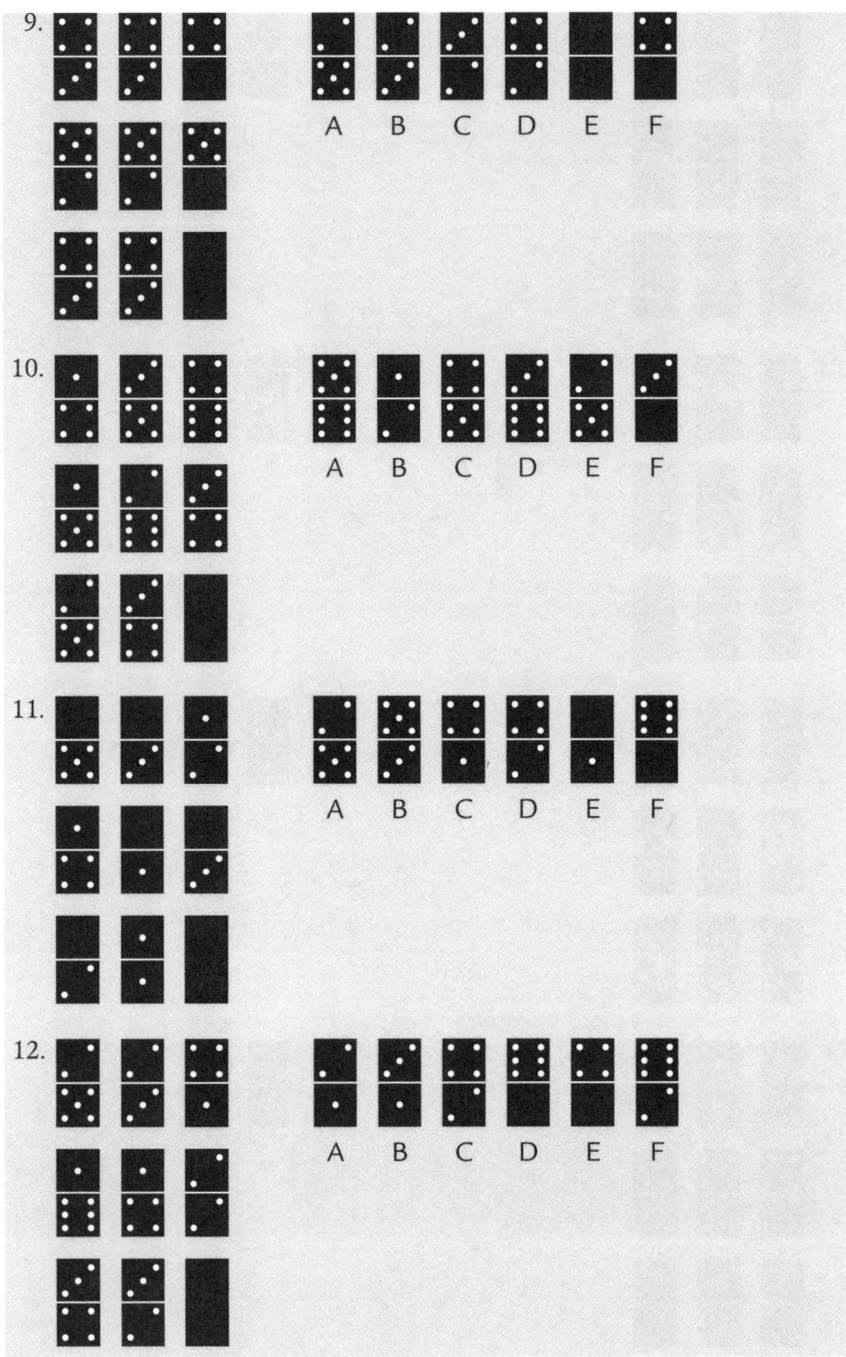

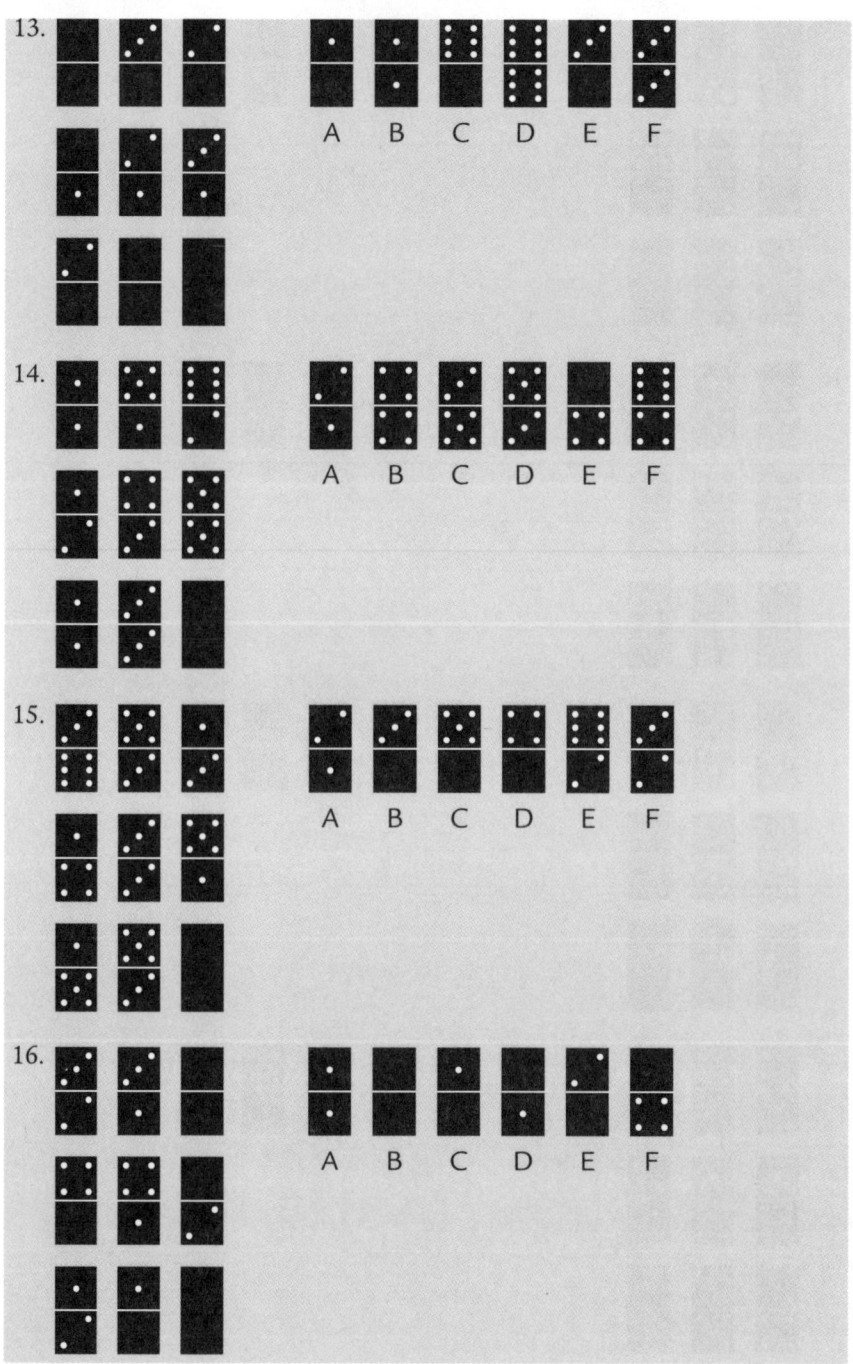

Zahlenreihen

Die Vervollständigung von Zahlenreihen ist ein echter Klassiker im Einstellungstest. Vergegenwärtigen Sie sich zur Vorbereitung, dass es vier Grundrechenarten gibt, nämlich: Addieren (plus), Subtrahieren (minus), Dividieren (geteilt) und Multiplizieren (mal). Die Zahlen in den aufgeführten Reihen stehen in entsprechenden Beziehungen, die Sie erkennen müssen. Haben Sie die Beziehung erkannt, können Sie die Reihe fortsetzen.

Beispiele:

0, 3, 6, 9, 12, X, Y
Hier gilt die Regel »plus 3«: X ist also 15 und Y ist 18.

2, 8, 32, 128, X, Y
Hier gilt die Regel »mal 4«: X ist also 512 und Y ist 2 048.

Sie haben jetzt zehn Minuten Zeit für die folgenden 18 Aufgaben!

Tragen Sie hier die
Lösungen für X und Y ein:

1. 2, 3, 5, 8, 12, 17, 23, 30, X, Y   X = _____ Y = _____

2. 3, 2, 4, 3, 5, 4, 6, 5, X, Y   X = _____ Y = _____

3. 19, 22, 20, 19, 22, 20, 19, 22, 20, X, Y   X = _____ Y = _____

4. 65, 72, 63, 70, 61, 68, 59, 66, 57, X, Y   X = _____ Y = _____

5. 2, 6, 4, 5, 9, 7, 8, 12, 10, X, Y   X = _____ Y = _____

6. 27, 54, 55, 110, 111, 222, 223, X, Y   X = _____ Y = _____

7. 1536, 768, 384, 192, 96, 48, 24, 12, X, Y   X = _____ Y = _____

8. 32, 28, 34, 29, 36, 30, 38, 31, 40, X, Y   X = _____ Y = _____

9. 16, 32, 30, 60, 58, 116, 114, 228, 226, X, Y   X = _____ Y = _____

10. 4, 12, 9, 27, X, Y   X = _____ Y = _____

Tragen Sie hier die
Lösungen für X und Y ein:

11. 110, 99, 86, X, Y   X =_____ Y =_____

12. 17, 32, 49, 68, X, Y   X =_____ Y =_____

13. 6, 10, 22, 58, X, Y   X =_____ Y =_____

14. 411, 360, 308, 255, X, Y   X =_____ Y =_____

15. 27, 25, 28, 24, 29, 23, X, Y   X =_____ Y =_____

16. 36, 72, 144, 139, 278, 556, X, Y   X =_____ Y =_____

17. 23, 25, 12, 16, 6, 12, 5, X, Y   X =_____ Y =_____

18. 3, 6, 10, 30, 35, 140, 146, X, Y   X =_____ Y =_____

Buchstabenreihen

Buchstabenreihen sind eine Variation der Zahlenreihen.

Beispiel:

Welcher Buchstabe folgt in der Reihe A, C, E, G?
Hier gilt die Regel »immer der übernächste Buchstabe«, also ist die Lösung »I«.

Für diese sieben Aufgaben beträgt Ihr Zeitlimit drei Minuten!

1. A, B, D, G, _____

2. H, G, I, H, J, _____

3. S, U, Q, S, O, _____

4. W, S, P, N, _____

5. K, M, K, N, K, _____

6. A, F, E, J, I, _____

7. Z, T, Y, U, X, _____

Zahlenmatrix

Die Übung »Zahlenmatrix« taucht in Einstellungstests ebenso häufig auf wie die Übung »Zahlenreihen«. In beiden Übungen sind Gemeinsamkeiten zwischen Zahlenkolonnen zu entdecken. Beispielsweise müssen in jeder Reihe zu den gegebenen Zahlen immer die gleichen, unbekannten Zahlen addiert oder subtrahiert werden (siehe Beispiel 1). Um den Schwierigkeitsgrad zu steigern, wird aber auch nach bestimmten Multiplikationen oder Additionen gesucht (Beispiel 2).

Beispiel 1:

11	8	4
10	7	3
9	6	X

Richtige Lösung: X = 2
Weg zur Lösung: – 3 – 4 (jede Zeile von links nach rechts gelesen)
Also: 11 (– 3 =) 8 (– 4 =) 4
            10 (– 3 =) 7 (– 4 =) 3
              9 (– 3 =) 6 (– 4 =) 2

Beispiel 2:

11	22	25
10	20	23
9	18	X

richtige Lösung: X = 21
Weg zur Lösung: × 2 + 3 (jede Zeile von links nach rechts gelesen)
Also: 11 (× 2 =) 22 (+ 3 =) 25
            10 (× 2 =) 20 (+ 3 =) 23
              9 (× 2 =) 18 (+ 3 =) 21

Lösen Sie die folgenden neun Aufgaben in zwölf Minuten.

1.   7   13   18
        8   X   19
       9   15   20   Richtige Lösung: X = _____

2.   111   87   68
      53   X   10
      67   43   24   Richtige Lösung: X = _____

3.   14   28   56
       X   20   40
       9   18   36   Richtige Lösung: X = _____

4.   11   –11   –8
       X   0   3
       7   –15   –12   Richtige Lösung: X = _____

5.   1   1/3   X
     18   6   2
     66   22   7 1/3   Richtige Lösung: X = _____

6.   121   22   2,2
      99   9   0,9
    143   13   X   Richtige Lösung: X = _____

7.   43   178   277
     22   X   256
     62   197   296   Richtige Lösung: X = _____

8.   11   33   8 1/4
       7   21   5 1/4
       X   36   9   Richtige Lösung: X = _____

9.   520   130   32,5
       4   X   1/4
    112   28   7   Richtige Lösung: X = _____

Richtig fortsetzen

Ihnen werden Figurenreihen, die aus drei Abbildungen bestehen, vorgegeben. Wählen Sie nun aus den vier Fortsetzungsmöglichkeiten die richtige aus. Dabei gilt es, die logischen Beziehungen zwischen den drei Abbildungen in der oberen Reihe zu erkennen.

Beispiel:

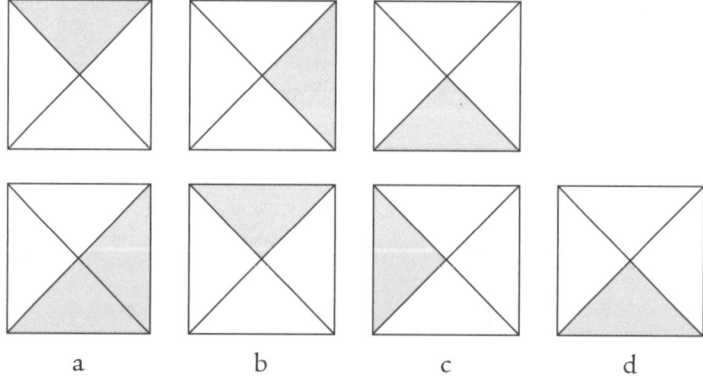

In der oberen Reihe wandert das Dreieck im Urzeigersinn. Die Reihe kann somit durch Abbildung c vervollständigt werden.

Ab jetzt haben Sie für die folgenden zwölf Aufgaben drei Minuten Zeit. Tragen Sie den richtigen Lösungsbuchstaben ein!

1.

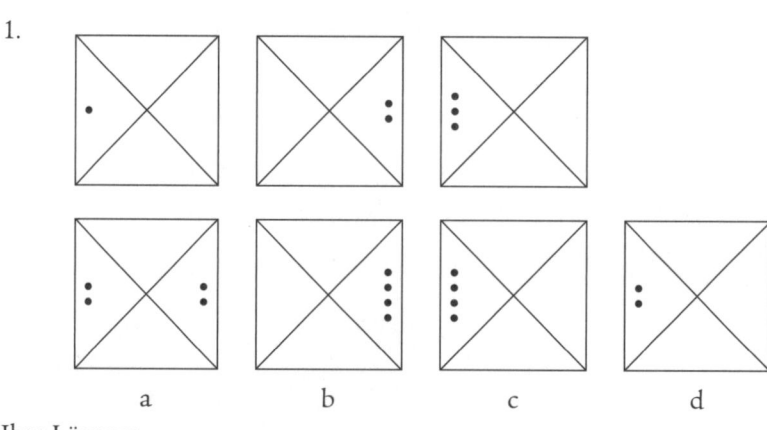

Ihre Lösung: _____

2.

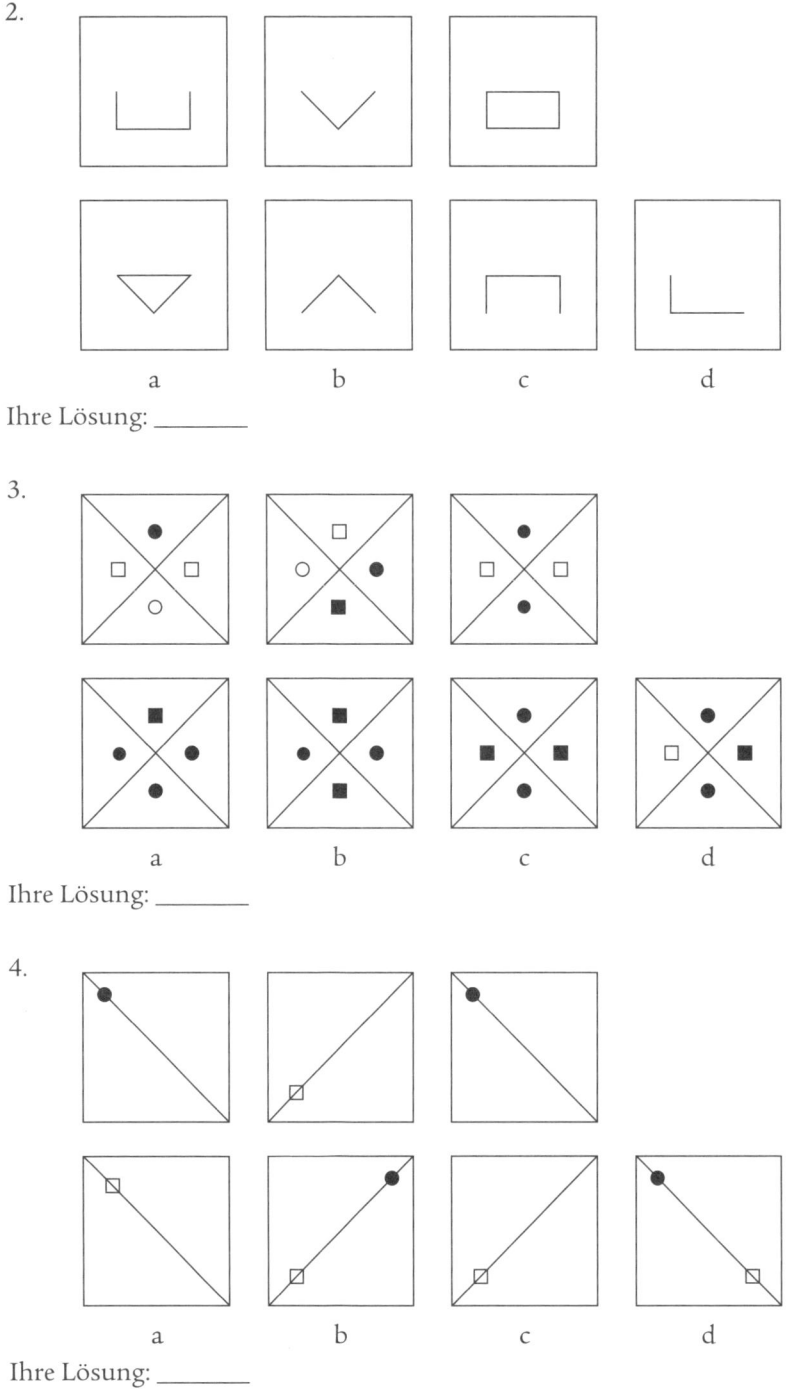

Ihre Lösung: _____

3.

Ihre Lösung: _____

4.

Ihre Lösung: _____

5.

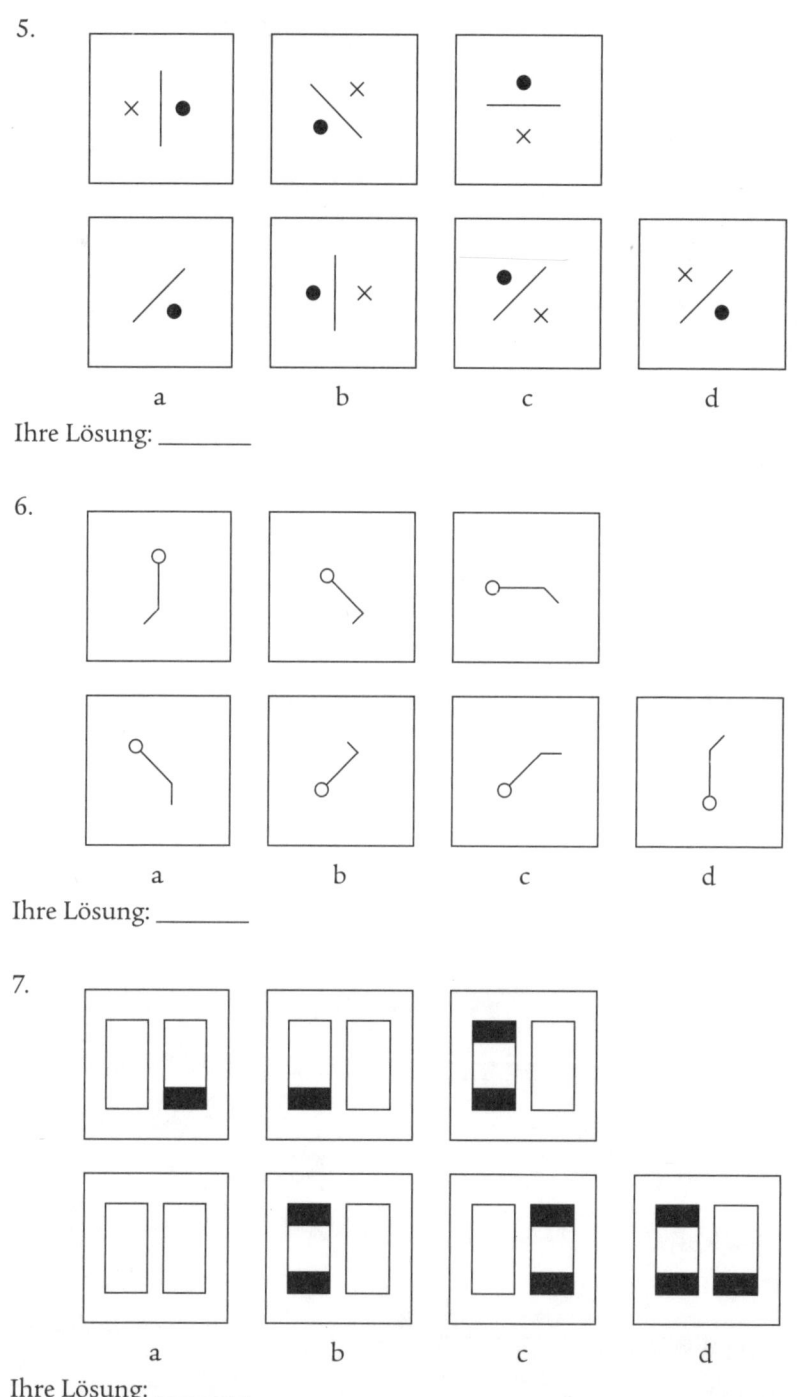

a   b   c   d

Ihre Lösung: _____

6.

a   b   c   d

Ihre Lösung: _____

7.

a   b   c   d

Ihre Lösung: _____

8.

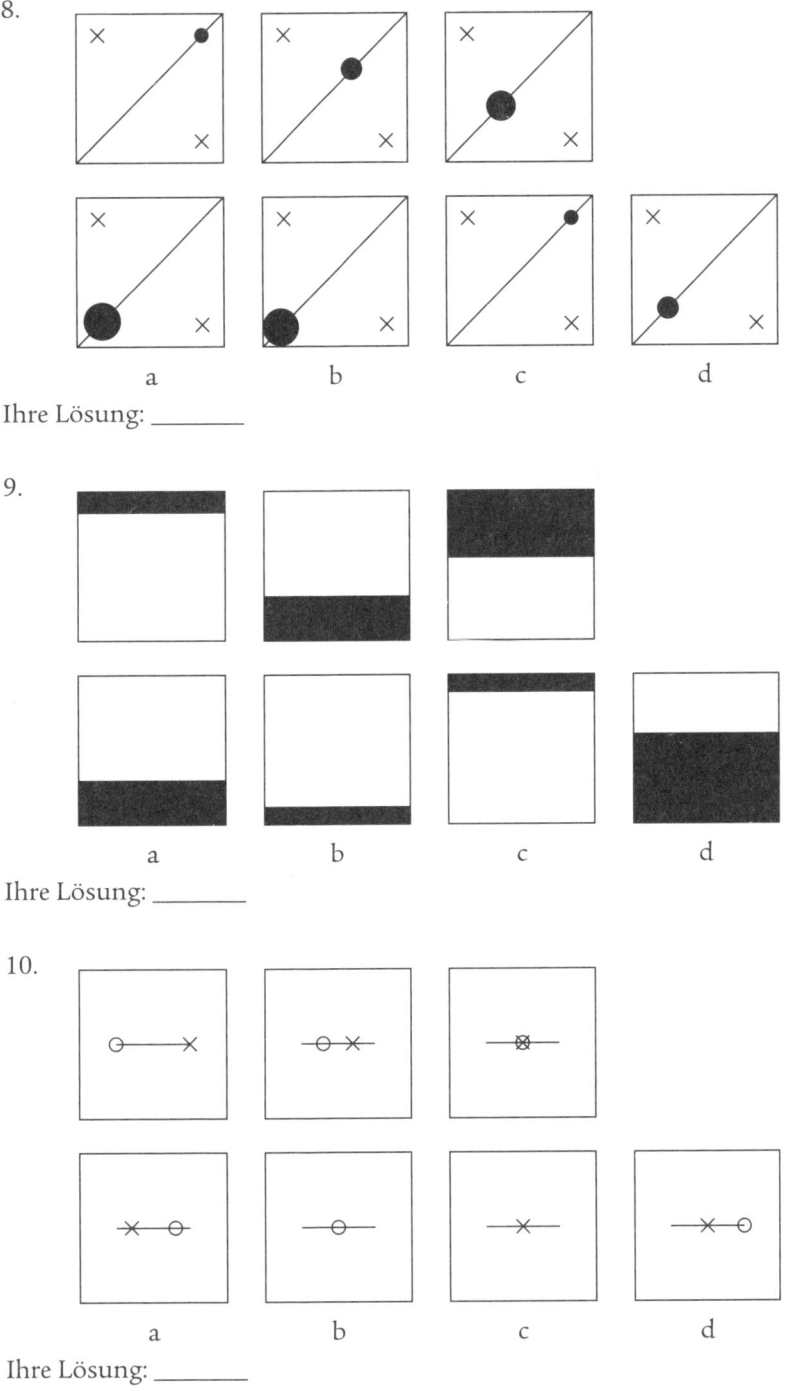

Ihre Lösung: _____

9.

Ihre Lösung: _____

10.

Ihre Lösung: _____

11.

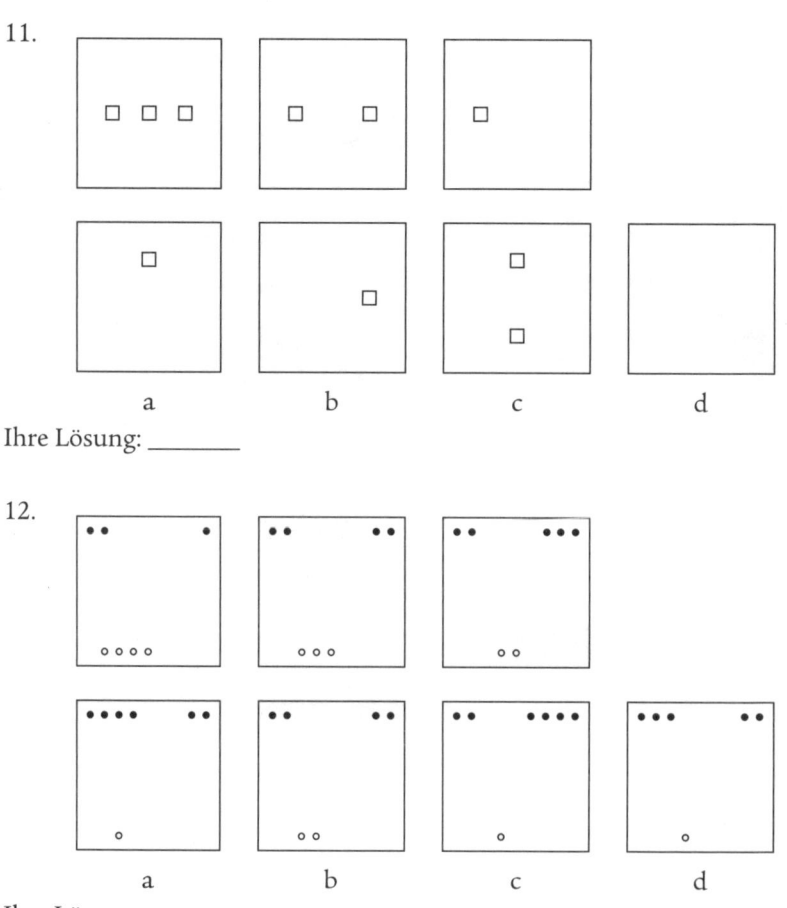

a   b   c   d

Ihre Lösung: _____

12.

a   b   c   d

Ihre Lösung: _____

Welcher Wochentag?

Knobelaufgaben, bei denen Sie einen bestimmten Wochentag herausfinden sollen, tauchen häufig in Einstellungstests auf.

Beispiel:

Heute ist Donnerstag. Welcher Tag ist einen Tag vor gestern?
Lösung: Wenn heute Donnerstag ist, war gestern Mittwoch. Dann war der Tag vor gestern der Dienstag. Antwort: Dienstag.

Beginnen Sie jetzt mit den folgenden zehn Aufgaben. Sie haben drei Minuten Zeit!

1. Morgen ist Sonntag. Welcher Tag ist einen Tag vor gestern?

2. Gestern war Montag. Welcher Tag ist einen Tag vor gestern?

3. Heute ist Mittwoch. Welcher Tag war zwei Tage vor morgen?

4. Heute ist Sonnabend. Welcher Tag war drei Tage vor übermorgen?

5. Gestern war Dienstag. Welcher Tag war zwei Tage vor vorgestern?

6. Vorgestern war Mittwoch. Welcher Tag ist einen Tag nach übermorgen?

7. Vorvorgestern war Donnerstag. Welcher Tag ist zwei Tage nach morgen?

8. Übermorgen ist Sonntag. Welcher Tag war einen Tag vor vorgestern?

9. Der Tag nach übermorgen ist Sonntag. Welcher Tag ist heute?

10. Zwei Tage vor vorgestern war Donnerstag. Welcher Tag ist zwei Tage nach morgen?

Schlussfolgerungen

Bei diesen Aufgaben gilt es, mehrere Informationen so zu kombinieren, dass eine Ausgangsfrage von Ihnen beantwortet werden kann. Hilfreich ist es hier, die gegebenen Informationen zu ordnen, beispielsweise indem Sie die Anfangsbuchstaben der Namen über- beziehungsweise untereinander schreiben.

Beispiel:

Wer ist am jüngsten?
Information 1: Anja ist älter als Carmen.
Information 2: Brigitte ist jünger als Anja.
Information 3: Carmen ist älter als Brigitte.

Information 1: Da Anja älter als Carmen ist, schreiben Sie den Anfangsbuchstaben A über den Anfangsbuchstaben C.	A C
Information 2: Da Brigitte jünger ist als Anja, schreiben Sie das A über das B.	A B
Information 3: Und da Carmen älter ist als Brigitte, schreiben Sie das C über das B.	C B

Nun müssen die drei Buchstabenkombinationen geordnet werden. Ganz nach oben gehört A, ganz nach unten B und in die Mitte C. Diese Buchstabenkombination erfüllt alle drei Informationen:	A C B

Man kann jetzt ablesen, dass Brigitte die jüngste ist, nämlich jünger als Anja und auch jünger als Carmen.

In den nun folgenden zehn Aufgaben gibt es allerdings nicht immer ein eindeutiges Ergebnis. Schreiben Sie also den Namen auf, wenn es eine Lösung gibt. Fehlen allerdings Informationen, um zu einer eindeutigen Lösung zu kommen, schreiben Sie bitte »nicht lösbar« in die Antwortzeile.

Los geht's, Sie haben ab jetzt zehn Minuten Zeit.

1. Wer ist am lautesten?
   Konstantin ist lauter als Nora.
   Nora ist leiser als Marie.
   Marie ist leiser als Konstantin.

   Antwort:

2. Wer ist am glücklichsten?
   Robert ist glücklicher als Mika.
   Mika ist unglücklicher als Sarah.
   Robert ist unglücklicher als Sarah.

   Antwort: _____

3. Wer ist am schnellsten?
   Carlotta ist langsamer als Sven.
   Sven ist schneller als Maike.
   Carlotta ist langsamer als Anke.
   Anke ist schneller als Sven.

   Antwort: _____

4. Wer ist am stärksten?
   Steve ist schwächer als Christoph.
   Harald ist stärker als Steve.
   Bert ist stärker als Christoph.
   Harald ist stärker als Bert.

   Antwort: _____

5. Wer ist am reichsten?
   Volkan ist reicher als Bekir.
   Murat ist reicher als Sinan.
   Murat ist ärmer als Bekir.
   Sinan ist ärmer als Bekir.

   Antwort: _____

6. Wer tanzt am schlechtesten?
   Christopher tanzt so gut wie Luisa.
   Björn tanzt schlechter als Bente.
   Bente tanzt besser als Luisa.
   Christopher tanzt schlechter als Björn.

   Antwort: _____

7. Wer ist am langsamsten?

Celina ist schneller als Adriane

Betty ist langsamer als Kirsten.

Adriane ist langsamer als Celina.

Celina ist genauso schnell wie

Betty.

Antwort: _____

8. Wer springt am höchsten?

Peter springt höher als Lukas.

Magnus springt weniger hoch

als Rudolf.

Rüdiger springt höher als

Ronald.

Achim springt weniger hoch als

Rudolf.

Antwort: _____

9. Wer hört am schlechtesten?

Leon hört besser als Maurizio.

Norbert hört schlechter als

Oskar.

Maurizio hört schlechter als

Norbert.

Antwort: _____

10. Wer singt am besten?

Carmen singt schlechter als

Brigitte.

Dorothea singt besser als Anja.

Fabienne singt besser als Emilia.

Gundula singt schlechter als

Brigitte.

Dorothea singt genauso gut wie

Brigitte.

Antwort: _____

Intelligenztest:
räumliches Vorstellungsvermögen

Worum geht es?

Bei Aufgaben zum räumlichen Vorstellungsvermögen liegen die Nerven so mancher Testteilnehmer blank. Das ist auch kein Wunder, denn es spricht vieles dafür, dass in diesem Bereich die Talente von Natur aus wirklich unterschiedlich verteilt sind. Manchen fällt es eben leichter als anderen, sich dreidimensionale Figuren vorzustellen und dann auch noch vor dem inneren Auge zu drehen. Glücklicherweise werden sehr schwere Aufgaben zum räumlichen Vorstellungsvermögen nur in Ausnahmefällen in Eignungstests eingesetzt. Auch die Testverantwortlichen haben mitbekommen, dass die Anforderungen an Piloten, Architekten oder Bauingenieure doch höher sein dürfen als die an Auszubildende für den Beruf des Industriemechanikers, des KFZ-Mechatronikers oder des Werkzeugmechanikers.

Was erwartet Sie?

Wenn es um die Überprüfung des räumlichen Vorstellungsvermögens geht, werden eigentlich immer Würfelaufgaben eingesetzt. Die im Testbogen abgebildeten Würfel tragen Beschriftungen, manchmal wie Spielwürfel, manchmal aber auch ganz eigene Bezeichnungen. Dann erfolgen Anweisungen, wie die Würfel vor dem geistigen Auge zu drehen sind, und Fragen dazu, was wo zu sehen ist. Verbreitet ist auch das Zählen von Flächen dreidimensionaler Körper. Sie müssen mit bekannten Körpern wie Würfeln und Quadern rechnen oder auch mit unbekannten Objekten.

Wie können Sie Punkte sammeln?

Gerade diejenigen, die sich mit dem räumlichen Vorstellungsvermögen etwas schwerer tun, sollten diese Testaufgaben gezielt durcharbeiten. Beim Üben stellt sich doch manches Aha-Erlebnis ein. Außerdem tauchen bestimmte Aufgaben in sehr vielen Eignungstests immer wieder auf. Wer sich rechtzeitig vorbereitet hat, verliert also im Ernstfall weniger Zeit damit, zu überlegen, welchen Lösungsweg er oder sie einschlagen will. Es gilt die Grundregel für alle Eignungstests: Geben Sie alles, was Sie können! Aber mehr können Sie nun einmal nicht geben. Und wenn Ihr Abschneiden hier nicht wie erwartet sein sollte, gleichen Sie die Defizite mit Ihren Stärken in anderen Bereichen aus. Oder Sie punkten mit berufsnahen Erfahrungen.

Würfel zuordnen

Ihnen werden jeweils drei verschiedene Würfel gezeigt. Ihre Aufgabe besteht nun darin, weitere Würfel mit diesen Vorlagen zu vergleichen. Entscheiden Sie jetzt für jeden der präsentierten Würfel, ob es sich bei ihm um die Vorlage 1, 2 oder 3 handelt oder ob keine der drei infrage kommt.

Es gilt folgende Regel, die Sie unbedingt beachten müssen: Mindestens zwei Flächen des ursprünglichen Würfels müssen auch in der (teilweise mehrfach) gedrehten oder gekippten Version sichtbar sein. Mit anderen Worten, es darf nur *eine* neue Fläche dazukommen! Ist diese Regel nicht erfüllt, lautet die richtige Antwort »keine Würfelvorlage«.

Beginnen Sie, wenn Sie die Beispielaufgaben verstanden haben. Für die Lösung stehen Ihnen fünf Minuten zu.

Beispiele:

Würfelvorlage 1   Würfelvorlage 2   Würfelvorlage 3

Beispiel 1:

a) Würfelvorlage 1
b) Würfelvorlage 2
c) Würfelvorlage 3
d) keine Würfelvorlage

Richtige Antwort: a. Hier wurde die Würfelvorlage 1 einmal nach oben gedreht.

Beispiel 2:

a) Würfelvorlage 1
b) Würfelvorlage 2
c) Würfelvorlage 3
d) keine Würfelvorlage

Richtige Antwort: d. Hier wurde gegen die Regel verstoßen, dass zu den sichtbaren Flächen der ursprünglichen Würfelvorlage nur eine neue Fläche hinzukommen darf.

Beispiel 3:

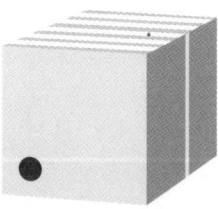

a) Würfelvorlage 1
b) Würfelvorlage 2
c) Würfelvorlage 3
d) keine Würfelvorlage

Richtige Antwort: c. Hier wurde die Würfelvorlage 3 einmal nach links gedreht.

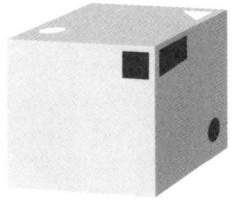

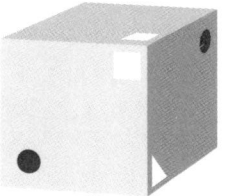

Würfelvorlage 1   Würfelvorlage 2   Würfelvorlage 3

1.

a) Würfelvorlage 1
b) Würfelvorlage 2
c) Würfelvorlage 3
d) keine Würfelvorlage

4.

a) Würfelvorlage 1
b) Würfelvorlage 2
c) Würfelvorlage 3
d) keine Würfelvorlage

2.

a) Würfelvorlage 1
b) Würfelvorlage 2
c) Würfelvorlage 3
d) keine Würfelvorlage

5.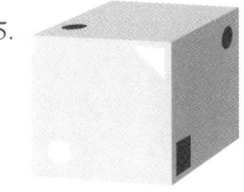

a) Würfelvorlage 1
b) Würfelvorlage 2
c) Würfelvorlage 3
d) keine Würfelvorlage

3.

a) Würfelvorlage 1
b) Würfelvorlage 2
c) Würfelvorlage 3
d) keine Würfelvorlage

6.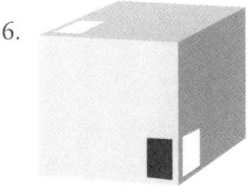

a) Würfelvorlage 1
b) Würfelvorlage 2
c) Würfelvorlage 3
d) keine Würfelvorlage

 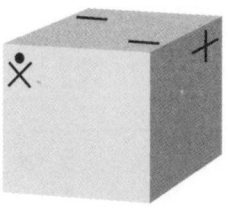 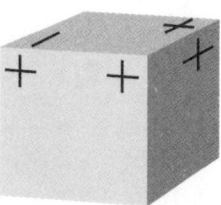

Würfelvorlage 1 Würfelvorlage 2 Würfelvorlage 3

7.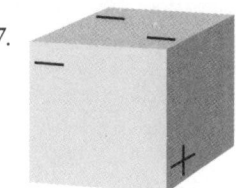

a) Würfelvorlage 1
b) Würfelvorlage 2
c) Würfelvorlage 3
d) keine Würfelvorlage

8.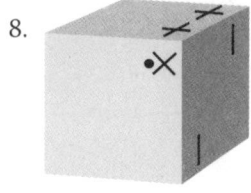

a) Würfelvorlage 1
b) Würfelvorlage 2
c) Würfelvorlage 3
d) keine Würfelvorlage

9.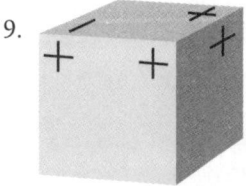

a) Würfelvorlage 1
b) Würfelvorlage 2
c) Würfelvorlage 3
d) keine Würfelvorlage

10.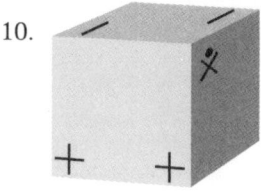

a) Würfelvorlage 1
b) Würfelvorlage 2
c) Würfelvorlage 3
d) keine Würfelvorlage

11.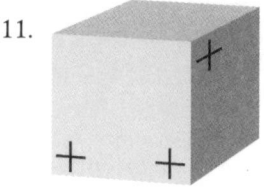

a) Würfelvorlage 1
b) Würfelvorlage 2
c) Würfelvorlage 3
d) keine Würfelvorlage

12.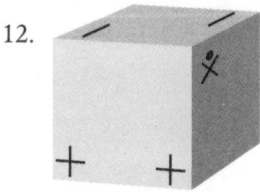

a) Würfelvorlage 1
b) Würfelvorlage 2
c) Würfelvorlage 3
d) keine Würfelvorlage

Würfelvorlage 1   Würfelvorlage 2   Würfelvorlage 3

13.

a) Würfelvorlage 1
b) Würfelvorlage 2
c) Würfelvorlage 3
d) keine Würfelvorlage

16.

a) Würfelvorlage 1
b) Würfelvorlage 2
c) Würfelvorlage 3
d) keine Würfelvorlage

14.

a) Würfelvorlage 1
b) Würfelvorlage 2
c) Würfelvorlage 3
d) keine Würfelvorlage

17.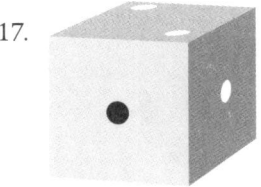

a) Würfelvorlage 1
b) Würfelvorlage 2
c) Würfelvorlage 3
d) keine Würfelvorlage

15.

a) Würfelvorlage 1
b) Würfelvorlage 2
c) Würfelvorlage 3
d) keine Würfelvorlage

18.

a) Würfelvorlage 1
b) Würfelvorlage 2
c) Würfelvorlage 3
d) keine Würfelvorlage

Würfelvorlage 1   Würfelvorlage 2   Würfelvorlage 3

19.

a) Würfelvorlage 1
b) Würfelvorlage 2
c) Würfelvorlage 3
d) keine Würfelvorlage

22.

a) Würfelvorlage 1
b) Würfelvorlage 2
c) Würfelvorlage 3
d) keine Würfelvorlage

20.
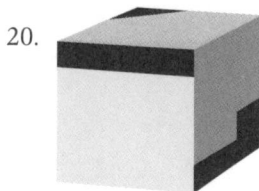

a) Würfelvorlage 1
b) Würfelvorlage 2
c) Würfelvorlage 3
d) keine Würfelvorlage

23.
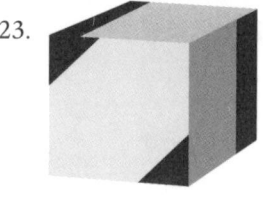

a) Würfelvorlage 1
b) Würfelvorlage 2
c) Würfelvorlage 3
d) keine Würfelvorlage

21.

a) Würfelvorlage 1
b) Würfelvorlage 2
c) Würfelvorlage 3
d) keine Würfelvorlage

24.
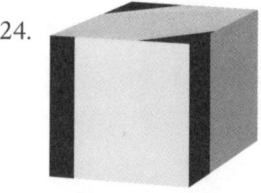

a) Würfelvorlage 1
b) Würfelvorlage 2
c) Würfelvorlage 3
d) keine Würfelvorlage

Formen kombinieren

Im Folgenden sehen Sie acht Grundformen, bezeichnet mit den Buchstaben A bis H.

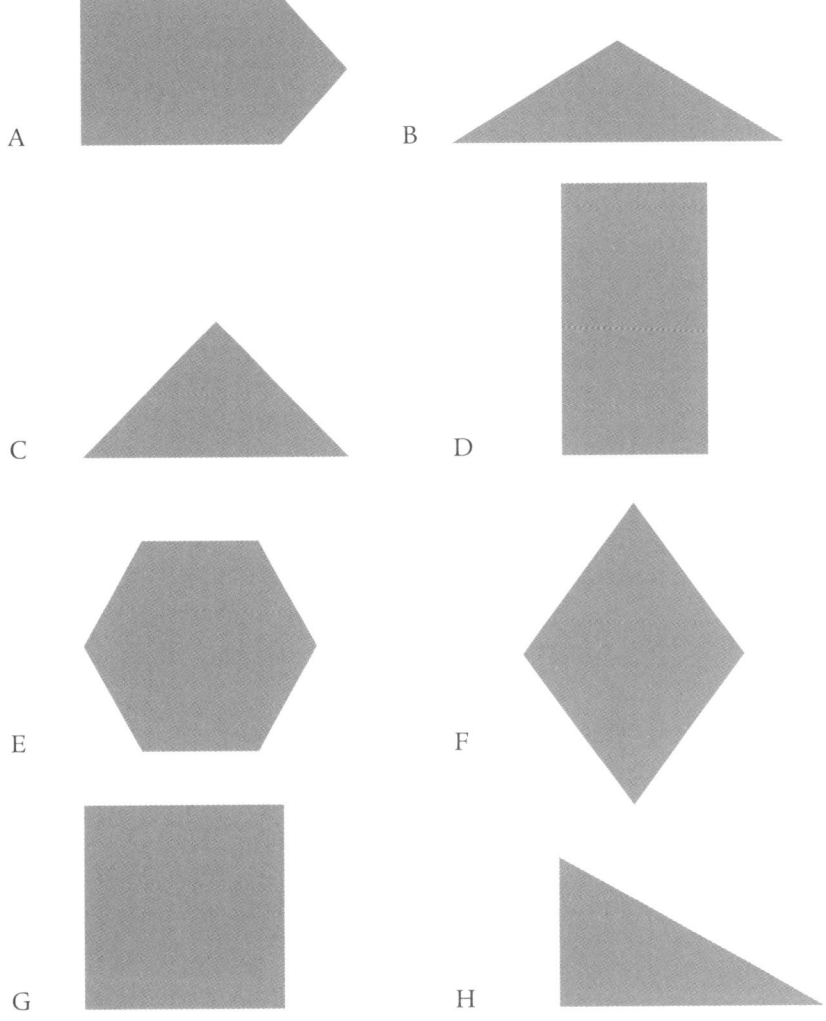

Nun stellen wir Ihnen Teilformen vor, die im Kopf so zu kombinieren sind, dass daraus eine der sieben Grundformen gebildet werden kann.

Beispiel:

Welche Grundform versteckt sich hier?

Antwort: Grundform »B«.

Begründung: Spiegelt man das linke Dreieck um 180 Grad an der linken Seite, dreht man dann das rechte Dreieck gegen den Uhrzeigersinn um 90 Grad und schiebt die beiden Dreiecke zusammen, so ergibt sich die Grundform »B«.

Für die Bearbeitung der 15 Aufgaben haben Sie nun drei Minuten Zeit.

1. Welche Grundform versteckt sich hier?

Ihre Antwort: Grundform _____

2. Welche Grundform versteckt sich hier?

Ihre Antwort: Grundform _____

3. Welche Grundform versteckt sich hier?

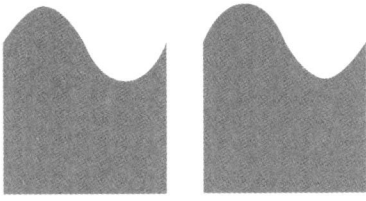

Ihre Antwort: Grundform _____

4. Welche Grundform versteckt sich hier?

Ihre Antwort: Grundform _____

5. Welche Grundform versteckt sich hier?

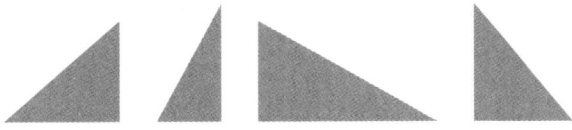

Ihre Antwort: Grundform _____

6. Welche Grundform versteckt sich hier?

Ihre Antwort: Grundform _____

7. Welche Grundform versteckt sich hier?

Ihre Antwort: Grundform _____

8. Welche Grundform versteckt sich hier?

Ihre Antwort: Grundform _____

9. Welche Grundform versteckt sich hier?

Ihre Antwort: Grundform _____

10. Welche Grundform versteckt sich hier?

Ihre Antwort: Grundform _____

11. Welche Grundform versteckt sich hier?

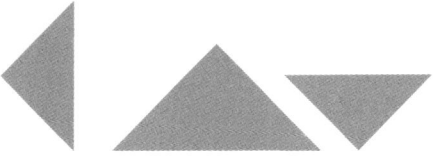

Ihre Antwort: Grundform _____

12. Welche Grundform versteckt sich hier?

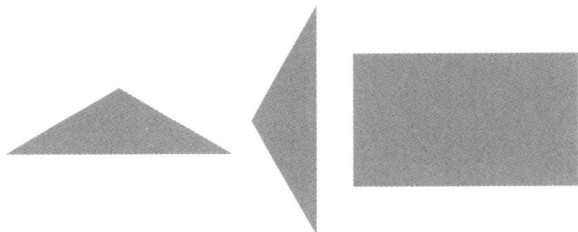

Ihre Antwort: Grundform _____

13. Welche Grundform versteckt sich hier?

Ihre Antwort: Grundform _____

14. Welche Grundform versteckt sich hier?

Ihre Antwort: Grundform _____

15. Welche Grundform versteckt sich hier?

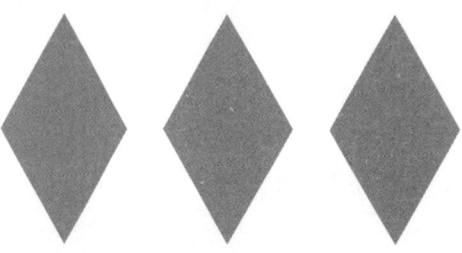

Ihre Antwort: Grundform _____

Formenpuzzle prüfen

In der folgenden Übung sollen Sie kontrollieren, welche Felder eines Puzzles falsch gelegt wurden und nicht der Vorlage entsprechen. Sie sehen:

1. Eine Grundvorlage, die aus fünf Feldern besteht, welche die Buchstaben A, B, C, D und E tragen.

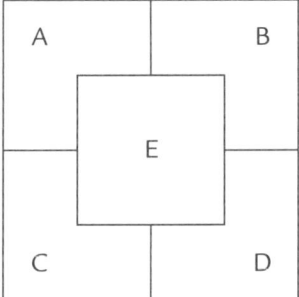

2. Sechs Puzzlequadrate, die von 1 bis 6 durchnummeriert sind.

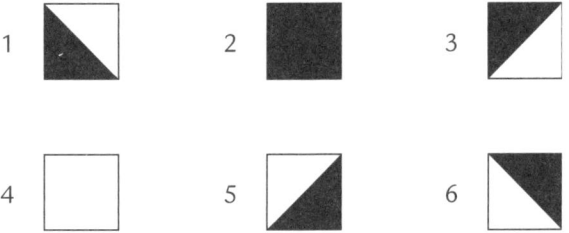

Nun sollen Sie verschiedene Formenpuzzle überprüfen. Diese bestehen immer aus 16 Puzzlequadraten. Durch unterschiedliche Kombinationen der Puzzlequadrate sind ganz verschiedene Muster entstanden.

Rechts neben jedem Formenpuzzle sehen Sie eine Puzzlevorlage, in der sich allerdings ein oder mehrere Fehler verstecken. Um den oder die Fehler zu entdecken, müssen Sie die Zahlen in der Puzzlevorlage mit den oben aufgeführten Puzzlequadraten vergleichen. Suchen Sie nach »falschen« Zahlen, also Zahlen, die ein Quadrat bezeichnen, das sich nicht in das vorgegebene Muster einfügt.

Nachdem Sie eine »falsche« Zahl gefunden haben, müssen (!) Sie noch einmal auf die Grundvorlage schauen, die Sie am Anfang der Übung abgebildet sehen. Kreuzen Sie an, in welchem Feld – nämlich A, B, C, D oder E – das »falsche« Puzzlequadrat liegt.

Achtung, es können mehrere Fehler auftreten, sodass Sie auch mehrere Felder ankreuzen müssen!

Beispiel:

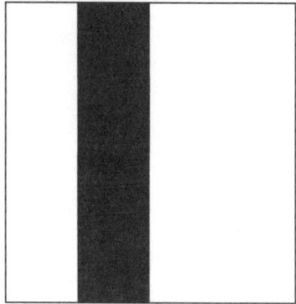
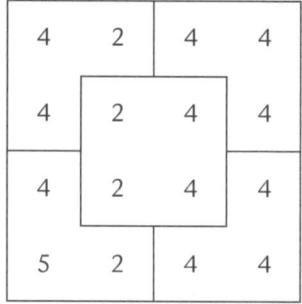

In welchen Feldern liegen hier falsche Puzzlequadrate?

☐ A   ☐ B   ☑ C   ☐ D   ☐ E

Lösung: In dem Beispiel befindet sich der Fehler in Feld C. Ganz links ist die Zahl 5 angegeben, und mit der Ziffer 5 wird ein diagonal geteiltes, halb weißes und halb schwarzes Puzzlequadrat bezeichnet. In der Vorlage ist das linke untere Feld allerdings ganz weiß, es müsste sich dort also korrekterweise Puzzlequadrat 4 befinden. Daher liegt der Fehler im linken unteren Feld C.

Für die folgenden zwölf Aufgaben haben Sie drei Minuten Zeit.

1. In welchen Feldern liegen hier falsche Puzzlequadrate?

4	5	6	4
4	2	2	4
4	2	2	4
4	6	3	4

☐ A ☐ B ☐ C ☐ D ☐ E

2. In welchen Feldern liegen hier falsche Puzzlequadrate?

 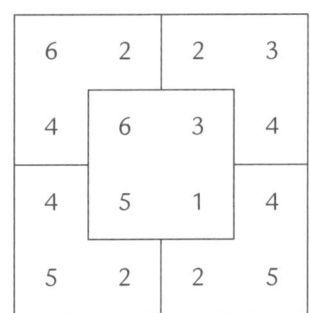

6	2	2	3
4	6	3	4
4	5	1	4
5	2	2	5

☐ A ☐ B ☐ C ☐ D ☐ E

3. In welchen Feldern liegen hier falsche Puzzlequadrate?

4	2	2	4
2	1	5	2
2	5	6	2
4	2	2	4

☐ A ☐ B ☐ C ☐ D ☐ E

4. In welchen Feldern liegen hier falsche Puzzlequadrate?

1	4	4	3
4	6	3	4
4	3	1	4
5	4	4	6

☐ A   ☐ B   ☐ C   ☐ D   ☐ E

5. In welchen Feldern liegen hier falsche Puzzlequadrate?

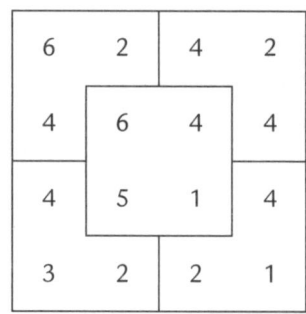

6	2	4	2
4	6	4	4
4	5	1	4
3	2	2	1

☐ A   ☐ B   ☐ C   ☐ D   ☐ E

6. In welchen Feldern liegen hier falsche Puzzlequadrate?

2	1	6	2
3	5	1	6
1	6	3	5
2	1	5	2

☐ A   ☐ B   ☐ C   ☐ D   ☐ E

7. In welchen Feldern liegen hier falsche Puzzlequadrate?

5	4	4	3
4	3	6	4
4	1	5	4
5	4	4	3

☐ A   ☐ B   ☐ C   ☐ D   ☐ E

8. In welchen Feldern liegen hier falsche Puzzlequadrate?

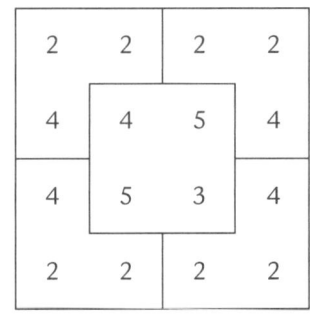

2	2	2	2
4	4	5	4
4	5	3	4
2	2	2	2

☐ A   ☐ B   ☐ C   ☐ D   ☐ E

9. In welchen Feldern liegen hier falsche Puzzlequadrate?

2	4	2	4
4	2	4	2
2	4	2	4
5	2	2	1

☐ A   ☐ B   ☐ C   ☐ D   ☐ E

10. In welchen Feldern liegen hier falsche Puzzlequadrate?

2	5	4	2
4	4	4	3
2	3	4	4
4	4	2	5

☐ A   ☐ B   ☐ C   ☐ D   ☐ E

11. In welchen Feldern liegen hier falsche Puzzlequadrate?

5	2	4	1
4	2	4	6
4	2	4	4
4	2	4	3

☐ A   ☐ B   ☐ C   ☐ D   ☐ E

12. In welchen Feldern liegen hier falsche Puzzlequadrate?

3	6	3	3
1	6	5	5
3	3	1	1
5	5	6	1

☐ A   ☐ B   ☐ C   ☐ D   ☐ E

Antriebskonstruktionen

Ein weiterer Klassiker aus Einstellungs- und Eignungstests sind die sogenannten Antriebskonstruktionen, die aus Zahnrädern und mit Riemen ver-
bundenen Scheiben bestehen. Ihre Aufgabe ist es – je nach Fragestellung –,
die Drehrichtungen oder die Drehgeschwindigkeiten zu bestimmen. Aber bedenken Sie: Die abgebildeten Antriebe können auch Fehlkonstruktionen
sein. Sie haben für die folgenden sieben Aufgaben drei Minuten Zeit.

1. Welche Zahnräder drehen sich im Uhrzeigersinn?

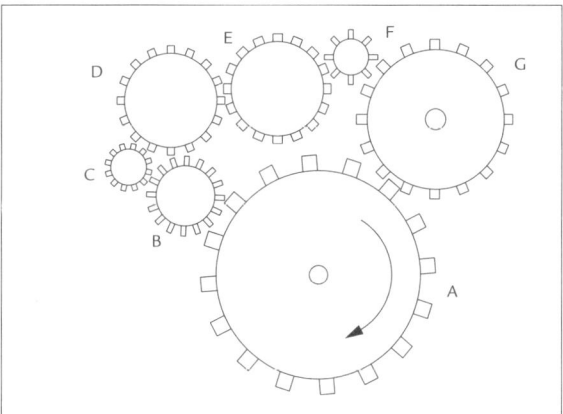

   a) A, E, G

   b) A, C, F

   c) keines, Konstruktion blockiert

   d) jedes zweite Zahnrad, beginnend mit A

2. Welche der Riemenscheiben dreht sich am langsamsten?

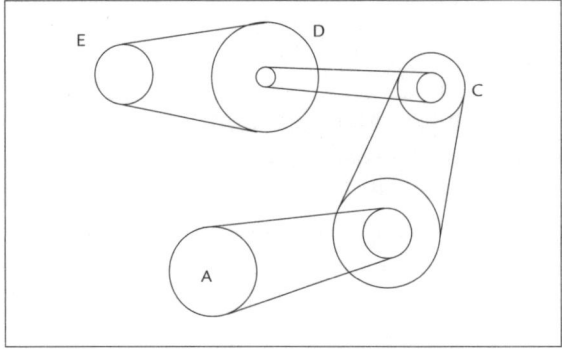

a) E
b) C
c) D
d) A

3. Welche Aussage ist richtig?

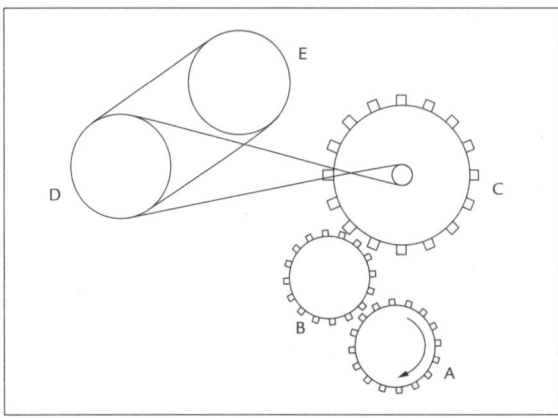

a) A dreht sich schneller als C.
b) C dreht sich langsamer als D.
c) D dreht sich schneller als A.
d) E dreht sich schneller als B.

4. Sie sehen zwei Antriebsscheiben, die miteinander durch ein umlaufendes Antriebsband verbunden sind. Auf den Antriebsscheiben sind zwei Seilwinden angebracht. Was passiert, wenn die Konstruktion in Gang gesetzt wird, sich also die rechte Antriebsscheibe im Uhrzeigersinn dreht?

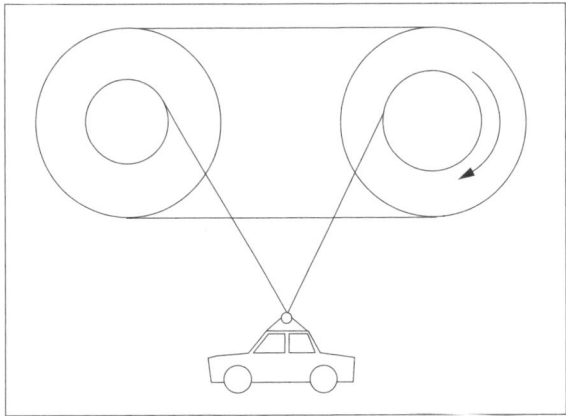

a) Das Auto bewegt sich nach unten.

b) Das Auto bewegt sich nach oben.

c) Das Antriebsband reißt.

d) Die Konstruktion funktioniert nicht.

5. Welche Aussage ist richtig?

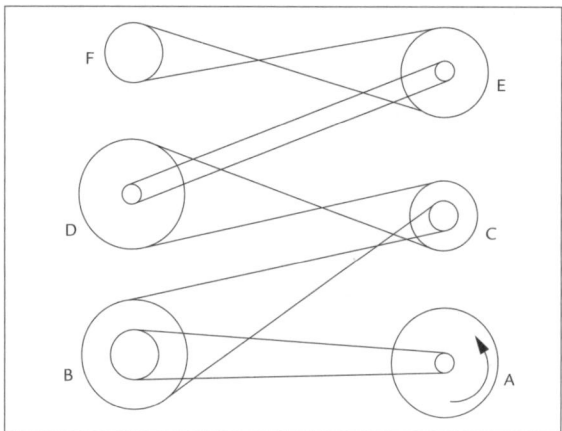

a) F dreht sich gegen den Uhrzeigersinn.
b) F dreht sich im Uhrzeigersinn.
c) A und C haben die gleiche Drehrichtung.
d) A und D haben nicht die gleiche Drehrichtung.

6. Welche Aussage ist richtig?

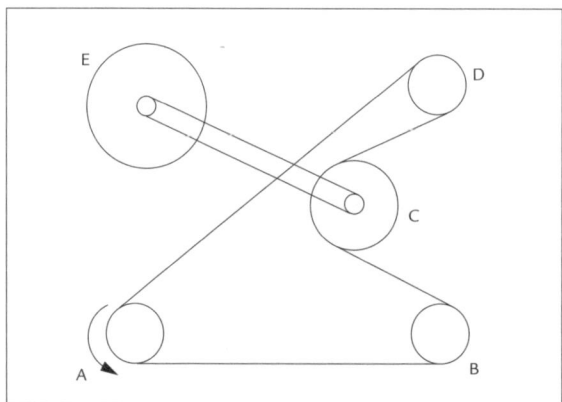

a) Alle Scheiben drehen sich in die gleiche Richtung.
b) D und E drehen sich in gleicher Richtung.
c) A und E drehen sich in gegensätzlicher Richtung.
d) Die Konstruktion funktioniert nicht.

7. Sie sehen eine Konstruktion aus Zahnrädern und Antriebsscheiben. Auf der Scheibe E ist zusätzlich noch eine Seilwinde angebracht, an der sich ein Anker befindet. Welche Aussage ist richtig?

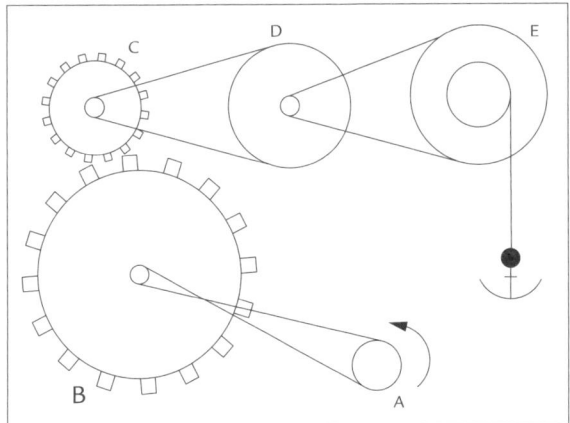

a) Wenn A im Uhrzeigersinn bewegt wird, bewegt sich der Anker nach oben.

b) Wenn A gegen den Uhrzeigersinn bewegt wird, bewegt sich E ebenfalls gegen den Uhrzeigersinn.

c) Wenn A gegen den Uhrzeigersinn bewegt wird, bewegt sich D ebenfalls gegen den Uhrzeigersinn.

d) Wenn A im Uhrzeigersinn bewegt wird, bewegt sich der Anker nach unten.

Der rotierende Würfel

Sie sehen einen typischen Spielwürfel. Diesen Würfel müssen Sie nun in den einzelnen Aufgaben vor Ihrem inneren Auge mehrmals drehen, und dann beantworten Sie, welcher Punktwert vorne – also frontal – zu sehen ist. Momentan ist vorne der Punktwert 6 zu sehen.

Beispiel:

Welcher Punktwert ist vorne zu sehen, nachdem der Würfel dreimal gekippt wurde?

Kippschritte:
1. nach rechts
2. nach oben
3. nach oben

Lösungsweg: Auf dem Würfel sieht man rechts den Punktwert 4. Gegenüber diesem Punktwert liegt der momentan unsichtbare Punktwert 3, denn im Würfel gilt die Regel, dass gegenüberliegende Seiten immer die Summe 7 ergeben. Beachten Sie also: 4 und 3 sind 7, 6 und 1 sind 7, 2 und 5 sind 7.

1. Schritt: Wird der Würfel nach rechts gedreht, erscheint die 3 vorne.
2. Schritt: Wird der Würfel nach oben gedreht, erscheint die 2 vorne.
3. Schritt: Wird der Würfel noch einmal nach oben gedreht, erscheint der Punktwert 4 vorne.

Antwort: Zu sehen ist der Punktwert 4.

Jetzt warten 20 Aufgaben dieses Typs auf Sie, Sie haben für die Lösung 20 Minuten Zeit!

1. Welcher Punktwert ist vorne zu sehen, nachdem der Würfel dreimal gekippt wurde?

   Kippschritte:
   1. nach oben
   2. nach links
   3. nach rechts

   Antwort: Zu sehen ist der Punktwert _____

2. Welcher Punktwert ist vorne zu sehen, nachdem der Würfel dreimal gekippt wurde?

   Kippschritte:
   1. nach unten
   2. nach links
   3. nach oben

   Antwort: Zu sehen ist der Punktwert _____

3. Welcher Punktwert ist vorne zu sehen, nachdem der Würfel dreimal gekippt wurde?

   Kippschritte:
   1. nach links
   2. nach oben
   3. nach oben

   Antwort: Zu sehen ist der Punktwert _____

4. Welcher Punktwert ist vorne zu sehen, nachdem der Würfel dreimal gekippt wurde?

   Kippschritte:
   1. nach rechts
   2. nach oben
   3. nach oben

   Antwort: Zu sehen ist der Punktwert _____

5. Welcher Punktwert ist vorne zu sehen, nachdem der Würfel dreimal gekippt wurde?

Kippschritte:
1. nach links
2. nach unten
3. nach rechts

Antwort: Zu sehen ist der Punktwert _____

6. Welcher Punktwert ist vorne zu sehen, nachdem der Würfel dreimal gekippt wurde?

Kippschritte:
1. nach rechts
2. nach oben
3. nach links

Antwort: Zu sehen ist der Punktwert _____

7. Welcher Punktwert ist vorne zu sehen, nachdem der Würfel dreimal gekippt wurde?

Kippschritte:
1. nach unten
2. nach unten
3. nach unten

Antwort: Zu sehen ist der Punktwert _____

8. Welcher Punktwert ist vorne zu sehen, nachdem der Würfel dreimal gekippt wurde?

Kippschritte:
1. nach oben
2. nach rechts
3. nach rechts

Antwort: Zu sehen ist der Punktwert _____

9. Welcher Punktwert ist vorne zu sehen, nachdem der Würfel dreimal gekippt wurde?

Kippschritte:
1. nach unten
2. nach links
3. nach oben

Antwort: Zu sehen ist der Punktwert _____

10. Welcher Punktwert ist vorne zu sehen, nachdem der Würfel dreimal gekippt wurde?

Kippschritte:
1. nach rechts
2. nach unten
3. nach links

Antwort: Zu sehen ist der Punktwert _____

11. Welcher Punktwert ist vorne zu sehen, nachdem der Würfel dreimal gekippt wurde?

Kippschritte:
1. nach oben
2. nach rechts
3. nach oben

Antwort: Zu sehen ist der Punktwert _____

12. Welcher Punktwert ist vorne zu sehen, nachdem der Würfel dreimal gekippt wurde?

Kippschritte:
1. nach unten
2. nach unten
3. nach links

Antwort: Zu sehen ist der Punktwert _____

13. Welcher Punktwert ist vorne zu sehen, nachdem der Würfel dreimal gekippt wurde?

Kippschritte:
1. nach unten
2. nach rechts
3. nach oben

Antwort: Zu sehen ist der Punktwert _____

14. Welcher Punktwert ist vorne zu sehen, nachdem der Würfel dreimal gekippt wurde?

Kippschritte:
1. nach oben
2. nach oben
3. nach links

Antwort: Zu sehen ist der Punktwert _____

15. Welcher Punktwert ist vorne zu sehen, nachdem der Würfel dreimal gekippt wurde?

Kippschritte:
1. nach unten
2. nach unten
3. nach links

Antwort: Zu sehen ist der Punktwert _____

16. Welcher Punktwert ist vorne zu sehen, nachdem der Würfel dreimal gekippt wurde?

Kippschritte:
1. nach rechts
2. nach oben
3. nach links

Antwort: Zu sehen ist der Punktwert _____

17. Welcher Punktwert ist vorne zu sehen, nachdem der Würfel dreimal gekippt wurde?

Kippschritte:
1. nach unten
2. nach unten
3. nach rechts

Antwort: Zu sehen ist der Punktwert _____

18. Welcher Punktwert ist vorne zu sehen, nachdem der Würfel viermal gekippt wurde?

Kippschritte:
1. nach links
2. nach unten
3. nach links
4. nach unten

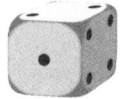

Antwort: Zu sehen ist der Punktwert _____

19. Welcher Punktwert ist vorne zu sehen, nachdem der Würfel viermal gekippt wurde?

Kippschritte:
1. nach oben
2. nach oben
3. nach links
4. nach links

Antwort: Zu sehen ist der Punktwert _____

20. Welcher Punktwert ist vorne zu sehen, nachdem der Würfel viermal gekippt wurde?

Kippschritte:
1. nach unten
2. nach rechts
3. nach oben
4. nach unten

Antwort: Zu sehen ist der Punktwert _____

Seiten/Flächen zählen

Beispiel:

Sie sehen einen Quader, wie viele Seiten (Flächen) hat er?

Lösung: Umlaufend hat der Quader vier Seiten und jeweils eine Seite oben und unten, macht insgesamt sechs Seiten.

Jetzt haben Sie vier Minuten für das Zählen der Seiten/Flächen bei den folgenden acht Objekten.

1.

2.

3.

4.

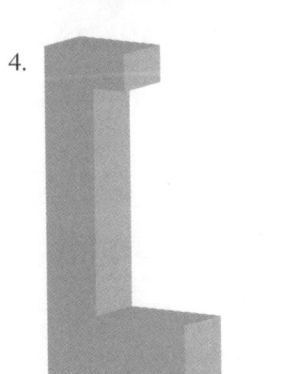

5.

7.

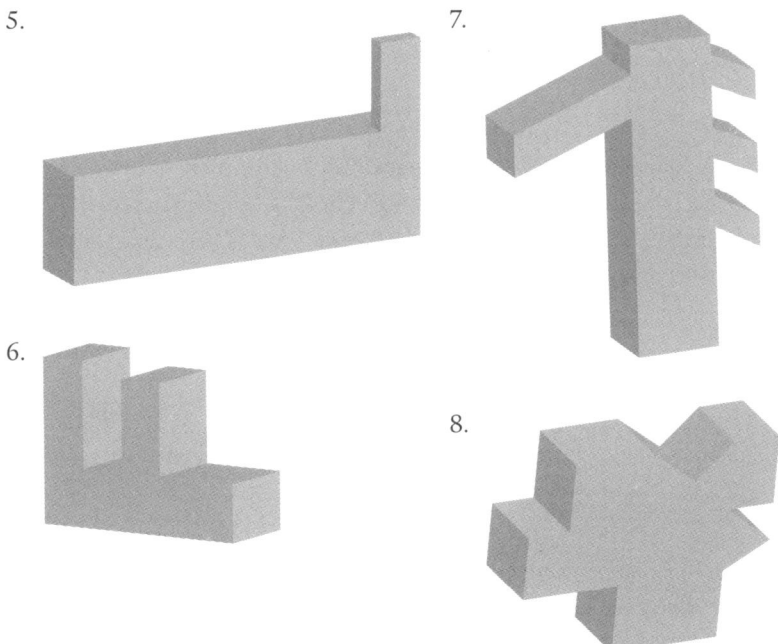

6.

8.

Spiegelbilder: gekippt oder gedreht?

Und noch ein Klassiker im Einstellungstest: Sie bekommen reihenweise Figuren vorgelegt, die auf den ersten Blick in jeder Zeile gleich aussehen. Allerdings sind einige Figuren gedreht, andere gespiegelt. Die gespiegelten Figuren sollen Sie aussortieren, indem Sie sie durchstreichen.

Beispiel:

a   b   c   d   e   f   g

Die Ausgangsfigur unter den Buchstaben a, b, d, e, f und g ist lediglich gedreht worden. Die gespiegelte Version finden Sie unter dem Buchstaben c.

Sie haben sieben Minuten Zeit für die folgenden 40 Aufgaben. Achtung: Streichen Sie alle gespiegelten Figuren durch. Pro Reihe kann es auch mehr als eine gespiegelte Figur geben, muss es aber nicht!

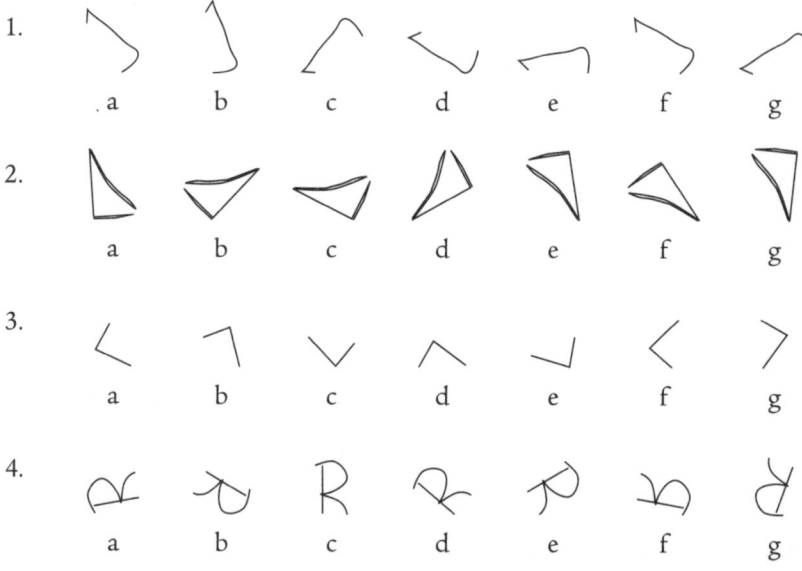

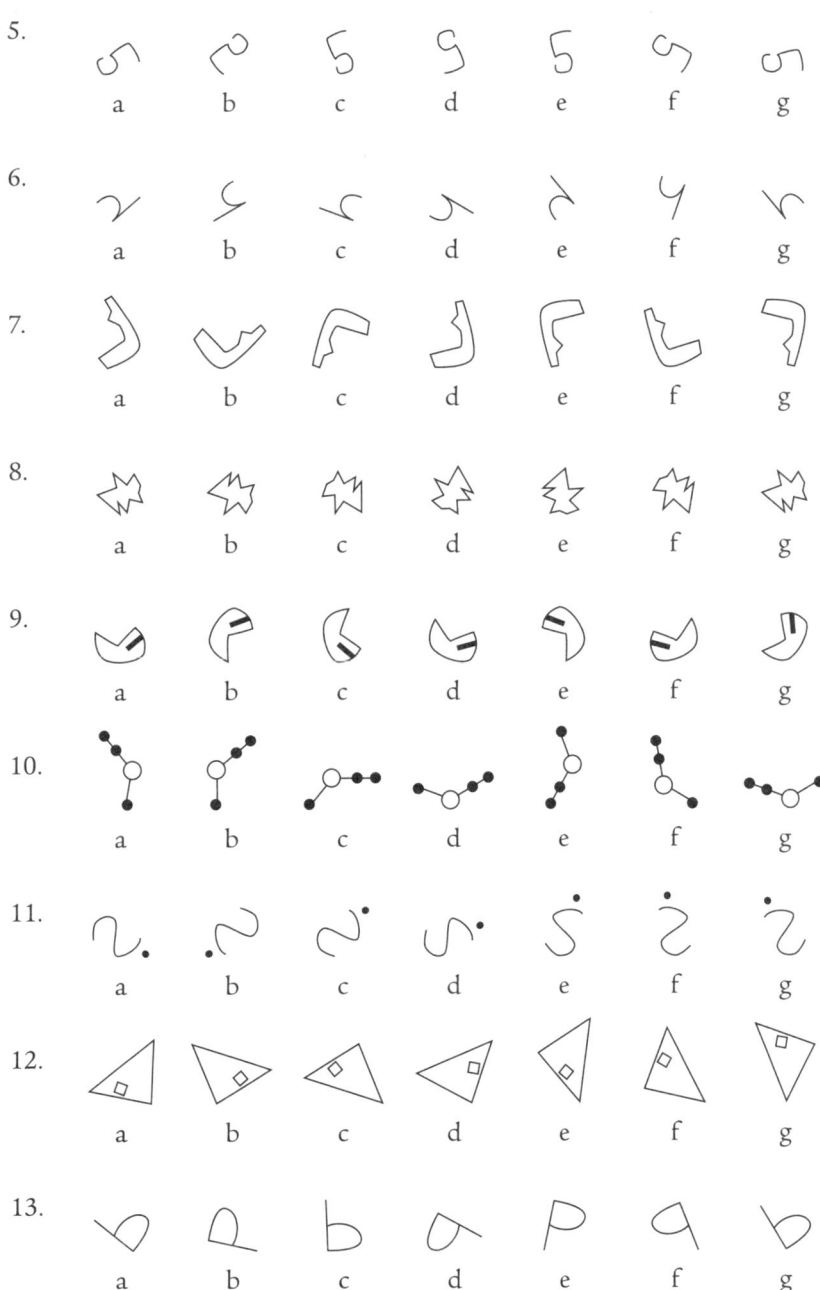

5. a   b   c   d   e   f   g

6. a   b   c   d   e   f   g

7. a   b   c   d   e   f   g

8. a   b   c   d   e   f   g

9. a   b   c   d   e   f   g

10. a   b   c   d   e   f   g

11. a   b   c   d   e   f   g

12. a   b   c   d   e   f   g

13. a   b   c   d   e   f   g

14.

15.

16.

17.

18.

19.

20.

21.

22.

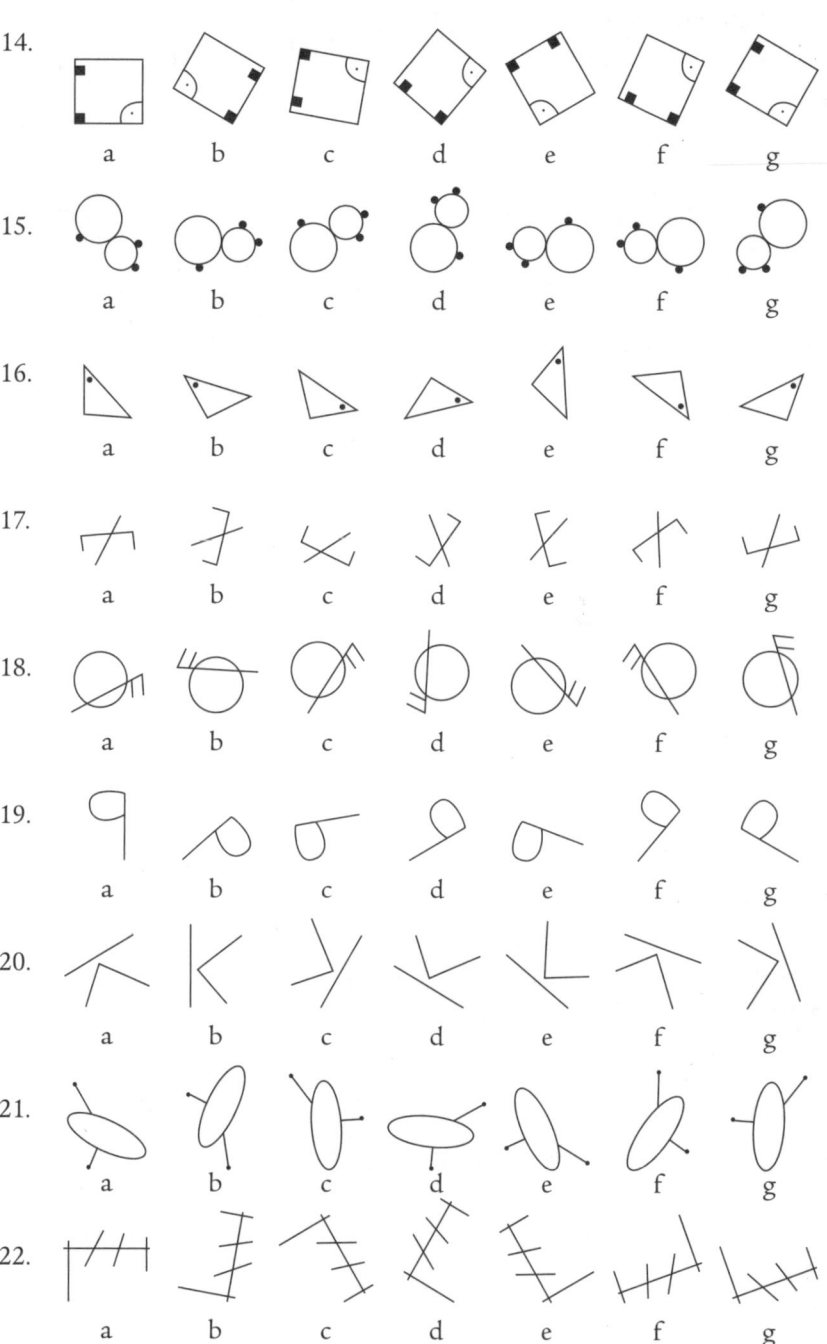

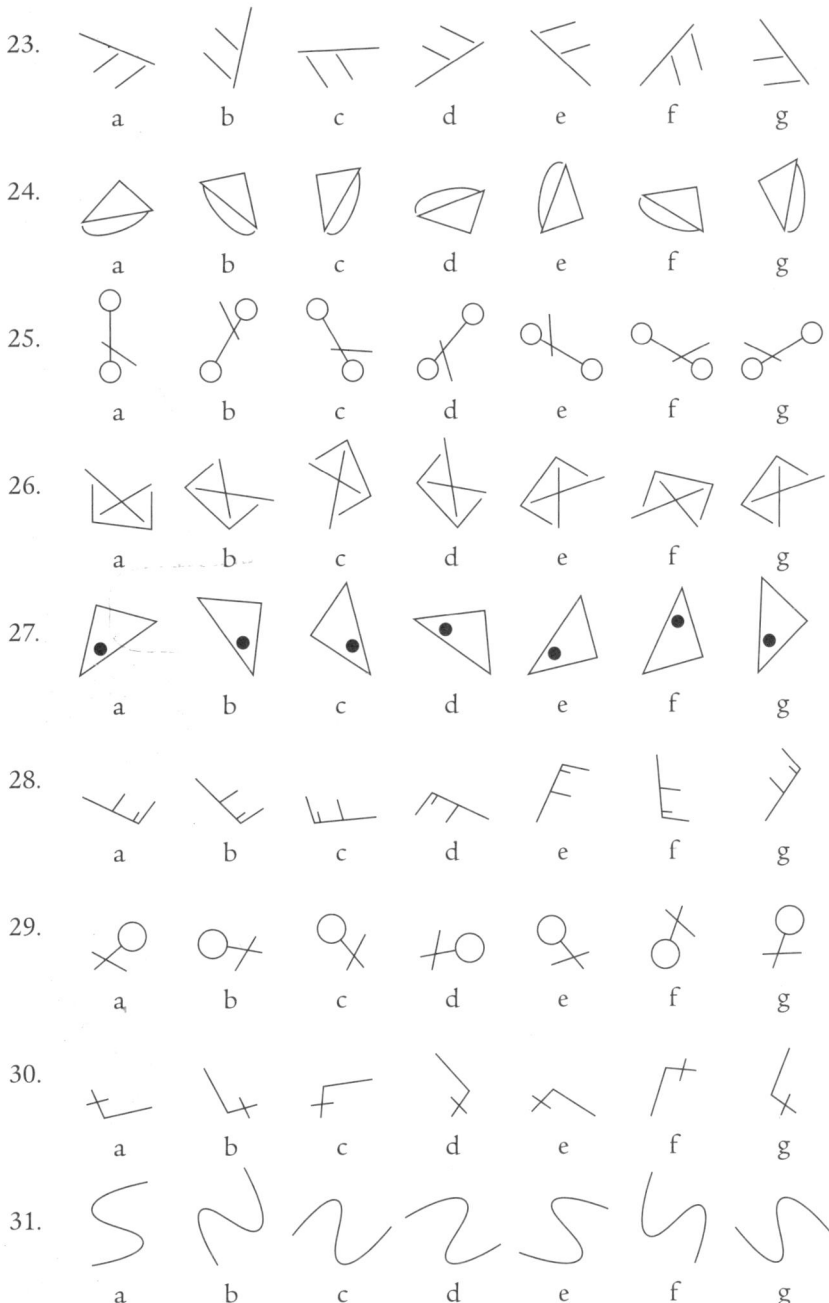

23.   a   b   c   d   e   f   g

24.   a   b   c   d   e   f   g

25.   a   b   c   d   e   f   g

26.   a   b   c   d   e   f   g

27.   a   b   c   d   e   f   g

28.   a   b   c   d   e   f   g

29.   a   b   c   d   e   f   g

30.   a   b   c   d   e   f   g

31.   a   b   c   d   e   f   g

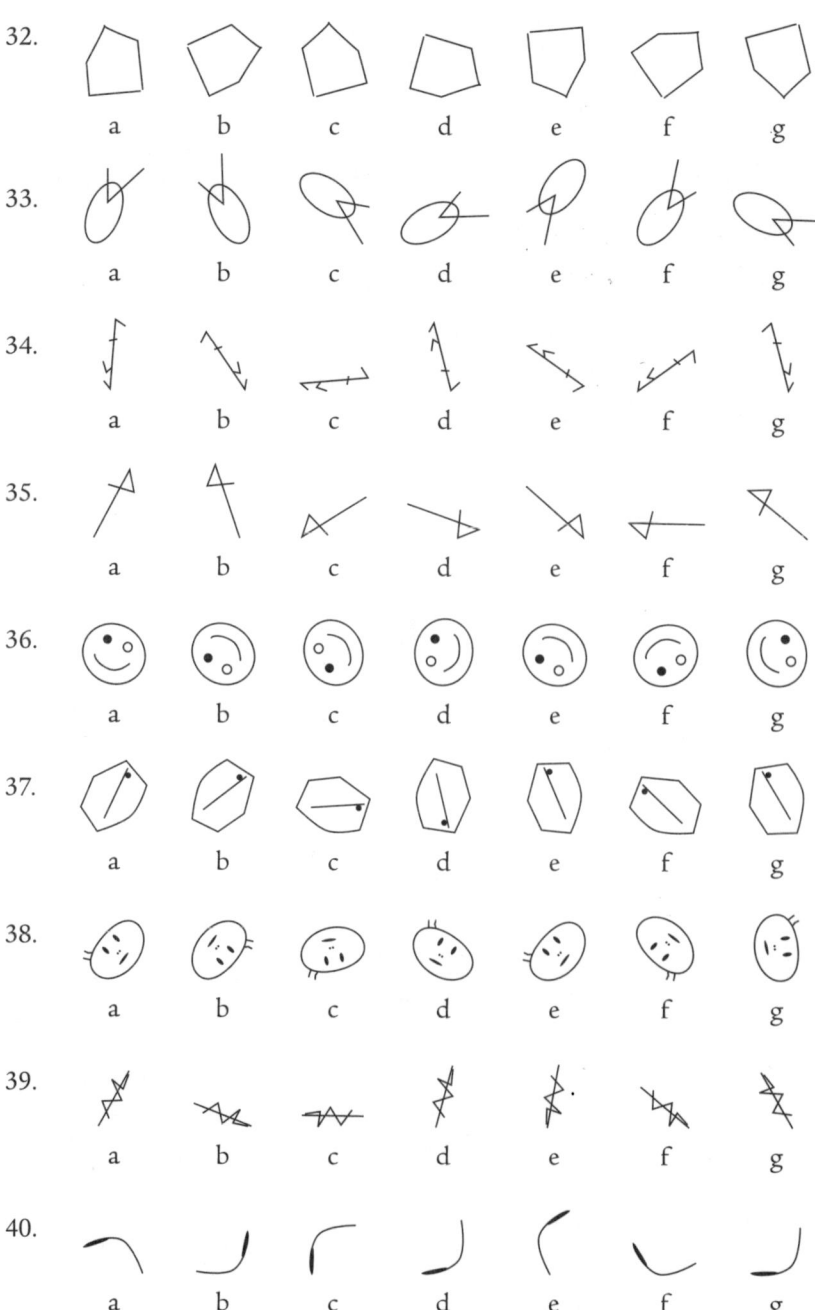

32.   a   b   c   d   e   f   g

33.   a   b   c   d   e   f   g

34.   a   b   c   d   e   f   g

35.   a   b   c   d   e   f   g

36.   a   b   c   d   e   f   g

37.   a   b   c   d   e   f   g

38.   a   b   c   d   e   f   g

39.   a   b   c   d   e   f   g

40.   a   b   c   d   e   f   g

Intelligenztest: sprachliche Intelligenz

Worum geht es?

Ihre sprachlichen Fähigkeiten sind im Eignungstest an verschiedenen Stellen gefragt. Zum einen, wenn es um Ihre Rechtschreibkenntnisse geht und wenn Sie Ihre Selbstmotivation für eine bestimmte Ausbildung begründen sollen, zum anderen im Bereich der sprachlichen Intelligenz. Hier geht es weniger um Ihr Wissen darüber, wie man bestimmte Wörter schreibt, sondern vielmehr darum, wie es um Ihr Sprachgefühl und um Ihr Gespür für logische Beziehungen zwischen Wörtern bestellt ist. Erkennen Sie Gemeinsamkeiten zwischen Wörtern? Können Sie Oberbegriffe für Wörter identifizieren? Und können Sie wild durcheinandergewürfelte Buchstaben wieder sinnvoll zusammensetzen?

Was erwartet Sie?

Zur Einstimmung auf unsere Aufgaben zur sprachlichen Intelligenz eine kleine Testaufgabe: »Schwarz verhält sich zu weiß so wie dunkel zu ...?« Natürlich haben Sie es gewusst: »hell«. Aufgaben dieser Art, bei denen es darum geht, Wortpaare gegensätzlichen Inhalts zu erkennen, werden in Eignungstests immer wieder eingesetzt. Manchmal werden Sie auch mit Ketten von Begriffen konfrontiert und Sie sollen dann beispielsweise entscheiden, welches von vier aufgeführten Wörtern in die Reihe passt und welches nicht. Etwas kniffeliger sind Buchstabensalate. Auch hierfür ein einfaches Beispiel: »Welches Wort versteckt sich hier: UROPAE?« Richtig: »EUROPA«.

Wie können Sie Punkte sammeln?

Unsere Übungsaufgaben machen Sie mit den Grundmustern im Themenblock sprachliche Intelligenz vertraut. Probieren Sie das Ganze erst einmal aus, um sich besser einschätzen zu können. Gibt es mehrere Antwortalternativen sollten Sie nach dem bekannten Ausschlussprinzip vorgehen. So wie bei den Quizshows im Fernsehen, wenn sich die richtige Antwort auf eine Frage hinter vier vorgegebenen Antwortmöglichkeiten versteckt. Überlegen Sie, was auf keinen Fall infrage kommt; bleiben dann noch zwei Alternativen übrig, müssen Sie sich eben entscheiden. Nachdem Sie sich entschieden haben, sollten Sie sich nicht von aufkommenden Zweifeln verunsichern lassen. Dieser Effekt lässt sich auch in Quizshows beobachten: Bleiben Sie lieber bei der ersten getroffenen Entscheidung, anstatt sich selbst total durcheinanderzubringen. So haben Sie auch mehr Zeit für den gesamten Aufgabenblock.

Der schnelle Infinitiv

Dieser Aufgabentyp wird gerne in öffentlichen Verwaltungen eingesetzt. Vorgegeben ist ein Verb (Tätigkeitswort), das in einer Vergangenheitsform steht. Sie müssen nun den Infinitiv (Grundform des Verbs) dazu eintragen.

Beispiel:

schwamm _____

Lösung: _____ schwimmen _____

Tragen Sie nun für die folgenden 30 Verben den jeweiligen Infinitiv ein. Sie haben dafür 90 Sekunden Zeit:

1. bändigte _____

2. miedet _____

3. zerschosst _____

4. bemutterte _____

5. maß _____

6. wuchs _____

7. beschritt _____

8. sieztest _____

9. wusste _____

10. beschlich _____

11. ödeten _____

12. erschrak _____

13. besetzte _____

14. missfielst _____

15. fuhr _____

16. bespannte _____

17. verstand _____

18. empfing _____

19. besann _____

20. blutete _____

21. saßen _____

22. bestrebte _____

23. log _____

24. hausten _____

25. bezichtigtest _____

26. knackste _____

27. aß _____

28. blamierten _____

29. misstraute _____

30. bräuntet _____

Begriffspaare

Welche Wörter stehen zueinander in der richtigen Beziehung? Umkreisen Sie in der folgenden Übung das richtige Wort.

Beispiel:

Vater – Mutter
Bruder – ???
a) Tante
b) Onkel
c) (Schwester)
d) Halbbruder

Sie haben drei Minuten Zeit für die folgenden 20 Aufgaben:

1. Haare – Kopf
   Dach – ???
   a) Heizung
   b) Keller
   c) Schornstein
   d) Haus

2. Vogel – fliegen
   Hund – ???
   a) schlafen
   b) fressen
   c) laufen
   d) sitzen

3. Garten –Zaun
   Schloss – ???
   a) Turm
   b) Kamin
   c) Mauer
   d) Platz

4. Schule – Graffiti
   Kaufhaus – ???
   a) Diebstahl
   b) Detektiv
   c) Werbung
   d) Kamera

5. Arzt – Medizin
   Psychologe – ???
   a) Angststörung
   b) Therapie
   c) Bulimie
   d) Couch

6. Liebe – Hass
   Boden – ???
   a) Wand
   b) Teppich
   c) Parkett
   d) Decke

7. Countdown – Start
   Virus – ???
   a) Infekt
   b) Krankenschwester
   c) Bakterie
   d) Fieberthermometer

8. Emotion – Sehnsucht
   Kommunikation – ???
   a) Idee
   b) Streit
   c) Handytarif
   d) Ventilation

9. Ritual – Schmerz
   Begegnung – ???
   a) Vorfreude
   b) Unsicherheit
   c) Tränen
   d) Emotion

10. Orchidee – Rose
    Chemie – ???
    a) Physik
    b) Schule
    c) Lehrer
    d) Schüler

11. Füller – Bleistift
    London – ???
    a) Themse
    b) Buckingham Palast
    c) Paris
    d) Palast

12. Präambel – Vertrag
    Vorspeise – ???
    a) Suppe
    b) Wein
    c) Dessert
    d) Hauptgericht

13. Dackel – Welpen
    Pflanze – ???
    a) Blätter
    b) Samen
    c) Wurzeln
    d) Blüten

14. wissen – vermuten
    messen – ???
    a) prüfen
    b) vorhersagen
    c) kombinieren
    d) schätzen

15. Ziffer – Buchstabe
    Zahl – ???
    a) Satz
    b) Wort
    c) ABC
    d) Sinn

16. Quadrat – Kugel
    Kreis – ???
    a) Halbkreis
    b) Quader
    c) Würfel
    d) Quadratmeter

Der Buchstabenteufel

Der Buchstabenteufel hat zugeschlagen und die folgenden Wörter kräftig durcheinandergewirbelt. Finden Sie zu jeder Frage die richtige Lösung heraus, und schreiben Sie das gesuchte Wort richtig auf! Sie haben dafür zwölf Minuten Zeit.

1. Welches Insekt kann stechen?
   a) FERKÄAIM
   b) FERKÄRIENMA
   c) FERKÄSTIM
   d) SINROHES

2. Welche Stadt liegt in Deutschland?
   a) TÖGNITNEG
   b) ADRIMD
   c) USCHARAW
   d) NEPOKGAHNE

3. Welche Stadt liegt in Europa?
   a) HAWOSINTNG
   b) DADGAB
   c) NOLNOD
   d) TESALTE

4. Welcher Vorname ist weiblich?
   a) BERTOR
   b) ADRNEA
   c) SADRNEA
   d) KICM

5. Welcher Vorname ist männlich?
   a) CHRISNETIAE
   b) SAMOTH
   c) ULINEAJ
   d) ALIEMI

6. Was ist ein Getränk?
   a) ZLSA
   b) ERFFEFP
   c) HILMC
   d) CERZUK

7. Was ist ein Gemüse?
   a) NASAAN
   b) OKRATFELF
   c) PFELA
   d) MEAULFP

8. Was ist eine Sportart?
   a) NALLDBHA
   b) NERINKT
   c) NESES
   d) FENLASCH

Gehört das verdrehte Wort der folgenden Übungen zur Kategorie a), b) oder c)?

9. PADEYOLIM

a) Essen

b) Trinken

c) Sport

10. GERPANMACH

a) Alkohol

b) Hobby

c) Land

11. LATPUPERW

a) Fluss

b) Stadt

c) Name

12. SABSNOKTRA

a) Tier

b) Insel

c) Instrument

Sprichwörter ergänzen

Wie enden die folgenden Sprichwörter korrekt? Kreuzen Sie die richtige Antwort an!

Beispiel:

Wer im Glashaus sitzt ...
a) soll nicht mit Eisen werfen.
b) soll sich langsam bewegen.
☒ soll nicht mit Steinen werfen.
d) soll vorsichtig sein.

Nun haben Sie eine Minute Zeit für diese Aufgaben.

1. Lügen haben kurze ...
    a) Zeiten.
    b) Beine.
    c) Arme.
    d) Möglichkeiten.

2. Was du heute kannst besorgen, ...
    a) das besorge auch.
    b) das verschiebe nicht.
    c) das verschiebe nicht auf morgen.
    d) das verschiebe nicht auf übermorgen.

3. Träume sind ...
    a) Bäume.
    b) Räume.
    c) Schäume.
    d) Zäune.

4. Hochmut kommt ...
    a) vor dem Fall.
    b) vor dem Mut.
    c) nach dem Mut.
    d) vor dem Abend.

5. Eine Krähe ...

    a) ist selten allein.

    b) kann auch ein Freund sein.

    c) sitzt auf vielen Bäumen.

    d) hackt der anderen kein Auge aus.

6. Liebe macht ...

    a) gut.

    b) blind.

    c) treu.

    d) geduldig.

7. Schmiede das Eisen, ...

    a) solange es heiß ist.

    b) solange du Schmied bist.

    c) solange dir heiß ist.

    d) solange es heiß bleibt.

8. Wer einmal lügt, dem glaubt man nicht, ...

    a) und wenn er auch jetzt Wahrheit spricht.

    b) und wenn er auch mal Wahrheit spricht.

    c) und wenn er auch die Wahrheit spricht.

    d) auch wenn er jetzt die Wahrheit spricht.

9. Reden ist Silber, ...

    a) Zuhören ist Gold.

    b) Lachen ist Gold.

    c) Trösten ist Gold.

    d) Schweigen ist Gold.

10. Wo Frösche sind, ...

    a) da sind auch Teiche.

    b) da sind auch Wälder.

    c) da sind auch Fische.

    d) da sind auch Störche.

Gemeinsamkeiten

Eines der vier genannten Wörter gehört sinngemäß nicht zu den anderen, welches? Umkreisen Sie das unpassende Wort!

Beispiel:

a) Rose
b) Hose
c) Nelke
d) Tulpe

Achtung, die Zeit läuft, Sie haben zwei Minuten Zeit für diese Aufgaben!

1. a) Tablette
    b) Kopfschmerz
    c) Erkältung
    d) Sehnenentzündung

2. a) Lastwagen
    b) Bus
    c) Auto
    d) Flugzeug

3. a) kaufen
    b) kochen
    c) kassieren
    d) bezahlen

4. a) Raum
    b) Breite
    c) Länge
    d) Tiefe

5. a) gießen
    b) fließen
    c) wässern
    d) beregnen

6. a) putzen
    b) waschen
    c) schneiden
    d) saugen

7. a) Buche
    b) Birke
    c) Fichte
    d) Eiche

8. a) Schuppen
    b) Haus
    c) Tür
    d) Stall

9. a) flüstern
    b) reden
    c) plaudern
    d) sprechen

10. a) erklären
    b) kritisieren
    c) dartun
    d) beleuchten

11. a) Inbrunst
     b) Vorfreude
     c) Entzücken
     d) Begeisterung

12. a) Prüfung
     b) Frage
     c) Wissen
     d) Pause

13. a) jetzt
     b) bald
     c) künftig
     d) demnächst

14. a) Zeitvertreib
     b) Zerstreuung
     c) Vergnügen
     d) Abwechslung

15. a) laufen
     b) sitzen
     c) stehen
     d) liegen

16. a) bereitwillig
     b) notwendig
     c) dringend
     d) wichtig

17. a) ängstlich
     b) vorsichtig
     c) traurig
     d) zögernd

Intelligenztest: kreative Intelligenz

Worum geht es?

Es ist mittlerweile allgemein anerkannt, dass Erfolge im Berufsleben – und im Privatleben – von vielen Faktoren abhängen, und nicht allein von der Höhe des Intelligenzquotienten (IQ). Sicherlich sind logisches Denken, räumliches Vorstellungsvermögen oder sprachliche Intelligenz – Aufgaben aus diesen Bereichen haben wir Ihnen bereits vorgestellt – sehr wichtig, aber es gilt, auch andere Teilaspekte wie kommunikative Fähigkeiten und kreative Intelligenz zu berücksichtigen. Es wird Sie sicherlich nicht überraschen, dass es *keinen* allgemeingültigen Kreativtest gibt. Von der Entdeckung eines »Kreativquotienten« samt entsprechender Berechnungsmethoden ist die Wissenschaft noch weit entfernt. Trotzdem müssen Sie auch für diesen Bereich mit Testaufgaben rechnen, denn Personalverantwortliche möchten herausbekommen, ob Sie kreativ mit Sprache umgehen können, wie es um Ihr vernetztes Denken bestellt ist und welche Ideen Sie unter Zeitdruck entwickeln.

Was erwartet Sie?

Kreativtests werden gerne von Werbeagenturen, Marketingabteilungen, Journalistenschulen oder Eventagenturen eingesetzt. In Kreativberufen sind die Einfälle, Ideen, Erleuchtungen und Geistesblitze der Mitarbeiterinnen und Mitarbeiter unverzichtbar, um am Markt weiterbestehen zu können. Es geht nicht darum, jedes Mal das Rad neu zu erfinden, sondern in einem vorgegebenen Zeitrahmen brauchbare Vorschläge abzuliefern, die dann gegebenenfalls detailliert ausgearbeitet werden können. In manchen Kreativtests werden Sie aufgefordert, neue Markennamen oder Werbeslogans zu entwickeln, andere überprüfen Ihre Problemlösungsfähigkeit. Beliebt ist auch ein Blick in die Zukunft, um festzustellen, ob Sie Trends rechtzeitig erkennen.

Wie können Sie Punkte sammeln?

Gewöhnen Sie sich daran, auch unter Zeitdruck kreativ zu arbeiten. Der Satz, der besagt, dass Talent zu 1 Prozent aus Inspiration und zu 99 Prozent aus Transpiration besteht, hat durchaus einen wahren Kern. Machen Sie sich in diesem Kapitel mit gängigen Aufgaben vertraut. Stellen Sie sich im Vorfeld eines Einstellungstests bei einem Arbeitgeber im Kreativbereich diese Fragen und recherchieren Sie dazu im Internet: Auf welche Referenzprojekte ist die Firma besonders stolz? Welche Trends sind im angestrebten Wunscharbeitsgebiet gerade aktuell? In welche Richtung werden sich die Trends weiterentwickeln?

Probleme kreativ lösen

Kreativität ist besonders gefragt, wenn Probleme auftauchen. Es hilft nicht, den Kopf in den Sand zu stecken und einfach abzuwarten. Besser ist es, sich der neuen Situation zu stellen und zu handeln.

Beispiel:

Das Problem: Ihr Notebook stürzt mitten in einer wichtigen Präsentation vor Ihren Kolleginnen und Kollegen ab. Was könnten Sie tun?

Erste Möglichkeit: Den Zuhörern anbieten, eine kurze Pause zur Problembehebung zu machen, und darauf hinweisen, dass Erfrischungsgetränke, Kaffee und Tee bereitstehen.

Zweite Möglichkeit: Die Präsentation ohne Notebook mittels freier Rede fortsetzen.

Dritte Möglichkeit: Die Zuhörer bitten, dass sie wieder zu Ihren Arbeitsplätzen gehen, und ankündigen, dass die Präsentation zu einem späteren Zeitpunkt mit funktionierender Technik fortgesetzt wird.

Vierte Möglichkeit: Fragen, ob ein Kollege kurzfristig sein Notebook zur Verfügung stellen kann, da Sie die Präsentation selbstverständlich noch als Sicherungsdatei auf einem USB-Stick mitgebracht haben.

Fünfte Möglichkeit: Die Präsentation in eine Diskussionsrunde umwandeln, indem Sie die wichtigsten Thesen noch einmal kurz mündlich zusammenfassen und dann die Teilnehmer darum bitten, eigene Erfahrungen zum Thema zu schildern.

Überlegen Sie sich jetzt kreative Lösungen für die folgenden Probleme. Halten Sie Ihre Lösungen schriftlich fest, so wie in der Beispielaufgabe gezeigt. Ihre Zeitvorgabe bei dieser Übung beträgt 30 Minuten.

Das erste Problem: Sie haben einen Termin mit einem sehr wichtigen Kunden. Leider stecken Sie im Stau und werden nicht rechtzeitig beim Kunden sein. Was könnten Sie tun?

Erste Möglichkeit: _____

_____

_____

Zweite Möglichkeit: _____

_____

_____

Dritte Möglichkeit: _____

_____

_____

Vierte Möglichkeit: _____

_____

_____

Fünfte Möglichkeit: _____

_____

_____

Das zweite Problem: Sie fliegen in den Urlaub. Am Ziel angekommen, stellen Sie fest, dass Ihr Gepäck verloren gegangen ist. Was könnten Sie tun?

Erste Möglichkeit: _____

_____

_____

Zweite Möglichkeit: _____

_____

_____

Dritte Möglichkeit: _____

_____

_____

Vierte Möglichkeit: _____

_____

_____

Fünfte Möglichkeit: _____

_____

_____

Das dritte Problem: Sie haben gerüchtweise gehört, dass Ihre Kollegin sich auf dem Betriebsfest abfällig über Sie geäußert hat. Was könnten Sie tun?

Erste Möglichkeit: _____

_____

_____

Zweite Möglichkeit: _____

_____

_____

Dritte Möglichkeit: _____

_____

_____

Vierte Möglichkeit: _____

_____

_____

Fünfte Möglichkeit: _____

_____

_____

Das vierte Problem: Die Kosten für die Rohstoffe, die Sie für die Herstellung Ihrer Produkte benötigen, sind dermaßen gestiegen, dass Sie die dem Kunden zugesagten Preise auf keinen Fall halten können. Was könnten Sie tun?

Erste Möglichkeit: _____

_____

_____

Zweite Möglichkeit: _____

_____

_____

Dritte Möglichkeit: _____

_____

_____

Vierte Möglichkeit: _____

_____

_____

Fünfte Möglichkeit: _____

_____

_____

Das fünfte Problem: Ihr Fahrstuhl ist stecken geblieben. Was könnten Sie tun?

Erste Möglichkeit: _____

_____

_____

Zweite Möglichkeit: _____

_____

_____

Dritte Möglichkeit: _____

_____

_____

Vierte Möglichkeit: _____

_____

_____

Fünfte Möglichkeit: _____

_____

_____

Das sechste Problem: In Ihrer Firma werden zwei Tage lang Renovierungsarbeiten durchgeführt. Immer wieder fällt der Strom aus. Was könnten Sie tun?

Erste Möglichkeit: _____

_____

_____

Zweite Möglichkeit: _____

_____

_____

Dritte Möglichkeit: _____

_____

_____

Vierte Möglichkeit: _____

_____

_____

Fünfte Möglichkeit: _____

_____

_____

Sprachspiele

In dieser Übungsaufgabe werden Ihnen Wörter vorgegeben, aus denen Sie Sätze bilden sollen.

Beispiel:

Rasen – Sandkiste – Sonne

Lösungsmöglichkeiten:

Möglichkeit 1: Wenn die *Sonne* scheint, spielen die Kinder mit dem Ball auf dem *Rasen* oder sitzen in der *Sandkiste*.

Möglichkeit 2: Zu viel *Sonne* schadet dem *Rasen*, auch in der *Sandkiste* sollten die Kinder dann nicht ohne Kopfbedeckung spielen.

Möglichkeit 3: Es macht Spaß, auf dem *Rasen* in der *Sonne* zu sitzen und den Kindern dabei zuzuschauen, wie sie in der *Sandkiste* spielen.

Für die folgenden acht Aufgaben haben Sie sieben Minuten Zeit. Bilden Sie jeweils zwei Lösungssätze!

1. Handy – Polizei – Auto

   Ihr erster Lösungssatz: _____

   _____

   Ihr zweiter Lösungssatz: _____

   _____

2. Zug – Fahrkarte – Computer

   Ihr erster Lösungssatz: _____

   _____

   Ihr zweiter Lösungssatz: _____

   _____

3. Alkohol – Autobahn – Fahrrad

   Ihr erster Lösungssatz: _____

   _____

Ihr zweiter Lösungssatz: _____

_____

4. Mann – Schuhe – Schrei

Ihr erster Lösungssatz: _____

_____

Ihr zweiter Lösungssatz: _____

_____

5. Stift – Tinte – Papier

Ihr erster Lösungssatz: _____

_____

Ihr zweiter Lösungssatz: _____

_____

6. Büroklammer – Loch – Holz

Ihr erster Lösungssatz: _____

_____

Ihr zweiter Lösungssatz: _____

_____

7. Marmeladenglas – Nagellack – Buch

Ihr erster Lösungssatz: _____

_____

Ihr zweiter Lösungssatz: _____

_____

8. Geld – Millionär – Krankheit

Ihr erster Lösungssatz: _____

_____

Ihr zweiter Lösungssatz: _____

_____

Werbesprüche

Wenn neue Produkte Kunden nahegebracht werden sollen, kommt es auch auf die Slogans, Werbesprüche und Produktbeschreibungen auf der Verpackung der Ware an. So lassen sich beispielsweise auf einem Honigglas Beschreibungen wie diese finden: »Echter Honig unterliegt strengen Qualitätskontrollen«, »Honig bringt Abwechslung in Ihre Küche« oder »Genuss auf höchstem Niveau«.

Nun sollen Sie die Rolle der kreativen Texterin beziehungsweise des kreativen Texters einnehmen. Entwickeln Sie jeweils drei Slogans für die aufgelisteten sechs Produkte. Ihr verfügbarer Zeitrahmen beträgt 15 Minuten.

1. Produkt: Müsli

   Ihr erster Slogan: _____

   Ihr zweiter Slogan: _____

   Ihr dritter Slogan: _____

2. Produkt: Handy

   Ihr erster Slogan: _____

   Ihr zweiter Slogan: _____

   Ihr dritter Slogan: _____

3. Produkt: Waschmaschine

   Ihr erster Slogan: _____

   Ihr zweiter Slogan: _____

   Ihr dritter Slogan: _____

4. Produkt: Füller

   Ihr erster Slogan: _____

   Ihr zweiter Slogan: _____

   Ihr dritter Slogan: _____

5. Produkt: Bürostuhl

Ihr erster Slogan: _____

Ihr zweiter Slogan: _____

Ihr dritter Slogan: _____

6. Produkt: Schere

Ihr erster Slogan: _____

Ihr zweiter Slogan: _____

Ihr dritter Slogan: _____

Was würde passieren, wenn ...?

Kreativität äußert sich oft in – auf den ersten Blick – völlig unrealistischen Gedankenspielen. Schon Albert Einstein überlegte sich seinerzeit, was wohl passieren würde, wenn er auf einem Lichtstrahl durchs Weltall reisen würde. Wir haben für Sie einige völlig irrationale Ausgangslagen entworfen. Überlegen Sie sich bitte, was passieren würde, wenn ...?

Beispiel:

Was würde passieren, wenn es keine Flugzeuge mehr gäbe?

1. Um über längere Entfernungen Meinungen auszutauschen, müssten die Menschen mehr telefonieren, E-Mails schreiben und verstärkt Videokonferenzen einsetzen.
2. Es müssten Züge entwickelt werden, die mindestens doppelt so schnell sein müssten, wie die schnellsten Züge heutzutage.
3. Die großen Flugplätze außerhalb der Städte könnten in Wohngebiete mit Gewerbeparks umgewandelt werden, damit die Flughafenbeschäftigten weiterhin Arbeit hätten.

Sie merken, bei den möglichen Antworten sind Ihrer Kreativität keine Grenzen gesetzt.

Bitte überlegen Sie sich Lösungen für die von uns vorgegebenen Szenarien. Für die Formulierung Ihrer Antworten haben Sie 15 Minuten Zeit.

1. Was würde passieren, wenn Supermärkte und Geschäfte nur noch an drei Tagen in der Woche geöffnet wären?

Ihre erste Einschätzung: _____

_____

Ihre zweite Einschätzung: _____

_____

Ihre dritte Einschätzung: _____

_____

2. Was würde passieren, wenn die Menschen als Greise geboren werden würden und sich im Laufe des Lebens zu Babys zurückentwickelten?

Ihre erste Einschätzung: _____

_____

Ihre zweite Einschätzung: _____

_____

Ihre dritte Einschätzung: _____

_____

3. Was würde passieren, wenn es kein Fernsehen – auch nicht über das Internet – gäbe?

Ihre erste Einschätzung: _____

_____

Ihre zweite Einschätzung: _____

_____

Ihre dritte Einschätzung: _____

_____

4. Was würde passieren, wenn Milch nicht weiß, sondern plötzlich schwarz wäre?

Ihre erste Einschätzung: _____

_____

Ihre zweite Einschätzung: _____

_____

Ihre dritte Einschätzung: _____

_____

5. Was würde passieren, wenn die Dinosaurier zusammen mit den Menschen auf der Erde leben würden?

Ihre erste Einschätzung: _____

_____

Ihre zweite Einschätzung: _____

_____

Ihre dritte Einschätzung: _____

_____

6. Was würde passieren, wenn die Menschen nicht mehr bei Tageslicht, sondern nur noch in der Dunkelheit auf die Straße gehen würden?

Ihre erste Einschätzung: _____

_____

Ihre zweite Einschätzung: _____

_____

Ihre dritte Einschätzung: _____

_____

Wortanfänge

Bei dieser Übung wird Ihnen ein Wortanfang vorgegeben, den Sie vervollständigen und so einen neuen Begriff bilden sollen.

Beispiel:

Vorgegeben ist der Wortanfang Schuh____

Mögliche und sinnvolle Ergänzungen wären: Schuh<u>karton</u>, Schuh<u>laden</u>, Schuh<u>größe</u>, Schuh<u>anzieher</u>, Schuh<u>verkäufer</u>, Schuh<u>farbe</u>.

Ergänzen Sie nun die folgenden Wortanfänge, dafür haben Sie zehn Minuten Zeit.

Computer _____ Computer _____
Computer _____ Computer _____
Computer _____ Computer _____

Schüler _____ Schüler _____
Schüler _____ Schüler _____
Schüler _____ Schüler _____

Sofa _____ Sofa _____
Sofa _____ Sofa _____
Sofa _____ Sofa _____

Sport _____ Sport _____
Sport _____ Sport _____
Sport _____ Sport _____

Tee _____ Tee _____
Tee _____ Tee _____
Tee _____ Tee _____

Wohnzimmer _____ Wohnzimmer _____
Wohnzimmer _____ Wohnzimmer _____
Wohnzimmer _____ Wohnzimmer _____

Urlaub _____   Urlaub _____

Urlaub _____   Urlaub _____

Urlaub _____   Urlaub _____

Regal _____   Regal _____

Regal _____   Regal _____

Regal _____   Regal _____

Typische Stärken und Schwächen

Wenn Sie an einen erfolgreichen Marathonläufer denken, fallen Ihnen sicherlich sofort einige positive persönliche Eigenschaften ein, die jemand mitbringen sollte, der ebenfalls ein solcher Spitzensportler werden möchte. Und ebenso sollten Ihnen negative Eigenschaften einfallen, die bei der Erreichung des angestrebten Ziels, regelmäßig Marathon zu laufen, hinderlich sein könnten.

Beispiel:

Stärken und Schwächen eines Marathonläufers

Stärken:	Schwächen:
a) ausdauernd	a) träge
b) motiviert	b) kraftlos
c) zielorientiert	c) müde

Überlegen Sie sich nun jeweils drei Stärken und drei Schwächen für folgende Personengruppen, Sie haben dafür fünf Minuten Zeit.

1. Stärken und Schwächen einer Journalistin

Stärken:	Schwächen:
a) _____	a) _____
b) _____	b) _____
c) _____	c) _____

2. Stärken und Schwächen eines Popstars

Stärken:	Schwächen:
a) _____	a) _____
b) _____	b) _____
c) _____	c) _____

3. Stärken und Schwächen eines Diplomaten

Stärken: Schwächen:

a) _____   a) _____

b) _____   b) _____

c) _____   c) _____

4. Stärken und Schwächen einer Verkäuferin

Stärken: Schwächen:

a) _____   a) _____

b) _____   b) _____

c) _____   c) _____

5. Stärken und Schwächen einer Politikerin

Stärken: Schwächen:

a) _____   a) _____

b) _____   b) _____

c) _____   c) _____

6. Stärken und Schwächen eines Schülers

Stärken: Schwächen:

a) _____   a) _____

b) _____   b) _____

c) _____   c) _____

Zeichnungen fortsetzen

Das Thema »Zeichnen im Einstellungstest« lässt diejenigen Kandidatinnen und Kandidaten, die keine künstlerische Vorbildung haben, meist erschaudern. Aber bitte keine unnötige Angst, im Einstellungstest werden in der Regel keine grafischen Meisterleistungen erwartet. Es geht eher darum, ob Ihnen überhaupt etwas einfällt. Witz und Idee Ihrer Zeichnungen stehen an erster Stelle, nicht eine saubere künstlerische Umsetzung, denn dafür benötigt man dann doch einschlägige Vorerfahrungen und eine entsprechende Ausbildung. Nichtsdestotrotz sollten Sie auch Ihre Zeichenkünste etwas auffrischen.

Setzen Sie die folgenden Zeichnungen fort. Es gibt keine Vorgaben dafür, wie das Endergebnis aussehen sollte. Lassen Sie die vorgegebenen Muster und Linien kurz auf sich wirken, und vervollständigen Sie dann die Zeichnungen. Für diese Aufgabe wird Ihnen ein Zeitrahmen von zehn Minuten eingeräumt.

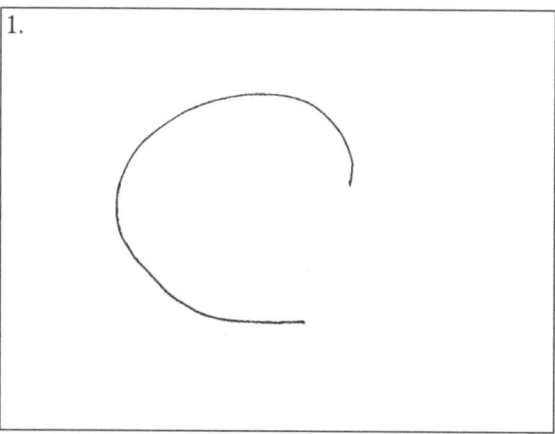

1.

2.

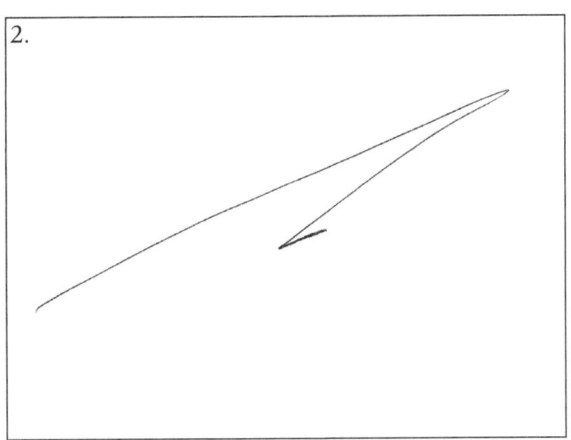

3.

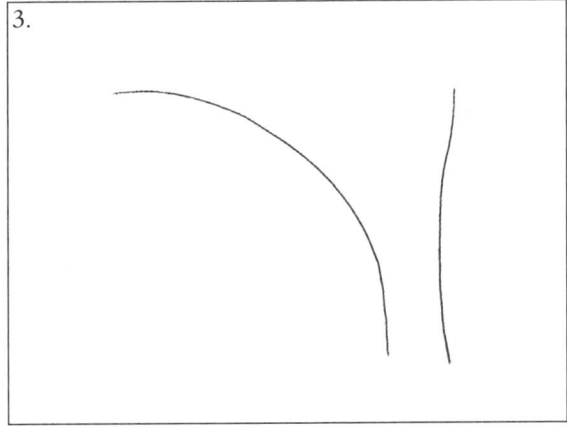

4.

5.

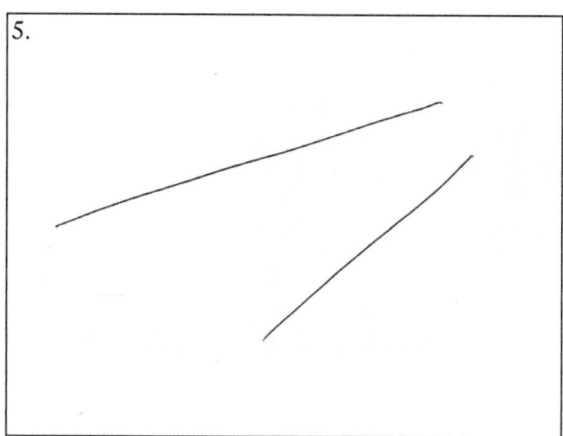

6.

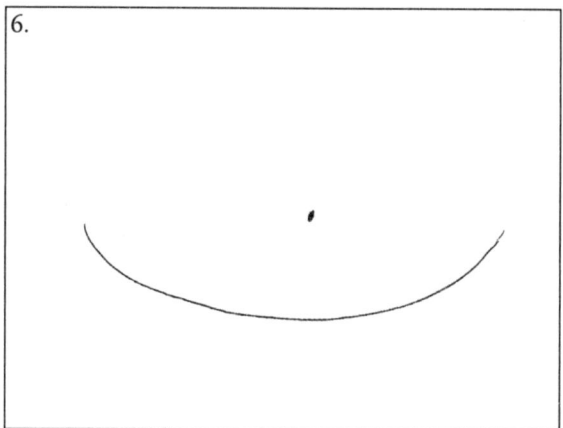

7.

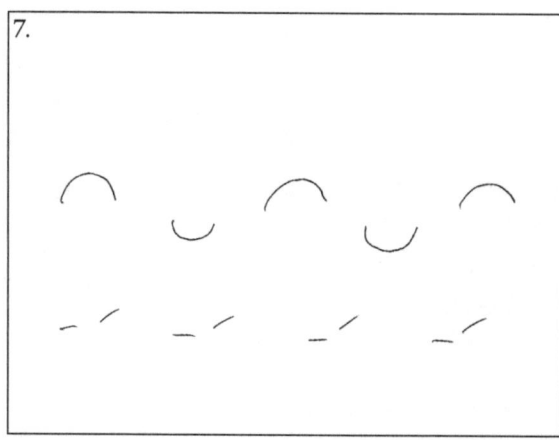

Trickfilmnamen

Herzlichen Glückwunsch, eines der führenden Hollywood-Studios für Trickfilm und Computeranimation benötigt Ihre kreativen Ideen! Sie sollen lustige Personennamen für eine neue Kinderserie entwickeln. Gefragt sind einprägsame Namen für die Hauptfiguren.

Beispiel:

Die Hauptfigur »Hase« könnte heißen:

Erster Vorschlag: Hans der Hase
Zweiter Vorschlag: Hasenschlauer Hüpfer
Dritter Vorschlag: Helmut Häschen

Welche Namen fallen Ihnen für die weiteren Hauptfiguren ein? Sie haben zehn Minuten Zeit, um sich gleichermaßen witzige und einprägsame Namen für die aufgeführten Trickfilmstars zu überlegen.

1. Hauptfigur »Frosch«

   Ihr erster Vorschlag: _____
   Ihr zweiter Vorschlag: _____
   Ihr dritter Vorschlag: _____

2. Hauptfigur »Schlange«

   Ihr erster Vorschlag: _____
   Ihr zweiter Vorschlag: _____
   Ihr dritter Vorschlag: _____

3. Hauptfigur »Sonnenblume«

   Ihr erster Vorschlag: _____
   Ihr zweiter Vorschlag: _____
   Ihr dritter Vorschlag: _____

4. Hauptfigur »Ameise«

Ihr erster Vorschlag: _____

Ihr zweiter Vorschlag: _____

Ihr dritter Vorschlag: _____

5. Hauptfigur »Regenbogen«

Ihr erster Vorschlag: _____

Ihr zweiter Vorschlag: _____

Ihr dritter Vorschlag: _____

6. Hauptfigur »Salatgurke«

Ihr erster Vorschlag: _____

Ihr zweiter Vorschlag: _____

Ihr dritter Vorschlag: _____

7. Hauptfigur »Marienkäfer«

Ihr erster Vorschlag: _____

Ihr zweiter Vorschlag: _____

Ihr dritter Vorschlag: _____

Erfinder und Tüftler am Werk

Jede große Erfindung fängt mit einer kleinen Idee an. Was würden Sie erfinden, wenn Sie die Möglichkeit dazu hätten? Eine kleine Maschine, um Frühstückseier automatisch zu schälen? Den Kaffeelöffel aus Zucker, der sich in der Kaffeetasse beim Umrühren automatisch auflöst? Oder die sprechende Küche, die Sie morgens mit Namen begrüßt und Sie nach Ihren Getränke- und Essenswünschen fragt?

Machen Sie sich bitte 15 Minuten lang Gedanken darüber, welche Erfindungen Sie für nötig halten, dabei spielt Geld keine Rolle. Was muss dringend geändert, verbessert oder völlig neu erfunden werden? Bitte schreiben Sie zehn Erfindungen auf.

Ihre erste Erfindung: _____

Ihre zweite Erfindung: _____

Ihre dritte Erfindung: _____

Ihre vierte Erfindung: _____

Ihre fünfte Erfindung: _____

Ihre sechste Erfindung: _____

Ihre siebte Erfindung: _____

Ihre achte Erfindung: _____

Ihre neunte Erfindung: _____

Ihre zehnte Erfindung: _____

Zukunftsforscher in Aktion

Die Welt und die auf ihr lebenden Menschen befinden sich in ständiger Veränderung. Die kleine Gruppe der Zukunftsforscher schaut gründlich hin und überlegt, welche Auswirkungen sich aus den schon jetzt absehbaren Entwicklungen ergeben werden.

Beispiel:

Veränderung: Erdöl wird immer knapper und teurer.

Auswirkung A. Neue Autos werden weniger Benzin oder Diesel verbrauchen.

Auswirkung B: Es werden mehr Autos entwickelt, die mit einem Elektromotor betrieben werden können.

Auswirkung C: Biodiesel und Biobenzin verteuern die Lebensmittelpreise für alle und können in armen Ländern zu Hungersnöten führen.

Nehmen Sie jetzt die Rolle des Zukunftsforschers ein, wir möchten Ihre Prognose lesen. Welche Auswirkungen haben die vorgegebenen Veränderungen? Sie haben für die Formulierung Ihrer Antworten 20 Minuten Zeit.

1. Veränderung: Die Winter werden immer wärmer.

    Auswirkung A: _____

    _____

    Auswirkung B: _____

    _____

    Auswirkung C: _____

    _____

2. Veränderung: Die Menschen werden immer älter.

    Auswirkung A: _____

    _____

    Auswirkung B: _____

    _____

Auswirkung C: _____
_____

3. Veränderung: Immer mehr Kinder haben einen eigenen Computer.

Auswirkung A: _____
_____

Auswirkung B: _____
_____

Auswirkung C: _____
_____

4. Veränderung: Immer mehr Menschen haben ein zweites und drittes Handy.

Auswirkung A: _____
_____

Auswirkung B: _____
_____

Auswirkung C: _____
_____

5. Veränderung: Immer weniger Kinder haben Geschwister.

Auswirkung A: _____
_____

Auswirkung B: _____
_____

Auswirkung C: _____
_____

6. Veränderung: Die Menschen werden ungeduldiger und nervöser.

Auswirkung A: _____
_____

Auswirkung B: _____
_____

Auswirkung C: _____
_____

7. Veränderung: Immer mehr Menschen werden kurzsichtig.

Auswirkung A: _____

_____

Auswirkung B: _____

_____

Auswirkung C: _____

_____

Innovative Markennamen

Wenn neue Produkte eingeführt werden, ist ein ansprechender Markenname wichtig, um bei den Käufern bekannt zu werden. So nennt eine renommierte Firma ihre neue Marmelade beispielsweise »Fruttissima«, ein sehr bekanntes kleines Auto heißt »Smart«, und auch die Praline »Mon Chéri« ist nicht zuletzt dank des einprägsamen Namens weltweit bekannt.

Überlegen Sie sich griffige Markennamen für die aufgelisteten Produkte. Die Zeit läuft, Sie haben 30 Minuten, um Ihre Kreativität voll zu entfalten!

1. Produkt: Handy
   Ihr Markennamenvorschlag: _____

2. Produkt: Orangensaft
   Ihr Markennamenvorschlag: _____

3. Produkt: Füller
   Ihr Markennamenvorschlag: _____

4. Produkt: Käse
   Ihr Markennamenvorschlag: _____

5. Produkt: Kartoffelchips
   Ihr Markennamenvorschlag: _____

6. Produkt: Waschmittel
   Ihr Markennamenvorschlag: _____

7. Produkt: Margarine
   Ihr Markennamenvorschlag: _____

8. Produkt: Müsli
   Ihr Markennamenvorschlag: _____

9. Produkt: Mineralwasser
   Ihr Markennamenvorschlag: _____

10. Produkt: Büroklammer
Ihr Markennamenvorschlag: _____

11. Produkt: Salat
Ihr Markennamenvorschlag: _____

12. Produkt: Joghurt
Ihr Markennamenvorschlag: _____

13. Produkt: Schokoladenkeks
Ihr Markennamenvorschlag: _____

14. Produkt: Möhrensaft
Ihr Markennamenvorschlag: _____

15. Produkt: Kaugummi
Ihr Markennamenvorschlag: _____

16. Produkt: Grillanzünder
Ihr Markennamenvorschlag: _____

17. Produkt: Babywindel
Ihr Markennamenvorschlag: _____

18. Produkt: Mehl
Ihr Markennamenvorschlag: _____

19. Produkt: Streichhölzer
Ihr Markennamenvorschlag: _____

20. Produkt: Tageszeitung
Ihr Markennamenvorschlag: _____

Konzentrationstest: Aufmerksamkeit

Worum geht es?

Wer auf Dauer erfolgreich arbeiten will, muss sich über einen längeren Zeitraum konzentrieren können. Nicht umsonst fällt in Schulen oder im Elternhaus häufig einmal der Satz »Du musst Dich einfach mehr konzentrieren!«. Mithilfe von Konzentrationstests möchten die Firmen daher herausfinden, wie es um die Aufmerksamkeit der Bewerberinnen und Bewerber bestellt ist. Dabei werden die Testteilnehmer bis an ihre Grenzen geführt. Es soll geklärt werden: Wie lange kann sich der Kandidat auf eine vorgegebene Aufgabe konzentrieren? Wie ist seine Arbeitsqualität unter Zeitdruck? Ab welchem Zeitpunkt macht er sehr viele Fehler?

Was erwartet Sie?

Aufgaben zur Überprüfung der Aufmerksamkeit sind an sich einfach gehalten. Die Kandidaten haben weniger Schwierigkeiten damit, die Lösung zu finden, sondern vielmehr damit, eine große Anzahl von Aufgaben in einer knapp bemessenen Zeit richtig zu erledigen. Gerade in diesem beliebten Testfeld gibt es einige klassische Aufgaben, die immer wieder in Einstellungstests auftauchen. Dazu gehört beispielsweise das Vergleichen von Adressen. Sie bekommen eine Originalliste mit Adressen und eine Abschrift, die Fehler enthält, vorgelegt und müssen dann die Fehler in kürzester Zeit aufspüren. Auch Kettenrechnen ist sehr beliebt. Bei diesem Aufgabentyp müssen Sie im Kopf Zahlenkolonnen addieren und dürfen nur das Endergebnis aufschreiben.

Wie können Sie Punkte sammeln?

Konzentrationstests zur Aufmerksamkeit können wirklich ermüdend sein. Wir wissen aus eigener Erfahrung, dass sich ab einem bestimmten Zeitpunkt mehr Fehler als erwartet einstellen können. Beugen Sie vor. Setzen Sie sich mit typischen Aufgabenstellungen auseinander und verbessern Sie Ihr Durchhaltevermögen. Wer diesen Aufgabentyp zu Übungszwecken häufiger durchgeht, wird eine nützliche Routine entwickeln, die ihm im Ernstfall weiterhilft. Sie werden schnell merken, dass sich die Aufgaben in den Griff bekommen lassen und dass es sich lohnt, nicht vor Ablauf der Bearbeitungszeit aufzugeben, um einen möglichst hohen Punktwert zu erzielen.

Buchstabenfolgen erkennen

Sie sehen 15 Zeilen mit Buchstaben. Suchen Sie in jeder Reihe Kombinationen von jeweils drei Buchstaben, die alphabetisch zusammenhängen. Beispielsweise die Kombinationen abc oder def oder ghj oder mno oder andere.

Sie haben jetzt drei Minuten Zeit, kreisen Sie alle alphabetisch zusammenhängenden Dreier-Buchstabenkombinationen ein, die Sie finden:

```
a t d j y t f l u j f g h j d j t f d s f d l z r w h t g l m
u t d h k h o f g j s d y u g l m j k u h g r e l i f j k l a
h f k h i l e h j w q l i w b c s k g a q d f h f a s k g t u
s m n o l j a h f s i v h l i e s e f g k a k j v o l a m q t
f s c a v m l k s h g q r s t j h s g e u o w a o v a z f h i
n g f n j f d h j k g a h i j f g h b g f g f j k f e w v l k
h i g h j u i f e w j g i v l f e i h t u v r l o i r t h i a
r t u h i r n f u h r g a e i h n f d x c y o t z m u i w u v
f d j f k a e u a m b l d o w p f h g w x y u f h b h o r s p
n b c d h i r g y u r t i g h j b g t i d e f g p o g n h g j
f g b d a s e y t p m b v s a i l r u s a o g f y t u a e w v
k g m a n g b r j k l m n s h t a a n j a v s k d f u t h i k
v n e l j r t u v s u h t h f g h p h o s g w f m f g l a g f
h g l k r u v w x g i r u g u k l p i o h d s g d a v k u f h
h s t e g n y h k i j p g j m g i h s r d s d i j k e q g f h
```

Adressen vergleichen – Original und Abschrift

Sie sehen im Folgenden zwei Listen mit jeweils 20 Adressen: zuerst das korrekte Original, darunter abgebildet eine Abschrift, die viele Fehler enthält. Vergleichen Sie Original und Abschrift, und streichen Sie jeden Fehler, den Sie gefunden haben, an. Dann sollen Sie auch noch in der Abschrift für jede Adresse die Anzahl der Fehler zusammenzählen und die Fehlerzahl rechts, in die freie Spalte, eintragen. Sie haben fünf Minuten Zeit für diese Aufgabe!

Beispiel:

Die erste Adresse enthält einen Fehler; wir haben den Fehler bereits angestrichen und in der rechten Spalte entsprechend eine »1« eingetragen.

Original (enthält keine Fehler)

Name	PLZ und Ort	Straße und Hausnummer	Telefon
Computer-Service Peter Huber	56068 Koblenz	Gaswerkstr. 21b	0 42 22 95 02 01
Klaus Schmitz	76530 Baden-Baden	Steubenstr. 57	0 82 41 23 36
Katharina Merina	26180 Rastede	Weiskircher Str. 15	0 36 43 47 94 76
Karl Friedrich Schulze	99423 Weimar	Schmetterlingsweg 7	02 61 33 99 0
Benjamin S. Flüchter	86807 Buchloe	Ring 12	0 40 50 05 35 55
Prof. Dr. M. Tarvas	68229 Mannheim	Albrecht-Thaer-Str. 18	01 71 7 35 12 66
Alten- und Pflegeheim St. Sebastian	48147 Münster	Wismarsche Str. 50	05 51 4 88 27 90
Alwitra GmbH & Co Klaus Göbel	27777 Ganderkesee	Kaufbeurer Str. 12	02 51 9 28 06-0
Gerhard Maier	22335 Hamburg	Friedrich-Ebert-Ring 38	06 21 47 54 14
Rechtsanwälte H. P. Ehlen & G. Fuchs	72770 Reutlingen/ Betzingen	Erdkampsweg 1a	0 71 21 74 20 98
Jan-Peter Wallichs	37073 Göttingen	Hirschgasse 51	01 79 4 97 32 78
A. Otto & Sohn GmbH	50858 Köln	Schlossberg 14	0 40 31 79 05 16
Rolf Achenbach	20459 Bremerhaven	Groner Str. 60	0 89 84 06 02 58
Anna Clara Schwarz	67454 Haßloch	Am Galgenberg 55	0 63 24 98 91 80

Fa. W. Zuckermann	70327 Stuttgart	Justus-von-Liebig-Str. 3	0 75 83 94 69 94
Peter Abt	80538 München	Sudetenweg 26	01 73 2 74 97 17
Frauke Abatzis	85354 Freising	Ditmar-Koel-Str. 23a	0 81 70 74 94
Dr. Charlotte Manitsky	30163 Hannover	Langgasse 73	05 41 9 33 88
Raoul Pyttlik	52062 Aachen	Steinhauser Str. 1	0 89 29 82 86
Dr. Merle Jung	24106 Kiel	Knorrstr. 1	0 43 13 24 35

Abschrift (Finden Sie die Fehler in der Abschrift!)

Name	PLZ und Ort	Straße und Hausnummer	Telefon	Feh-ler
Computer-Service Peter Huber	56068 Koblenz	Gaswerkstr. 21b	0 43 22 95 02 01	1
Klaus Schmitz	76530 Baden-Baden	Streubenstr. 57	0 82 41 23 36	
Katarina Merina	26180 Rastede	Weißkircher Str. 15	0 36 43 47 94 76	
Karl Friedrich Schultze	99423 Weimar	Schmetterlingsweg 7	02 61 3 39 90	
Benjamin S. Flüch-ter	86807 Buchloe	Ring 12	0 40 50 05 35 55	
Prof. Dr. M. Tarvast	68229 Mannheim	Albrecht-Thaer-Str. 18	01 71 7 35 22 66	
Alten- und Pflege-heim St. Sebastian	48147 Münster	Wismarsche Str. 50	05 51 4 88 27 90	
Alwitra GmbH & Co Klaus Göbel	27777 Ganderkesee	Kaufbeuerer Str. 12	02 51 9 28 06–0	
Gerhard Mayer	22355 Haburg	Friedrich-Ebert-Ring 38	05 21 47 54 14	
Rechtsanwälte H. P. Ehlen & G. Fuchs	72770 Reutlingen/ Betzingen	Erdkampsweg 1a	0 71 21 74 20 98	
Jan-Peter Wallichs	37073 Göttingen	Hirschgasse 51	01 79 4 97 32 78	
A. Otto & Sohn GmbH	50858 Köln	Schlossberg 14	0 40 31 79 05 16	
Rolf Aschenbach	20459 Bremerhaven	Grooner Str. 60	0 89 84 06 02 58	
Anna Clara Schwarz	67454 Haßloch	An Galgenberg 55	0 63 24 98 91 80	
Fa. W. Zuckermann	70327 Stuttgart	Justus-von-Liebig-Str. 3	0 75 83 94 69 94	
Peter Abt	80538 München	Studenweg 26	01 73 27 47 79 17	
Frauke Abatzis	85354 Freising	Dithmar-Koel-Str. 23b	0 81 70 74 94	
Dr. Charlotte Manitski	30163 Hannover	Langgasse 73	05 41 9 33 98	
Raoul Pyttlik	52062 Aachen	Steinhauser Str. 1	0 89 29 82 86	
Dr. Merle Jung	24106 Kiel	Knorrstr. 1	0 43 13 24 35	

Die richtige Reihenfolge

In den folgenden sechs Feldern sind die Buchstaben in der richtigen Reihenfolge, nämlich alphabetisch hintereinander mit einem Stift durch Linien zu verbinden.

Beispiel:

A wird mit B, B mit C, C mit D verbunden, so geht es weiter bis zum Buchstaben Z.

Achtung, manchmal gibt es eine Lücke, weil ein oder mehrere Buchstabe fehlen. Sind also die Buchstaben A und B vorhanden, fehlt aber der Buchstabe C, so ist das B gleich mit D zu verbinden. Für diese Übung haben Sie nun eine Minute Zeit.

I   K   P   U
            O   D
 E   R
           L   Y
Z V G
          C   M
F   J   W   T

C   P   I
       E   X
N   A   K   W
      T   Z
                L
   D   H
      U   M

Der d-b-p-q-Test

Wir werden Sie jetzt einem Klassiker der Konzentrations- und Leistungstests vertraut machen: dem sogenannten d-b-p-q-Test.

Ihre Aufgabe besteht darin, alle Buchstaben »d« und »p« durchzustreichen. Sie haben dafür zwei Minuten Zeit. In der Testpraxis sind Konzentrationstests natürlich wesentlich länger. Wenn Sie eine umfangreichere Version durcharbeiten möchten, kopieren Sie einfach die folgende Seite fünfmal und setzen sich dann ein Zeitlimit von zehn Minuten für die Bearbeitung. Falls Sie eine weitere Verschärfung ausprobieren möchten, sollten Sie nicht nur die Buchstaben »d« und »p« durchstreichen, sondern zusätzlich notieren, wie oft Sie jeweils das »d« und das »p« im gesamten Test gefunden haben.

```
q q b q q b p b q p b b q d q p d d b p q d p q b p d b p d p d q b p q d b p q p b d q b
p d q b d q b p d b d q p b q p d b p b q d d b q p b q d q p b d q d d p b q d b p b q p
b b q d q p d d b p q d p q b p d b p d p d q b p q d b p q p b d q b p d d p q b b d p q
q b d p q b b d p q d b p d d p q b b d p q q q b p p d q q q b p p d q q q b p p d q b p
d b d p q b b d p q q b q q b p b q p d p d q b d q b p d d p q b b d p q q q b p d p q b
p d p d q b b p q d b p d b p p b p b d b d q p b b p q p b d q b d p q b d q p b q d b d
p q b p q q q b p d b q d p p b d b q b q d p q d b p q d p b q d b d q p b d d b q d p p
d q p q b d b q d p b p q q b p d q d p p b q b p d q b q p q d p b q b p d d q p b q d b
p q d q q d p d b q b d p p q d b q d b q d q q p b q b q d p p q d q b b d p q b d b d q
b q p d d p p q d d b p p q b p p q b p d p b d q p b q d b q p d q b d q b q d p b d d q
q b d q b p d b d q p b q p d b p b q d d p p q d b q d b q b d b q d p b p d q p b d q d
d q b p q d b p q p b d q b p d b d q p b q d b q p d q b d q b q d p b d d p p q d b q d
b p p q b p p q b p d p b d q p b q d b q p d q b d q b q d p b d d q q b d b q d p b p d
d b q d p b p q q b p d q d p p b q b p d q b q p q d p b q b p d d q p b q d b q b d b q
d d b p p q b p p q b p d p b b p q d b p q p b d q b p d b d q p b q d b q p d q p b d q
q b d b q d p b p b p p q b p p q b p d p b d q p b q d b q p d q b d q b q d p b d d q b
p q p b d q b p d d p q b b d p q q b d p q b b d p q d b p d d p q b b d p q q q b p p d
q d q p b d q q b p p q b p p q b p d p b d q p b q d b q p d q b d q b q d p b d d q b b
p d d p p q d d b p p q b p p q b d q b p q d b p q p b d q b p d p q d q q d p d b q b d
```

Patientendaten

Unten sehen Sie drei Listen: Liste A enthält Kennziffern für Krankenkassen, Liste B Kennziffern für die Anfangsbuchstaben der Nachnamen von Patienten und Liste C Kennziffern für Krankheitsdiagnosen oder ärztliche Maßnahmen. In Liste D finden Sie 25 Datensätze, denen Sie die richtige Kombination aus den drei Kennziffern der Listen A, B und C zuordnen sollen. Tragen Sie das Ergebnis dann in die Liste E ein. Und zwar nach folgendem Muster: erst die Kennziffer aus Liste B, dann die aus Liste C und zuletzt die aus Liste A.

Beispiel:

Ulrike Albert, Fieber, BOK = 401-51-01

Hinweis: Der Nachname »Albert« beginnt mit den Buchstaben »Al«, liegt also in Liste B zwischen Aa und Am, erhält also die Kennziffer 401. Ulrike Albert hat Fieber, was in Liste C der Kennziffer 51 entspricht. Sie ist Mitglied der Krankenkasse BOK, deshalb lautet die letzte der drei Kennziffern bei ihr 01

Beginnen Sie jetzt, Sie haben fünf Minuten Zeit für Ihre Lösung!

Liste A: Kennziffern für Kranken- kasse	Liste B: Kennziffern für Namen	Liste C: Kennziffern für Diagnose bzw. Behandlung	Liste E: kompletter Code
01 = BOK	401 = Aa–Am	51 = Fieber	_____
02 = KKB	402 = An–Az	52 = Grippe	_____
03 = KKC	403 = Ba–Bn	53 = Asthma	_____
04 = DOK	404 = Bo–Bz	54 = Allergie	_____
05 = TKK	405 = C	55 = Husten	_____
06 = TTK	406 = Da–Do	56 = Heuschnupfen	_____
07 = TOK	407 = Dp–Dz	57 = Vorsorge	_____
08 = OSA	408 = Ea–Em	58 = Grippeimpfung	_____
09 = ASA	409 = En–Ez	59 = Abhorchen	_____
10 = SEK	410 = Fa–Fh	10 = Blutabnahme	_____
11 = SDK	411 = Fi–Fz	11 = Tetanusimpfung	_____
12 = SCK	412 = Ga–Gu	12 = Scharlach	_____
13 = SAK	413 = Gv–Gz	13 = Windpocken	_____
14 = DSA	414 = H	14 = Blutvergiftung	_____
15 = BKO	415 = I–K	15 = Röteln	_____
16 = BBK	416 = L	16 = Stomatitis	_____
	417 = Ma–Mr	17 = Bronchitis	_____
	418 = Ms–Mz		_____
	419 = Na–Nc		_____
	420 = Nd–Nz		_____
	421 = O–Q		_____
	422 = R		_____
	423 = Sa–Sm		_____
	424 = Sn–Sz		_____
	425 = Ta–Tf		_____
	426 = Tg–Tz		_____
	427 = U–W		_____
	428 = X–Z		_____

Liste D: Patientendaten komplett

01 = Dirk Tege, Grippeimpfung, TTK

02 = S. Groth, Tetanusimpfung, KKC

03 = Birgit Riecken, Scharlach, OSA

04 = Iris Harder, Abhorchen, BOK

05 = Sabine Zielinski, Asthma, DOK

06 = S. Walter, Grippe, ASA

07 = Jens Becker, Windpocken, TOK

08 = Ute Wittgrefe, Blutabnahme, KKB

09 = Volker Belz, Heuschnupfen, SDK

10 = Bernd Thiel, Grippeimpfung, SAK

11 = R. Blitz, Fieber, SEK

12 = Kurt Mohr, Husten, TKK

13 = Hanne Lundelius, Grippe, DSA

14 = August Ahrend, Asthma, SCK

15 = Dieter Moritz, Abhorchen, KKC

16 = Bernd Walther, Grippeimpfung, BBK

17 = Cetin Raden, Scharlach, TTK

18 = J. Sacharek, Fieber, BOK

19 = Anne Tiel, Vorsorge, BKO

20 = Sabrin Schumacher, Blutvergiftung, BBK

21 = Michaela Ganzel, Heuschnupfen, TOK

22 = K. Rehme, Grippe, SEK

23 = C. Tashalli, Stomatitis, BOK

24 = A. Sievers, Tetanusimpfung, DSA

25 = Nikolaj Asar, Husten, ASA

Karten sortieren

Bitte ordnen Sie die unten abgebildeten Karten jeweils einer von vier Gruppen zu. Die passende Gruppe richtet sich nach den folgenden Bedingungen:

Gruppe 1	obere Zahl größer als 450 und untere Zahl kleiner als 0,063	Tragen Sie »1« unterhalb der Karte ein.
Gruppe 2	obere Zahl größer als 450 und untere Zahl größer als 0,063	Tragen Sie »2« unterhalb der Karte ein.
Gruppe 3	obere Zahl kleiner als 450 und untere Zahl kleiner als 0,063	Tragen Sie »3« unterhalb der Karte ein.
Gruppe 4	obere Zahl kleiner als 450 und untere Zahl größer als 0,063	Tragen Sie »4« unterhalb der Karte ein.

Beispiel:

674	523	224	449
0,041	0,631	0,002	0,221
1	2	3	4

Jetzt geht es los, Sie haben drei Minuten Zeit!

Reihe A

225	523	449	224	198	674	273
0,043	0,631	0,221	0,002	0,099	0,041	0,009
—	—	—	—	—	—	—

Reihe B

587	485	385	146	822	875	236
0,056	0,008	0,058	0,256	0,048	0,024	0,301

— — — — — — —

Reihe C

456	349	564	159	585	498	383
0,025	0,042	0,587	0,603	0,052	0,581	0,067

— — — — — — —

Reihe D

682	754	326	654	259	196	263
0,306	0,921	0,001	0,098	0,032	0,012	0,112

— — — — — — —

Reihe E

685	452	496	569	796	985	512
0,451	0,366	0,093	0,011	0,003	0,036	0,215

— — — — — — —

Reihe F

356	359	753	332	469	214	219
0,161	0,163	0,033	0,044	0,485	0,369	0,007

—   —   —   —   —   —   —

Reihe G

446	466	795	360	465	756	132
0,023	0,095	0,074	0,436	0,055	0,199	0,123

—   —   —   —   —   —   —

Kleiner addieren und größer subtrahieren

In der folgenden Liste sehen Sie 45 Aufgaben unterteilt in drei Blöcke. Der erste Block enthält die Aufgaben A1 bis A14, der zweite B1 bis B14 und der dritte C1 bis C14. Jede Aufgabe besteht aus zwei Teilschritten: Führen Sie zunächst im Kopf die Rechenoperationen des oberen Teilschritts aus und merken Sie sich das Zwischenergebnis. Dann führen Sie die Rechenoperation des unteren Teilschritts aus und merken sich ebenfalls das Zwischenergebnis. Nun haben Sie zwei Zwischenergebnisse, mit denen Sie wiederum eine Rechenoperation durchführen. Und zwar nach folgenden Regeln:

1. Ist das obere Zwischenergebnis größer als das untere, dann ziehen Sie vom größeren oberen Zwischenergebnis das kleinere untere Zwischenergebnis ab. Abschließend notieren Sie das Endergebnis.
2. Ist das obere Zwischenergebnis kleiner als untere, dann addieren Sie beide Zwischenergebnisse und notieren Sie ebenfalls das Endergebnis.

Achtung! Sie dürfen die Zwischenergebnisse **nicht** notieren, sonst gilt die Aufgabe als nicht gelöst. Schreiben Sie **nur** das Endergebnis auf.

Beispiel:

$9 - 9 + 1 = 1$
$1 + 7 + 6 = 14$

1 ist kleiner als 14, also werden die beiden Zwischenergebnisse im Kopf addiert. Tragen Sie als Endergebnis 15 ein.

Sie haben für die folgenden Aufgaben zehn Minuten Zeit.

A1	$1 + 4 - 2$	B1	$6 + 1 - 7$	C1	$1 + 0 + 2$
	$8 - 1 + 9$		$5 - 1 + 9$		$7 - 4 - 2$
	Ergebnis: ___		Ergebnis: ___		Ergebnis: ___

A2	$1 - 1 + 7$	B2	$1 + 1 + 3$	C2	$1 + 4 - 1$
	$2 + 5 - 2$		$2 + 6 - 5$		$6 + 7 - 7$
	Ergebnis: ___		Ergebnis: ___		Ergebnis: ___

A3 7 – 1 + 9
    1 – 0 + 1
Ergebnis: ___

B3 1 + 5 – 1
    7 + 1 + 5
Ergebnis: ___

C3 2 + 6 – 7
    1 + 5 + 6
Ergebnis: ___

A4 8 – 1 + 5
    1 + 7 – 2
Ergebnis: ___

B4 1 + 4 – 1
    3 + 4 – 1
Ergebnis: ___

C4 7 + 7 – 1
    6 + 1 + 7
Ergebnis: ___

A5 7 – 2 + 6
    1 + 8 – 2
Ergebnis: ___

B5 4 + 1 + 3
    2 + 1 + 1
Ergebnis: ___

C5 5 + 6 + 1
    0 + 2 + 7
Ergebnis: ___

A6 5 + 1 + 3
    2 + 5 – 2
Ergebnis: ___

B6 5 + 2 + 3
    1 + 5 – 1
Ergebnis: ___

C6 4 + 2 – 2
    4 + 1 + 6
Ergebnis: ___

A7 7 + 9 – 8
    1 + 9 + 1
Ergebnis: ___

B7 7 + 1 + 5
    1 + 4 + 1
Ergebnis: ___

C7 2 + 8 – 7
    2 + 7 + 2
Ergebnis: ___

A8 7 + 6 + 5
    1 + 8 + 1
Ergebnis: ___

B8 3 + 4 – 1
    4 + 1 + 3
Ergebnis: ___

C8 6 – 2 + 4
    1 + 5 – 1
Ergebnis: ___

A9 5 + 2 + 3
    2 + 5 – 1
Ergebnis: ___

B9 2 + 1 – 1
    5 + 2 + 3
Ergebnis: ___

C9 5 – 1 + 7
    1 + 6 – 2
Ergebnis: ___

A10 7 – 1 + 9
    3 + 2 + 3
Ergebnis: ___

B10 1 + 9 + 2
    7 + 8 + 4
Ergebnis: ___

C10 5 – 2 + 6
    6 + 2 – 4
Ergebnis: ___

A11 1 + 5 + 2
    5 + 6 + 7
Ergebnis: ___

B11 3 – 2 + 1
    6 + 1 – 4
Ergebnis: ___

C11 8 + 2 – 5
    2 + 3 + 4
Ergebnis: ___

A12 2 + 9 − 1
    1 + 2 − 3
    Ergebnis: ___

B12 1 + 8 + 1
    5 − 2 + 3
    Ergebnis: ___

C12 2 + 9 + 2
    4 − 1 + 7
    Ergebnis: ___

A13 1 + 2 + 1
    4 + 2 + 6
    Ergebnis:___

B13 4 + 0 + 8
    1 + 7 + 2
    Ergebnis: ___

C13 2 − 2 + 1
    0 + 1 + 3
    Ergebnis: ___

A14 2 + 2 + 2
    1 + 2 + 1
    Ergebnis: ___

B14 9 + 2 − 8
    2 + 7 + 8
    Ergebnis: ___

C14 2 + 4 − 2
    4 − 3 − 0
    Ergebnis: ___

Konzentrationstest: Merkfähigkeit

Worum geht es?

Konzentrationstests werden nicht nur eingesetzt, um zu erfahren, wie es um Ihre Aufmerksamkeit und Ihr Durchhaltevermögen steht. Es gibt auch eine zweite Variante, bei der Ihre Merkfähigkeit im Zentrum der Beobachtung steht. Bei der Merkfähigkeit geht es darum, wie genau Sie sich neue Informationen aneignen können. Hier ist ein deutlicher Bezug zum Arbeitsalltag zu erkennen, denn auch im Berufsleben werden Sie sich ständig neues Faktenwissen aneignen müssen. Sie sollten in den jeweiligen Tests also zeigen können, dass Sie keine Schwierigkeiten damit haben, sich etwas zu merken, sei es der Name eines Kunden, die telefonische Durchwahl eines Kollegen oder die Firmenanschrift.

Was erwartet Sie?

Beliebt ist die Vorstellung eines kleinen Szenarios. Beispielsweise wird eine kleine Firma mit den Namen sämtlicher Mitarbeiter und ihren Aufgaben beschrieben. Von Ihnen verlangt man dann in knapp bemessener Zeit, möglichst viele Informationen auswendig zu lernen. Da Sie vorab nicht genau wissen, welche Fragen man Ihnen zum Szenario stellen wird, gilt es, sich so viele Detailinformationen wie möglich zu merken. Manchmal werden auch Mitarbeiterfotos abgebildet, denen Sie dann später die richtigen Namen oder die richtige Position in der Firma zuordnen müssen.

Wie können Sie Punkte sammeln?

Als Ausbildungsplatzsuchender oder Hochschulabsolvent sind Sie es in der Regel gewohnt, sich in kurzer Zeit neues Faktenwissen anzueignen. Schließlich werden auch in Schule und Studium regelmäßig Klausuren geschrieben oder mündliche Prüfungen durchgeführt. Insofern sind Sie also schon vorbereitet. Der Unterschied zum Test der Merkfähigkeit liegt darin, dass Sie bei diesem weitaus weniger Zeit haben. Sie können nicht auf Ihr Langzeitgedächtnis bauen, sondern müssen mit Ihrem Kurzzeitgedächtnis arbeiten. Stimmen Sie sich mithilfe unserer Übungsaufgabe bereits jetzt auf diesen Gedächtnistest ein!

Flächen merken

Bitte entscheiden Sie sich vorab für die Übungsversion 1 (mittlerer Schwierigkeitsgrad) oder die Übungsversion 2 (hoher Schwierigkeitsgrad).

Übungsversion 1: Sehen Sie sich die folgenden sechs Zeichnungen genau an. Betrachten Sie sie eine Minute lang, blättern Sie anschließend um. Wir werden Ihnen dann Fragen zu den Zeichnungen stellen.

Übungsversion 2: Sehen Sie sich alle zwölf Zeichnungen auf den Seiten 301 und 302 genau an. Betrachten Sie sie zwei Minuten lang. Wir werden Ihnen anschließend Fragen zu den Zeichnungen stellen.

7.

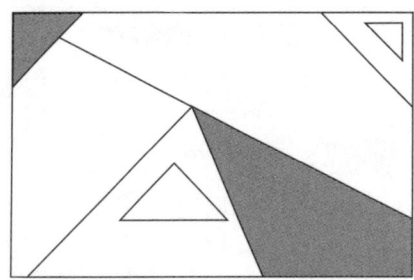

8.

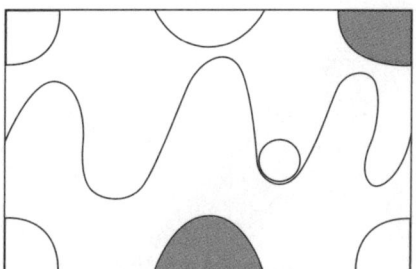

9.

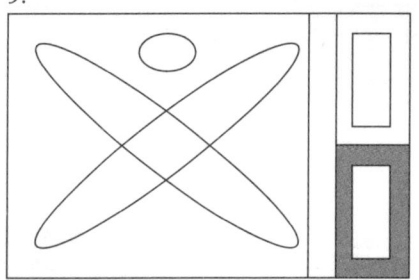

10.

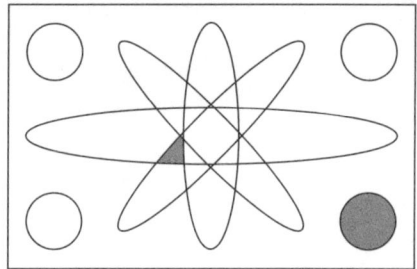

11.

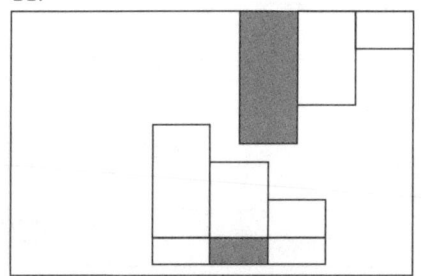

12.

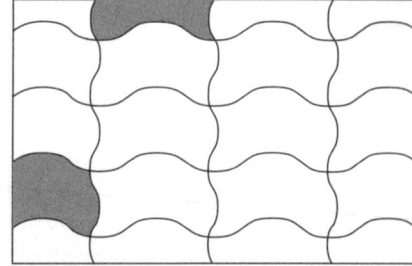

Bitte erinnern Sie sich, an welcher Stelle die markierten Flächen lagen. Kreuzen Sie die entsprechenden Ziffern unterhalb der Abbildungen an.

5.

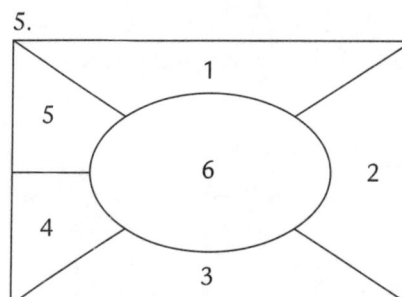

- ☐ 1   ☐ 2
- ☐ 3   ☐ 4
- ☐ 5   ☐ 6

6.

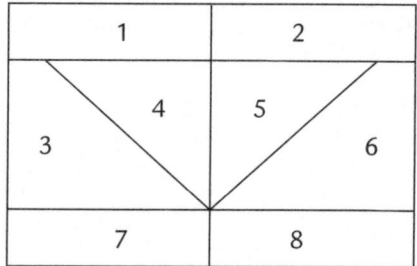

- ☐ 1   ☐ 2
- ☐ 3   ☐ 4
- ☐ 5   ☐ 6
- ☐ 7   ☐ 8

7.

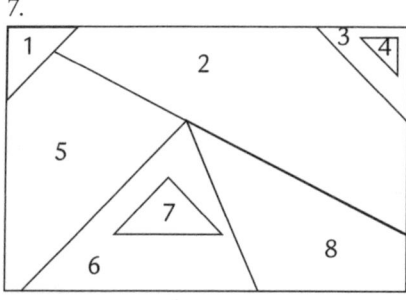

- ☐ 1   ☐ 2
- ☐ 3   ☐ 4
- ☐ 5   ☐ 6
- ☐ 7   ☐ 8

8.

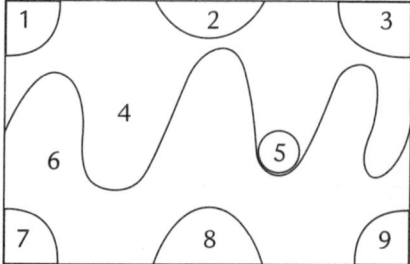

- ☐ 1   ☐ 2
- ☐ 3   ☐ 4
- ☐ 5   ☐ 6
- ☐ 7   ☐ 8
- ☐ 9

9.

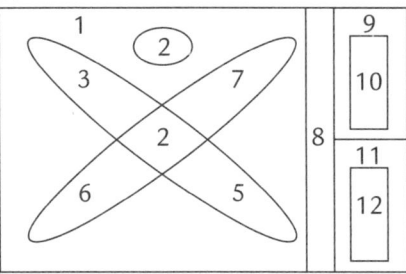

☐	1	☐	2
☐	3	☐	4
☐	5	☐	6
☐	7	☐	8
☐	9	☐	10
☐	11	☐	12

10.

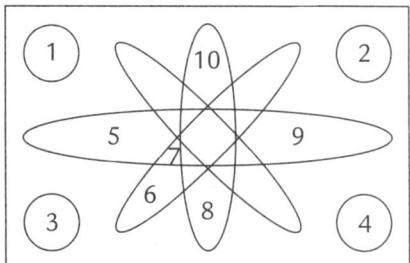

☐	1	☐	2
☐	3	☐	4
☐	5	☐	6
☐	7	☐	8
☐	9	☐	10

11.

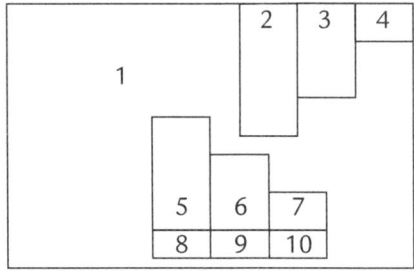

☐	1	☐	2
☐	3	☐	4
☐	5	☐	6
☐	7	☐	8
☐	9	☐	10

12.

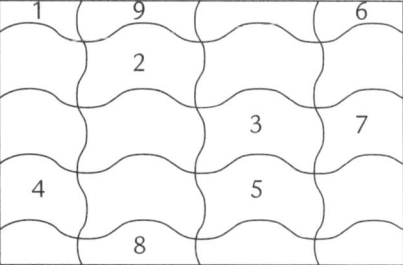

☐	1	☐	2
☐	3	☐	4
☐	5	☐	6
☐	7	☐	8
☐	9		

Begriffe behalten

In diesem Test zur Merkfähigkeit geht es darum, sich möglichst viele Begriffe aus der folgenden Tabelle zu merken:

Namen	Städte	Länder	Berufe	Pflanzen
Ina	Belfast	Libyen	Stahlstichpräger	Margerite
Cornelia	Hannover	Estland	Technischer Produktdesigner	Oleander
Diana	Zöblitz	Weißrussland	Feinpolierer	Ysop
Jonas	Peine	Albanien	Verwaltungsfach-angestellter	Quellkraut
Konstantin	Nedlitz	Georgien	Umweltchemiker	Rhododendron

Die Begriffe sind den fünf Begriffsgruppen Namen, Städte, Länder, Berufe und Pflanzen zugeordnet.

Lernen Sie jetzt so viele Begriffe wie möglich auswendig, dafür stehen Ihnen drei Minuten Zeit zur Verfügung. Anschließend werden wir Ihnen auf den nächsten Seiten Fragen zu den gemerkten Begriffen stellen, die Sie beantworten sollen. Für die Beantwortung der Fragen haben Sie fünf Minuten Zeit.

1. In welcher Begriffsgruppe fängt
   ein Wort mit dem Anfangsbuchstaben »L« an?
   a) Namen
   b) Städte
   c) Länder
   d) Berufe
   e) Pflanzen

2. In welcher Begriffsgruppe fängt
   ein Wort mit dem Anfangsbuchstaben »M« an?
   a) Namen
   b) Städte
   c) Länder
   d) Berufe
   e) Pflanzen

3. In welcher Begriffsgruppe fängt
   ein Wort mit dem Anfangsbuchstaben »T« an?
   a) Namen
   b) Städte
   c) Länder
   d) Berufe
   e) Pflanzen

4. In welcher Begriffsgruppe fängt
   ein Wort mit dem Anfangsbuchstaben »O« an?
   a) Namen
   b) Städte
   c) Länder
   d) Berufe
   e) Pflanzen

5. In welcher Begriffsgruppe fängt
   ein Wort mit dem Anfangsbuchstaben »B« an?
   a) Namen
   b) Städte
   c) Länder
   d) Berufe
   e) Pflanzen

6. In welcher Begriffsgruppe fängt
   ein Wort mit dem Anfangsbuchstaben »E« an?
   a) Namen
   b) Städte
   c) Länder
   d) Berufe
   e) Pflanzen

7. In welcher Begriffsgruppe fängt
   ein Wort mit dem Anfangsbuchstaben »G« an?
   a) Namen
   b) Städte
   c) Länder
   d) Berufe
   e) Pflanzen

8. In welcher Begriffsgruppe fängt
   ein Wort mit dem Anfangsbuchstaben »J« an?
   a) Namen
   b) Städte
   c) Länder
   d) Berufe
   e) Pflanzen

9. In welcher Begriffsgruppe fängt
ein Wort mit dem Anfangs-
buchstaben »H« an?
a) Namen
b) Städte
c) Länder
d) Berufe
e) Pflanzen

10. In welcher Begriffsgruppe fängt
ein Wort mit dem Anfangs-
buchstaben »W« an?
a) Namen
b) Städte
c) Länder
d) Berufe
e) Pflanzen

11. In welcher Begriffsgruppe fängt
ein Wort mit dem Anfangs-
buchstaben »C« an?
a) Namen
b) Städte
c) Länder
d) Berufe
e) Pflanzen

12. In welcher Begriffsgruppe fängt
ein Wort mit dem Anfangs-
buchstaben »S« an?
a) Namen
b) Städte
c) Länder
d) Berufe
e) Pflanzen

13. In welcher Begriffsgruppe fängt
ein Wort mit dem Anfangs-
buchstaben »A« an?
a) Namen
b) Städte
c) Länder
d) Berufe
e) Pflanzen

14. In welcher Begriffsgruppe fängt
ein Wort mit dem Anfangs-
buchstaben »K« an?
a) Namen
b) Städte
c) Länder
d) Berufe
e) Pflanzen

15. In welcher Begriffsgruppe fängt
ein Wort mit dem Anfangs-
buchstaben »Z« an?
a) Namen
b) Städte
c) Länder
d) Berufe
e) Pflanzen

16. In welcher Begriffsgruppe fängt
ein Wort mit dem Anfangs-
buchstaben »Y« an?
a) Namen
b) Städte
c) Länder
d) Berufe
e) Pflanzen

Die Arztpraxis

Lesen Sie den folgenden Text aufmerksam durch und versuchen Sie sich so viele Informationen wie möglich zu merken. Für das Durchlesen des Texts und das Betrachten der Fotos haben Sie zehn Minuten Zeit.

Dr. Timothy Braun ist Allgemeinmediziner und hat die Praxis im Februar 1990 zusammen mit seinem Bruder Charles Braun gegründet, der zuvor Oberarzt in der Abteilung für innere Medizin im städtischen Krankenhaus gewesen ist. Mit Erreichen des 65. Lebensjahres im Oktober 2006 hat Dr. Charles Braun die kassenärztliche Zulassung abgegeben. Seitdem arbeitet er nur noch wenige Stunden in der Woche für die Privatpatienten, die er aus seiner aktiven Zeit kennt. Für diese Patienten ist er am Mittwoch von 15 bis 18 Uhr und am Samstag von 10 bis 12 Uhr in der Praxis anwesend. Im November 2006 trat Frau Dr. Meyerhoff als Nachfolgerin von Dr. Charles Braun in die Praxis ein.

Dr. Timothy Braun   Dr. Christina Meyerhoff   Dr. Charles Braun

Neben den kassenärztlichen Leistungen bietet Dr. Timothy Braun auch alternative Heilmethoden an. Besonders die Eigenbluttherapie und das Bioresonanzverfahren werden von den Patienten häufig nachgefragt. Frau Dr. Meyerhoff war vor ihrem Eintritt in die Gemeinschaftspraxis im Universitätsklinikum als Stationsärztin angestellt. Ebenso wie Dr. Charles Braun war sie in der inneren Medizin tätig. Als Zusatzleistung bietet sie Akupunktur an. Die dafür notwendigen Kenntnisse hat sie sich im Rahmen der Facharztausbildung während eines Chinaaufenthalts angeeignet.

   Karen Müller-Kraus, ihre ältere Kollegin Karin Schmid und Kathrin Braun, die jüngste Kollegin, vervollständigen als Sprechstundenhilfen das

Praxisteam. Kathrin Braun ist die Ehefrau von Dr. Timothy Braun und arbeitet im Gegensatz zu den beiden Vollzeitkräften nur auf Teilzeitbasis an den Vormittagen in der Gemeinschaftspraxis. Dienstag- und Donnerstagabend bietet die Praxis eine Ernährungsberatung für interessierte Patienten an. Diese Ernährungsberatung wird von Christian Schwarz durchgeführt, er ist Diplom-Ökotrophologe und gibt am Samstagvormittag auch Nordic Walking-Kurse für übergewichtige Patienten. Dr. Timothy Braun ist die ganze Woche von Montag bis Freitag, außer Mittwochnachmittag, während der Sprechzeiten in der Praxis anwesend. In dringenden Fällen macht er auch Hausbesuche. Frau Dr. Meyerhoff ist Montag, Dienstag und Donnerstag während der Sprechzeiten in der Praxis für die Patienten da.

| Karen
Müller-Kraus | Karin Schmid | Kathrin Braun | Christian
Schwarz |

Beantworten Sie jetzt die folgenden Fragen zum Text und zu den Fotos auf den nächsten Seiten. Sie dürfen dabei nicht zurückblättern. Decken Sie die noch sichtbaren Informationen auf dieser Seite mit einem Blatt Papier ab.

1. Welcher Arzt macht Hausbesuche? _____

2. Wann findet die Ernährungsberatung statt? _____

3. Wer war vor seiner Tätigkeit in der Gemeinschaftspraxis am städtischen Krankenhaus tätig? _____

4. Welche Sportart betreut Christian Schwarz? _____

5. Was hat Christian Schwarz studiert? _____

6. In welchem Jahr wird das 25-jährige Praxisjubiläum stattfinden? _____

7. Welche Zusatzleistungen von Dr. Timothy Braun werden von den Patienten besonders nachgefragt? _____

8. Wie lautet der Vorname der Ehefrau von Dr. Timothy Braun? _____

9. Welcher Arzt hat einen Teil seiner Fachausbildung im Ausland verbracht? _____

10. In welchem Jahr verlor Dr. Charles Braun seine kassenärztliche Zulassung? _____

11. An welchen Wochentagen sind Dr. Timothy Braun und Frau Dr. Meyerhoff gemeinsam in der Praxis anwesend? _____

12. Welche Sprechstundenhilfe ist die älteste? _____

13. Hat die Praxis am Samstag für Kassenpatienten geöffnet? _____

14. Welche Zusatzleistung bietet Frau Dr. Meyerhoff ihren Patienten an? _____

15. Wie viele Jahre nach der Gründung trat Frau Dr. Meyerhoff in die Praxis ein? _____

Auf welchem Foto ist Dr. Timothy Braun zu sehen? _____

Foto Nr. 1   Foto Nr. 2   Foto Nr. 3

Auf welchem Foto ist der Ernährungsberater abgebildet? _____

Foto Nr. 4   Foto Nr. 5   Foto Nr. 6

Welches Foto zeigt Karin Schmid? _____

Foto Nr. 7   Foto Nr. 8   Foto Nr. 9

Welches Foto zeigt die Ehefrau von Dr. Timothy Braun? _____

Foto Nr. 10   Foto Nr. 11   Foto Nr. 12

Wörter merken

Merken Sie sich von den folgenden 20 Wörtern so viele wie möglich. Sie haben dafür drei Minuten Zeit. Decken Sie die Vorlage dann ab und notieren Sie die Begriffe, die Sie noch in Erinnerung haben. Dabei ist die Reihenfolge der Wiedergabe beliebig.

1. Denkmal	8. Parkverbot	16. Kunde
2. Internet	9. Sonne	17. Handy
3. Fahrplan	10. Strand	18. Turmuhr
4. Ladentür	11. Monatskarte	19. Busstation
5. Urlaub	12. Zebrastreifen	20. Beleuchtung
6. Wandregal	13. Beschwerde	
7. Informations- stand	14. Fußgängerzone	
	15. Museum	

1. _____	8. _____	15. _____
2. _____	9. _____	16. _____
3. _____	10. _____	17. _____
4. _____	11. _____	18. _____
5. _____	12. _____	19. _____
6. _____	13. _____	20. _____
7. _____	14. _____	

Persönlichkeitstest: Selbsteinschätzung

Worum geht es?

Für viele Bewerber ist es eine neue Erkenntnis, dass die Firmen nicht nur an ihrem Wissen, sondern auch an ihrer Persönlichkeit interessiert sind. Bevor Kandidaten einen Vertrag angeboten bekommen, stellen sich die Firmen Fragen wie: Ist der Bewerber ausreichend motiviert? Hat die Bewerberin genug Durchhaltevermögen, um die Ausbildung bis zum Ende durchzustehen? Kann der Kandidat mit Kritik von Kollegen und Vorgesetzten umgehen? Um hier Informationen zu erhalten, setzen manche Firmen auf Tests zur Selbsteinschätzung.

Was erwartet Sie?

Tests zur Selbsteinschätzung sind oft so gestaltet, dass den Kandidaten Listen von Persönlichkeitsmerkmalen vorgelegt werden. Die Kandidaten sollen dann beispielsweise auf einer Skala von 1 bis 6 ankreuzen, wie es um ihre Teamfähigkeit, ihr Kontaktvermögen oder ihre Eigenmotivation bestellt ist. Das heißt, die Bewerber geben sich sozusagen selbst Schulnoten für ausgewählte Eigenschaften. In sich anschließenden Gesprächen oder Gruppenübungen wird die Selbsteinschätzung dann von den Firmen überprüft. Mit gezielten Fragen wird nachgehakt, ob die Selbsteinschätzung der Kandidaten der Wirklichkeit entspricht.

Wie können Sie Punkte sammeln?

Ein glaubwürdiger Auftritt ist im gesamten Bewerbungsverfahren wichtig. Wer sich als Supermann oder Superfrau präsentiert, wird nicht ernst genommen. Es hilft also nicht weiter, sich bei der Selbsteinschätzung überall die Bestnote zu geben. Auf der anderen Seite ist es aber natürlich auch nicht hilfreich, als graue Maus mit mangelndem Selbstbewusstsein aufzutreten. Wichtig ist, dass Sie zeigen, dass Sie sich bereits mit Ihren Stärken und Schwächen auseinandergesetzt haben. Bewerten Sie sich also in den Bereichen gut, in denen Sie Ihre Stärken sehen. Dort, wo Sie Schwächen vermuten, geben Sie sich eine mittlere Note.

Test: Check Young Professional

Der von uns für Sie ausgearbeitete Persönlichkeitstest Check Young Professional besteht aus 70 Aussagen. Er richtet sich an Hochschulabsolventen und berufserfahrene Bewerber, die vor der Entscheidung stehen, sich künftig verstärkt eher Fachaufgaben oder Führungsaufgaben zuzuwenden. Entscheiden Sie sich für:

- sehr zutreffend,
- überwiegend zutreffend,
- teilweise zutreffend,
- weniger zutreffend,
- kaum zutreffend.

Für die Beantwortung der Fragen haben Sie zehn Minuten Zeit. Bitte kreuzen Sie zügig die Ihrer Meinung nach zutreffende Einschätzung an. Überlegen Sie nicht zu lange und bleiben Sie ehrlich!

		sehr zutreffend	überwiegend zutreffend	teilweise zutreffend	weniger zutreffend	kaum zutreffend
1.	Ich engagiere mich auch in Arbeitsfeldern, in denen ich den Erfolg meiner Arbeit nicht abschätzen kann.					
2.	In Verhandlungen berücksichtige ich die Interessen meiner Gesprächspartner.					
3.	Wenn es Widerstände gibt, gebe ich nicht auf, sondern unternehme weitere Anläufe.					
4.	Kunden erhalten von mir auch ohne Aufforderung gewinnbringende Informationen.					
5.	Ich biete von mir aus meinen Mitarbeitern Hilfestellung an.					
6.	Ich teile mein fachliches Know-how mit Kollegen und Mitarbeitern.					

		sehr zutreffend	überwiegend zutreffend	teilweise zutreffend	weniger zutreffend	kaum zutreffend
7.	Körpersprache ist ein wichtiger Faktor, um andere zu beeinflussen.					
8.	Ich arbeite immer mit voller Kraft.					
9.	Mit der Vertriebsstruktur meines Unternehmens bin ich vertraut.					
10.	Es gelingt mir, Gehör bei Vorgesetzten zu finden.					
11.	Konflikte spreche ich offen an.					
12.	Meine persönlichen Netzwerke erweitere ich laufend.					
13.	Als Vorgesetzter übernehme ich eine umfassende Vorbildfunktion.					
14.	Cross-Selling-Möglichkeiten nutze ich aktiv.					
15.	Neue Ideen vertrete ich auch gegen Widerstände.					
16.	Meine Argumente bringe ich differenziert und der jeweiligen Situation angemessen vor.					
17.	Auf Kundenanforderungen kann ich flexibel reagieren.					
18.	Ich respektiere die Meinungen anderer und berücksichtige diese.					
19.	Neue Informationen haben mich schon öfter dazu veranlasst, meine Meinung zu ändern.					
20.	Ich mache keinen Hehl daraus, dass ich überdurchschnittliche Ergebnisse erreichen möchte.					
21.	Ich habe eine Vision für die weitere Entwicklung meines Arbeitsbereichs.					
22.	Ein authentischer und ehrlicher Auftritt ist für mich wichtig.					
23.	Bei meiner Arbeit setze ich stets die richtigen Prioritäten.					

		sehr zutreffend	überwiegend zutreffend	teilweise zutreffend	weniger zutreffend	kaum zutreffend
24.	Feedback wird von mir aktiv eingefordert.					
25.	Ich halte Kontakt zu Top-Entscheidern beim Kunden.					
26.	Um Ziele zu erreichen, versuche ich auch indirekt über andere Einfluss auszuüben.					
27.	Ich scheue mich nicht vor unkonventionellen Maßnahmen.					
28.	Probleme müssen so schnell wie möglich geklärt werden.					
29.	Bei der Weitergabe von Arbeitsaufträgen informiere ich detailliert und umfassend.					
30.	Interessenskonflikte löse ich im Unternehmenssinn.					
31.	Klare Qualitätsstandards sind für mich unverzichtbar.					
32.	Auch in schwierigen Verhandlungssituationen fühle ich mich wohl.					
33.	In Gesprächen nutze ich neben Sachargumenten auch andere Überzeugungsmethoden.					
34.	Meine Erwartungen an Mitarbeiter formuliere ich klar und eindeutig.					
35.	Es gelingt mir, auch zu schwierigen Kunden eine persönliche Beziehung aufzubauen.					
36.	Ich ermutige andere zum offenen Meinungsaustausch.					
37.	Ich gelte als begeisterungsfähig.					
38.	Ich kenne mich im Unternehmen über meinen eigenen Arbeitsbereich hinaus aus.					
39.	Zusätzliche Aufgaben zu übernehmen, sehe ich als eine persönliche Chance.					

		sehr zutreffend	überwiegend zutreffend	teilweise zutreffend	weniger zutreffend	kaum zutreffend
40.	Die Stärken und Schwächen von Mitbewerbern arbeite ich aktiv heraus.					
41.	Ich verfüge über Akquisitionsstärke.					
42.	Als Führungskraft puffere ich den Druck ab, der auf meinen Mitarbeitern lastet.					
43.	Vertriebskonzepte entwickele ich sorgfältig und praxisnah.					
44.	Ich stelle mich gerne dem Wettbewerb.					
45.	Die Kompetenzen meiner Mitarbeiter habe ich stets vor Augen.					
46.	Es ist mir ein Bedürfnis, die vom Kunden gestellten Erwartungen zu übertreffen.					
47.	Differierende Standpunkte sind für mich eher ein Gewinn als ein Risiko.					
48.	Es ist mir wichtig, Arbeitsprozesse zu optimieren.					
49.	Ich vertraue auf meine Fähigkeiten und gehe Herausforderungen direkt an.					
50.	Ich kümmere mich um die Balance zwischen Privatleben und beruflichem Engagement meiner Mitarbeiter.					
51.	Langfristige Geschäftsbeziehungen sind mir wichtiger als schnell zu erzielende Gewinne.					
52.	Ich kenne meine Wirkung auf andere und bin mir meiner Stärken und Schwächen bewusst.					
53.	Ich weiß oft eher, was der Kunde benötigt, als er selbst.					
54.	Meine Abschlussrate ist mir wichtig.					
55.	Es gelingt mir, Vertrauen zu wecken.					
56.	Arbeitsergebnisse kontrolliere ich zeitnah.					

		sehr zutreffend	überwiegend zutreffend	teilweise zutreffend	weniger zutreffend	kaum zutreffend
57.	Im Zweifel entscheide ich mich gegen meine Interessen, um eine Sache voranzubringen.					
58.	Bei Meinungsverschiedenheiten nutze ich meinen Status im Unternehmen.					
59.	Ich pflege auch Kundenkontakte, die nicht für einen Geschäftsabschluss wichtig sind.					
60.	Ich nutze meine persönliche Ausstrahlung, um berufliche Ziele zu erreichen.					
61.	Ich scheue mich nicht davor, bei Konflikten externe Spezialisten einzuschalten.					
62.	Bei Verhandlungen gelingt es mir, zufriedenstellende Lösungen zu finden.					
63.	Bei gesellschaftlichen Anlässen trete ich sicher und souverän auf.					
64.	Die hohe Auslastung von Mitarbeiterkapazitäten ist für mich wichtig.					
65.	Die Stimmung am Arbeitsplatz beeinflusst meine Leistungsfähigkeit nicht.					
66.	Präsentationstechniken setze ich souverän und aufgabenspezifisch ein.					
67.	Über aktuelle Marktentwicklungen halte ich mich auf dem Laufenden.					
68.	Ich führe regelmäßig Teammeetings durch.					
69.	In Auseinandersetzungen verhalte ich mich taktvoll und höflich.					
70.	Ich übernehme Herausforderungen auch dann, wenn sie mit persönlichen Risiken verbunden sind.					

Hinweise zur Auswertung dieses Tests finden Sie im Lösungsteil ab Seite 476.

Test: Kontakt – Konflikt – Ergebnis

Hinweis: Bei den folgenden Fragen zur Selbsteinschätzung gibt es keine – wie bei Intelligenztests oder Tests zur Allgemeinbildung – eindeutig »richtigen« oder eindeutig »falschen« Antworten. Vielmehr geht es darum, sich realistisch einzuschätzen und diese Meinung eventuell auch Dritten gegenüber begründen zu können. Weiter möchten wir Sie damit vertraut machen, wie Persönlichkeitstests aufgebaut sind.

Entscheiden Sie für jede einzelne Aussage, wie zutreffend sie im Hinblick auf Ihre Persönlichkeit ist. Sie können dabei zwischen folgenden Kategorien wählen:

- sehr zutreffend,
- überwiegend zutreffend,
- teilweise zutreffend,
- weniger zutreffend,
- kaum zutreffend.

Für die Beantwortung der Fragen haben Sie drei Minuten Zeit. Bitte kreuzen Sie zügig die Ihrer Meinung nach zutreffende Einschätzung an. Überlegen Sie nicht zu lange und bleiben Sie ehrlich!

		sehr zutreffend	überwiegend zutreffend	teilweise zutreffend	weniger zutreffend	kaum zutreffend
1.	Ich arbeite immer mit voller Kraft.					
2.	In meiner Freizeit unternehme ich viel mit Freunden.					
3.	Es macht mir nichts aus, meine Meinung zu vertreten.					
4.	Gute Leistungen sind mir wichtig.					
5.	Meine Argumente formuliere ich so, dass andere mir zuhören.					

		sehr zutreffend	überwiegend zutreffend	teilweise zutreffend	weniger zutreffend	kaum zutreffend
6.	Konflikte gehören zum Leben dazu.					
7.	Ich spreche die Dinge gerne direkt an.					
8.	Ich bin offen für neue Kontakte.					
9.	Wenn ich von etwas begeistert bin, kann ich andere mitreißen.					
10.	Ich bemühe mich, bei der Arbeit die richtigen Schwerpunkte zu setzen.					
11.	Auf mir unbekannte Menschen habe ich eine positive Wirkung.					
12.	Ich lasse andere nicht im Zweifel über meine Meinung.					
13.	Von den schlechten Stimmungen anderer lasse ich mich nicht ablenken.					
14.	Ich fühle mich in Gruppen wohl.					
15.	Es stört mich, wenn ich bei der Arbeit nicht weiterkomme.					
16.	Ich versuche ruhig zu bleiben, wenn es Streit gibt.					
17.	Viele Menschen vertrauen mir.					
18.	Die meisten wissen, was ich denke.					
19.	Wenn es Streit gibt, versuche ich eine Lösung zu finden.					
20.	Es ist mir wichtig, gute Arbeit abzuliefern.					
21.	Ich leiste oft mehr als andere.					
22.	Ich mag Menschen, die eine eigene Meinung haben.					
23.	Schlechte Arbeitsergebnisse sind mir peinlich.					
24.	Auf Partys lerne ich schnell neue Menschen kennen.					

Da wir uns in diesem Kurztest auf wenige Aussagen beschränkt haben, ist eine umfassende und fundierte Beschreibung Ihrer Persönlichkeit nicht möglich. Uns geht es ja auch vielmehr darum, dass Sie einen Eindruck davon bekommen, was Sie in einem Persönlichkeitstest überhaupt erwartet. Ein weiteres Lernziel sollte die Erkenntnis sein, dass in Persönlichkeitstests immer mehrere Aussagen auf gleiche Merkmale abzielen. Auch in dem hier vorgestellten Kurztest sind jeweils acht Aussagen den drei Dimensionen Kommunikationsfähigkeit, Konfliktverhalten sowie Ergebnisorientierung zugeordnet:

- Aussagen zur Kommunikationsfähigkeit: 2, 5, 8, 9, 11, 14, 17, 24;
- Aussagen zum Konfliktverhalten: 3, 6, 7, 12, 16, 18, 19, 22;
- Aussagen zur Ergebnisorientierung: 1, 4, 10, 13, 15, 20, 21, 23.

Wenn Sie noch mehr über sich erfahren möchten, können Sie Ihre Selbsteinschätzung überprüfen, indem Sie eine Kopie des Aussagenkatalogs anfertigen und Freunde, Eltern oder Bekannte bitten, eine Fremdeinschätzung über Sie abzugeben. Vergleichen Sie dann diese Fremd- mit Ihrer Selbsteinschätzung: Wo gibt es deutliche Übereinstimmungen? Wo nicht? Und worin könnten die Gründe dafür liegen?

Test: Belegen Sie Ihre Stärken

Wir haben für Sie einige Persönlichkeitsmerkmale aufgelistet. Schätzen Sie auf einer sechsstufigen Skala ein, inwieweit das genannte Merkmal auf Sie zutrifft. Die Zahlen entsprechen Schulnoten, also steht die 1 für eine besonders starke und die 6 für eine besonders schwache Ausprägung. Kreuzen Sie die Zahl an, die Ihrer Meinung nach für Sie zutreffend ist. Anschließend sollen Sie Ihre Einschätzung mit einem geeigneten Beispiel nachvollziehbar belegen.

Beispiel:

Wenn Sie sich als Person einschätzen, die gerne anderen hilft, sollten Sie sich für die 2 entscheiden.

Merkmal: Hilfsbereitschaft

6	5	4	3	2̶	1

Eine gute Begründung könnte so lauten: »Ich würde mich als sehr hilfsbereit einschätzen. In der Schule habe ich im Sportunterricht immer gerne mitgeholfen, die Geräte aufzubauen. Dann ging es auch schneller los mit dem eigentlichen Sport. Wenn mich Freunde um Hilfe bitten, beispielsweise bei Hausaufgaben oder vor Klassenarbeiten, helfe ich auch so gut ich kann.«

Arbeiten Sie nun die folgenden Merkmale durch. Überlegen Sie sich geeignete Beispiele, mit denen Sie Ihre Selbsteinschätzung begründen können.

Merkmal 1: Lernbereitschaft

6	5	4	3	2	1

Ihre Erläuterung: _____

_____

_____

Merkmal 2: Teamfähigkeit

6	5	4	3	2	1

Ihre Erläuterung: _____

_____

_____

Merkmal 3: Eigenmotivation

6	5	4	3	2	1

Ihre Erläuterung: _____

_____

_____

Merkmal 4: Geduld

6	5	4	3	2	1

Ihre Erläuterung: _____

_____

_____

Merkmal 5: Willensstärke

6	5	4	3	2	1

Ihre Erläuterung: _____

_____

_____

Merkmal 6: Kompromissbereitschaft

6	5	4	3	2	1

Ihre Erläuterung: _____

_____

_____

Merkmal 7: Sorgfalt

6	5	4	3	2	1

Ihre Erläuterung: _____

_____

_____

Merkmal 8: Kontaktstärke

6	5	4	3	2	1

Ihre Erläuterung: _____

_____

_____

Persönlichkeitstest: Kommunikation im Vorstellungsgespräch

Worum geht es?

Vorstellungsgespräche werden heute meistens auf einer sehr professionellen Basis durchgeführt. Personalreferenten und Ausbildungsverantwortliche durchlaufen Schulungen, um die Ergebnisse umfassend auswerten zu können. Aber auch die an der Auswahl beteiligten Geschäftsführer und Abteilungsleiter haben ganz konkrete Vorstellungen davon, wen sie in der Firma oder in ihrer Abteilung beschäftigen wollen. Es geht bei diesem Test darum, wie Sie sich anderen gegenüber darstellen, und zwar Auge in Auge. Getestet wird nicht nur Ihr Kommunikationsgeschick, sondern auch Ihre Selbstsicherheit, Ihre Belastbarkeit, Ihre Fähigkeit zuzuhören und Ihre Eigenmotivation für das angestrebte Berufsfeld.

Was erwartet Sie?

Es gibt keine festen Regeln für Vorstellungsgespräche, die Zeitdauer reicht von einer halben bis zu mehreren Stunden. Manche Firmen führen nur ein Einstellungsgespräch durch, andere mehrere. Wir haben in unserer Beratungspraxis sogar schon einmal einen Kunden betreut, der insgesamt acht (!) Gespräche führen musste, bevor er ein Arbeitsangebot bekam. Was aber alle Vorstellungsgespräche gemeinsam haben, ist, dass bestimmte Fragen immer wieder auftauchen. Stellen Sie sich auf Fragen dieser Art ein: »Wo sehen Sie Ihre Stärken?«, »Haben Sie Schwächen?« oder »Warum interessiert Sie dieser Job?«

Wie können Sie Punkte sammeln?

Viele Kandidaten sind der Meinung, dass die Firmenvertreter durch spezielle Fragen schon herausbekommen werden, was sie wissen wollen. Diese Einstellung führt aber nicht zum gewünschten Erfolg. Schließlich sind Vorstellungsgespräche keine Verhöre, sondern ein Abgleich der Vorstellungen der Firma mit denen des Kandidaten. Ganz wichtig ist, dass Sie Ihre bisherigen Erfahrungen angereichert mit aussagekräftigen Beispielen darstellen können. Wie dies gelingen kann, zeigen wir Ihnen anhand unserer Beispielfragen und -antworten. Natürlich hilft es überhaupt nicht, die gelungenen Antworten einfach auswendig zu lernen und dann im Gespräch herunterzuspulen. Bitte erinnern Sie sich an unsere Profil-Methode, die wir eingangs dargestellt haben. Entwickeln Sie eigene Antworten, die passgenau, stärkenorientiert und glaubwürdig sind.

Damit Sie Ihre Vorbereitung auf Vorstellungsgespräche zielgerichtet angehen können, haben wir Beispielfragen und -antworten für unterschiedliche Zielgruppen ausgearbeitet. Es gibt Fragen und Antworten für:

* Ausbildungsplatzsuchene,
* Hochschulabsolventen,
* berufserfahrene Bewerber.

Blättern Sie zu den für Sie passenden Fragen. Formulieren Sie Ihre Antworten nicht bloß in Gedanken, sondern sprechen Sie sie laut aus, und schreiben Sie sie auf! Im Lösungsteil ab Seite 480 finden Sie unsere Beispiele für gelungene und misslungene Antworten; mit diesen können Sie Ihre Formulierungen vergleichen, um herauszufinden, ob Ihre Antworten überzeugen.

Ausbildungsplatzsuchende im Vorstellungsgespräch

Typische Fragen, auf die Ausbildungsplatzsuchende überzeugend antworten können sollten, werden aus diesen Themenblöcken gewählt:

- Fragen zum Ausbildungswunsch,
- Fragen zur Ausbildungsfirma,
- Fragen zum Praktikum,
- Fragen zur Schule,
- Fragen zu Hobbys,
- Fragen zu Stärken und Schwächen,
- Fragen zur Persönlichkeit,
- Stressfragen,
- Ihre eigenen Fragen.

Fragen zum Ausbildungswunsch

Hintergrund: Ausbildungsabbrüche sind leider relativ häufig. Die Firmen möchten vermeiden, dass sie Auszubildende einstellen, die nur halbherzig bei der Sache sind und nach kurzer Zeit die Flinte ins Korn werfen. Kurz gesagt: Man will wissen, wie ernst Sie es meinen.

Antwortstrategie: Überzeugen Sie mit guten Argumenten, und verweisen Sie auf Ihre Erfahrungen aus Ihrem Praktikum. Begründen Sie, warum Sie sich für die Ausbildung interessieren. Sie können beispielsweise erklären, wo Sie sich informiert haben, wer Sie auf die Idee gebracht hat und seit wann Sie diesen Berufswunsch haben. Ganz wichtig: Sie müssen durchblicken lassen, dass Sie wissen, was auf Sie zukommt. Nennen Sie zwei bis drei Aufgaben aus der Ausbildung, mit denen Sie schon zu tun hatten. Beispiele aus der Praxis werden Ausbildungsverantwortliche immer beeindrucken. Erwähnen Sie aber nur die Dinge, die gut geklappt haben.

Bitte beantworten Sie diese Fragen zu Ihrem Ausbildungswunsch:

1. »Warum haben Sie sich gerade für diese Ausbildung beworben?«

   Ihre Antwort: _____

   _____

   _____

2. »Was interessiert Sie an der Ausbildung?«

   Ihre Antwort: _____

   _____

   _____

3. »Was reizt Sie an der Ausbildung am meisten?«

   Ihre Antwort: _____

   _____

   _____

4. »Wissen Sie, mit welchen Aufgaben Sie in der Ausbildung zu tun haben?«

   Ihre Antwort: _____

   _____

   _____

5. »Warum sollen wir Ihnen den Ausbildungsplatz geben?«

   Ihre Antwort: _____

   _____

   _____

Fragen zur Ausbildungsfirma

Hintergrund: Schulabgänger machen sich in der Regel viele Gedanken über ihren zukünftigen Beruf, nur über die Ausbildungsfirma wissen die Bewerber meistens viel zu wenig. Aber von Firmenseite erwartet man, dass Sie sich über den Betrieb informiert und sich bewusst für ihn entschieden haben. Schließlich macht es einen Unterschied, ob man Informatikkaufmann in einem Industriebetrieb, in einem Kleinunternehmen oder bei einer Versicherung werden will.

Antwortstrategie: Erzählen Sie von Ihrer Informationssuche, was Sie alles getan haben, um etwas über den Ausbildungsbetriebe zu erfahren. Beziehen Sie sich in Ihren Antworten auf Firmenbroschüren, die Homepage der Firma, Gespräche auf Ausbildungsmessen, Informationen von Berufsberatern, den Austausch mit anderen Auszubildenden und Zeitungsartikel. Zeigen Sie, dass Sie sich rundum informiert haben.

Bitte beantworten Sie folgende Fragen zur Ausbildungsfirma:

6. »Was wissen Sie über unsere Firma?«

   Ihre Antwort: _____
   _____
   _____

7. »Warum wollen Sie die Ausbildung gerade bei uns machen?«

   Ihre Antwort: _____
   _____
   _____

8. »Kennen Sie unsere Produkte/Dienstleistungen?«

   Ihre Antwort: _____
   _____
   _____

9. »Kennen Sie noch ähnliche Firmen wie unsere?«

   Ihre Antwort: _____
   _____
   _____

10. »Wie haben Sie sich über unser Unternehmen informiert?«

    Ihre Antwort: _____
    _____
    _____

Fragen zum Praktikum

Hintergrund: In der Schule gelten andere Regeln als im Berufsleben. Aus Ihren Noten können Ausbildungsverantwortliche keine Hinweise darauf entnehmen, wie Sie sich im Arbeitsalltag verhalten werden. Deshalb ist das Praktikum so wichtig: Es ist Ihr wichtigster Berührungspunkt mit der Berufspraxis.

Antwortstrategie: Bringen Sie in Ihren Antworten ganz konkrete Beispiele für die (guten!) Erfahrungen, die Sie im Praktikum gemacht haben. Achten Sie auch darauf, Abteilungen und Positionen von Mitarbeitern der Praktikumsfirma richtig zu benennen. Beschreiben Sie ausgewählte Aufgaben und den Tagesablauf, und machen Sie klar, dass Sie mit dem Arbeitsalltag im Praktikum gut zurechtgekommen sind.

Bitte beantworten Sie folgende Fragen zum Praktikum:

11. »Was hat Ihnen in Ihrem Praktikum gefallen?«

     Ihre Antwort: _____
     _____
     _____

12. »Mit wem hatten Sie im Praktikum zu tun?«

     Ihre Antwort: _____
     _____
     _____

13. »Was haben Sie in Ihrem Praktikum gelernt?«

     Ihre Antwort: _____
     _____
     _____

14. »Warum haben Sie gerade dieses Praktikum gemacht?«

     Ihre Antwort: _____
     _____
     _____

15. »Was war Ihr schönstes Erlebnis im Praktikum?«

Ihre Antwort: _____

_____

_____

Fragen zur Schule

Hintergrund: Da ein Bewerber um einen Ausbildungsplatz üblicherweise nicht so viele Erfahrungen aus der Arbeitswelt mitbringt, ist für die Ausbildungsverantwortlichen natürlich auch die Schule wichtig. Bei den entsprechenden Fragen geht es zum einen darum, ob man in den für die Ausbildung wichtigen Fächern gut ist, aber auch darum, wie man mit Lehrern und Mitschülern klargekommen ist.

Antwortstrategie: Erklären Sie, dass Sie sich für diejenigen Fächer in der Schule interessieren, die für die Ausbildung wichtig sind. Dabei müssen Sie nicht unbedingt Supernoten haben. Wichtig ist nur, dass Sie mit den Lerninhalten der Fächer zurechtkommen. Zudem sollten Sie herausstellen, dass Sie auch stets gut mit anderen Menschen auskommen. Geben Sie sich umgänglich. Zeigen Sie, dass Sie sich bemühen, in der Gruppe mitzuarbeiten.

Bitte beantworten Sie folgende Fragen zur Schule:

16. »Was sind Ihre Lieblingsfächer in der Schule und warum?«

Ihre Antwort: _____

_____

_____

17. »Welche Fächer liegen Ihnen nicht?«

Ihre Antwort: _____

_____

_____

18. »Wer ist Ihr Lieblingslehrer und warum?«

Ihre Antwort: _____

_____

_____

19. »Wie haben Sie sich auf Klassenarbeiten vorbereitet?«

Ihre Antwort: _____

_____

_____

20. »Was machen Sie in den Pausen?«

Ihre Antwort: _____

_____

_____

Fragen zu Hobbys

Hintergrund: Damit man ein umfassenderes Bild von Ihnen gewinnen kann, wird man Sie auch nach Ihren Hobbys fragen. Denn zu Ihrer Persönlichkeit gehört auch, was Sie in der Freizeit machen. Schließlich möchten Ausbildungsverantwortliche wissen, was für einen Menschen sie eigentlich vor sich haben.

Antwortstrategie: Die Hobbys und Interessen, die Sie im Vorstellungsgespräch nennen, passen im Idealfall zu Ihrem Ausbildungswunsch. Wer sich beispielsweise für eine technische Ausbildung bewirbt, kann mit einem Hobby wie »Mitglied der Jugendfeuerwehr« Zusatzpunkte sammeln. Aber keine Sorge, die Hobbys sind natürlich nicht ausschlaggebend. Wichtig ist, dass Sie dem Ausbildungsverantwortlichen zeigen, dass Sie sich auch in Ihrer Freizeit sinnvoll beschäftigen können.

Bitte beantworten Sie folgende Fragen zu Ihren Hobbys:

21. »Was machen Sie in Ihrer Freizeit?«

Ihre Antwort: _____

_____

_____

22. »Wie würden Ihre Freunde/Mannschaftskameraden/Vereinskollegen Sie beschreiben?«

Ihre Antwort: _____

_____

_____

23. »Warum haben Sie sich gerade diese Hobbys ausgesucht?«

Ihre Antwort: _____

_____

_____

24. »Welches Buch haben Sie zuletzt gelesen?«

Ihre Antwort: _____

_____

_____

25. »Was haben Sie sich in Ihrer Freizeit angeeignet, was Sie nicht in der Schule gelernt haben?«

Ihre Antwort: _____

_____

_____

Fragen zu Stärken und Schwächen

Hintergrund Ausbildungsverantwortliche wollen wissen, ob sich Bewerber mit dem, was sie gut können (Stärken), und dem, was sie nicht so gut können

(Schwächen), auseinandergesetzt haben. Niemand kann alles gleich gut. Wichtig ist aber, dass die Bewerber ihren Ausbildungsplatz so aussuchen, dass sie ihre Stärken auch einbringen können. Und dazu muss man sie erst einmal kennen.

Antwortstrategie: Überlegen Sie sich zunächst für sich selbst, was Sie besonders gut können und woran Sie Spaß haben. Im zweiten Schritt sortieren Sie Ihre Stärken danach, welche Ihnen während der Ausbildung helfen werden. Denken Sie an Ihr Praktikum, aber auch an Jobs und Aushilfstätigkeiten. Denn es ist wichtig, dass Sie auch immer beispielhafte Situationen angeben, in denen diese Stärken nützlich waren. Ihre Schwächen sollten Sie etwas abmildern, benutzen Sie dazu Formulierungen wie »manchmal«, »es kommt vor« oder »ab und zu«.

Bitte beantworten Sie folgende Fragen zu Ihren Stärken und Schwächen:

26. »Nennen Sie mir Ihre Stärken und Schwächen!«

    Ihre Antwort: _____

    _____

    _____

27. »Was gelingt Ihnen besonders gut?«

    Ihre Antwort: _____

    _____

    _____

28. »In welchem Bereich haben Sie Schwächen?«

    Ihre Antwort: _____

    _____

    _____

29. »Was mögen andere an Ihnen?«

    Ihre Antwort: _____

    _____

    _____

30. »Woran haben Sie Spaß?«

Ihre Antwort: _____

_____

_____

Fragen zur Persönlichkeit

Hintergrund: In Ihrer Ausbildung werden Sie täglich mit Kollegen, anderen Auszubildenden und Vorgesetzten zu tun haben. Aber auch der Kontakt mit Kunden gehört bei vielen Berufen dazu. Es reicht also nicht aus, nur über gutes Fachwissen zu verfügen: Die Fähigkeiten im Umgang mit anderen, auch soziale Kompetenzen oder Soft Skills genannt, spielen ebenfalls eine große Rolle. Daher wird in Vorstellungsgesprächen nach Eigenschaften wie Teamfähigkeit, Leistungsbereitschaft oder der Fähigkeit zum selbstständigen Arbeiten gefragt.

Antwortstrategie: Ganz wichtig ist, dass Ihre Antworten glaubwürdig klingen. Dazu müssen Sie auch hier Beispiele aufführen. Zeigen Sie mit Ihrer Antwort, dass Sie wissen, dass der Einzelkämpfer out ist. Behalten Sie stets im Blick, dass diejenigen Bewerber bevorzugt werden, deren Umgang mit anderen Menschen gut ist, die sich von Kritik nicht aus der Ruhe bringen lassen und die bei Schwierigkeiten nicht gleich aufgeben.

Bitte beantworten Sie folgende Fragen zu Ihrer Persönlichkeit:

31. »Sind Sie teamfähig?«

Ihre Antwort: _____

_____

_____

32. »Was verstehen Sie unter Kundenorientierung?«

Ihre Antwort: _____

_____

_____

33. »Wie reagieren Sie, wenn Sie kritisiert werden?«

Ihre Antwort: _____

_____

_____

34. »Was machen Sie, wenn Sie mit einer Aufgabe nicht weiterkommen?«

Ihre Antwort: _____

_____

_____

35. »Arbeiten Sie lieber in der Gruppe oder lieber allein?«

Ihre Antwort: _____

_____

_____

Stressfragen

Hintergrund: Manche Fragen dienen gar nicht der Informationssuche, sondern man möchte Sie mithilfe der sogenannten Stressfragen einfach nur aus der Ruhe bringen. Dies tut man nicht, um Sie zu ärgern, sondern um zu sehen, ob Sie unter Druck patzig werden oder immer noch freundlich bleiben. Dieser Aspekt ist beispielsweise sehr wichtig bei einer Arbeit mit direktem Kundenkontakt.

Antwortstrategie: Gehen Sie auf Vorwürfe, Angriffe und Unterstellungen gar nicht ein, sondern versuchen Sie, gelassen zu bleiben. Verfolgen Sie den eingeschlagenen Weg weiter: Betonen Sie nochmals, dass Sie wissen, dass diese Ausbildung wirklich die richtige für Sie ist, und liefern Sie Argumente dafür, warum Sie sich für die Ausbildung beworben haben. Räumen Sie Zweifel aus dem Weg, und stellen Sie Ihre Stärken in den Vordergrund.

Bitte beantworten Sie folgende Stressfragen:

36. »Warum sind Ihre Noten nicht besser?«

    Ihre Antwort: _____

    _____

    _____

37. »Glauben Sie, dass dieser Beruf wirklich zu Ihnen passt?«

    Ihre Antwort: _____

    _____

    _____

38. »Würden Sie sich selbst für diese Ausbildung einstellen?«

    Ihre Antwort: _____

    _____

    _____

39. »Haben Sie schon viele Absagen kassiert?«

    Ihre Antwort: _____

    _____

    _____

40. »Jeder fünfte Jugendliche bricht die Ausbildung ab, könnte Ihnen das
    auch passieren?«

    Ihre Antwort: _____

    _____

    _____

Ihre eigenen Fragen

Hintergrund: Im Vorstellungsgespräch fordern Ausbildungsverantwortliche die Bewerber auch dazu auf, eigene Fragen zu stellen. Damit wollen sie überprüfen, ob der Schulabgänger auch wirklich ein Interesse an dem Ausbildungsberuf und der Ausbildungsfirma hat.

Antwortstrategie: Ihre eigenen Fragen können – und sollten – Sie vorbereiten. So vermeiden Sie, dass Ihnen auf die Schnelle nichts einfällt, denn schließlich ist es schwer, sich in der stressigen Situation des Vorstellungsgesprächs auch noch gute Fragen auszudenken. Beispielsweise kommen Fragen zum Ablauf der Ausbildung immer gut an.

Fragen, die Sie stellen können:

- »Wie viele Auszubildende gibt es noch bei Ihnen?«
- »Wer ist mein Ansprechpartner in der Ausbildung?«
- »Welche Stationen werde ich in der Ausbildung durchlaufen?«
- »Wie viele Auszubildende werden später übernommen?«
- »Wie sind die Arbeitszeiten?«
- »Wie hoch ist die Ausbildungsvergütung?«
- »Gibt es neben der Berufsschule noch zusätzlichen betrieblichen Unterricht?«
- »Mit wem werde ich zusammenarbeiten?«
- »Wo liegt der Schwerpunkt der Ausbildung?«
- »Soll ich bei Ihnen vor der Ausbildung noch ein Kurzpraktikum machen?«

Sie haben nun eine Menge Fragen kennen gelernt, die Ihnen im Vorstellungsgespräch für Ausbildungsplatzsuchende begegnen können. Damit sind Sie mit Ihrer Vorbereitung schon einen entscheidenden Schritt weitergekommen. Denn wenn Sie sich diese Fragen durch den Kopf gehen lassen und Ihre eigenen Antworten ausformulieren, sind Sie gut gerüstet. Sie gewinnen Sicherheit, da man Sie nicht mehr so leicht überraschen kann.

Hochschulabsolventen im Vorstellungsgespräch

Hochschulabsolventen sollten sich auf Fragen aus diesen Themenblöcken einstellen:

- Fragen zur Leistungsmotivation,
- Fragen zur Entwicklung im Studium,
- Fragen zu Praxiserfahrungen,
- Fragen zur Persönlichkeit,
- Fragen zum Unternehmen,
- Fragen zu Engagement und Interessen,
- Fragen zu Stärken und Schwächen,
- Stressfragen,
- Ihre eigenen Fragen.

Fragen zur Leistungsmotivation

Hintergrund: Gefragt sind Hochschulabsolventinnen und Hochschulabsolventen, die sich gründlich mit möglichen beruflichen Einsatzfeldern und den Anforderungen in der praktischen Arbeit auseinandergesetzt haben. Die Firmenseite möchte von Ihnen erfahren, ob Sie ein realistisches Bild vom Berufsalltag haben.

Antwortstrategie: Gehen Sie in Ihren Antworten auf Erfahrungen aus Praktika und besondere Schwerpunktbildungen im Studium ein. Machen Sie nachvollziehbar, warum Sie sich für gerade diese Einstiegsposition entschieden haben. Und liefern Sie Beispiele dafür, was Sie bereits über Ihr zukünftiges Arbeitsfeld recherchiert und erfahren haben.

Bitte beantworten Sie diese Fragen zu Ihrer Leistungsmotivation:

1. »Warum haben Sie sich bei uns beworben?«

   Ihre Antwort: _____

   _____

   _____

2. »Was machen Sie an Ihrem ersten Arbeitstag?«

   Ihre Antwort: _____

   _____

   _____

3. »Was wollen Sie in fünf Jahren erreicht haben?«

   Ihre Antwort: _____

   _____

   _____

4. »Können wir Sie auch auf anderen Positionen einsetzen?«

   Ihre Antwort: _____

   _____

   _____

5. »Würden Sie sich selbst einstellen?«

   Ihre Antwort: _____

   _____

   _____

Fragen zur Entwicklung im Studium

Hintergrund: Mit diesem Themenblock möchte man herausfinden, ob Sie zielgerichtet studiert haben. Firmen schätzen Kandidaten, die ihre eigene Entwicklung konsequent vorantreiben. Zudem möchte man wissen, ob das von Ihnen gewählte Studium eine Notlösung mangels besserer Alternativen war oder eine bewusste Entscheidung für Ihren Traumjob.

Antwortstrategie: Betonen Sie, was Sie im Studium begeistert hat und mit welchen Themen Sie sich intensiv beschäftigt haben. Gehen Sie dabei taktisch vor, behalten Sie immer im Blick, von welchen Erfahrungen die Firma besonders profitieren würde. Stellen Sie auch heraus, dass Sie Ihre beruflichen Interessen rechtzeitig erkannt und im Studium zielgerichtet ausgebaut haben.

Bitte beantworten Sie diese Fragen zu Ihrer Entwicklung im Studium:

6. »Warum haben Sie sich für Ihren Studiengang entschieden?«

   Ihre Antwort: _____
   _____
   _____

7. »Was hat Ihnen in Ihrem Studium besonders gut gefallen?«

   Ihre Antwort: _____
   _____
   _____

8. »Was haben Sie im Studium getan, um Ihre Qualifikationen auszubauen?«

   Ihre Antwort: _____
   _____
   _____

9. »Gibt es einen roten Faden in Ihrem Werdegang?«

   Ihre Antwort: _____
   _____
   _____

10. »Würden Sie wieder das gleiche Studienfach wählen?«

   Ihre Antwort: _____
   _____
   _____

Fragen zu Praxiserfahrungen

Hintergrund: Fragen zu Ihren Erfahrungen aus Praktika haben deshalb einen so hohen Stellenwert, weil die Firmen unbedingt vermeiden möchten, dass Sie einen Praxisschock erleiden. Schließlich ist der Übergang von der Hochschul- in die Arbeitswelt nicht so einfach. Daher interessiert die Firmen, ob Sie Ihre Praktika bewusst genutzt haben, um Erfahrungen zu sammeln, oder ob Ihre Praktika für Sie nur eine lästige Pflichtübung waren.

Antwortstrategie: Beantworten Sie die Fragen, indem Sie viele Beispiele nennen. Zeichnen Sie die eine oder andere Aufgabe, die Sie bewältigt haben, nach. Idealerweise verwenden Sie Schlüsselbegriffe aus dem Tagesgeschäft. So machen Sie deutlich, dass Sie aktuelle Trends kennen und die zukünftigen Aufgaben realistisch einschätzen können.

Bitte beantworten Sie diese Fragen zu Ihren Praxiserfahrungen:

11. »Was haben Sie in Ihrem Praktikum bei der Müller GmbH gelernt?«

    Ihre Antwort: _____

    _____

    _____

12. »Warum haben Sie nur zwei Praktika gemacht?«

    Ihre Antwort: _____

    _____

    _____

13. »Welches Praktikum hätten Sie noch gerne gemacht?«

    Ihre Antwort: _____

    _____

    _____

14. »Was war ein Schlüsselerlebnis im Praktikum bei der Schmidt AG?«

    Ihre Antwort: _____

    _____

    _____

15. »Glauben Sie, dass Ihre Praktika Sie auf berufliche Anforderungen vorbereitet haben?«

Ihre Antwort: _____

_____

_____

Fragen zur Persönlichkeit

Hintergrund: Fragen zur Persönlichkeit zielen darauf ab, festzustellen, wie Sie sich im zwischenmenschlichen Bereich verhalten. Schließlich werden Sie an Ihrem Arbeitsplatz auf Menschen treffen, mit denen Sie gemeinsam Aufgabenstellungen lösen sollen. Man erwartet von Ihnen, dass Sie sich in ein Team integrieren können. Dazu gehört es, Konflikte konstruktiv zu lösen, bei Problemen Unterstützung einzufordern und auch anderen hilfreich zur Seite zu stehen.

Antwortstrategie: Die Versuchung, bei Fragen zur Persönlichkeit ins Negative abzugleiten, scheint für viele Bewerberinnen und Bewerber sehr groß zu sein. Schnell werden Probleme, Konflikte und Streitigkeiten thematisiert. Doch damit kommen Sie im Vorstellungsgespräch nicht weiter. Lassen Sie in Ihre Antworten lieber einfließen, dass Sie mit Professoren gut klargekommen sind, Mitstudenten geholfen haben und in Ihren Praktika ein positives Verhältnis zu Vorgesetzten, Kollegen und Kunden hatten.

Bitte beantworten Sie diese Fragen zu Ihrer Persönlichkeit:

16. »Welche Eigenschaft stört Sie an Menschen am meisten?«

Ihre Antwort: _____

_____

_____

17. »Welche persönlichen Fähigkeiten halten Sie für wichtig?«

Ihre Antwort: _____

_____

_____

18. »Welche Erwartungen haben Sie an zukünftige Kollegen?«

Ihre Antwort: _____

_____

_____

19. »Wie verhalten Sie sich in unangenehmen Situationen?«

Ihre Antwort: _____

_____

_____

20. »Wie reagieren Sie, wenn Sie kritisiert werden?«

Ihre Antwort: _____

_____

_____

Fragen zum Unternehmen

Hintergrund: Mit den Fragen zum Unternehmen möchte die Firmenseite herausfinden, ob Sie eine bewusste Entscheidung für Ihren künftigen Arbeitgeber getroffen haben. Selbstverständlich erwarten die Firmen nicht, dass Sie Insiderwissen mitbringen oder Ihnen alle Branchengeheimnisse vertraut sind. Sie sollten aber schon wissen, welche Produkte oder Dienstleistungen das Unternehmen anbietet und auf welchen Märkten es tätig ist.

Antwortstrategie: Recherchieren Sie vor einem Vorstellungsgespräch im Internet. Kerninformationen werden Sie auf der Homepage des Unternehmens finden, geben Sie aber auch den Firmennamen in Internetsuchmaschinen ein, um Pressemeldungen zu sichten. In Ihren Antworten sollten Sie stets die positiven Seiten des Unternehmens herausstellen. Kritik am Unternehmen ist im Vorstellungsgespräch fehl am Platz.

Bitte beantworten Sie diese Fragen zum Unternehmen:

21. »Seit wann interessieren Sie sich für unser Unternehmen?«

    Ihre Antwort: _____

    _____

    _____

22. »Kennen Sie unsere Homepage?«

    Ihre Antwort: _____

    _____

    _____

23. »Was wissen Sie über unsere Branche?«

    Ihre Antwort: _____

    _____

    _____

24. »Kennen Sie unsere Produkte/Dienstleistungen?«

    Ihre Antwort: _____

    _____

    _____

25. »Welchen Eindruck haben Sie von unserem Unternehmen?«

    Ihre Antwort: _____

    _____

    _____

Fragen zu Engagement und Interessen

Hintergrund: Um das Bild Ihrer Persönlichkeit abzurunden, werden auch Fragen zu Ihren Freizeitinteressen und Ihrem gesellschaftlichen Engagement gestellt. Die Firmen gehen davon aus, dass jemand, der Engagement in seinem Privatleben zeigt, auch an berufliche Aufgaben zielstrebig herangehen wird.

Antwortstrategie: Machen Sie mit Ihren Antworten deutlich, dass Sie auch außerhalb des Studiums Interessen haben. Geben Sie Beispiele dafür, dass Sie in Ihrer Freizeit die Energie tanken können, die Sie für den Beruf brauchen, und dass Ihre Interessen breit gefächert sind.

Bitte beantworten Sie diese Fragen zu Ihrem Engagement und Ihren Interessen:

26. »Verbringen Sie Ihre Freizeit lieber allein oder in der Gruppe?«

    Ihre Antwort: _____

    _____

    _____

27. »Wie entspannen Sie sich?«

    Ihre Antwort: _____

    _____

    _____

28. »Was denkt Ihr Partner über Ihre beruflichen Pläne?«

    Ihre Antwort: _____

    _____

    _____

29. »Haben Sie sich neben dem Studium engagiert?«

    Ihre Antwort: _____

    _____

    _____

30. »Was machen Sie in Ihrer Freizeit?«

    Ihre Antwort: _____

    _____

    _____

Fragen zu Stärken und Schwächen

Hintergrund: Fragen nach Stärken und Schwächen sind ein fester Bestandteil vieler Vorstellungsgespräche. Für die Unternehmen ist es wichtig, herauszufinden, ob sich ein Bewerber mit sich selbst und seinen bisherigen Erfahrungen auseinandergesetzt hat. Der viel beschworene sozial kompetente Mitarbeiter muss sowohl seine Vorzüge kennen, als auch seine Grenzen im Blick haben.

Antwortstrategie: Bei der Darstellung der eigenen Stärken geht es um die Glaubwürdigkeit. Die vom Bewerber geschilderten Stärken sollten zu den von ihm geäußerten Einstellungsargumenten passen. Antworten Sie nicht im Telegrammstil, belegen Sie Ihre Stärken lieber anhand von nachvollziehbaren Beispielen. Schwächen können Sie relativieren, indem Sie Ausdrücke wie »ab und zu« oder »gelegentlich« verwenden.

Bitte beantworten Sie diese Fragen zu Ihren Stärken und Schwächen:

31. »Wo liegen Ihre Stärken?«

    Ihre Antwort: _____

    _____

    _____

32. »Haben Sie Schwächen?«

    Ihre Antwort: _____

    _____

    _____

33. »Was würden Ihre Freunde an Ihnen kritisieren?«

    Ihre Antwort: _____

    _____

    _____

34. »Wo sehen Sie Ihre Kernkompetenz?«

    Ihre Antwort: _____

    _____

    _____

35. »Welche Eigenschaften sind in der von Ihnen angestrebten Position
    besonders wichtig?«

    Ihre Antwort: _____

    _____

    _____

Stressfragen

Hintergrund: Üblicherweise geht es im Vorstellungsgespräch um einen ge-
genseitigen Informationsaustausch. Dass viele Bewerber das Gespräch trotzdem als bedrohlich empfinden, hat damit zu tun, dass sie unvorbereitet sind
und oftmals nicht wissen, worauf ein Personaler mit seiner Frage hinauswill.
Hinzu kommt, dass durchaus Fragen eingestreut werden, die den Kandidaten
aus dem Konzept bringen sollen, um zu überprüfen, ob er gelassen bleibt.

Antwortstrategie: Akzeptieren Sie, dass es zu der einen oder anderen
Stressfrage kommen kann. Steigen Sie nicht auf Angriffe oder Unterstellungen ein. Bringen Sie das Gespräch mit Ihrer Antwort wieder auf eine sachliche Ebene, so zeigen Sie, dass Sie sich nicht provozieren lassen und auch
schwierigen Gesprächssituationen gewachsen sind.

Bitte beantworten Sie diese Stressfragen:

36. »Warum haben Sie bisher noch keinen Arbeitgeber gefunden?«

    Ihre Antwort: _____

    _____

    _____

37. »Werden Sie die Freiheiten des Studentenlebens nicht vermissen?«

Ihre Antwort: _____

_____

_____

38. »Warum haben Sie Ihren Studiengang gewechselt?«

Ihre Antwort: _____

_____

_____

39. »Sind Sie nicht überqualifiziert?«

Ihre Antwort: _____

_____

_____

40. »Sie haben mich nicht überzeugt, glauben Sie wirklich, dass Sie zu uns passen?«

Ihre Antwort: _____

_____

_____

Ihre eigenen Fragen

Hintergrund: Bewerber, die keine eigenen Fragen stellen, wirken merkwürdig passiv und desinteressiert. Wenn Sie geeignete Fragen stellen können, zeigt dies der Firma, dass Sie sich gut vorbereitet haben und sich ein genaueres Bild über die Aufgaben der neuen Position, die zukünftigen Kollegen und das Arbeitsumfeld machen möchten. Damit betonen Sie ein weiteres Mal, dass Sie Ihre berufliche Entwicklung nicht dem Zufall überlassen wollen.

Antwortstrategie: Bereiten Sie einige eigene Fragen vor, denn es ist immer wieder zu erleben, dass es so manchen Kandidaten die Sprache verschlägt, wenn sie mit der Aufforderung »Welche Fragen haben Sie noch an uns?«

konfrontiert werden. Ziehen Sie aber keinen Zettel aus der Tasche, um Fragen abzulesen. Stellen Sie ein bis zwei Fragen, die bisher noch nicht beantwortet worden sind.

Fragen, die Sie stellen können:

- »Wie verläuft die Einarbeitung?«
- »Gibt es wechselnde Einsatzgebiete in der Einarbeitungszeit?«
- »Wer ist mein direkter Vorgesetzter?«
- »Mit wem werde ich zusammenarbeiten?«
- »Wie viel Reisetätigkeit ist vorgesehen?«
- »Welche Entwicklungsmöglichkeiten gibt es im Unternehmen?«
- »Werden regelmäßig Mitarbeiterbeurteilungen durchgeführt?«
- »Gibt es die Gelegenheit für Auslandseinsätze?«
- »Wie hoch ist das Gehalt?«
- »Gibt es leistungsbezogene Zulagen?«

Berufserfahrene Bewerber im Vorstellungsgespräch

Mit der Einladung zum Vorstellungsgespräch sind berufserfahrene Bewerber zwar schon einen entscheidenden Schritt weiter, aber noch lange nicht am Ziel ihrer Wünsche. Im Vorstellungsgespräch beginnt die Überzeugungsarbeit von neuem. Personalverantwortliche, künftige Fachvorgesetzte oder Geschäftsführer wollen im Gespräch erfahren, ob der Bewerber, der vor ihnen sitzt, als neuer Mitarbeiter ein Gewinn für die Firma wäre. Berufliche Stärken müssen plausibel dargestellt werden, und es muss deutlich werden, dass der oder die Neue in die Firma beziehungsweise in das Team passt.

Typische Fragen an berufserfahrene Bewerber werden aus diesen Themenblöcken gewählt:

- Fragen zum Einstellungswunsch,
- Fragen zur Eigenmotivation,
- Fragen zur Kundenorientierung,
- Fragen zum Selbstbild,
- Fragen zum Konfliktverhalten,
- Fragen zur Veränderungsbereitschaft,
- Fragen zum Unternehmen,
- Stressfragen,
- Ihre eigenen Fragen.

Fragen zum Einstellungswunsch

Hintergrund: Fragen aus dem Themenblock *Warum sollten wir gerade Sie einstellen?* stehen im Mittelpunkt jedes Vorstellungsgespräches. Aus Sicht der Firma haben Bewerber hier eine Bringschuld: Sie müssen selbst begründen können, warum sie glauben, mit den Anforderungen der neuen Stelle zurechtzukommen. Um ein Vorstellungsgespräch überhaupt in Gang zu bringen, wird der Bewerber in der Regel aufgefordert, sein berufliches Können und seinen Werdegang mit eigenen Worten zu erläutern. Die Firmenseite erwartet vor allem Informationen über die momentanen Aufgaben des Bewerbers und über besondere berufliche Erfolge.

Antwortstrategie: Liefern Sie eine kurze Selbstpräsentation Ihres beruflichen Werdegangs, die Sie bereits zu Hause ausarbeiten und verinnerlichen sollten. Wenn Sie bereits längere Zeit im Berufsleben sind, sollten Sie sich dabei nicht in Details aus der weit zurückliegenden Ausbildung oder dem Studium verlieren. Konzentrieren Sie sich stattdessen darauf, möglichst viele Schnittpunkte zwischen Ihrer momentanen Position und der neuen Stelle herauszuarbeiten. Werden Sie konkret, indem Sie die Erfahrungen, Branchenkenntnisse und Erfolge betonen, die für die neue Stelle wichtig sind.

Bitte beantworten Sie diese Fragen zu Ihrem Einstellungswunsch:

1. »Warum haben Sie sich gerade bei uns beworben?«

   Ihre Antwort: _____

   _____

   _____

2. »Können Sie Ihren Werdegang in einigen Sätzen zusammenfassen?«

   Ihre Antwort: _____

   _____

   _____

3. »Würden Sie Ihre berufliche Entwicklung bitte kurz skizzieren?«

   Ihre Antwort: _____

   _____

   _____

4. »Warum sind Sie heute hier?«

   Ihre Antwort: _____

   _____

   _____

5. »Wie vermeiden Sie beim jetzt anstehenden Stellenwechsel eine Fehlentscheidung?«

   Ihre Antwort: _____

   _____

   _____

Fragen zur Eigenmotivation

Hintergrund: Mitarbeiterinnen und Mitarbeiter, die sich mit ihren beruflichen Aufgaben identifizieren können, sind bei den Firmen gefragt. Denn motivierte Kandidaten zeichnen sich dadurch aus, dass sie sich selbst berufliche Ziele stecken, auf die sie hinarbeiten, und dass sie besser mit Rückschlägen umgehen können als unmotivierte Kollegen. Zusätzlich geben diese gefragten Mitarbeiter ihrem beruflichen Umfeld positive Impulse: Andere Kollegen lassen sich von der Motivation anstecken, Arbeitsabläufe werden optimiert, und gemeinsam erreichte Ziele schweißen das Team zusammen.

Antwortstrategie: Machen Sie in Ihrer Antwort deutlich, dass Sie schon immer über eine hohe Eigenmotivation verfügt haben. Begründen Sie kurz, warum Sie sich für Ihre Ausbildung beziehungsweise Ihr Studium entschieden haben. Dann sollten Sie anhand passender Beispiele erläutern, was Sie bei der Erledigung Ihrer beruflichen Aufgaben antreibt und dass Sie sich auch von Rückschlägen nicht unterkriegen lassen. Sie werden bei den Personalverantwortlichen zusätzlich punkten können, wenn Sie zudem klarmachen, dass Sie sich beruflich – natürlich im Rahmen der neuen Stelle – immer weiterentwickeln möchten.

Bitte beantworten Sie diese Fragen zu Ihrer Eigenmotivation:

6. »Wie gehen Sie mit Rückschlägen bei der Arbeit um?«

   Ihre Antwort: _____

   _____

   _____

7. »Was motiviert Sie bei der täglichen Arbeit?«

   Ihre Antwort: _____

   _____

   _____

8. »Was ist Ihnen wirklich wichtig?«

   Ihre Antwort: _____

   _____

   _____

9. »Was wollen Sie privat und beruflich noch erreichen?«

Ihre Antwort: _____

_____

_____

10. »Worauf sind Sie stolz?«

Ihre Antwort: _____

_____

_____

Fragen zur Kundenorientierung

Hintergrund: Die Bedeutung einer klar auf den Kunden ausgerichteten Geschäftsstrategie hat in den letzten Jahren immer weiter zugenommen. Insbesondere Bewerber aus den Bereichen Verkauf, Vertrieb, Marketing, Service und Beratung werden deshalb mit ausführlichen Fragen zu ihrer Kundenorientierung rechnen müssen. Da der Kontakt zwischen Kunde und Firma über diese Schnittstellen stattfindet, möchten die Firmen von den Bewerbern anhand anschaulicher Beispiele erfahren, wie sie vorgehen, um neue Kunden zu gewinnen und bestehende Kunden an die Firma zu binden.

Antwortstrategie: Die Erfahrung zeigt, dass berufserfahrene Bewerber aus den Bereichen Verkauf, Marketing und Service über einen reichen Fundus an Beispielen für gelebte Kundenorientierung verfügen. Überlegen Sie sich also vor dem Gespräch, welche Beispiele aus Ihrer Berufspraxis am besten zu der ausgeschriebenen Stelle passen. Stellen Sie sich als jemand dar, der immer wieder aufs Neue Freude daran hat, Kunden von der Qualität seiner Produkte oder Dienstleistungen zu überzeugen. Zeigen Sie auch auf, dass Sie sich mit dem Erreichten niemals zufriedengeben, sondern permanent an einer Verbesserung der Stellung des Unternehmens am Markt arbeiten.

Bitte beantworten Sie diese Fragen zu Ihrer Kundenorientierung:

11. »Ist Kundenorientierung an Ihrem Arbeitsplatz überhaupt wichtig?«

    Ihre Antwort: _____

    _____

    _____

12. »Was kann getan werden, damit die Mitarbeiter den Gedanken der Kundenorientierung noch stärker verinnerlichen?«

    Ihre Antwort: _____

    _____

    _____

13. »Was könnten Sie in Ihrem Arbeitsfeld dazu beitragen, dass wir mehr Kunden gewinnen?«

    Ihre Antwort: _____

    _____

    _____

14. »Ein Kunde beschwert sich bei Ihnen über ein mangelhaftes Produkt unserer Firma. Wie reagieren Sie?«

    Ihre Antwort: _____

    _____

    _____

15. »Welche Erfahrungen haben Sie an Ihrem bisherigen Arbeitsplatz im Umgang mit Kunden gesammelt?«

    Ihre Antwort: _____

    _____

    _____

Fragen zum Selbstbild

Hintergrund: Bei den Fragen nach Ihrem Selbstbild geht es sowohl um die Einschätzung Ihrer individuellen beruflichen Stärken und Schwächen, als auch darum, zu erfahren, welches Bild Sie von sich im Umgang mit anderen Menschen haben. Im Vordergrund steht also der Abgleich von Selbst- und Fremdbild. Um den Wahrheitsgehalt Ihrer Antworten zu überprüfen, kann es passieren, dass Sie mit möglichen Brüchen im Lebenslauf oder kritischen Formulierungen aus Arbeitszeugnissen konfrontiert werden.

Antwortstrategie: Zeichnen Sie ein realistisches Bild von sich. Schwierige Fachaufgaben und persönliche Unstimmigkeiten gehören zum Berufsalltag mit dazu. Anstatt zu behaupten, noch nie an die eigenen Grenzen gestoßen zu sein oder nie kleinere Streitigkeiten mit Kollegen oder Vorgesetzten zu haben, sollten Sie lieber Ihre Fähigkeit herausstellen, in kritischen Situationen Lösungen entwickeln zu können. Stellen Sie sich als konstruktiven Menschen dar, der weiß, dass die tägliche Arbeitswelt nicht immer rosarot gefärbt ist.

Bitte beantworten Sie diese Fragen zu Ihrem Selbstbild:

16. »Was machen Sie, wenn Sie nicht weiterwissen?«

    Ihre Antwort: _____

    _____

    _____

17. »Was stört Sie am meisten an anderen Menschen?«

    Ihre Antwort: _____

    _____

    _____

18. »Was erwarten Sie von Ihrem neuen Vorgesetzten?«

    Ihre Antwort: _____

    _____

    _____

19. »Wo sehen Sie bei sich noch Defizite, an denen Sie arbeiten müssen?«

    Ihre Antwort: _____

    _____

    _____

20. »Wo liegen Ihre Stärken, und welche Schwächen haben Sie?«

    Ihre Antwort: _____

    _____

    _____

Fragen zum Konfliktverhalten

Hintergrund: Nicht wenige Personalverantwortliche sind der Überzeugung, dass Menschen erst dann ihr wahres Gesicht zeigen, wenn der Wind etwas rauer wird, wenn also zwischenmenschliche Konflikte auftreten. Daher werden in Vorstellungsgesprächen neuerdings auch spezielle Fragen zum Konfliktverhalten der Bewerber gestellt. Personalverantwortliche wollen herausfinden, wie die Kandidaten mit Meinungsverschiedenheiten, Belastungen, Enttäuschungen oder sonstigen Konfliktsituationen umgehen.

Antwortstrategie: Fragen zum Konfliktverhalten werden Sie dann mit Bravour meistern, wenn Sie typische Konfliktsituationen aus Ihrem Berufsfeld nennen können und gleichzeitig erläutern, wie Sie sie aufgelöst haben. Zeigen Sie, dass Sie vor Schwierigkeiten nicht weglaufen, sondern bereit sind, sich unangenehmen Situationen zu stellen. Betonen Sie Ihre Fähigkeit, nach Kontroversen wieder auf andere zugehen zu können, um gemeinsam konstruktive Lösungen zu entwickeln.

Bitte beantworten Sie diese Fragen zu Ihrem Konfliktverhalten:

21. »Woran merken Ihre Kollegen, dass Ihre Geduld erschöpft ist?«

    Ihre Antwort: _____

    _____

    _____

22. »Wie gehen Sie mit Kritik um?«

Ihre Antwort: _____

_____

_____

23. »Fühlen Sie sich an Ihrem bisherigen Arbeitsplatz ausreichend gefördert?«

Ihre Antwort: _____

_____

_____

24. »Wie gehen Sie mit beruflichen Enttäuschungen um?«

Ihre Antwort: _____

_____

_____

25. »Was hat Sie an Ihrem bisherigen Arbeitsplatz gestört? Und was haben Sie getan, um diese Störungen zu beheben?«

Ihre Antwort: _____

_____

_____

Fragen zur Veränderungsbereitschaft

Hintergrund: Der Veränderungsdruck, dem die Firmen eigentlich schon immer ausgesetzt waren, hat in den vergangenen Jahren enorm zugenommen. Restrukturierungen, Kostensenkungsprogramme, Abteilungsumgestaltungen oder Bereichszusammenlegungen finden in Firmen immer häufiger statt. Im Vorstellungsgespräch möchte man herausbekommen, ob Sie diesem Druck auf Dauer standhalten können.

Antwortstrategie: Machen Sie klar, dass Sie Veränderungen grundsätzlich weniger als Bedrohung, sondern vielmehr als Chance und Herausforderung sehen. Betonen Sie Ihre Fähigkeit, sich flexibel auf veränderte Anforderungen einzustellen. Liefern Sie Beispiele dafür, wie Sie in Zeiten knapper Kassen und dünner Personaldecken mit den Aufgaben in Ihrem Arbeitsbereich dennoch zurechtgekommen sind.

Bitte beantworten Sie diese Fragen zu Ihrer Veränderungsbereitschaft:

26. »Können Sie mir zwei Beispiele für Ihre berufliche Flexibilität geben?«

    Ihre Antwort: _____
    _____
    _____

27. »Haben Sie sich in den letzten Jahren weiterentwickelt?«

    Ihre Antwort: _____
    _____
    _____

28. »Welches berufliche Erlebnis hat Sie geprägt?«

    Ihre Antwort: _____
    _____
    _____

29. »Können Sie sich gut auf neue Situationen einstellen?«

    Ihre Antwort: _____
    _____
    _____

30. »Wie helfen Sie Kollegen dabei, sich in veränderten Arbeitsabläufen zurechtzufinden?«

    Ihre Antwort: _____
    _____
    _____

Fragen zum Unternehmen

Hintergrund: Die Art und Weise, wie Bewerber Fragen zur Firma beantworten, ist für Personalverantwortliche in mehrfacher Hinsicht aufschlussreich. Zum einen lässt sich daran erkennen, wie ernsthaft die Bewerbung gemeint ist, da sich interessierte Bewerber auf diese Fragen üblicherweise gut vorbereiten. Zum anderen werden die Antworten als Arbeitsprobe für die Firma gedeutet. Man will erfahren, ob der Bewerber die unausgesprochene Aufgabe »Bereiten Sie das Vorstellungsgespräch gründlich vor!« erkannt und ernst genommen hat.

Antwortstrategie: Mit dem gezielten Einsatz des Internets lassen sich ohne großen Aufwand die wichtigsten Informationen über den neuen Arbeitgeber recherchieren. Gehen Sie also auf die Homepage der Firma und geben Sie den Firmennamen in Suchmaschinen ein. Oder lassen Sie sich bei größeren Unternehmen Infomaterial direkt von der Firma schicken. Betonen Sie dann in Ihren Antworten, dass Sie sich vor dem Gespräch gründlich über die Firma informiert haben. Besonders gut macht es sich zudem, wenn Sie wichtige Mitbewerber kennen und darstellen können, welche Chancen und Risiken Sie für die zukünftigen Entwicklungen der Branche sehen.

Bitte beantworten Sie diese Fragen zum Unternehmen:

31. »Kennen Sie unsere Firmenhomepage?«

    Ihre Antwort: _____
    _____
    _____

32. »Wissen Sie, wie viele Mitarbeiter wir haben?«

    Ihre Antwort: _____
    _____
    _____

33. »Was ist das zentrale Problem unserer Branche?«

    Ihre Antwort: _____
    _____
    _____

34. »Woher kennen Sie unser Unternehmen?«

Ihre Antwort: _____

_____

_____

35. »Wie haben Sie sich über unsere Firma informiert?«

Ihre Antwort: _____

_____

_____

Stressfragen

Hintergrund: Bei Stressfragen ist die Firmenseite häufig nur in zweiter Linie an der eigentlichen Antwort des Bewerbers interessiert. An erster Stelle steht vielmehr die Art und Weise, wie der Bewerber antwortet. Echte Stressfragen werden aus verschiedenen Gründen gestellt. Personalverantwortliche setzen sie beispielsweise ein, wenn die bisherigen Antworten der Bewerber nicht überzeugen konnten und jetzt durch gezieltes Nachfragen noch einmal überprüft werden sollen.

Antwortstrategie: Zeigen Sie mit Ihrem Antwortverhalten, dass Sie sich nicht so schnell aus der Ruhe bringen lassen. Reagieren Sie auf Provokationen, Suggestivfragen oder Unterstellungen nicht mit Kampfrhetorik. Unfaire Angriffe seitens der Personalprofis laufen ins Leere, wenn Sie Ihr diplomatisches Geschick einsetzen und geduldig und freundlich antworten. Zeigen Sie Ihren Gesprächspartnern noch einmal, dass Sie wissen, was Sie beruflich können und was Sie wollen.

Bitte beantworten Sie diese Stressfragen:

36. »Jetzt mal unter uns: Warum wollen Sie wirklich von Ihrem momentanen Arbeitgeber weg?«

Ihre Antwort: _____

_____

_____

37. »Sind Sie in dieser Position nicht hoffnungslos überfordert?«

    Ihre Antwort: _____

    _____

    _____

38. »Mal ganz im Vertrauen: Man hat Ihnen doch eine Kündigung nahegelegt, oder?«

    Ihre Antwort: _____

    _____

    _____

39. »Was halten Sie von diesem Satz: Es gibt Menschen, die trinken den Kaffee lieber schwarz, wenn die Milch beim Chef steht?«

    Ihre Antwort: _____

    _____

    _____

40. »Sie waren nicht lange bei Ihrem letzten Arbeitgeber: Welche Sicherheit haben wir, dass Sie uns nicht auch nach kurzer Zeit gleich wieder verlassen?«

    Ihre Antwort: _____

    _____

    _____

Ihre eigenen Fragen

Hintergrund: Bewerber, die keine eigenen Fragen stellen, wirken merkwürdig passiv und desinteressiert. Wenn Sie geeignete Fragen stellen können, zeigt dies der Firma, dass Sie sich gut vorbereitet haben und sich ein genaueres Bild über die Aufgaben der neuen Stelle, die zukünftigen Kollegen und das Arbeitsumfeld machen möchten. Damit betonen Sie ein weiteres Mal, dass Sie Ihre berufliche Entwicklung nicht dem Zufall überlassen möchten.

Antwortstrategie: Sie können Ihre Fragen stellen, wenn Sie merken, dass Sie sich in einer nicht so strukturierten Phase des Vorstellungsgesprächs befinden. Achten Sie darauf, zunächst Fragen zu den neuen Aufgaben, zur Einarbeitung, zu den neuen Kollegen oder dem neuen Vorgesetzten zu stellen. Fragen zu den Urlaubstagen, zu Sozialleistungen, zur Gleitzeit oder zum Gehalt gehören an das Ende des Gesprächs. So zeigen Sie, dass Sie nicht vornehmlich am Gehalt Interesse haben, sondern vor allem an der ausgeschriebenen Stelle.

Fragen, die Sie stellen können:

- »Wie groß ist das Team, mit dem ich arbeiten werde?«
- »Wie viele Mitarbeiter werde ich führen?«
- »Wie sieht die Einarbeitung aus?«
- »Wer ist mein direkter Vorgesetzter?«
- »Gibt es einen Organisationsplan der Firma?«
- »Kann ich meinen Arbeitsplatz sehen?«
- »Wurde die Stelle neu geschaffen? Wenn nicht: Wie lange hat mein Vorgänger in dieser Position gearbeitet?«
- »Wie ist die Stelle in die Firmenorganisation eingebunden?«
- »Mit welchen Abteilungen werde ich besonders eng zusammenarbeiten?«
- »Welchen Abteilungen/Vorgesetzten gegenüber bin ich berichtspflichtig?«
- »Wie sind die unterschiedlichen Aufgabenbereiche der Stelle gewichtet?« »Welchen Anteile haben sie jeweils an der gesamten Arbeitszeit?«
- »Welchen Anteil nimmt die Reisetätigkeit in der Stelle ein?«
- »Werde ich auch im Ausland für das Unternehmen tätig sein?«
- »Gibt es Weiterbildungsmöglichkeiten?«
- »Gibt es Aufstiegsmöglichkeiten?«
- »Gibt es besondere Sozialleistungen?«
- »Ist das Arbeiten in Gleitzeit möglich?«
- »Werden Überstunden ausgeglichen?«
- »Wie sieht die Urlaubsregelung aus?«
- »Wie hoch ist das Gehalt, und aus welchen Bestandteilen setzt es sich zusammen?«
- »Gibt es außertarifliche Leistungen? Eine betriebliche Altersvorsorge/Lebensversicherung?«

Persönlichkeitstest: Kommunikation beim Kennenlerntag

Wie wir in unserer Einleitung bereits erläutert haben, unterscheiden wir Kennenlerntage, die für Ausbildungsplatzsuchende durchgeführt werden, und Assessment-Center für Hochschulabsolventen sowie berufserfahrene Bewerber. Dieses Kapitel richtet sich daher ausschließlich an Ausbildungsplatzsuchende – alle anderen Bewerber können mit dem nächsten Kapitel auf Seite 379 weitermachen.

Worum geht es?

Die Ausbildungsfirmen wissen, dass Papier geduldig ist, und auch die Selbsteinschätzungen der Testteilnehmer sind oft nicht aussagekräftig genug. Daher führen immer mehr Firmen Kennenlerntage mit praktischen Übungen durch. So können die Unternehmen direkt das Verhalten der Ausbildungsplatzsuchende in berufsnahen Situationen erleben – und bewerten. Man könnte einen Kennenlerntag auch mit einem Tagespraktikum vergleichen, bei dem bestimmte Aufgaben zu erledigen sind. Allerdings kommt als Stressfaktor hinzu, dass mehrere Kandidaten im Wettbewerb miteinander stehen.

Was erwartet Sie?

Beliebt sind Gruppendiskussionen und -übungen. Gerne wird ein Thema von der Firmenseite vorgegeben, beispielsweise »Welche Eigenschaften sollte der oder die ideale Auszubildende mitbringen?« oder »Planen Sie einen Ausflugstag für alle Auszubildenden!«. Bei Diskussionen sitzen die Kandidaten zusammen an einem Tisch und tauschen ihre Argumente und Ideen aus. Bei

Gruppenübungen geht es praktischer zu, beispielsweise muss ein Schaufenster für ein Geschäft dekoriert werden.

Wie können Sie Punkte sammeln?

Vor allem ist wichtig, dass Sie genügend mitreden und mitmachen. Wer keine eigenen Ideen liefert und nur wenige Wortbeiträge beisteuert, wird kein gutes Ergebnis erzielen können. Besser ist es, aktiv mitzudiskutieren oder mitzuplanen. Machen Sie immer wieder eigene Vorschläge, wie es weitergehen könnte. Bleiben Sie dabei konstruktiv, persönliche Angriffe führen zum Punktabzug. Zusatzpunkte werden Sie dann sammeln, wenn Sie die Zeit im Blick behalten und die Gruppe bei Bedarf daran erinnern, dass es nun wirklich weitergehen muss.

Gruppendiskussionen

Gruppendiskussionen sind deshalb für Ausbildungsbetriebe interessant, weil die Kandidaten hier im direkten Vergleich gegeneinander antreten. Man kann sich die Situation so vorstellen, dass die Testteilnehmer um einen Tisch herum sitzen und die Firmenvertreter als Beobachter das ganze Geschehen von Anfang bis Ende mitverfolgen. In Gruppendiskussionen stehen die kommunikativen Fähigkeiten der Teilnehmer im Vordergrund. Wer bringt eigenen Ideen ein? Wer arbeitet auf ein Ergebnis hin? Und wer kann die anderen überzeugen? Die Themen sind üblicherweise so gehalten, dass eigentlich jeder mitreden kann.

Typische Aufgabenstellungen in Gruppendiskussionen

Gruppendiskussion 1: Der ideale Auszubildende
»Wie sieht der ideale Auszubildende für unsere Firma aus? Welche persönlichen Eigenschaften sollte er mitbringen? Und welches Wissen ist besonders wichtig? Einigen Sie sich in der Gruppe auf drei persönliche Eigenschaften und drei Wissensbereiche, die Sie für unverzichtbar halten. Zur Vorbereitung Ihrer eigenen Argumentation geben wir Ihnen 15 Minuten Zeit. Danach werden Sie eine halbe Stunde lang gemeinsam diskutieren.«

Gruppendiskussion 2: Verkürzung der Ausbildungszeit
»Deutschland gehen die Fachkräfte aus. Damit Auszubildende künftig früher in den Beruf kommen, soll die Ausbildungsdauer für alle Berufe generell auf zwei Jahre verkürzt werden. Halten Sie das für eine gute Idee? Oder meinen Sie, dass die Ausbildungszeiten so bleiben sollten, wie sie sind? Zur Vorbereitung dieser Gruppendiskussion haben Sie 20 Minuten Zeit. Anschließend werden Sie ebenfalls 20 Minuten lang diskutieren. Einigen Sie sich auf ein Ergebnis!«

Gruppendiskussion 3: Das Schulfest
»Ein unbekannter Wohltäter hat Ihrer Schule 2 000 Euro für ein Schulfest geschenkt. Jetzt geht es an die Planung. Sammeln Sie in der Gruppe

Ideen für das Schulfest. Einigen Sie sich auf ein Rahmenprogramm und einen zeitlichen Ablauf. Hier noch ein paar Daten zur Schule: circa 600 Schüler und Schülerinnen aus den Klassenstufen 5 bis 10 sowie 25 Lehrer. Zum Schulfest sind auch die Eltern mit eingeladen. Jetzt geht es gleich mit der Diskussion in der Gruppe los. Ihnen steht dafür eine Stunde zur Verfügung.«

Checkliste Gruppendiskussion: Darauf sollten Sie achten!

❑ Machen Sie sich in der Vorbereitungszeit Notizen, sammeln Sie so viele Argumente wie möglich.

❑ Wenn Sie bei einer Aufgabenstellung Pro und Contra abwägen sollen, sollten Sie auch für beide Bereiche Argumente sammeln.

❑ Sie müssen nicht unbedingt als Erste/r anfangen zu reden, sollten aber von Anfang an aktiv mitdiskutieren.

❑ Wenn Sie sprechen, sollten Sie dabei den Blick in die Runde schweifen lassen und die anderen Kandidaten anschauen.

❑ Bringen Sie möglichst schnell eigene Argumente und Ideen in die Diskussion ein. Dann wissen die Beobachter, dass Sie etwas zum Thema zu sagen haben.

❑ Lassen Sie die anderen ausreden. Unterbricht man Sie mitten im Satz, fordern Sie das Recht ein, ebenfalls ausreden zu dürfen.

❑ Wenn einzelne Kandidaten gar nicht mehr mit dem Reden aufhören, dürfen Sie sie unterbrechen. Beispielsweise so: »Ich glaube, es gibt in der Gruppe noch andere Ideen, die sollten wir uns auch anhören.«

❑ Stellen sie fest, dass einige Kandidaten ähnliche Ideen wie Sie haben, sollten Sie den Schulterschluss suchen und Ihre Ideen gemeinsam vorantreiben.

❑ Erinnern Sie die anderen Kandidaten immer wieder an das Thema, wenn diese beginnen, sich in Nebensächlichkeiten und Einzelheiten zu verlieren.

❑ Fragen Sie schweigende Teilnehmer nach deren Meinung. Bleiben Sie dabei freundlich im Ton.

❑ Notieren Sie sich die Argumente anderer in Stichworten. Dies ist wichtig, falls Sie aufgefordert werden, das Gruppenergebnis zu präsentieren.

❑ Lösen Sie Streit zwischen einzelnen Kandidaten nach Möglichkeit auf. Beispielsweise so: »Das bringt uns jetzt nicht weiter, wir können ja beide Argumente erst einmal festhalten, damit wir mit unserer Diskussion weiterkommen.«

❑ Liefern Sie im Idealfall kurz vor Ablauf der Diskussionszeit eine Zusammenfassung. Zählen Sie die Argumente auf, die gefallen sind, und stellen Sie heraus, worauf sich die Gruppe im Wesentlichen geeinigt hat.

Gruppenübungen

Gruppenübungen scheinen auf den ersten Blick keine größeren Schwierigkeiten bereitzuhalten. Schließlich stehen praktische Dinge im Vordergrund. Aber Vorsicht, auch hier schauen die Firmenvertreter genau zu, wie sich die Kandidaten verhalten: Können sie sich mit anderen abstimmen? Haben sie eigene Ideen? Schaffen sie es, die Mitkandidaten zu überzeugen? Und gibt es am Ende ein vorzeigbares Ergebnis?

Typische Aufgabenstellungen für Gruppenübungen

Gruppenaufgabe 1: Ein Büchertisch für das Stadtfest

»Zum jährlichen Stadtfest möchte unsere Buchhandlung einen Sondertisch im Eingangsbereich aufbauen. Überlegen Sie zusammen mit den anderen Kandidaten, welche Bücher auf dem Tisch liegen sollten und wie man sie präsentiert. Der Sondertisch wird 120 × 120 Zentimeter groß sein. Zur Bestückung stehen Ihnen 50 Titel zur Auswahl. Einigen Sie sich in der Gruppe über die Gestaltung des Sondertischs. Sie haben für diese Gruppenaufgabe 20 Minuten Zeit, dann möchte die Geschäftsleitung ein Ergebnis sehen.«

Gruppenaufgabe 2: Im Restaurant

»In unserem Restaurant wird morgen eine Gesellschaft zur Feier eines 50. Geburtstags eintreffen. Es haben sich 20 Personen angesagt. Der Auftraggeber erwartet von uns zwei Vorschläge für die Geburtstagstafel. Decken Sie deshalb jetzt zwei Tafeln zur Probe unterschiedlich ein. In einer halben Stunde wird der Auftraggeber im Restaurant erscheinen, um sich für eine der Tafeln zu entscheiden.«

Gruppenaufgabe 3: Das Musterzimmer

»Ihre Aufgabe in der nächsten Stunde ist die Gestaltung eines Musterzimmers in unserem Möbelgeschäft. Es geht dabei um ein Kinderzimmer für die Altersgruppe drei bis acht Jahre. Verschaffen Sie sich einen Überblick über unser Möbelsortiment und die bereitgestellten Dekorationsgegenstände. Welche Art der Präsentation wird interessierte Kunden ansprechen? Es treten zwei Gruppen gegeneinander an. Die Gruppe mit dem überzeugenderen Musterzimmer gewinnt.«

Checkliste Gruppenübungen: Darauf sollten Sie achten!

❏ Beginnen Sie nicht einfach allein mit der praktischen Ausführung. Sie müssen sich zunächst in der Gruppe darüber abstimmen, wie Sie gemeinsam vorgehen wollen.

❏ Teilen Sie den anderen Kandidaten am Anfang mit, wie Sie sich das weitere Vorgehen vorstellen.

❏ Fragen Sie die anderen Kandidaten nach deren Ideen, bringen Sie aber auch eigene Ideen ein.

❏ Vorsicht, meist wird zu viel Zeit mit Diskussionen verbracht und zu wenig mit der praktischen Umsetzung. Sorgen Sie dafür, dass es vorangeht.

❏ Bei umfangreichen Aufgaben sollten Sie die Arbeit aufteilen. Bilden Sie sinnvolle Teams.

❏ Wenn Sie das Gefühl haben, dass die Aufgabe zerredet wird, sollten Sie auf die knappe Zeitvorgabe verweisen.

❏ Streit zwischen einzelnen Kandidaten sollten Sie schlichten. Hierbei helfen Sätze wie »Wir müssen gemeinsam eine Lösung finden« oder »Die Zeit zum Streiten ist jetzt einfach nicht da, wir müssen weitermachen«.

❏ Achten Sie darauf, die Aufgabe so zu lösen, wie es in dem Ausbildungsbetrieb üblich ist. In einem Restaurant müssen Gläser und Besteck schon am richtigen Platz liegen.

❏ Beschränken Sie sich nicht darauf, nur Anweisungen zu geben, sondern packen Sie auch kräftig mit an.

❏ Wenn Sie Ihre vereinbarten Aufgaben erledigt haben, können Sie auch anderen Kandidaten – die nicht so gut wie Sie vorankommen – helfen.

❏ Behalten Sie die Zeitvorgabe im Blick und feuern Sie Ihre Gruppe – wenn nötig – zum Endspurt an.

Rollenspiele

Rollenspiele werden nicht bei jedem Kennenlerntag eingesetzt. Die Wahrscheinlichkeit, dass Sie auf die Übung »Rollenspiel« treffen, ist aber umso größer, je mehr Kundenkontakt Sie im angestrebten Beruf haben werden. Denn bei Rollenspielen für Ausbildungsplatzsuchende geht es oft darum, wie diese Kunden beraten, Kunden etwas verkaufen, und manchmal auch darum, wie sie mit schwierigen Kunden umgehen. Sie nehmen dann die Rolle der Verkäuferin oder des Verkäufers ein. Den Käufer spielt entweder ein anderer Kandidat oder ein Firmenvertreter.

Typische Aufgabenstellungen für Rollenspiele

Rollenspiel 1: Das passende Handy
»In der folgenden Übung sind Sie Berater/in im Handyshop D3. Gleich wird ein älterer Kunde den Laden betreten und sich von Ihnen darüber informieren lassen, welches Handy für ihn geeignet wäre. Fragen Sie den Kunden nach seinen Wünschen und empfehlen Sie ihm ein passendes Handy. Ihr Beratungsgespräch sollte nicht länger als zehn Minuten dauern.«

Rollenspiel 2: Alte Ware
»Sie sind Verkäufer/in in einem unserer Lebensmittelgeschäfte. Eine Kundin kommt auf Sie zu und zeigt Ihnen einen Joghurtbecher, bei dem das Mindesthaltbarkeitsdatum gestern abgelaufen ist. Die Kundin beschwert sich darüber, dass Sie abgelaufene Ware nicht aus dem Kühlregal entfernt haben. Versuchen Sie die Kundin zu beruhigen und eine Lösung für das Problem zu finden. Sie haben dafür fünf Minuten Zeit.«

Rollenspiel 3: Die beste Versicherung
»Unsere Autoversicherung hat in allen Vergleichstests als günstigste und leistungsstärkste Versicherung abgeschnitten. Leider ist das noch nicht allen Kunden bekannt. Jetzt hat der Vertriebsinnendienst für Sie

ein Gespräch mit einem Interessenten vereinbart, der bisher Kunde bei einer anderen Versicherung ist. Überzeugen Sie den Interessenten davon, die Autoversicherung zu wechseln. Sie haben zehn Minuten Zeit, um sich auf diese Aufgabe vorzubereiten. Ihr Kundengespräch wird ebenfalls zehn Minuten dauern.«

Checkliste Rollenspiele: Darauf sollten Sie achten!

- ❏ Ist Ihnen die Aufgabenstellung für Ihr Rollenspiel klar geworden?
- ❏ Machen Sie sich Gedanken darüber, was für den Kunden wichtig sein könnte.
- ❏ Überlegen Sie sich, was Sie sich wünschen würden, wenn Sie als Kunde in der gleichen Situation wären.
- ❏ Begrüßen Sie den Kunden freundlich und mit Blickkontakt.
- ❏ Wenn Sie Ihr Kundengespräch am Tisch durchführen, sollten Sie zuerst dem Kunden einen Platz anbieten und dann erst in das Gespräch einsteigen.
- ❏ Stellen Sie sich kurz mit Namen vor, und fragen Sie, ob Sie helfen können.
- ❏ Hören Sie dem Kunden erst einmal zu, bevor Sie eigene Vorschläge unterbreiten.
- ❏ Bleiben Sie auch bei schwierigen Kunden freundlich.
- ❏ Stellen Sie gezielt Fragen zu den Wünschen des Kunden. Beispielsweise: »Welche Vorstellung haben Sie denn von ...? Worauf kommt es Ihnen bei einem neuen ... an?«
- ❏ Wiederholen Sie die Wünsche des Kunden, damit er erkennt, dass Sie ihn verstanden haben.
- ❏ Versuchen Sie nicht, dem Kunden etwas gegen seinen Willen aufzuschwatzen.
- ❏ Steht Prospektmaterial zur Verfügung, sollten Sie es dem Kunden präsentieren und kurz mit ihm durchgehen.
- ❏ Fassen Sie das Gespräch am Schluss zusammen. Bei einem Verkaufsgespräch stellen Sie noch einmal die Vorzüge des Produkts heraus. Bei einem Beratungsgespräch nennen Sie noch einmal die

wichtigsten Argumente, die für Ihr Angebot sprechen. Bei einem Reklamationsgespräch weisen Sie noch einmal darauf hin, dass es Ihnen leidtut und dass Sie den Fehler beheben werden.

❑ Bedanken Sie sich am Gesprächsende für das Interesse des Kunden oder für den Hinweis, den er mit seiner Reklamation gegeben hat.

Kurzvorträge

Kurzvorträge können Ihnen beim Kennenlerntag in zweierlei Form begegnen. Es kann passieren, dass die Ergebnisse aus einer Gruppendiskussion vorgetragen werden sollen. Die Gruppe muss sich dann einigen, wer vorträgt. Manchmal bestimmen die Firmenvertreter auch einen oder mehrere Kandidaten. Die zweite Variante besteht darin, dass alle Teilnehmer des Kennenlerntags ein Thema bekommen, zu dem sie einen Vortrag ausarbeiten und halten sollen.

Die folgenden Aufgabenstellungen sind bei Kennenlerntagen schon einmal eingesetzt worden. Bauen Sie mithilfe dieser Übungsaufgaben Ihre Vortragsfähigkeiten aus.

Typische Aufgabenstellungen für Kurzvorträge

Vortragsthema 1: Besser vorbereitet für die Arbeitswelt
»Was könnte man in der Schule anbieten, damit Schülerinnen und Schüler besser auf das Berufsleben vorbereitet werden? Überlegen Sie sich in 20 Minuten, welche Angebote Sie sich in Ihrer Schule wünschen würden. Was würde gut ankommen? Ihre Gedanken werden Sie anschließend in einem vierminütigen Vortrag den anderen Kandidaten vorstellen.«

Vortragsthema 2: Fachunterricht auf Englisch?
»An manchen Schulen gibt es nicht nur den reinen Fremdsprachenunterricht, dort werden auch andere Fächer wie Mathematik, Geografie oder Biologie auf Englisch gehalten. Sollten generell an jeder Schule zwei Fächer auf Englisch unterrichtet werden? Wenn ja, welche Fächer würden sich Ihrer Meinung dazu eignen? Wenn nein, was spricht aus Ihrer Sicht dagegen? Wägen Sie nun 20 Minuten lang Ihre Argumente ab. Tragen Sie Ihre Meinung dann fünf Minuten lang vor.«

Vortragsthema 3: Präsentieren Sie die Gruppenmeinung
»Sie haben in der letzten Übung gemeinsam in der Gruppe darüber diskutiert, welche Fähigkeiten Auszubildende im Einzelhandel mitbringen

sollten. Nun sollen Sie die Diskussionsergebnisse vor allen Anwesenden präsentieren. Sie haben noch zehn Minuten Zeit, um Ihre Präsentation vorzubereiten. Erinnern Sie sich daran, welche Fähigkeiten genannt wurden und welche der Gruppe am wichtigsten erschienen. Dann wird man Ihnen im Vortragsraum vier Minuten lang zuhören, und am Ende noch ein paar Fragen an Sie richten.«

Checkliste Kurzvorträge: Darauf sollten Sie achten!

❏ Lesen Sie die Aufgabenstellung gründlich durch.

❏ Schreiben Sie sich in der Vorbereitungsphase Stichworte zum Vortragsthema auf.

❏ Sortieren Sie Ihre Stichworte nach passenden Schwerpunkten.

❏ Erstellen Sie aus den Schwerpunkten eine Vortragsgliederung.

❏ Wenn Ihnen ein Overheadprojektor zur Verfügung steht, sollten Sie ihn nutzen. Schreiben Sie mindestens Ihre Vortragsgliederung auf eine Folie. Falls Sie mehr als fünf Minuten Vortragszeit bekommen, sollten Sie noch weitere Folien zu den einzelnen Gliederungspunkten anfertigen.

❏ Sind andere Medien wie Flipchart oder Tafel vorhanden, sollten Sie sie entsprechend einsetzen und zumindest Ihre Gliederung aufschreiben.

❏ Sprechen Sie zum Publikum und halten Sie dabei Blickkontakt zu Ihren Zuhörern.

❏ Achten Sie darauf, laut genug, nicht zu schnell und deutlich zu sprechen.

❏ Beachten Sie die Zeitvorgabe. Notieren Sie sich zu diesem Zweck Anfangs- und Endzeit in Ihren Vortragsunterlagen.

❏ Damit Sie einen guten Einstieg ins Thema finden, sollten Sie Ihre ersten Sätze ausformulieren. Ihren weiteren Vortrag sollten Sie frei halten.

❏ Achten Sie darauf, während des laufenden Vortrags immer wieder auf die Gliederung hinzuweisen, damit Ihre Zuhörer wissen, an welcher Stelle Ihrer Ausführungen Sie gerade sind.

❑ Auch ein guter Schluss bleibt in Erinnerung. Formulieren Sie in der Vorbereitungszeit also auch einen Schlusssatz aus.

❑ Wenn Fragen und Anmerkungen aus dem Zuhörerkreis (andere Teilnehmer oder auch Firmenangehörige) kommen, sollten Sie diese freundlich beantworten.

❑ Ist Ihre Vortragszeit vorbei und gibt es keine Fragen mehr, bedanken Sie sich fürs Zuhören und gehen zurück zu Ihrem Platz.

Persönlichkeitstest: Kommunikation im Assessment-Center

Die meisten Fach- und Führungskräfte können davon ausgehen, in ihrer beruflichen Laufbahn zumindest einmal mit einem Assessment-Center konfrontiert zu werden. Aber auch viele Hochschulabsolventen müssen die Hürde Assessment-Center nehmen, um den Einstieg ins Berufsleben zu schaffen.

Worum geht es?

Wenn es nach manchen externen Personalberatungen oder firmeninternen Personalverantwortlichen geht, sollten sich die Kandidatinnen und Kandidaten am liebsten gar nicht auf Assessment-Center vorbereiten. Immer wieder reden diese Geheimniskrämer von »natürlichem Verhalten« und davon, doch bitte »völlig authentisch« aufzutreten. Hören wir derartige Statements, müssen wir eher schmunzeln, weil die gleichen Personalberatungen oder Personalverantwortlichen – häufig im gleichen Atemzug – betonen, wie wichtig Weiterbildungsseminare und Trainings in den Bereichen Präsentation, Moderation, Verhandlungsführung, Konfliktverhalten oder Mitarbeiterführung sind. Und genau um diese Themen drehen sich auch Assessment-Center: Es geht um die Einschätzung Ihres individuellen Verhaltens in konkreten beruflichen Situationen, die allerdings in einem ein- oder mehrtägigen Rahmen künstlich und unter massivem Zeitdruck nachgestellt werden.

Was erwartet Sie?

Entscheidend ist, die verschiedenen Anforderungen im Assessment-Center zu durchschauen und mithilfe einer geeigneten Vorbereitung die Aufgaben zu lösen. Bei dieser Vorbereitungsarbeit werden wir Ihnen helfen. Lassen Sie sich von uns zeigen, wie Sie eine gelungene Selbstpräsentation liefern, wie Sie in Mitarbeiter- und Kundengesprächen überzeugen, wie Sie in Gruppendiskussionen Ihre Meinung vertreten und konsequent auf ein Ergebnis hinarbeiten und wie Sie Ihre Ideen in Vorträgen strukturiert und fundiert darlegen können.

Wie können Sie Punkte sammeln?

Die Vorbereitung auf ein Assessment-Center sollte nicht als das Auswendiglernen bestimmter Antworten, sondern als eine Art Fortbildung betrachtet werden. Wer schon im Berufsleben steht, weiß, wie wichtig Weiterbildungsmaßnahmen auch außerhalb des fachlichen Bereiches sind. So wird demjenigen, der schon einmal ein Rhetorikseminar besucht hat, der nächste Vortrag besser gelingen. Wer Kommunikationstechniken beherrscht, wird Gespräche besser steuern können, und wer die Regeln der Moderation kennt, wird Diskussionsrunden besser in den Griff bekommen.

Was ist eigentlich ein Assessment-Center?

Das Assessment-Center ist ein Gruppenauswahlverfahren. Zusammen mit anderen Kandidaten muss der Bewerber unter Beobachtung verschiedene Aufgaben meistern: zum Beispiel Gruppendiskussionen, Rollenspiele wie Mitarbeiter- und Kundengespräche, Selbstpräsentationen oder Tests und Übungen wie den Postkorb.

Die Kandidatengruppe im Assessment-Center wird von mehreren Beobachtern aus dem Unternehmen begutachtet. Meistens werden Linienvorgesetzte als Beobachter eingesetzt, die zwei Stufen über den zu prüfenden Kandidaten stehen. Bewerben Sie sich also für die Position eines Abteilungsleiters, könnten die Beobachter Bereichsleiter sein, falls die Zwischenstufe Hauptabteilungsleiter im Unternehmen etabliert ist. Berufseinsteiger treffen üblicherweise auf Beobachter, die Abteilungsleiterfunktionen innehaben.

Mit der Durchführung des Assessment-Centers wird entweder die interne Personalabteilung oder eine externe Personal- oder Unternehmensberatung beauftragt. In der Regel führt ein Vertreter der hausinternen Abteilung für Personalfragen oder ein Personalberater als Moderator durch das Assessment-Center. Er erläutert die Aufgaben, teilt Schriftstücke aus und führt durch die einzelnen Übungen.

Damit die Beobachter aus der Firma wissen, auf welche Details sie im Assessment-Center besonders zu achten haben, werden sie auf diese Aufgabe ausführlich vorbereitet. Dabei erläutert man ihnen, unter welchen Aspekten sie die Kandidaten in den einzelnen Übungen besonders zu beobachten haben.

Als Sonderfall für Führungskräfte der Top-Ebene gibt es auch noch das Einzel-Assessment. Wie der Name schon sagt, wird dieses nicht in einer Gruppe durchgeführt, der Kandidat trifft allerdings – mit Ausnahme der Gruppendiskussion – auf die gleichen Übungen und wird auch von mehreren Beobachtern bewertet.

Achtung: Nicht immer muss ein Assessment-Center auch so benannt sein! Oft werden auch andere Bezeichnungen wie Potenzialanalyse, Profil-Workshop, Kennenlerntag, Bewerberrunde, Personalentwicklungsseminar, Manager-Audit, Potenzialerfassung für Nachwuchsführungskräfte, Development-Center, Förderseminar, Feedback-Report, Auswahlseminar oder auch Leadership-Check verwendet.

Assessment-Center können ein- oder zweitägig angelegt sein, inzwischen setzt sich allerdings bei der Mehrzahl der Unternehmen – vor allen Dingen auch aus Kostengründen – die eintägige Variante durch. Damit Sie einmal sehen können, wie der Ablauf in der Praxis aussehen kann, stellen wir Ihnen nun beispielhaft ein Assessment-Center der Volkswagen AG vor.

Ein Assessment-Center bei VW

Begrüßung durch den Moderator des Assessment-Centers, Vorstellung der Beobachter und Überblick über den Tagesverlauf.

1. Selbstpräsentation
Aufgabe: »Geben Sie bitte einen kurzen Abriss Ihrer Biografie!«

2. Gruppendiskussion
Aufgabe: »Sollte die Volkswagen AG in die Formel 1 einsteigen? Und in welcher Form sollte dies geschehen?«

3. Mitarbeitergespräch
Aufgabe: »Überzeugen Sie als Abteilungsleiter einen Ihrer Mitarbeiter davon, zusätzliche Aufgaben zu übernehmen. Ihr Mitarbeiter hat gerade mit einem Projekt Schiffbruch erlitten und wird voraussichtlich nicht an weiteren Zusatzaufgaben interessiert sein.«

4. Fallstudie
Aufgabe: »Erarbeiten Sie für die Geschäftsführung eine Entscheidungsvorlage zur Entsorgung von Altfahrzeugen. Die gesetzlichen Bestimmungen, die Aufstellungen über die zu erwartende Menge an Rückläufern und ein Überblick über bereits bestehende Logistikketten werden Ihnen in einer Dokumentationsmappe ausgehändigt.«

5. Vortrag mit Fragerunde
Aufgabe: »Stellen Sie ein Thema aus Ihrem eigenen Fachbereich vor, und beantworten Sie im Anschluss die Fragen Ihrer Zuhörer.«

6. Interview
Aufgabe: »Beantworten Sie Fragen zu Ihrer Person, Ihren Stärken und Schwächen, zu Ihrer Veränderungsbereitschaft, Ihren Erfolgen und Misserfolgen sowie zu Ihrem persönlichen Führungskonzept.«

7. Selbsteinschätzung

Aufgabe: »Füllen Sie einen Fragebogen zu Ihren Stärken und Schwächen aus, die im Assessment-Center deutlich geworden sind. Besprechen Sie das Notierte mit den Beobachtern.«

Bevor das Assessment-Center durchgeführt wird, macht sich der Organisator – also die Personalabteilung oder die Personalberatung – Gedanken darüber, welches Verhalten man in den einzelnen Übungen gerne von den Kandidaten sehen möchte. Daraufhin werden Beobachtungsbögen konstruiert, auf denen die Beobachter während der Übungen ihre Notizen machen.

Nach dem Assessment-Center werden dann die Beobachtungsbögen ausgewertet, und es wird überprüft, ob die einzelnen Kandidaten das vorher festgelegte Anforderungsprofil erfüllt haben. Um also im Assessment-Center erfolgreich bestehen zu können, sollten Sie sich unbedingt Gedanken darüber machen, was von Ihnen eingefordert wird.

Was wird geprüft?

Der Fokus im Assessment-Center liegt ganz klar auf der Beurteilung der Soft Skills von Bewerbern beziehungsweise Mitarbeitern. Ein Assessment-Center ist also kein Wissenstest, sondern vielmehr ein Verhaltens-Check. Für Unternehmen sind Soft Skills – auch soziale Kompetenz, Persönlichkeitsmerkmale oder außerfachliche Kompetenzen genannt – sehr wichtig und sie möchten diese daher auch möglichst genau überprüfen.

In den einzelnen Übungen werden unterschiedliche Soft Skills abgefragt. So werden beispielsweise Gruppendiskussionen durchgeführt, um festzustellen, wie ausprägt die Merkmale Überzeugungsfähigkeit, Veränderungskompetenz, Einfühlungsvermögen, Argumentationsverhalten, Kooperation oder Wertschätzung sind. In Mitarbeitergesprächen hingegen werden eher Soft Skills wie Durchsetzungsvermögen, Zielorientierung, Entscheidungsfreude, Sensibilität oder unternehmerisches Denken überprüft.

Es ist auch unter Personalverantwortlichen ein offenes Geheimnis, dass eine der Hauptleistungen der Assessment-Center-Kandidaten darin besteht, sich über die Anforderungen klar zu werden, die in den einzelnen Übungen an sie gestellt werden. Dabei gibt es ein übergreifendes Leitbild, an dem Sie sich grob orientieren können: Meistens setzt sich nämlich der *unternehmerisch denkende, entscheidungsfreudige und stressresistente Teamplayer* durch.

Natürlich gibt es bei diesem Leitbild auch Abweichungen. So gibt es bei den verschiedenen Assessment-Centern zumeist Unterschiede in der eingeforderten Durchsetzungsfähigkeit: Bei Personalauswahl-Assessment-Centern für Positionen im Außendienst wird beispielsweise ein höherer Durchsetzungsfaktor verlangt als bei Personalentwicklungs-Assessment-Centern für Projektleiter, bei denen es eher auf das Kooperationsverhalten ankommt.

In Ihre Vorbereitung für das Assessment-Center sollten Sie also unbedingt auch Informationen über die ausgeschriebene Stelle einfließen lassen. Werfen Sie deshalb einen gründlichen Blick auf die Stellenanzeige oder recherchieren Sie im Internet auf der Firmenhomepage, denn dort werden Sie die grundlegenden Soft Skills, die eingefordert werden, finden.

Grundsätzlich können Sie sich sehr gut an unserem Leitbild orientieren: Geben Sie sich *unternehmerisch denkend*, indem Sie bei Ihren Argumentationen und Präsentationen die Kosten im Blick behalten; dokumentieren Sie Ihre *Entscheidungsfreude*, indem Sie eindeutige Empfehlungen aussprechen; weisen Sie Ihre *Stressresistenz* durch einen körpersprachlich souveränen Auftritt nach; und geben Sie sich als *Teamplayer*, der auf Vorschläge anderer eingehen kann und darauf achtet, dass alle Beteiligten ihre Ideen einbringen können.

Mit welchen Übungen müssen Sie rechnen?

Assessment-Center bestehen aus verschiedenen Übungen, in denen es vor allem um eines geht: nämlich darum, die Kandidaten in unterschiedlichen Situationen zu erleben, die so auch im Berufsleben auftauchen können. Folgende Übungen können auf Sie zukommen:

- Selbstpräsentation,
- Gruppendiskussion,
- Mitarbeitergespräch,
- Kundengespräch,
- Vortrag,
- Interview,
- Fallstudie,
- Konstruktionsübung,

- Postkorbübung,
- Selbsteinschätzung.

Zusätzlich zu den oben aufgelisteten offiziellen Übungen gibt es auch noch die sogenannten »heimlichen Übungen«: Beim Assessment-Center stehen Sie schließlich vom Anfang bis zum Ende unter Beobachtung, und das schließt auch die Pausen nicht aus. Wer beispielsweise beim Mittagessen über Kollegen oder die Art der Durchführung des Assessment-Centers herzieht, kassiert Minuspunkte. Oft wird erwartet, dass Sie von sich aus auf Mitkandidaten zugehen und etwas Small Talk betreiben.

Nicht in jedem Assessment-Center werden alle genannten Übungen eingesetzt. Es gibt aber ein Grundgerüst, das Sie fast immer erwartet: Ein typisches eintägiges Assessment-Center enthält die Übungen »Selbstpräsentation«, »Gruppendiskussion«, »Vortrag«, »Mitarbeitergespräch« beziehungsweise »Kundengespräch«. Im gängigen Szenario eines zweitägigen Assessment-Centers finden sich zusätzlich die Übungen »Fallstudie« und »Postkorb«.

Wir werden Ihnen nun in den folgenden Kapiteln schildern, welche Aufgabenstellungen Sie in den einzelnen Übungen erwarten, wie Sie diese Aufgaben lösen und mit welchem Verhalten Sie punkten können.

Selbstpräsentation

Wie die Bezeichnung »Selbstpräsentation« schon vermuten lässt, geht es bei dieser Assessment-Center-Übung um einen (Kurz-)Vortrag, in dessen Mittelpunkt der Kandidat selbst steht. Üblicherweise schließt die Selbstpräsentation an die Begrüßung der Kandidaten durch den Moderator, die Vorstellung der Beobachter und die Erläuterung des Tagesplans an.

In dieser Übung zu Beginn des Assessment-Centers werden bereits wichtige Weichenstellungen vorgenommen. Es geht darum, den Beobachtern sowie auch den Mitbewerbern einen überzeugenden ersten Eindruck zu vermitteln. Wie bei jeder anderen Präsentation ist deshalb auch hier besonders Ihr rhetorisches Geschick gefragt.

Ring frei für die erste Runde

Mit der Selbstpräsentation werden die Kandidaten gleich am Anfang des Assessment-Centers ins kalte Wasser gestoßen. Es ist für die meisten Menschen schon schwer genug, einen Vortrag zu einem Fachthema zu halten – dass man jetzt selbst mit der eigenen beruflichen Qualifikation das Thema ist, macht die Sache nicht unbedingt einfacher.

Die Aufgabenstellung lautet oft ganz banal: »Stellen Sie sich bitte der Gruppe vor!« Davon sollten Sie sich aber nicht täuschen lassen, denn hier handelt es sich nicht um eine unverfängliche Kennenlernrunde, sondern um eine erste Einordnung der Kandidaten durch die Beobachter. Die Beobachterrunde weiß üblicherweise wenig über die Kandidaten, und daher gilt es jetzt, erste positive Überzeugungsarbeit zu leisten.

Wer es schafft, bereits hier aus der grauen Masse herauszutreten, sichert sich die Aufmerksamkeit der Entscheider. Das führt dann üblicherweise auch zu einem besseren Gesamtergebnis. Kandidaten, die Vorschusslorbeeren einheimsen können, geben dem Assessment-Center gleich die richtige Richtung. Es ist also unverzichtbar, die Selbstpräsentation systematisch einzuüben.

Dabei sollten Sie jedoch flexibel bleiben: Je nach Assessment-Center kann die Zeitvorgabe für die Selbstpräsentation schwanken. Wir wissen von Assessment-Centern, in denen Selbstpräsentationen lediglich eine Minute dauern dürfen, aber auch von solchen, in denen der Zeitrahmen für diese Übung 20 Minuten beträgt.

Auch die Art der Übungsdurchführung unterscheidet sich. Manche Unternehmen lassen die Vorstellungsrunde am runden Tisch durchführen – dann ist die Zeit, die der Einzelne hat, meist knapp bemessen. Andere wiederum erwarten eine echte Präsentation vor der Gruppe – dann wird auch Medieneinsatz gefordert. Bei einer Bühnenpräsentation ist der Einsatz des Flipcharts unverzichtbar. Hinzu kommen können Overheadprojektor, Metaplan, Whiteboard und manchmal sogar PowerPoint-Präsentationen. Wenn Laptop und Beamer als Medien zur Verfügung gestellt werden, geben manche Firmen den Kandidaten allerdings auch die Zeit und Möglichkeit, die Selbstpräsentation zu Hause vorzubereiten. Üblicherweise sollen Sie Ihre Selbstpräsentation aber aus dem Ärmel schütteln, oder Sie bekommen eine knappe Vorbereitungszeit, bevor Sie in Aktion treten müssen.

Hier sind einige typische Aufgabenstellungen, die auf Sie zukommen können:

Mögliche Aufgaben für Ihre Selbstpräsentation

»Bitte schildern Sie uns Ihren bisherigen Werdegang!«

»Stellen Sie sich bitte der Runde vor!«

»Liefern Sie uns eine strukturierte Selbstpräsentation unter Berücksichtung der folgenden Fragen: Wo und wie konnten Sie in letzter Zeit Veränderungen initiieren? Welche Lernerfahrungen waren für Sie besonders wichtig? Welche Veränderungsziele haben Sie sich persönlich für die Zukunft vorgenommen?«

»Beschreiben Sie Ihre momentanen beruflichen Aufgaben und entwickeln Sie dabei eine Vision für Ihren Arbeitsbereich.«

Nehmen Sie die Selbstpräsentation nicht auf die leichte Schulter. Wir schildern Ihnen nun, was alles schieflaufen kann, und geben Ihnen anschließend Tipps für eine gelungene Selbstpräsentation.

Fehler in der Selbstpräsentation

Weil die Selbstpräsentation meistens die erste Übung im Assessment-Center ist, ist die Anspannung bei den Kandidaten besonders groß. Ohne Vorbereitung lässt sich der erste Stresstest deshalb nur schwer bewältigen, denn dann schleichen sich häufig vermeidbare Fehler ein.

Viele Kandidaten versuchen, sich über die Zeit zu retten, indem sie ihren Lebensweg von der Geburt über den Besuch der Schule, die Ausbildung, das Studium, die Einstiegsposition bis hin zur momentanen Tätigkeit chronologisch nacherzählen. Den Schluss bilden dann meistens die Hobbys und andere Freizeitaktivitäten. Damit lässt sich aber nur schwer punkten: Viele Beobachter bemängeln, dass die Kandidaten bei dieser Art der Selbstpräsentation als austauschbar erscheinen. Das liegt unter anderem auch daran, dass die Aufmerksamkeit der Beobachter am Anfang und am Ende der Selbstpräsentation am größten ist. Es bleibt dann also hängen, dass der Kandidat geboren wurde, zur Schule gegangen ist und viele Hobbys hat. Die beruflichen Erfahrungen gehen häufig unter, und Highlights wie besondere berufliche Erfolge oder Weiterbildungen fehlen oft völlig.

Aber auch aus der Körpersprache ist die Anspannung gerade am Anfang deutlich herauszulesen. Kandidaten, die schüchtern auf die Fußspitzen starren, mit leiser Stimme sprechen und den Kopf zwischen die Schultern einziehen, wirken sehr unsicher. Wer hingegen einen Kasernenhofton anschlägt, die Hände zu Fäusten ballt, die Arme vor der Brust verschränkt und von oben herab ins Publikum schaut, disqualifiziert sich ebenfalls.

Schüchterne Zurückhaltung ist also genauso schädlich wie ein polternder Auftritt, schließlich suchen die Beobachter weder die graue Maus noch den marktschreierischen Aufschneider, sondern einen souverän auftretenden Mitarbeiter. Welche Folgerungen die Beobachter aus dem einzelnen Verhalten der Kandidaten bei einer misslungenen Selbstpräsentation ziehen, sehen Sie in der Übersicht »Misslungene Selbstpräsentation«.

Misslungene Selbstpräsentation

Verhalten des Kandidaten:	Deutung der Beobachter:
Der Kandidat überzieht seine Redezeit.	Er hat ein schlechtes Zeitmanagement.

Verhalten des Kandidaten:	Deutung der Beobachter:
Der Kandidat schildert seinen Lebensweg von der »Wiege bis zur Bahre«.	Er kann Wichtiges nicht von Unwichtigem trennen.
Der Kandidat leiert seine Selbstpräsentation herunter.	Er verfügt über keine Überzeugungskraft.
Der Kandidat thematisiert Probleme und Schwierigkeiten.	Er orientiert sich an Misserfolgen statt an Erfolgen.
Die Kandidatin liefert keine anschaulichen Beispiele aus der Berufspraxis.	Es fehlt ihr an Glaubwürdigkeit.
Die Kandidatin erzählt viel über ihre Hobbys.	Es mangelt ihr an beruflichem Einsatzwillen.
Die Kandidatin vermeidet Blickkontakt.	Sie ist ängstlich.

So gelingt Ihre Selbstpräsentation

Wie gestalten Sie die Selbstpräsentation nun besser? Wichtig ist zunächst ein Perspektivwechsel: Nehmen Sie einmal selbst die Rolle des Beobachters ein und fragen Sie sich, welche Informationen Sie besonders interessieren würden. Sicherlich würden auch Sie besonders an der Qualifikation der einzelnen Kandidaten interessiert sein: Was bringt er mit, um die neue berufliche Qualifikation in den Griff zu bekommen? Welche besonderen Fähigkeiten zeichnen ihn aus? Wo liegen seine Stärken? Kann er erfolgreich im Team arbeiten?

Deshalb sollte auch die berufliche Qualifikation im Mittelpunkt Ihrer Selbstpräsentation stehen. Dabei sind die Erfahrungen, die Sie in Ihrer letzten Stelle gesammelt haben, besonders interessant und wichtig. Liefern Sie also statt einer Nacherzählung Ihres Lebenswegs lieber eine Zusammenfassung Ihrer beruflichen Erfahrungen. Weisen Sie auf besondere Erfolge hin, gehen Sie auf Weiterbildungsanstrengungen ein und behalten Sie dabei immer das Anforderungsprofil der neuen Stelle im Blick.

Damit Ihre Selbstpräsentation auch lebendig und mitreißend wirkt, sollten Sie die zur Verfügung gestellten Medien einsetzen. Überlegen Sie sich schon in der Vorbereitung eine Skizze, die Sie auf dem Flipchart oder Whiteboard anzeichnen könnten, und entwickeln Sie einen Entwurf für eine Overheadfolie.

Strukturieren Sie Ihre Selbstpräsentation und beachten Sie dabei die Aufmerksamkeitskurve der Beobachter, die in der Mitte des Vortrags weniger hoch ist als am Anfang und Ende. Liefern Sie deshalb zu Beginn eine stichwortartige Aufzählung Ihrer beruflichen Erfahrungen, dann Beispiele für erfolgreiches Arbeiten und den Bezug zur ausgeschriebenen Stelle, und geben Sie zum Schluss noch einmal eine kurze Zusammenfassung Ihrer Qualifikationen.

Es gelingt Ihnen leichter, neutral zu beschreiben, wenn Sie allgemeine Formulierungen einsetzen wie »Ich habe mich mit ... und ... beschäftigt«, »Zu meinen Aufgabenbereichen gehören ... und ...«, »Ich bin verantwortlich für ... und ...« oder »Mit geeigneten Seminaren habe ich mich im Bereich ... auf dem Laufenden gehalten«. So zeigen Sie auch durch Ihren Sprachgebrauch, dass Sie ein zupackender und positiv denkender Kandidat sind.

Da die Körpersprache im Assessment-Center immer mit bewertet wird, dürfen Sie hier ebenfalls keine groben Schnitzer begehen. Bei einer Selbstpräsentation am Tisch sollten Sie etwas vom Tisch wegrücken, sich gerade in den Stuhl setzen oder aufstehen, darauf achten, dass Sie Arme und Hände nicht ineinander verschränken und den Blickkontakt zu allen Anwesenden suchen. Findet die Selbstpräsentation vor der Gruppe statt, dürfen Sie sich nicht hinter dem Overheadprojektor oder dem Tisch verstecken. Positionieren Sie sich offen auf der Bühne. Auch Ihre Hände sollten frei bleiben. Legen Sie Ihre Notizen auf dem Tisch ab und vermeiden Sie Stressgesten wie ineinander verschränkte Finger oder Arme, aber auch zur Faust geballte Hände. Beschäftigen Sie Ihre Hände lieber mit Aufzählungsgesten, unterstreichen Sie einzelne Ausführungen mit einer Geste oder weisen Sie auf Ihre Skizze am Flipchart hin.

Wer seine Selbstpräsentation in der hier vorgestellten Art vorbereitet, wird bei den Beobachtern Pluspunkte sammeln. Welche Schlussfolgerungen die Beobachter aus einer souveränen Selbstpräsentation ziehen, zeigt Ihnen die Übersicht »Gelungene Selbstpräsentation«.

Gelungene Selbstpräsentation

Verhalten des Kandidaten:	Deutung der Beobachter:
Der Kandidat hält den Zeitrahmen ein.	Er kann auch im Berufsalltag mit Zeitvorgaben umgehen.
Die Kandidatin setzt Schwerpunkte und geht auf die neuen Aufgaben ein.	Sie verfügt über analytisches Geschick und kann strukturiert vorgehen.
Die Kandidatin erläutert umfassend ihre beruflichen Erfahrungen.	Sie fokussiert das Wesentliche und hat Realitätssinn.
Die Kandidatin nennt berufliche Erfolge.	Sie hat eine positive Einstellung und orientiert sich an Erfolgen.
Der Kandidat nennt konkrete Beispiele aus der Berufspraxis.	Er ist beruflich am Ball und kann andere mitreißen.
Die Kandidatin setzt Körpersprache gezielt ein.	Sie kann auch in ungewohnten Situationen souverän auftreten.
Der Kandidat hält Blickkontakt.	Er hat eine starke Persönlichkeit.

Bereiten Sie Ihre Selbstpräsentation unbedingt vor, damit Sie im Ernstfall wissen, worauf es ankommt. Am besten nehmen Sie sich selbst mit einer Videokamera auf und üben so Ihre Präsentation ein. Setzen Sie sich unterschiedliche Übungsziele, und gewöhnen Sie sich daran, mit Ihrer Selbstpräsentation in einem vorgegebenen Zeitrahmen zu bleiben. Kontrollieren Sie, ob Ihre Selbstpräsentation flüssig herüberkommt, und achten Sie auch auf die Lautstärke und Ihre Stimmmodulation. Identifizieren Sie Ihre Stress- und Verlegenheitsgesten, und ersetzen Sie sie durch Aufzählungs- und Unterstreichungsgesten. Trainieren Sie auch, den Blickkontakt zu einem imaginären Publikum zu halten.

Sie werden feststellen, dass einige Übungsdurchgänge Ihnen die nötige Sicherheit vermitteln. Überlassen Sie Ihr Abschneiden in dieser wichtigen Übung nicht dem Zufall, sondern bereiten Sie sich schon zu Hause vor, damit Ihre Selbstpräsentation ein souveräner Auftritt wird.

Selbstpräsentation 1: Kurzvorstellung (1 Minute)

Nun wartet Ihre erste Selbstpräsentation in Form einer Kurzvorstellung auf Sie. Kurzvorstellungen werden gerne eingesetzt, wenn Unternehmen kurze Assessment-Center durchführen. Typisch ist hier die am Tisch reihum erfolgende Vorstellung. Eine typische Aufgabenstellung könnte wie folgt lauten: *Stellen Sie sich bitte kurz Ihren Mitkandidaten vor.*

Arbeiten Sie jetzt Ihre Kurzvorstellung aus. Für Ihre Präsentation haben Sie eine Minute Zeit.

Ihre Kurzvorstellung

Wenn es Ihnen schwer fällt, eine knappe, aber aussagekräftige Kurzvorstellung zu erarbeiten, können Sie sich am folgenden Positivbeispiel orientieren.

Positivbeispiel: Gelungene Kurzvorstellung (1 Minute)

Martina Rauch hat vor vier Monaten ihr Studium der Volkswirtschaftslehre erfolgreich abgeschlossen. Sie möchte mit einem Traineeprogramm in den Beruf einsteigen. Nun hat sie eine Einladung der Beinried Versandhaus International AG erhalten. Nach einer kurzen Vorstellung des Unternehmens und des Traineeprogramms durch die AC-Moderatoren wird sie gebeten, sich selbst kurz vorzustellen. Die acht Teilnehmer und Teilnehmerinnen sitzen am Konferenztisch und sollen dort reihum mit der Vorstellungsrunde fortfahren.

Kurzvorstellung im Trainee-AC

»Mein Name ist Martina Rauch. Anfang dieses Jahres habe ich mein Studium der Volkswirtschaft mit dem Schwerpunkt Handelsbetriebslehre abgeschlossen.

Praktische Erfahrungen habe ich bei der Handels AG gesammelt. Dort war ich an einem Projekt zur Steigerung der Kundenzufriedenheit beteiligt. Neben Marketingaspekten umfasste diese Aufgabe auch Optimierungen im Logistikbereich. Daneben habe ich in einem Praktikum Erfahrungen als Assistentin eines Key-Account-Managers sammeln können. Neben Markt- und Zielgruppenanalysen habe ich einen Messeauftritt mitkonzipiert und umgesetzt.

Während eines einjährigen Work-and-Travel-Aufenthalts in Australien habe ich meine Englischkenntnisse ausgebaut. Da ich während meines Studiums einige Zeit parallel im Verkauf gearbeitet habe, verfüge ich auch über Erfahrungen im direkten Kundenkontakt. Meine ersten Erfahrungen im Handel, im Umgang mit Kunden und meine Englischkenntnisse würde ich gerne im Traineeprogramm der Beinried Versandhaus International AG einbringen – gerne auch an wechselnden Einsatzorten.«

Martina Rauch kann mit ihrer Selbstpräsentation überzeugen. Sie arbeitet in der sehr knapp bemessenen Zeit gut ihre praktischen Erfahrungen heraus. Es fallen wichtige Schlagworte, die auch im Anforderungsprofil für zukünftige Trainees zu finden sind, beispielsweise Key Account, Markt- und Zielgruppenanalysen, Assistenzfunktion, Marketing, Kundenzufriedenheitsprojekte und Logistikoptimierung.

Sie vermeidet den häufig bei Hochschulabsolventen zu beobachtenden Fehler, sich einseitig nur auf ihr Studium zu fixieren. Selbstverständlich erwähnt sie ihr Volkswirtschafsstudium, lenkt dann aber die Aufmerksamkeit sofort auf erste berufliche Erfahrungen.

Mit dem Hinweise auf ihren Australienaufenthalt rundet sie ihr Profil ab. Damit belegt sie einerseits ihre sicheren Englischkenntnisse. Andererseits hebt sie die Fähigkeit hervor, sich auch in einem anderen Kulturkreis einleben zu können.

Die Teilnehmerin hat eine überzeugende Kurzvorstellung geliefert, mit der sie sich die ersten Punkte im Assessment-Center sichert!

Selbstpräsentation 2: Selbstpräsentation (3 bis 5 Minuten)

Die drei- oder fünfminütige Selbstpräsentation ist ein echter AC-Klassiker. Sie sollten auf jeden Fall eine Version dieser Selbstpräsentation vorbereiten. Dazu haben Sie nun Gelegenheit. Ihre Aufgabenstellung lautet: *Beschreiben Sie Ihre momentanen Aufgaben und den Weg in Ihre heutige Position.* Für Ihre Selbstpräsentation haben Sie drei Minuten Zeit. Die vorgegebene Zeit sollte weder über- noch unterschritten werden.

Ihre Selbstpräsentation

_____

_____

_____

_____

_____

_____

_____

_____

_____

_____

_____

_____

_____

_____

_____

_____

_____

_____

_____

_____

_____

Positivbeispiel: Gelungene Selbstpräsentation (3 Minuten)

Der Wirtschaftsingenieur Michael Wagner ist seit zwei Jahren bei der Auto Dose AG tätig. Er möchte sich beruflich verändern. Auf seine Bewerbung bei der Bayrischen Vierrad GmbH hin wurde er zunächst zum Vorstellungsgespräch und anschließend zu einem Assessment-Center eingeladen. Dort wird er zu Beginn aufgefordert, sich den anwesenden Kandidaten und den Beobachtern aus dem Unternehmen vorzustellen. Die einzige Vorgabe für die Selbstpräsentation ist, dass sie vor der Gruppe stattfindet und drei Minuten nicht überschreiten sollte.

Selbstpräsentation im Auswahl-AC für Young Professionals

① »Meine Damen und Herren: In den nächsten drei Minuten möchte ich Ihnen einige Key-Facts zu meiner beruflichen Qualifikation und zu meiner Person geben. Mein Name ist Michael Wagner.

(2) Ich bin seit zwei Jahren im Automotive-Bereich tätig. Zurzeit arbeite ich im Teilevertrieb der Auto Dose AG. Zu meinen wesentlichen Aufgaben gehört der internationale Rollout eines neuen Systems im Komponentenvertrieb. Dazu zählt die organisatorische Abstimmung zwischen Teileherstellern, der Logistik, unserer IT-Abteilung und natürlich den Autohäusern und Werkstätten.

(3) Neben meiner aktuellen Aufgabe habe ich auch Tätigkeiten im Controlling übernommen; hier insbesondere im Vertriebscontrolling. Die direkte Zusammenarbeit mit den Händlern vor Ort macht mir sehr viel Spaß. Ich bin viel vor Ort unterwegs und kann mir so einen guten Überblick über regionale Marktunterschiede und die individuellen Bedürfnisse verschaffen.

(4) Neben den Einsätzen vor Ort habe ich auch Controlling-Tools für die IT-Plattform des Unternehmens mitentwickelt. Für mich war dies eine gute Gelegenheit, neben Vertrieb, Produktion und Controlling auch den IT-Bereich vertiefend kennen zu lernen.

(5) Um meine Kenntnisse der Händlerstruktur aktiv zu nutzen, habe ich mich dann auch im First-Level-Support engagiert und die Restrukturierung im Komponentenvertrieb durch geeignete Schulungsmaßnahmen der Mitarbeiter im Teileverkauf unterstützt. Ein zusätzlicher Fokus lag bei dieser Arbeit im Vermarkten von Tuning-Komponenten, die wir bisher so nicht bei uns im Unternehmen im Angebot hatten.

(6) Eingestiegen bin ich als Testingenieur. Zu meinen ersten Aufgaben bei der Auto Dose AG gehörte das Qualitätsmanagement. Mit den Erfahrungen, die ich in dieser Schnittstellenfunktion gesammelt habe, habe ich die Basis für meine weitere Entwicklung gelegt. Im Rahmen einer Sonderaufgabe war ich an der konzernweiten Verankerung eines kundenorientierten Qualitätsbegriffs beteiligt. Aus dieser Zeit stammen auch meine internationalen Erfahrungen mit Konzerntöchtern und Zulieferern.

(7) Meinen Abschluss als Wirtschaftsingenieur habe ich an der TU Braunschweig gemacht. Während des Studiums habe ich die Möglichkeit zu einem Auslandsaufenthalt an der Universität Göteborg genutzt. In dieser Zeit habe ich mich besonders intensiv mit dem Management flexib-

ler Teams in der Fertigung auseinandergesetzt. Das Thema konnte ich dann auch in meine Diplomarbeit einbringen.

⑧ Eine kurze Zusammenfassung: Ich glaube, dass ich bei der Bayrischen Vierrad GmbH insbesondere den guten Überblick über die Bedarfssituation der Autohersteller, meine Erfahrungen in der Integration der Zulieferer und in bereichsübergreifender Projektarbeit gut einbringen kann.

Ich freue mich auf die Herausforderungen, die vor uns liegen, und hoffe, Ihnen einen kurzen Einblick in meine Entwicklung gegeben zu haben.«

Auch der Young Professional Michael Wagner kann mit seiner Selbstpräsentation überzeugen. Er bringt zwei Jahre Berufserfahrung mit, die er von vorneherein in den Mittelpunkt seiner Ausführungen stellt. Dabei konzentriert er sich geschickt auf die Aufgaben, die ein hohes Soft-Skills-Potenzial erfordern.

So nennt er beispielsweise die organisatorische Abstimmung, den internationalen Rollout, die Restrukturierung, den First-Level-Support, die Schnittstellenfunktion und die konzernweite Verankerung eines kundenorientierten Qualitätsbegriffs. Auf diese Weise macht er nachvollziehbar, dass er über Soft Skills wie Organisationstalent, Durchsetzungsfähigkeit, analytisches Denken, Kommunikations- sowie Teamfähigkeit und unternehmerisches Denken verfügt. Auch die fachlichen Aufgaben werden von ihm kurz angerissen, sodass sich die Beobachter aus den einzelnen Fachabteilungen ebenfalls angesprochen fühlen.

Insgesamt erfüllt Herr Wagner die Aufgabenstellung sehr gut. Er nutzt die vorgegebene Zeit optimal, um seine Qualifikationen darzustellen. Seine Visualisierungen unterstützen dabei noch das Gesagte. Weil Herr Wagner sich dazu entschieden hat, mit dem Flipchart zu arbeiten, kann er zudem Dynamik in seine Selbstpräsentation bringen und seine Begeisterungsfähigkeit unter Beweis stellen. Die Strategie von Herrn Wagner geht auf: Er macht die Beobachter schon früh darauf aufmerksam, dass sich hier ein Top-Kandidat empfiehlt.

Medieneinsatz

Überlegen Sie sich bei Ihrer Selbstpräsentation auch immer, welche Medien Sie einsetzen könnten. Fertigen Sie Skizzen mit Grafiken, Zeichnungen oder Tabellen auf DIN-A4-Blättern an, um Overheadfolien oder Flipchartblätter vorzubereiten.

Die nachfolgenden Abbildungen zeichnen die schrittweise Visualisierung der dreiminütigen Selbstpräsentation von Michael Wagner am Flipchart nach. Es ist üblich, dabei mit Abkürzungen zu arbeiten.

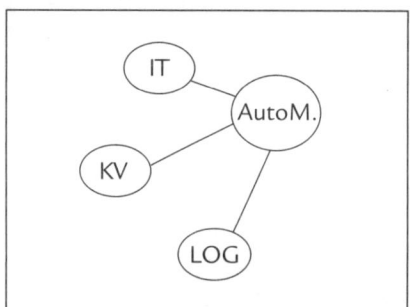

Absatz 2

Absatz 3

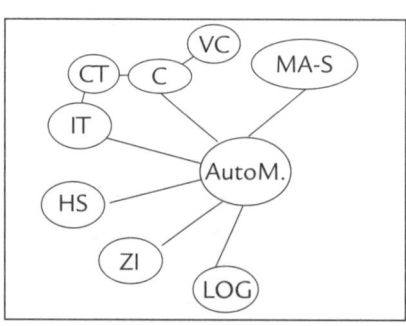

Absatz 4 und 5

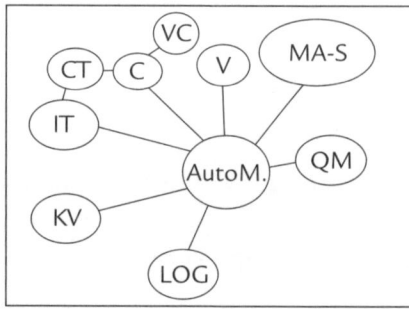

Absatz 6

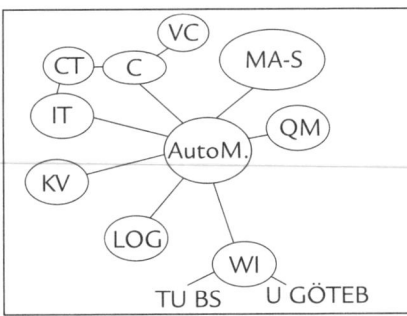

Absatz 7 und 8

Checkliste für Ihre Selbstpräsentation

❑ Haben Sie eine kurze einminütige und eine ausführlichere dreiminütige Version Ihrer Selbstpräsentation eingeübt?

❑ Können Sie die Zeitvorgabe des Moderators einhalten?

❑ Stehen in Ihrer Selbstpräsentation die beruflichen Aspekte im Vordergrund, und haben Sie eine zu starke Ausrichtung auf Freizeit und Hobbys vermieden?

❑ Sind in Ihrer Selbstpräsentation Berührungspunkte mit den neuen Aufgaben zu erkennen?

❑ Liefern Sie Beispiele aus Ihrem bisherigen Werdegang, die belegen, dass Sie mit den neuen Aufgaben schon in Berührung gekommen sind?

❑ Verzichten Sie auf Relativierungen, Abwertungen und Kritik?

❑ Verweisen Sie auf Erfolge in Ihrer bisherigen Arbeit? Haben Sie Ihre erfolgreiche Arbeit mit konkreten Beispielen belegt?

❑ Haben Sie unsere Darstellungstechnik »Beschreiben statt bewerten« benutzt?

❑ Sind Ihre Sprechgeschwindigkeit und Ihre Lautstärke angemessen?

❑ Berücksichtigen Sie das »Prinzip der freien Hände« und vermeiden Sie Stress- und Verlegenheitsgesten?

❑ Stehen Sie frei vor Ihrem Publikum, und halten Sie Blickkontakt zu den Zuhörern?

Gruppendiskussion

Eine der wichtigsten Übungen im Assessment-Center ist die Gruppendiskussion, denn hier haben die Beobachter die Möglichkeit, die Kandidaten im direkten Vergleich zu erleben. Gruppendiskussionen sind daher in fast allen Assessment-Centern als Übungseinheit vorgesehen.

In der Gruppendiskussion müssen Sie auf vielen Ebenen punkten: Sie müssen sich ein Thema erschließen, die wesentlichen Fakten und Argumente zum Thema herausfiltern, andere von Ihrem Standpunkt überzeugen und schließlich auf ein Ergebnis hinsteuern.

Bewährungsprobe in der Gruppe

In der Gruppendiskussion geht es darum, zusammen mit den anderen – meist zwischen vier und sechs – Assessment-Center-Kandidaten ein Thema zu diskutieren. Das Thema wird Ihnen üblicherweise vorgegeben, nur in Ausnahmefällen muss das Thema in der Gruppe selbst bestimmt werden. Damit Sie in der eigentlichen Diskussion auch Argumente haben und mitreden können, räumt man Ihnen eine Vorbereitungszeit ein.

Die Themenstellungen können durchaus anspruchsvoll sein. Allerdings sind sie so formuliert, dass alle Teilnehmer mitreden können, denn Betriebswirte sollen schließlich in einer Gruppe mit Ingenieuren oder Juristen diskutieren können. Wenn eine Versicherung ein Assessment-Center durchführt, ist die Wahrscheinlichkeit recht hoch, dass es in der Gruppendiskussion um versicherungsnahe Themen geht, beispielsweise um Wachstumschancen im Ausland, eine Neustrukturierung der Angebotspalette oder die bessere Integration des Außendiensts.

In der folgenden Übersicht finden Sie einige Themen, die von Unternehmen in Gruppendiskussionen schon einmal eingesetzt wurden:

Branchenspezifische Themen in Gruppendiskussionen

Versicherungen:
»Entwickeln Sie für den Vorstand unseres Unternehmens ein Vortragskonzept zum Thema ›EU-weiter Schutz vor Forderungsausfällen‹.«
»Welche Maßnahmen sind geeignet, um unsere Marktanteile in den neuen EU-Beitrittsstaaten zu erhöhen?«

Fahrzeugindustrie:
»Wie lässt sich die Kundenorientierung im gesamten Unternehmen besser verankern?«
»Alternative Antriebskonzepte: Marktchance oder vergeudetes Entwicklungs-Know-how?«

Energieversorger:
»Erarbeiten Sie eine Werbekampagne, mit der sich das Ansehen unserer Branche in der Öffentlichkeit verbessern lässt.«
»Bereiten Sie eine Kampagne zu einem Off-Shore-Windkraftpark vor.«

Banken:
»Wie können wir zu einem Full-Service-Anbieter im Bereich aller Finanzdienstleistungen werden?«
»Zukunft Internet: Wie lassen sich Kunden dazu bewegen, vermehrt das Internet für die Kontoführung zu nutzen?«

Handel:
»Wie kann unser Unternehmen mit seiner Innenstadtlage den konkurrierenden Anbietern auf der grünen Wiese entgegentreten?«
»Sammeln Sie Ideen für Shop-in-Shop-Konzepte und erarbeiten Sie ein präsentationsfähiges Ergebnis!«

Es bietet sich also an, sich vor dem Assessment-Center einen Überblick über die Themen zu verschaffen, die in einer bestimmten Branche aktuell diskutiert werden. Lesen Sie also regelmäßig (Wirtschafts-)Zeitungen, Fachzeitschriften und Managementmagazine – dann werden Sie von ganz alleine auf die Themenstellungen stoßen, die für bestimmte Branchen von hoher Relevanz sind. Diese Art der Vorbereitung ist vielen Teilnehmern noch unbekannt. Immer wieder scheitern deshalb Kandidaten, weil ihnen zu einem bestimmten Thema einfach nichts einfällt. Machen Sie es also besser und beginnen Sie mit Ihrer »Presseschau«, sobald Sie wissen, dass ein Assessment-Center auf Sie zukommt.

Anders ist es bei Berufseinsteiger-Assessment-Centern: Dort werden die Themen in den Gruppendiskussionen eher allgemein gehalten. Diese Bewerbergruppe verfügt noch nicht über jahrelange Branchenerfahrung, sodass die Unternehmen Themenstellungen wählen, bei denen jede und jeder mitreden können sollte – beispielsweise diese:

Allgemeine Themen in Gruppendiskussionen

»Welche Eigenschaften sollte eine Führungskraft mitbringen?«
»Welche Megatrends werden die nächsten zehn Jahre bestimmen?«
»Was muss sich an der Hochschulausbildung ändern?«
»Wie lassen sich Mitarbeiter motivieren?«
»Gruppenarbeit oder Fließbandfertigung – welches ist das Konzept der Zukunft?«

Sich auf mögliche Themenstellungen vorzubereiten ist der erste Schritt, da Sie auf dem Laufenden sein müssen, um überhaupt mitreden zu können. Beobachter wollen Ihren Einsatz in der Gruppendiskussion sehen, und den können Sie nur liefern, wenn Sie eigene Wortbeiträge zur Diskussion beisteuern. Zu diesem Zweck erhalten Sie mit der Themenvergabe auch noch eine gewisse Vorbereitungszeit, um Argumente für Ihre Position zu sammeln.

Der zweite Schritt ist dann mitzuhelfen, die Diskussion zu einem Ergebnis zu bringen. Meistens fühlen sich die Beobachter von Gruppendiskussionen unangenehm an schlecht laufende Abteilungskonferenzen und Meetings erinnert, für die es in Unternehmen den geflügelten Ausdruck »Viele gehen hinein, und nichts kommt heraus« gibt. Sie müssen also aufpassen, nicht selbst in die »Detailfalle« zu tappen, und zudem anderen auch aus dieser Falle heraushelfen. Wenn Ihnen das gelingt, können Sie bei den Beobachtern punkten.

Zu unterscheiden sind schließlich noch Gruppendiskussionen *mit* und *ohne* Rollenvorgaben. Meistens wird zur Vorbereitung der Gruppendiskussion nur das Thema mit einigen Hintergrundinformationen als Arbeitspapier an die Teilnehmer ausgehändigt. In diesen Fällen spricht man von einer Gruppendiskussion *ohne* Rollenvorgaben. Manchmal kommt es aber auch vor, dass die Teilnehmer sich in fiktive Rollen hineinversetzen müssen – dann handelt es sich um eine Gruppendiskussion *mit* Rollenvorgaben. Der eine spielt dann beispielsweise den Bereichsleiter Logistik, die andere die Marketingexpertin. Neben den einzelnen Rollen wird in diesem Fall im Arbeitspapier auch vorgegeben, welche Argumente durchgebracht werden müssen.

Es kann sogar vorkommen, dass ein Teilnehmer zum Leiter der Gruppendiskussion bestimmt wird: Ein Kandidat ist beispielsweise der Abteilungsleiter Personal, der mit seinen Personalreferenten einen Anforderungskatalog für neue Mitarbeiter festlegen soll. Damit steht dieser Kandidat unter besonderer Beobachtung – man will sehen, wie sich diese »Führungskraft« im Team bewährt.

Gruppendiskussionen entwickeln sehr oft ein dynamisches Eigenleben, denn bei speziellen Rollenvorgaben ist den einzelnen Teilnehmern nicht bekannt, welche Positionen die anderen zum Thema einnehmen werden. Aber auch wenn es keine Rollenvorgaben gibt, ist die Situation schwierig und kann sich in alle möglichen Richtungen entwickeln. Da sich die Kandidaten untereinander nicht kennen, ist es unmöglich vorherzusagen, welches Diskussionsverhalten der Einzelne an den Tag legen wird. Deshalb muss man neben der Erschließung des Themas auch die nötige Flexibilität mitbringen, um mit der Gruppendynamik Schritt halten zu können.

Fehler in der Gruppendiskussion

Unvorbereiteten Kandidaten unterlaufen immer wieder gravierende Fehler, zum Beispiel erst einmal abzuwarten und zu schweigen. Da die Beobachter die guten Ideen und Argumente einzelner Teilnehmer nur dann wahrnehmen können, wenn sie auch in den Raum gestellt werden, nützt es nichts, wissend zu schweigen. Sehr oft verlaufen Gruppendiskussionen aber so, dass die Mehrzahl der Kandidaten sich zurückhält und die eigentliche Diskussion zwischen zwei bis drei engagierten Teilnehmern stattfindet.

Wenn Kandidaten reden, geschieht es andererseits leider häufig, dass sie sich an einzelnen Argumenten festbeißen. Argumentation und Gegenargumentation werden schnell zu einem unproduktiven Gerangel – die Gruppendiskussion tritt auf der Stelle und dreht sich im Kreis. Die Diskussion rutscht dann Stück für Stück von der Sach- auf die Beziehungsebene ab. Es geht auf einmal nicht mehr darum, das Thema in allen Facetten zu erschließen und eine vernünftige Lösung zu finden, sondern einfach nur um Rechthaberei.

Aber nicht nur schweigsame Kandidaten, auch Dauerredner können mit ihrem Verhalten keine Pluspunkte sammeln: Die Beobachter werden ihnen entweder unterstellen, dass sie Schwierigkeiten haben, gemeinsam im Team Lösungen zu erarbeiten, oder sie vermuten, dass es sich um sogenannte Angstredner handelt. Angstredner sind Kandidaten, die ohne Sinn und Verstand vor sich hin reden, weil sie mit der Stresssituation nicht klarkommen oder schlichtweg die Stille nicht ertragen. Bei diesen Kandidaten gilt aber der Faktor Belastungsfähigkeit zumindest in dieser Übung als nicht erfüllt.

Ein interessantes Phänomen ist es, dass so gut wie keine Gruppendiskussion innerhalb der vorgegebenen Zeit beendet wird. Fast alle Teilnehmer verlieren den Zeitverlauf schnell aus dem Blick. Wenn die Aufgabenstellung aber lautet, innerhalb von 45 Minuten ein präsentationsfähiges Konzept zu erarbeiten, dann gehört die Zeitvorgabe mit zu den Kriterien, die beachtet werden müssen. Wenn eine Gruppendiskussion vom Moderator abgebrochen werden muss, wirft das in Sachen Zeitmanagement ein schlechtes Licht auf alle Teilnehmer.

Da es in der Gruppendiskussion um beobachtbares Verhalten in der Gruppe geht, kommt auch der Körpersprache eine große Bedeutung zu – schließlich kommt es nicht nur darauf an, was gesagt wird, sondern auch wie. Teilnehmer, die sich ständig in der Defensive befinden, zeigen dies auch körpersprachlich: Sie verschränken die Arme vor der Brust, umklammern Stuhllehnen oder klemmen ihre Füße hinter die Stuhlbeine. Manche spielen nervös mit Papier und Stift herum, andere wiederum sacken so sehr in ihrem Stuhl zusammen, dass man ihnen förmlich ansieht, dass sie am liebsten im Erdboden versinken möchten.

Nicht nur Unsicherheitsgesten, auch aggressives Verhalten wird von den Beobachtern sofort mit Punktabzug bestraft. Die zur Faust geballte Hand hat in der Gruppendiskussion absolut nichts zu suchen, und wer mit dem Finger oder Kugelschreiber nach anderen Teilnehmern sticht, fällt auch eher negativ auf.

Abschottungsgesten sehen die Beobachter ebenfalls nicht gerne. Wer mit vor der Brust verschränkten Armen am Tisch sitzt, vermittelt den Eindruck, dass er sich lieber einigeln will. Das spricht natürlich gegen die Teamfähigkeit des Kandidaten. Zu den Blockadegesten gehören aber auch ineinander verschränkte Finger oder rechtwinklig vor den Körper auf die Tischplatte gelegte Unterarme.

Es gibt viele Klippen, die es in der Gruppendiskussion zu umschiffen gilt. Unsere Übersicht »Misslungene Gruppendiskussion« fasst noch einmal die gröbsten Schnitzer zusammen.

Misslungene Gruppendiskussion

Verhalten des Kandidaten:	Deutung der Beobachter:
Der Kandidat schweigt.	Er lässt Engagement vermissen.
Die Kandidatin beißt sich an einem einzelnen Argument fest.	Sie kann nicht komplex denken.
Die Kandidatin redet andere in Grund und Boden.	Ihr mangelt es an Teamfähigkeit.
Der Kandidat geht nicht auf Argumente anderer ein.	Er hat kein Einfühlungsvermögen.
Die Kandidatin schafft es nicht, sich Platz für eigene Wortäußerungen zu erkämpfen.	Sie hat kein Durchsetzungsvermögen.
Der Kandidat wird durch das Ende der Gruppendiskussion überrascht.	Er kann Terminvorgaben nicht einhalten.
Die Kandidatin rutscht im Stuhl immer weiter nach unten.	Sie neigt zur Flucht in schwierigen Situationen.
Der Kandidat zeigt Angriffsgesten.	Er ist ein unsachlicher Störenfried.

So überzeugen Sie in der Gruppendiskussion

Um bei der Gruppendiskussion positiv aufzufallen, ist es wichtig, dass Sie engagiert mitdiskutieren. Damit dies möglich ist, sollten Sie unbedingt die Vorbereitungszeit richtig nutzen. Viel zu viele Kandidaten verschwenden die Vorbereitungszeit damit, herumzugrübeln statt sich Notizen zu machen. Machen Sie es besser!

Stichworte reichen als Notizen vollkommen aus: Für ausformulierte Sätze haben Sie keine Zeit, und Sie würden sich damit auch der notwendigen Flexibilität berauben. Wir bemerken immer wieder, dass die Vorbereitungszettel der Kandidaten viel zu wenige Stichworte zum Thema enthalten. Dann fällt es aber auch schwer, genügend eigenen Input in der späteren Diskussion zu liefern. Unterschätzen Sie nicht den Stress- und Zeitfaktor. Wenn Ihnen in der Vorbereitungszeit gute Argumente durch den Kopf schießen, heißt dies noch lange nicht, dass Sie die gleichen Argumentationslinien auch in der Übung noch abrufen können.

Ihr Ziel sollte es also sein, in der Vorbereitungsphase alle Aspekte des Themas zu skizzieren. Mithilfe dieser Notizen wird Ihnen auch der Einstieg in die Gruppendiskussion viel besser gelingen. Sie können – und sollten – als ersten Wortbeitrag schlagwortartig alle Punkte aufzählen, die Ihrer Meinung nach zum Thema gehören. Diese Vorgehensweise hat den Vorteil, dass Sie den Rahmen vorgeben, in dem die folgende Diskussion verlaufen wird, und Sie vermeiden, dass Sie sich schon zu Anfang an Detailfragen festbeißen. Durch diese strukturierende Einleitung können Sie Pluspunkte sammeln, denn die Beobachter achten nicht nur darauf, ob Sie überhaupt Wortbeiträge liefern, sondern sie registrieren auch, wie Sie das Thema in die einzelnen Bestandteile zerlegen. Schließlich wird der komplex denkende Analytiker gesucht.

Nachdem Sie nun eine erste »Duftmarke« gesetzt haben, müssen Sie auch den Fortgang der Diskussion aktiv mitgestalten. Dazu ist es zunächst wichtig, einen Überblick über die noch zur Verfügung stehende Zeit zu haben. Notieren Sie sich beim Start der Gruppendiskussion die Endzeit auf dem Vorbereitungszettel, dann können Sie sich zwischendurch schnell orientieren, wann das Ende der Diskussion naht. Ein gutes Zeitmanagement hilft Ihnen während der gesamten Gruppendiskussion: Sie können Vielredner mit dem Verweis auf die knappe Zeit stoppen, Schweiger taktisch – im letzten Drittel der Diskussion – miteinbinden, Streit mit dem Verweis auf das nahende Diskussionsende auflösen, Zwischenzusammenfassungen liefern, um die Diskussion zu strukturieren, und Sie können eine Schlusszusammenfassung geben, um das Ergebnis festzuhalten.

Wichtig ist auch der Umgang der Kandidaten miteinander. Die Beobachter sehen es nicht gerne, wenn Kandidaten in der Gruppendiskussion aufeinander losgehen. Rechthaberei ist deshalb der falsche Weg. Nehmen Sie lieber Wortäußerungen anderer auf, binden Sie sie in Ihre eigenen Wortbeiträge mit ein und arbeiten Sie so aktiv auf ein gemeinsames Ergebnis hin.

Statt Äußerungen anderer zu entwerten, können Sie beispielsweise sagen: »Das ist ein interessantes Argument – es passt gut zu meiner These, dass wir uns den Herausforderungen der Globalisierung stellen müssen.«

Es gibt aber nicht nur produktive Äußerungen anderer, die Sie nutzen können, um die Diskussion voranzutreiben. Immer wieder kommt es auch zu unsachlichen Beiträgen bis hin zu Polemik und persönlichen Angriffen. Wer sich aber auf Streit einlässt, begibt sich auf die Verliererstraße. Daher benötigen Sie eine Taktik, mit der Sie Streithähne mäßigen können.

Wir empfehlen Ihnen in solchen Fällen, immer wieder auf das vorgegebene Diskussionsthema und die Pflicht zu verweisen, ein Ergebnis im Sinne des Unternehmens zu erzielen. Sprechen Sie ruhig aus, dass es augenscheinlich Differenzen in der Gruppe gibt, diese aber nicht dazu führen dürfen, dass sich die Diskussion im Kreis dreht, beispielsweise so: »Ich glaube, dass wir die Meinungsverschiedenheit an dieser Stelle nicht auflösen können. Lassen Sie uns in der Diskussion weitermachen, und wenn später noch Zeit ist, können wir ja versuchen, den strittigen Punkt auszuräumen.«

Auch schweigende Teilnehmer sollten Sie an das Thema heranführen. Viele Kandidaten freuen sich über jeden in der Gruppendiskussion, der nichts sagt, weil sie glauben, dass sie selbst dadurch besser dastehen. Dies ist aber ein Trugschluss, denn eine Gruppendiskussion ist nur dann erfolgreich, wenn das Ergebnis von allen Teilnehmern getragen wird. Daher gilt es, schweigende Kandidaten anzusprechen und zu integrieren. Gut geeignet dafür ist das letzte Drittel der Diskussion, denn dann haben Sie schon erste Ergebnisse in der Diskussion erzielt und können die Schweiger nach deren Meinung dazu befragen. Viel früher sollten Sie Schweiger nicht ansprechen, denn Sie sollten zunächst einmal selbst als aktiver Teilnehmer in Erscheinung treten, bevor Sie auf die passiven Kandidaten zugehen.

Für die Beobachter ist bei Ihrem Auftritt in der Gruppendiskussion auch die Körpersprache wichtig. Ihr Verhalten wird deshalb aufmerksam registriert. Hierbei sollten Sie beachten, dass zur Körpersprache nicht nur Gestik, Mimik und Körperhaltung gehören, sondern auch die Lautstärke Ihrer Äußerungen und das Sprechtempo. Besonders das Sprechtempo bereitet Kandidaten immer wieder Schwierigkeiten. Die meisten reden viel zu schnell, um zu verhindern, dass ihnen jemand ins Wort fällt. Bei einem zu hohen Sprechtempo kommt es aber leicht zu einem Informationsbrei, mit dem die anderen Teilnehmer nichts anfangen können. Versuchen Sie, langsamer zu sprechen, und machen Sie zumindest kurze Pausen zwischen den Sätzen. Wenn

Sie dann noch die für das Thema relevanten Schlagworte betonen, unterstützen Sie Ihre Argumente durch die gezielte Modulation Ihrer Stimme. Sowohl die anderen Teilnehmer der Gruppendiskussion als auch die Beobachter können dann heraushören, dass Sie das Thema im Griff haben und die wichtigen Punkte herauskristallisieren können.

Signalisieren Sie mit Ihrer Körpersprache, dass Sie offen für die Anregungen und Einwürfe anderer sind. Nehmen Sie eine aufmerksame Körperhaltung ein, wenden Sie sich dem jeweils redenden Teilnehmer zu und lassen Sie Ihren Blick immer wieder in die Runde schweifen. Achten Sie auch darauf, dass Sie genügend Abstand zur Tischplatte halten und sich nicht zwischen Tischkante und Stuhllehne quetschen. Lassen Sie genug Luft, um sich im wahrsten Sinne des Wortes Handlungsspielraum zu verschaffen.

Mit Zustimmungsgesten wie einem Kopfnicken können Sie die Äußerungen anderer unterstützen und Allianzen schmieden. Setzen Sie die ausgestreckte offene Handfläche ein, um andere in die Gruppendiskussion miteinzubeziehen – schweigende Teilnehmer können Sie mit dieser Aufforderungsgeste und der freundlichen Bitte um deren Meinung leicht in die Diskussion einbinden.

Redet jemand aber zu viel oder gibt nur Belanglosigkeiten von sich, sollten Sie ihn mit sogenannten Stoppgesten unterbrechen. Strecken Sie dazu beispielsweise den Arm mit nach oben abgewinkelter Hand über den Tisch, sodass der ungeliebte Gesprächspartner auf Ihre Handfläche blickt. Wenn Sie diese Geste noch mit einem »Moment!« oder »Halt!« akustisch unterlegen, werden Sie es schaffen, sich wieder selbst aktiv in die Diskussion einzubringen, und haben die Möglichkeit, das Thema sachlich voranzubringen.

In der Übersicht »Überzeugender Einsatz in der Gruppendiskussion« haben wir alle wichtigen Aspekte für einen souveränen Auftritt noch einmal aufgeführt.

Überzeugender Einsatz in der Gruppendiskussion

Verhalten des Kandidaten:	Deutung der Beobachter:
Der Kandidat diskutiert engagiert mit.	Er ist bereit, sich für das Unternehmen zu engagieren.
Der Kandidat beleuchtet das Thema in allen Aspekten.	Er ist ein komplex denkender Analytiker.

Verhalten des Kandidaten:	Deutung der Beobachter:
Die Kandidatin liefert genug eigene Argumente.	Sie ist eine Impulsgeberin, die eine Gruppe voranbringen kann.
Die Kandidatin vermeidet Monologe und lässt auch andere zu Wort kommen.	Sie ist teamfähig.
Die Kandidatin greift Argumente anderer auf.	Sie ist eine gute Führungspersönlichkeit, die für ein gemeinsam getragenes Ergebnis sorgt.
Der Kandidat liefert Zwischen- und Schlusszusammenfassungen.	Er verfügt über ein gutes Zeitmanagement und strukturiertes Denken.
Die Kandidatin sitzt aufrecht und beobachtet die anderen aufmerksam.	Sie zeigt Stärke in der Gruppe und ist wachsam.
Der Kandidat zeigt körpersprachlich Offenheit.	Er ist souverän und selbstsicher.

Wer schon im Berufsleben steht, sollte unsere Tipps zur Gruppendiskussion einmal probeweise im Arbeitsalltag einsetzen: Abteilungsmeetings, Konferenzen oder Treffen von Projektgruppen sind eine gute Gelegenheit, um das neue Wissen zur Diskussionsführung einzusetzen. Probieren Sie einzelne körpersprachliche Gesten aus. Sie werden sehen, dass sich Vielredner mit Stoppgesten gut unterbrechen lassen. Mit Zustimmungs- und Aufforderungsgesten können Sie Zweckbündnisse installieren.

Haben Sie den Berufseinstieg allerdings noch vor sich, können Sie die Gruppendiskussion mit einem Freund oder Bekannten durchspielen. Selbst wenn Sie nur zu zweit an ein Diskussionsthema herangehen, setzt ein Übungseffekt ein: Sie gewöhnen sich daran, ein Thema innerhalb eines knappen Zeitrahmens zu besprechen und tolerant gegenüber anderen Meinungen zu sein, aber auch eigene Vorstellungen durchzusetzen.

Überlassen Sie Ihr Abschneiden in der Assessment-Center-Übung »Gruppendiskussion« nicht dem Zufall. Die Punkte der folgenden Checkliste sollen Ihnen dabei helfen, sich auf den Ernstfall vorzubereiten und dann auch das richtige Diskussionsverhalten einzuschlagen.

Checkliste für Ihre Gruppendiskussion

❑ Nutzen Sie die Vorbereitungszeit, um durch ein umfassendes Brainstorming gute Argumente für das Thema zu sammeln.

❑ Wenn es losgeht: Notieren Sie sich die Anfangs- und Endzeit der Diskussion.

❑ Diskutieren Sie von Anfang an mit.

❑ Beginnen Sie mit den Schlagworten, die Ihnen zum Thema eingefallen sind, und drücken Sie der Gruppendiskussion Ihren Stempel auf.

❑ Unterbrechen Sie Vielredner, damit auch andere zu Wort kommen.

❑ Integrieren Sie Schweiger, indem Sie sie direkt ansprechen.

❑ Lösen Sie Konfrontationen zwischen einzelnen Teilnehmern auf.

❑ Verlieren Sie sich nicht in unfruchtbaren Detaildiskussionen.

❑ Strukturieren Sie die Diskussion mit Zwischenzusammenfassungen.

❑ Arbeiten Sie darauf hin, das vorgegebene Diskussionsthema zu erschließen.

❑ Liefern Sie nach Möglichkeit die Schlusszusammenfassung. Zeichnen Sie nach, wo eine Einigung erzielt wurde und welche Punkte noch offen geblieben sind.

❑ Vermeiden Sie Blockadehaltungen wie vor der Brust verschränkte Arme.

❑ Unterlassen Sie Angriffsgesten wie den ausgestreckten Zeigefinger oder das Herumfuchteln mit einem Stift.

❑ Nehmen Sie eine aufrechte Körperhaltung ein und rücken Sie nicht zu dicht an die Tischkante.

❑ Verwenden Sie einladende Gesten wie die ausgestreckte offene Handfläche, um andere Meinungen einzuholen.

❑ Blicken Sie reihum die anderen Teilnehmer an, wenn Sie eigene Diskussionsbeiträge liefern.

❑ Beobachten Sie stets die anderen Teilnehmer, um zu erkennen, wo Koalitionen geschmiedet werden und wer sich aus der Diskussion zurückgezogen hat.

Mitarbeitergespräch

Ergebnisorientierte Führung, positive Kommunikation und ein reibungsloser Informationsfluss sind für den Führungsalltag unerlässlich. Aus diesem Grund wird auch im Assessment-Center überprüft, ob die Kandidaten richtig informieren und instruieren können. Zu diesem Zweck werden Rollenspiele durchgeführt: Die Kandidaten nehmen die Rolle einer Führungskraft ein, die mit einem Mitarbeiter ein Gespräch mit einer bestimmten Zielvorgabe führen muss.

Das Mitarbeitergespräch ist also eine Übung, in der sich Führungsstärke und ergebnisorientierte Kommunikation gut überprüfen lassen. In Assessment-Centern für angehende Führungskräfte ist diese Übung deshalb in der Regel immer enthalten. Damit Sie auf diese Übung auch vorbereitet sind, zeigen wir Ihnen in diesem Kapitel, wie Sie Ihre Führungsqualitäten erfolgreich in Szene setzen und die Beobachter von Ihren Stärken überzeugen können.

Ihre Führungsqualitäten sind gefragt

Beim Mitarbeitergespräch im Assessment-Center müssen Sie in eine Vorgesetztenrolle schlüpfen, in der es Ihre Aufgabe ist, Mitarbeiter zu kritisieren, aber auch zu motivieren. Zur Vorbereitung der Übung bekommen Sie Schriftstücke, in denen festgehalten ist, welche fiktive Position Sie bekleiden – zum Beispiel Teamleiter, Abteilungsleiter oder Bereichsleiter.

Auch der Mitarbeiter, der zum Gespräch erscheinen wird, wird näher charakterisiert: Sie erfahren etwas über seine bisherige Entwicklung in dem fiktiven Unternehmen, aber auch über seine persönlichen Eigenheiten. Und schließlich bekommen Sie natürlich auch Informationen darüber, was der Anlass für das Mitarbeitergespräch ist.

Ihr Gegenpart, der Mitarbeiter, wird üblicherweise nicht von einem anderen Kandidaten gespielt, um keine Konflikte entstehen zu lassen. In den meisten Fällen übernimmt der Moderator diese Rolle, und manchmal werden sogar extra Schauspieler eingesetzt, die Ihnen als Vorgesetztem das Leben schwer machen sollen.

Erschwerend kommt hinzu, dass der Statusvorteil fehlt, den man als tatsächlicher Vorgesetzter in einem Unternehmen normalerweise hat. Knappe Anweisungen, wie sie im Berufsalltag oft üblich sind, helfen Ihnen deshalb nicht weiter. Sie müssen die Sorgen und Nöte des Mitarbeiters im Gespräch herausfinden, sehr viel Überzeugungsarbeit leisten und vor allem auf die Einsicht des Mitarbeiters hinarbeiten.

Themen in Mitarbeitergesprächen

Situation im Vertrieb:
Ihr Mitarbeiter erzielt nicht genügend Abschlüsse pro Quartal. Motivieren Sie ihn zu mehr Leistung!

Situation im Marketing:
Die neue Marketingassistentin hat sich gut ins Team eingefügt, braucht aber für Arbeitsaufgaben viel mehr Zeit als ihr Vorgänger. Finden Sie die Gründe heraus!

Situation im Callcenter:
Ein Callcenter-Agent ist zum wiederholten Mal zu spät am Arbeitsplatz erschienen. Bringen Sie ihn auf Kurs!

Situation in der Produktion:
Ein Meister verstößt ständig gegen Sicherheitsvorschriften, er leistet aber sehr gute Arbeit und ist nicht entbehrlich. Sorgen Sie dafür, dass er weiterhin gute Arbeit leistet, aber auch die Vorschriften einhält!

Situation im Personalwesen:
Herr Schmidt ist langjähriger Teamleiter im Service und zum zweiten Mal nicht auf seine Wunschposition Abteilungsleiter befördert worden. Erläutern Sie ihm die Entscheidung für einen anderen Kandidaten und halten Sie ihn im Unternehmen!

Situation im Management:
Sie sind Geschäftsführer. Einer Ihrer Abteilungsleiter ist wiederholt mit negativen Äußerungen über das Unternehmen aufgefallen. Stellen Sie ihn zur Rede!

Bevor wir Ihnen zeigen, wie Sie solche Mitarbeitergespräche souverän und erfolgreich führen, möchten wir Sie zunächst auf die Fehler aufmerksam machen, die vielen Kandidaten bei dieser Übung unterlaufen.

Fehler im Mitarbeitergespräch

Der Kardinalfehler beim Mitarbeitergespräch ist die fehlende Sachverhaltsklärung. Es kommt immer wieder vor, dass die Assessement-Center-Kandidaten gar nicht erst versuchen zu klären, was überhaupt vorgefallen ist. Stattdessen halten sie sich viel zu lange an Nebenkriegsschauplätzen auf. Vom gut geschulten Gegenpart werden auch viele Fallen und Fettnäpfchen aufgebaut, in die die Kandidaten dann nur allzu gern hineintappen.

Wer nicht stringent auf das zu kritisierende oder zu ändernde Verhalten eingeht, eröffnet dem Mitarbeiter die Möglichkeit auszuweichen. Schon die Frage »Na, wie geht's uns denn heute?« ist in einem reinen Kritikgespräch kontraproduktiv: Schnell wird der Mitarbeiter die Gelegenheit nutzen und von Eheproblemen, Problemen der Kinder in der Schule, Streit mit Kollegen, stressigen Arbeitsbedingungen oder überfordernden Arbeitsaufgaben erzählen. Dann wird es schwer, wieder zum Thema zurückzukehren.

Außerdem sollte man sich nicht zu weit von der Faktenlage entfernen. Ein guter Vorgesetzter geht nicht auf Gerüchte und Firmentratsch ein. Wir erleben aber immer wieder, dass es schon nach kurzer Zeit im Mitarbeitergespräch gar nicht mehr um das Verhalten des Mitarbeiters, sondern um Fehler der Kollegen, die allgemeine wirtschaftliche Lage oder sogar das schlechte Firmenmanagement geht.

Sie können dem Mitarbeiter nicht einfach ein erhöhtes Budget, mehr Mitarbeiter oder eine drastische Gehaltssteigerung versprechen. Wenn Sie dies tun, werden die Beobachter an Ihrem unternehmerischen Denken zweifeln.

Einige Kandidaten zeigen sich nicht durchsetzungsstark genug und lassen sich vom Mitarbeiter über den Tisch ziehen. Daneben gibt es aber auch diejenigen, die von Anfang an auf Konfrontation setzen. Sie gehen den Mitarbeiter nach dem Motto »Mein Wort ist Gesetz!« hart an und wundern sich dann, dass er den restlichen Gesprächsverlauf über nur noch abblockt. Die Beobachter erwarten, dass Sie den Mitarbeiter auch bei Kritikgesprächen zur inneren Einsicht führen – die Holzhammermethode ist dafür denkbar ungeeignet.

Natürlich wird – wie in allen Assessment-Center-Übungen – auch hier die Körpersprache aufmerksam analysiert. Angriffs- und Einschüchterungsgesten wie zur Faust geballte Hände, der stechende Blick mit vorgerecktem Kopf oder womöglich der Schlag mit der flachen Hand auf die Tischplatte bringen Ihnen massiv Minuspunkte ein. Entwertende Gesten wie wegwischende oder abwinkende Handbewegungen signalisieren den Beobachtern, dass Sie den Mitarbeiter nicht ernst nehmen, und schaden Ihnen daher ebenfalls.

In der Übung »Mitarbeitergespräch« müssen Sie Führungsstärke zeigen. Kandidaten, die zur Selbstaufgabe neigen, im Stuhl versinken, den Blickkontakt vermeiden oder hilflos die Hände zum Himmel recken, wird man Führungsaufgaben nicht zutrauen. Unsicherheitsgesten wie das Herumspielen an Schmuckstücken, Stiften, Papier oder mit den eigenen Haaren sind ebenso schädlich: Sie bescheren Ihnen nicht nur Minuspunkte bei den Beobachtern, sondern laden den Mitarbeiter geradezu ein, die Gesprächsführung an sich zu reißen.

Gespräche ohne Ergebnis gelten als nicht bestanden. Sätze wie »Ich verlasse mich auf Sie« oder »Ich hoffe, wir sind uns einig geworden« bringen ohne eine kontrollierbare Vorgabe nichts. Oft gibt es auch deswegen kein Ergebnis, weil die Kandidaten schlichtweg die Zeit nicht im Blick haben und das Mitarbeitergespräch wegen Zeitüberschreitung ergebnislos abgebrochen werden muss.

Misslungenes Mitarbeitergespräch

Verhalten des Kandidaten:	Deutung der Beobachter:
Der Kandidat greift den Mitarbeiter an.	Der Kandidat hat einen zu autoritären Führungsstil.
Die Kandidatin weicht dem anzusprechenden Problem aus.	Sie hat Schwierigkeiten, auf den Punkt zu kommen.
Die Kandidatin lässt sich vom Thema ablenken.	Sie verfügt über keine konsequente Gesprächsführungskompetenz.
Der Kandidat macht unrealistische Zugeständnisse.	Er verfügt über kein unternehmerisches Denken.
Der Kandidat steigt auf Gerüchte oder Kollegenschelte ein.	Ihm mangelt es an Tatsachenorientierung.

Verhalten des Kandidaten:	Deutung der Beobachter:
Die Kandidatin zeigt Unsicherheits- und Stressgesten.	Sie ist als Führungskraft überfordert.
Die Kandidatin sackt in ihrem Stuhl zusammen.	Sie hat keine Führungsstärke.

So punkten Sie im Mitarbeitergespräch

Um die auf der vorigen Seite genannten Fehler zu vermeiden, sollten Sie sich eine Regel merken: Sie müssen im Mitarbeitergespräch stets Herr beziehungsweise Frau des Geschehens bleiben. Dabei hilft Ihnen das von uns entwickelte Schema für Mitarbeitergespräche. Mithilfe dieses Schemas vermeiden Sie es, dass man Sie in emotionale Fallen lockt, und es fällt Ihnen leichter, das zu verändernde Verhalten des Mitarbeiters immer wieder in den Mittelpunkt zu stellen. In der folgenden Übersicht haben wir die sieben Schritte des Schemas für Sie aufgelistet:

Mitarbeitergespräche souverän führen

1. Begrüßung und Ansprechen des Mitarbeiterverhaltens;
2. Schilderung des beobachteten Verhaltens (ohne Bewertung);
3. Einigung darüber, dass das Verhalten tatsächlich vorlag (ohne Diskussion über die Gründe);
4. Stellungnahme des Mitarbeiters zu den Gründen seines Verhaltens (seine Begründung);
5. eigene Stellungnahme zum Verhalten des Mitarbeiters (Ihre Bewertung);
6. Konsequenzen nennen, falls das Verhalten weiterhin vom Mitarbeiter gezeigt wird;
7. überprüfbares Ergebnis vereinbaren und Kontrollen ankündigen oder Hilfestellung anbieten.

Wenn Sie nach diesem Schema vorgehen, vermeiden Sie den Kardinalfehler im Mitarbeitergespräch, nämlich dass Beobachtung und Bewertung des Verhaltens nicht sauber voneinander getrennt werden. Dies ist aber wichtig, weil der Mitarbeiter nur dann Einsicht zeigen kann, wenn er selbst zugibt, dass er tatsächlich ein Fehlverhalten begangen hat. Kommt beispielsweise ein Mitarbeiter ständig zu spät, müssen Sie erst einstimmig festhalten, dass er tatsächlich häufig nicht rechtzeitig am Arbeitsplatz ist. Erst dann dürfen Sie die Gründe dafür diskutieren, denn sonst wird der Mitarbeiter mit Ihnen die ganze Zeit über unzureichende Verkehrsanbindungen, Sinn und Unsinn von Gleitzeit und zu spät kommende Kollegen diskutieren, ohne seine eigene Unpünktlichkeit zuzugeben.

Steuern Sie das Mitarbeitergespräch stringent am Thema entlang und präsentieren Sie sich dabei als Vermittler zwischen Unternehmens- und Mitarbeiterinteressen. Machen Sie dem Mitarbeiter deutlich, welche Konsequenzen sein Verhalten für das Unternehmen hat, wobei Sie auf Informationswege, abteilungsübergreifende Abstimmung und Vorgaben der Geschäftsleitung verweisen können.

Die Beobachter sehen es gerne, wenn sich Führungskräfte für die Mitarbeiter engagieren und ihnen beispielsweise beim Erstellen eines Projektplans helfen. Beschränken Sie sich jedoch auf Hilfe zur Selbsthilfe: Lassen Sie sich vom Mitarbeiter keine seiner Aufgaben aufs Auge drücken, und entlasten Sie ihn auch nicht unnötig auf Kosten seiner Kollegen.

Auf Ihren Vorbereitungspapieren sollten Sie sich notieren, wann das Rollenspiel zu Ende ist. Überprüfen Sie den Zeitablauf ruhig immer wieder mit einem kurzen Seitenblick auf Ihre Uhr. Wenn sich das Gespräch dem Ende zuneigt, müssen Sie aktiv zum Schluss kommen. Vereinbaren Sie mit dem Mitarbeiter das weitere Vorgehen und das Ziel. Kündigen Sie Kontrollen an oder bieten Sie Hilfestellung. Auf jeden Fall muss das vereinbarte Ergebnis kontrollierbar sein. So können Sie sich beispielsweise zukünftig auf acht Hausbesuche eines Vertriebsmitarbeiters pro Tag einigen, statt einfach nur zu sagen: »Ich erwarte, dass Sie zukünftig Ihr Bestes geben!«

Um die Gesprächsführung jederzeit aktiv zu gestalten, müssen Sie souverän auftreten und flexibel bleiben. Ermuntern Sie Mitarbeiter, die sich ins Schneckenhaus zurückgezogen haben, zu Wortäußerungen. Auf der anderen Seite sollten Sie Monologe von Mitarbeitern mit Stoppgesten unterbrechen.

Das ganze Gespräch über sollten Sie sehr gerade im Stuhl sitzen. Fixieren Sie den Mitarbeiter aufmerksam, ohne in allzu kritisches Stirnrunzeln zu verfallen.

Außerdem können Sie ruhig zwischen entspanntem Zurücklehnen, wenn das Gespräch gut läuft, und leichtem Vorbeugen, wenn der Mitarbeiter schwierig wird, abwechseln.

Gelungenes Mitarbeitergespräch

Verhalten des Kandidaten:	Deutung der Beobachter:
Die Kandidatin führt zuerst eine Sachverhaltsklärung durch.	Sie ist sehr sachorientiert.
Der Kandidat spricht das zu verändernde Verhalten direkt an.	Er ist konfliktfähig.
Der Kandidat führt das Gespräch immer wieder zum kritischen Thema zurück.	Er hat die Gesprächsführung im Griff.
Die Kandidatin bietet realistische Hilfestellung an.	Sie hat Realitätssinn und kennt betriebliche Erfordernisse.
Die Kandidatin hält sich an glaubwürdige und belegbare Fakten.	Sie kann Tatsachen sauber herausarbeiten.
Die Kandidatin setzt nach Bedarf Stopp- oder Aufforderungsgesten ein.	Sie verfügt über ein flexibles Gesprächsverhalten.
Der Kandidat zeigt eine souveräne Körpersprache.	Er ist belastbar.

Als Assessment-Center-Kandidat mit Berufserfahrung können Sie sich auch vorbereiten, indem Sie bisherige Gespräche mit Vorgesetzten noch einmal reflektieren. Wann konnten Sie selbst mit Kritik etwas anfangen, und wann lief es schlecht? In welchen Gesprächen fühlten Sie sich ernst genommen, und in welchen hatten Sie das Gefühl, dass Sie nur den Blitzableiter spielen sollten? Für Hochschulabsolventen gilt: Auch Gespräche mit Professoren, Betreuern im Praktikum oder AG-Leitern können als – guter oder schlechter – Maßstab gelten.

Wenn Sie die Möglichkeit dazu haben, sollten Sie die Übung »Mitarbeitergespräch« in einem Probelauf trainieren. Sie können Freunde oder Bekannte bitten, die Rolle des Mitarbeiters einzunehmen. Instruieren Sie Ihren Gegenpart, dass er ruhig etwas widerspenstig auftreten soll. Mittels einer Videokamera können Sie das Gespräch aufnehmen und anschließend bei der Auswertung feststellen, ob Sie eher zu defensiv oder zu offensiv auftreten.

Checkliste für Ihr Mitarbeitergespräch

❑ Halten Sie im Mitarbeitergespräch unbedingt den vorgegebenen Zeitrahmen ein.

❑ Stellen Sie sich auf den Mitarbeiter ein, so wie er in den Unterlagen, die Sie zur Vorbereitung bekommen haben, beschrieben wurde – aber bleiben Sie gleichzeitig flexibel.

❑ Lassen Sie sich nicht auf Nebenkriegsschauplätze führen, sondern verfolgen Sie das in der Aufgabenstellung genannte Ziel.

❑ Gehen Sie nach unserem Schema für Mitarbeitergespräche vor.

❑ Bleiben Sie bei Zugeständnissen gegenüber dem Mitarbeiter in einem realistischen Rahmen.

❑ Standpauken der Führungskraft führen nicht zur Einsicht.

❑ Bringen Sie schweigsame Mitarbeiter zum Reden.

❑ Unterbrechen Sie renitente Mitarbeiter mit Stoppgesten.

❑ Treten Sie souverän auf: Setzen Sie sich gerade hin, fixieren Sie den Mitarbeiter mit Ihrem Blick und vermeiden Sie unbedingt Unsicherheitsgesten.

❑ Zeigen Sie sich als engagierte Führungskraft, die hinter ihren Mitarbeitern steht. Bieten Sie Hilfe zur Selbsthilfe an.

Kundengespräch

Neben dem Mitarbeitergespräch ist das Kundengespräch ein weiteres Rollenspiel, auf das Kandidaten im Assessment-Center treffen können, vor allem dann, wenn es um zu vergebende Positionen im Vertrieb, Verkauf oder Service geht.

In dieser Übung müssen Sie Überzeugungsarbeit leisten. Ihre Aufgabe wird es sein, einen Kunden für ein Produkt, eine Dienstleistung oder eine Werbeidee zu begeistern. Es geht aber nicht immer um Verkaufssituationen. Manchmal müssen Sie auch mit Kundenbeschwerden, Reklamationen oder Lieferschwierigkeiten fertig werden.

Kundenbedürfnisse im Blick

Bei der Übung »Kundengespräch« stehen Ihr Verhandlungsgeschick und Ihre Belastbarkeit im Vordergrund. Sie müssen beharrlich, aber freundlich auf die vorgegebenen Ziele hinarbeiten. Diese Ziele erhalten Sie mit der Rollenvorgabe, in der Ihre eigene Rolle und die Aufgabenstellung, um die es geht, festgehalten sind. Wie auch in der Übung »Mitarbeitergespräch« erhalten Sie eine Vorbereitungszeit.

Auch hier wird Ihr Gegenpart meistens von dem Moderator oder einem Schauspieler gespielt – in Einzelfällen kommt es aber auch vor, dass andere Assessment-Center-Kandidaten den Part des Kunden übernehmen. Natürlich wird es Ihnen auch in dieser Übung nicht leicht gemacht werden, Ihre Ziele zu erreichen, Der Kunde wird sich stur stellen, sich Ihren Vorschlägen verweigern oder mit Totschlagargumenten operieren.

Damit Sie besser einschätzen können, was Sie genau erwartet, haben wir für Sie eine Liste mit Aufgaben zusammengestellt, die schon einmal in Assessment-Centern aufgetaucht sind:

Aufgabenstellung in Kundengesprächen

»Sie sind Vertriebsmitarbeiter der Hausgeräte AG. Vereinbaren Sie mit der Elektroeinzelhandelskette Super-Preis eine von beiden Seiten getragene Verkaufsförderungsaktion für Haushaltsgeräte!«

»Stellen Sie unser neues Life-Style-Magazin bei Tankstellenpächtern vor und bringen Sie sie dazu, unsere Zeitschrift ins Sortiment aufzunehmen!«

»Unser Unternehmen, die Speicherchip AG, konnte eine Chiplieferung nicht termingerecht abwickeln. Der Kunde, ein PC-Konfektionierer, ist sehr verärgert und droht mit der Aufkündigung der langjährigen Geschäftsbeziehung. Besänftigen Sie den Geschäftsführer der Abnehmerfirma und halten Sie ihn als Kunden!«

»Sie sind Versicherungsberater der Versicherungskonzern AG. Die Vertriebsassistentin hat für Sie einen Termin mit Herrn Schmidt, einem freiberuflich tätigen Architekten, vereinbart. Stellen Sie ihm unsere Angebote zur privaten Rentenversicherung vor und erzielen Sie einen Abschluss!«

»Sie haben einen Termin mit dem Geschäftsführer des Kurierdienstes Express GmbH. Die Express GmbH beabsichtigt, 20 Kleintransporter zu leasen. Holen Sie als Firmenkundenbetreuer der Leasing GmbH den Auftrag für uns herein!«

In den folgenden beiden Kapiteln möchten wir Ihnen zeigen, welche Fehler Sie in dieser Übung unbedingt vermeiden sollten und mit welchen Strategien Sie als überzeugender Verkäufer glänzen können.

Fehler im Kundengespräch

Gerade Kandidaten mit wenig praktischer Erfahrung können in dieser Übung verschiedene Fehler unterlaufen. Wer versucht, den Kunden schlichtweg zu überrollen, indem er ihn mit einem Wortschwall übergießt, begeht einen doppelten Fehler: Zum einen verkennt er, dass sein Gegenpart in den meisten Fällen ein Profi ist und sich nur schwer überrumpeln lassen wird, und zum anderen werden ihm die Beobachter bei dieser Vorgehensweise eine mangelnde Kundenorientierung unterstellen.

Aber auch mit Plattitüden wie »Bei uns bekommen Sie die besten Angebote!« macht man sich den Kunden eher zum Gegner. Dieser wird sich dann nur noch auf das Abblocken der Vorschläge beschränken, und der Verhandlungserfolg rückt in weite Ferne.

Da im Kundengespräch auch die Belastbarkeit des Kandidaten getestet wird, werden die Kunden neben dem eigentlichen Verhandlungsthema oft auch einen Streit auf der emotionalen Ebene anzetteln. Wer hier die Nerven verliert, gilt als nicht stressresistent und lässt aus Beobachtersicht die Fähigkeit vermissen, schwierige Situationen deeskalieren zu können.

Die Belastbarkeit von Kandidaten zeigt sich natürlich auch in ihrer Körpersprache. Von Verkäufern wird erwartet, dass sie souverän und selbstbewusst auftreten – Unsicherheitsgesten geben deshalb Punktabzug. So darf es Ihnen beispielsweise nicht passieren, dass Sie den Kunden mit schlaffem Händedruck und einem Bückling begrüßen.

Außerdem müssen Sie sich beim Kundengespräch auch vor Revierverletzungen hüten. Da im Szenario für die Übungen meistens festgehalten ist, dass das Gespräch in den Räumen des Kunden stattfindet, dürfen Sie beispielsweise nicht ohne nachzufragen Ihre Unterlagen auf dem Schreibtisch des Kunden abladen.

Fehler in der Vorgehensweise oder eine unpassende Körpersprache führen sehr oft zu einem Gesprächsende ohne Verhandlungsergebnis. Ein Ergebnis wird aber erwartet, auch wenn es nur die Vereinbarung eines neuen Termins oder die Zusendung eines durchkalkulierten Angebots ist.

Achten Sie deshalb darauf, dass Ihnen diese Fehler in der Übung »Kundengespräch« nicht passieren. Die häufigsten Patzer haben wir für Sie in der folgenden Übersicht noch einmal zusammengefasst.

Misslungenes Kundengespräch

Verhalten des Kandidaten:	Deutung der Beobachter:
Der Kandidat redet ohne Punkt und Komma auf den Kunden ein.	Er hat keine Kundenorientierung.
Die Kandidatin wirft mit Floskeln und Plattitüden um sich.	Sie nimmt den Kunden nicht ernst.
Die Kandidatin versucht, ihr Angebot durchzuboxen.	Sie neigt zu einer Konfrontationshaltung.

Verhalten des Kandidaten:	Deutung der Beobachter:
Der Kandidat schafft es nicht, den aufgebrachten Kunden zu beschwichtigen.	Er kann keine schwierigen Situationen deeskalieren.
Der Kandidat stellt keine Fragen an den Kunden.	Er ist nicht fähig zum Interessenabgleich.
Die Kandidatin wirkt unsicher.	Sie ist der Verkaufssituation nicht gewachsen.
Der Kandidat beendet das Gespräch ohne Ergebnis.	Ihm mangelt es an Abschlusssicherheit.

So vermitteln Sie Ihre Verkaufsqualitäten

Um die genannten Fehler zu vermeiden, ist es zunächst wichtig, Zugang zum Kunden zu finden. Deshalb sollten Sie zu Beginn des Gesprächs gemeinsame Interessen herausarbeiten – schließlich besteht moderne Verhandlungsführung nicht aus dem Aufeinanderprallen gegensätzlicher Positionen, sondern aus dem *Abgleich* von Interessen. Sie sollten sich in der Assessment-Center-Übung »Kundengespräch« ebenfalls an dieses Vorgehen halten.

Finden Sie mit gezielten Fragen die Interessen des Kunden heraus. Dabei sollten Sie zuerst einmal die generellen Bedürfnisse des Kunden abfragen, bevor Sie ein konkretes Angebot machen. Fragen Sie beispielsweise: »Wäre für Ihre Maschinen nicht eine zuverlässige und kostengünstige Wartung interessant?« Wenn der Kunde grundsätzliches Interesse bekundet, haben Sie den ersten Schritt geschafft und können dann Ihr Angebot nachschieben. Durch dieses Vorgehen verhindern Sie, dass sich der Kunde auf das reine Abblocken Ihrer Vorschläge zurückzieht.

Offene Fragen, auch »W-Fragen« genannt, sind das richtige Instrument, um den Kunden zum Reden zu bringen – beispielsweise durch die Frage: »Welche Aktionen könnten Sie sich vorstellen, um den Absatz unserer Produkte anzukurbeln?« Mithilfe von Alternativfragen können Sie dann das Angebot konkretisieren: »Sollten wir für Sie ein Point of Sale-System installieren, oder sind Sie eher an der Präsentation im bestehenden Regalsystem interessiert?«

Wenn Sie Ihr Angebot machen, sollten Sie darauf achten, dass das Gespräch die sachliche Ebene nicht verlässt – vor allem, wenn der Kunde unsachlich wird. Gehen Sie dann besonders auf den Kunden ein und stellen Sie den Nutzen des Produkts oder der Dienstleistung aus Kundensicht dar. Überlegen Sie sich, an welchen Punkten des Angebots der Kunde Kritik äußern könnte. Dann sind Sie gut vorbereitet und können sich schon vorab entkräftende Gegenargumente überlegen.

Sachliche Äußerungen des Kunden sollten Sie immer ernst nehmen und mit einer realistischen Modifikation Ihres Angebots berücksichtigen. Dabei müssen Sie aber einen ausgeglichenen Mittelweg zwischen den Interessen des Kunden und der Firma finden – Luftschlösser dürfen Sie nicht bauen, denn Sie müssen auch stets die Unternehmensinteressen im Blick behalten.

Wenn Sie immer wieder auf die sachliche Ebene zurückkehren, werden Sie es auch schaffen, schwierige Situationen zu deeskalieren. Hierbei hilft Ihnen die »Ja, aber …«-Technik. Verwenden Sie Formulierungen wie: »Ich gebe Ihnen in diesem Punkt Recht, aber Sie sollten auch bedenken, dass …« oder »Sicherlich ist nicht alles perfekt gelaufen, aber im Sinne unserer guten Geschäftsbeziehung sollten wir nun nach einer Lösung suchen. Ich könnte mir vorstellen, dass … für Sie interessant wäre.« So zeigen Sie, dass Sie Verständnis für die Position des Kunden haben.

Gerade bei der Deeskalation schwieriger Situationen sollten Sie eine sehr offene Körperhaltung einnehmen. Arbeiten Sie mit offenen Handflächen und lösen Sie Blockadegesten wie verschränkte Arme oder weites Zurücklehnen auf. Außerdem sollten Sie langsam und in einer angemessenen Lautstärke sprechen und den Kunden immer wieder mit Namen anreden, um einen persönlichen Draht herzustellen.

Respektieren Sie auch das »Revier« des Kunden: Bevor Sie etwas auf seinen Schreibtisch legen, sollten Sie sich erkundigen, ob ihm dies auch recht ist. Die Sitzposition sollten Sie nach Möglichkeit über Eck wählen, um eine Konfrontationshaltung gar nicht erst entstehen zu lassen.

Sie sammeln Pluspunkte, wenn Sie das Kundengespräch im vorgegebenen Zeitrahmen mit einer kurzen Zusammenfassung der vereinbarten Punkte beenden. Besprechen Sie den weiteren Ablauf, zum Beispiel bis wann die Ware geliefert wird oder wann das nächste Gespräch stattfindet. Beim Abschied besiegeln Sie das Geschäft mit einem kräftigen Händedruck und einem offenen Blick in das Gesicht des Kunden.

Die folgende Übersicht zeigt Ihnen nochmals zusammengefasst, wie Sie die Beobachter positiv beeindrucken können.

Gelungenes Kundengespräch

Verhalten des Kandidaten:	Deutung der Beobachter:
Die Kandidatin sucht aktiv die gemeinsame Interessenlage.	Sie verfügt über Kundenorientierung.
Der Kandidat beleuchtet alle Facetten des Angebots und stellt den Produktnutzen heraus.	Er verfügt über Beratungskompetenz.
Der Kandidat nimmt Einwände vorweg und Äußerungen des Kunden ernst.	Er besitzt Einfühlungsvermögen und bringt anderen Wertschätzung entgegen.
Die Kandidatin deeskaliert schwierige Situationen.	Sie ist konfliktfähig.
Der Kandidat arbeitet mit offenen Fragen.	Er ist dialogfähig und kommunikativ.
Die Kandidatin tritt selbstsicher auf.	Sie ist ein Verkäufertalent.
Die Kandidatin hat am Ende ein Ergebnis erzielt.	Sie ist ergebnisorientiert.

Sie können Kundengespräche simulieren, um sich auf diese Assessment-Center-Übung vorzubereiten. Bitten Sie Freunde oder Bekannte, Ihnen als fiktive Kunden zur Verfügung zu stehen. Setzen Sie sich einen Zeitrahmen, und versuchen Sie, ein bestimmtes Produkt oder eine Dienstleistung an den Mann oder die Frau zu bringen, oder drücken Sie Ihrem Gesprächspartner einen Alltagsgegenstand in die Hand, den er oder sie bei Ihnen aufgebracht reklamieren soll.

Da Sie wissen, in welcher Branche und in welcher Funktion Sie sich bewerben, können Sie die Kundengespräche dahingehend ausrichten. So machen Sie sich auch gleich mit den unternehmenstypischen Produkten und Dienstleistungen vertraut.

Bereiten Sie Ihre Trainingseinheit mit einem Blick ins Internet vor. Dort finden Sie auf den Firmenhomepages die schlagkräftigsten Argumente, die für bestimmte Produkte oder Dienstleistungen sprechen, aufgeführt. Machen Sie sich auf jeden Fall damit vertraut, wie die Unternehmen selbst für ihre Angebote werben – dann können Sie sich der Aufmerksamkeit der Beobachter im Assessment-Center sicher sein. Bei Ihrer Vorbereitung auf diese Übung hilft Ihnen die folgende Checkliste.

Checkliste für Ihr Kundengespräch

❏ Nutzen Sie die Vorbereitungszeit, um eine Strategie für Ihr Kundengespräch zu entwickeln.

❏ Sammeln Sie Pro- und Kontra-Argumente, um auf Einwände vorbereitet zu sein.

❏ Versetzen Sie sich in die Lage des Kunden: Was könnte für ihn wichtig sein?

❏ Sprechen Sie den Kunden bei der Begrüßung und im laufenden Gespräch mit Namen an.

❏ Bringen Sie nicht zu früh ein konkretes Angebot auf den Tisch, sondern holen Sie zunächst die generelle Zustimmung ein, ein bestimmtes Produkt oder eine bestimmte Dienstleistung zu benötigen.

❏ Arbeiten Sie mit offenen Fragen, um den Kunden zum Reden zu bringen.

❏ Nutzen Sie Alternativfragen, um die Wünsche des Kunden einzugrenzen.

❏ Aufgebrachte Kunden sollten die Gelegenheit erhalten, erst einmal Dampf abzulassen. Stimmen Sie sie danach mit »Ja, aber ...«-Techniken auf Ihren Lösungsvorschlag ein.

❏ Setzen Sie sich nach Möglichkeit mit dem Kunden über Eck, und nicht gegenüber.

❏ Nutzen Sie Zustimmungsgesten und -laute, um den Kunden am Reden zu halten.

❏ Schaffen Sie mit offenen Gesten ein Wir-Gefühl und verwenden Sie auch entsprechende Formulierungen.

❏ Begehen Sie keine Revierverletzungen.

❏ Halten Sie am Ende ein Ergebnis fest und liefern Sie eine Zusammenfassung.

Vortrag

In der Übung »Vortrag« müssen die Assessment-Center-Kandidaten beweisen, dass sie ein Thema und das Publikum in den Griff bekommen können. Die Themenstellungen sind üblicherweise so allgemein gehalten, dass jeder Kandidat etwas zum Thema sagen können sollte.

Da die meisten Menschen ohnehin sehr viel Respekt vor öffentlichen Redeauftritten haben, wird die Anspannung der Kandidaten in der Stresssituation Assessment-Center noch zusätzlich erhöht. Deshalb schätzen die Beobachter diese Übung als einen echten, aussagekräftigen Stresstest. Hinzu kommt, dass Präsentationen im modernen Arbeitsalltag einen hohen Stellenwert haben, und deshalb möchte man wissen, ob Sie mit dieser Herausforderung auch zurechtkommen. Stellen Sie unter Beweis, dass Sie informieren, motivieren und überzeugen können.

Präsentieren Sie Ihre Ideen

Präsentationen werden bei der alltäglichen Arbeit zunehmend wichtiger, denn Vorgesetzte, Kollegen und Mitarbeiter wollen informiert und eingebunden werden. Das gilt inzwischen nicht mehr nur für die Bereiche Marketing und Vertrieb – auch in anderen Unternehmensbereichen wie Forschung und Entwicklung, Service und Produktion muss heutzutage Überzeugungsarbeit geleistet werden.

Die unternehmensinterne Abstimmung zwischen einzelnen Bereichen tut ein Übriges: In abteilungsübergreifenden Projektgruppen muss der Input der eigenen Abteilung für die anderen Projektmitglieder verständlich vermittelt werden. Rhetorik- und Präsentationskenntnisse sind in modernen Arbeitsfeldern deshalb sehr von Vorteil.

Wie auch in Projektgruppen dürfen Sie sich also nicht hinter speziellen Fachtermini verstecken. Damit die Informationen auch wirklich aufgenommen und verstanden werden können, müssen Sie sie – zumindest teilweise – visualisieren. Der Medieneinsatz von PowerPoint, Flipchart oder Overheadprojektor ist bei Vorträgen daher unerlässlich.

Nicht immer beschränkt sich diese Übung auf das reine Präsentieren eines Themas. Oft ist auch vorgesehen, dass an den Vortrag eine Fragerunde anschließt, in der sich die Kandidaten kritischen Anmerkungen der Beobachter stellen müssen. Hier ist es vor allem wichtig, sich nicht aus der Ruhe bringen zu lassen und auch auf heftige Kritik souverän und gelassen einzugehen.

Es gibt in dieser Übung noch einen weiteren wichtigen Aspekt: Sie müssen beim Vortrag nicht nur ein Thema und das Publikum, sondern auch sich selbst im Griff haben. Ihre Körpersprache gibt den Beobachtern dabei die entscheidenden Hinweise. Welche körpersprachlichen Fehler Sie vermeiden sollten und wie Sie souverän wirken, zeigen wir Ihnen in den folgenden Unterkapiteln.

Die Vortragsthemen, mit denen Sie in dieser Übung konfrontiert werden können, lassen sich grob in diese drei Themenbereiche einteilen:

1. zukünftige Branchenentwicklung,
2. Mitarbeiterqualifikation,
3. Verbesserungsvorschläge.

Beispielthemen aus diesen drei Bereichen, die bereits in Assessment-Centern eingesetzt worden sind, haben wir in der folgenden Übersicht für Sie zusammengestellt:

Themen für Vorträge

»Wo liegen die vielversprechendsten Wachstumsfelder unserer Branche?«

»Wie lässt sich die Kundenorientierung auf allen Ebenen des Unternehmens verankern?«

»Welche Einsparpotenziale sehen Sie in Ihrer Abteilung?«

»Mit welchen Maßnahmen lässt sich wirkungsvoll eine zu hohe Personalfluktuation eindämmen?«

»Wie sieht die Zukunft der Automobil-/Versicherungs-/Energieversorgerbranche aus?«

»Wie lässt sich Deutschland als Standort für ausländische Investoren interessant machen?«

»Mit welchen Benefits lässt sich die Einsatzfreude der Außendienstmitarbeiter steigern?«

Allgemeine politische Vortragsthemen kommen in Assessment-Centern mit berufserfahrenen Kandidaten nur noch selten vor. Anders sieht es bei Berufseinsteigern aus: Ihnen können auch Themen wie »Rauchverbot in öffentlichen Gebäuden«, »Verbesserung der Hochschul- oder Berufsausbildung« oder »Führerschein mit 17 Jahren« gestellt werden. Diese allgemein gehaltenen Vortragsthemen haben den Vorteil, dass dazu eigentlich jeder Berufseinsteiger etwas sagen können sollte.

Aber auch bei den Themen, die einen beruflichen Bezug haben, erwarten die Beobachter, dass eigentlich jeder Assessment-Center-Teilnehmer mitreden kann. Um sich auf dem Laufenden zu halten, sollten Sie die Tipps beherzigen, die wir Ihnen schon im Kapitel *Gruppendiskussion* zur Vorbereitung gegeben haben: Lesen Sie den Wirtschaftsteil überregionaler Zeitungen, blättern Sie Wirtschaftsmagazine durch oder klicken Sie sich regelmäßig durch die entsprechenden Internetseiten der Zeitungen und Zeitschriften. Dann sollte Ihnen genug zu den möglichen Themen einfallen.

Wenn Sie das Vortragsthema erhalten haben, sollten Sie die Vorbereitungszeit nutzen, um in einem Brainstorming zunächst wahllos Argumente zu sammeln. Anschließend sollten Sie die Argumente sichten und die aussagekräftigsten auswählen. Suchen Sie möglichst Schlagworte mit einer großen Signalwirkung aus, die beim Zuhörer hängen bleiben.

Nun gilt es noch, die jeweiligen Argumente stichwortartig in eine vernünftige Reihenfolge zu bringen. Für den Aufbau Ihrer Präsentation empfehlen wir Ihnen folgendes Schema:

1. Nennen Sie das Thema.
2. Verdeutlichen Sie die Wichtigkeit des Themas für die Zuhörer.
3. Legen Sie die aktuelle Situation detailliert dar.
4. Analysieren Sie diese Situation.
5. Erläutern Sie, wie sie zukünftig aussehen sollte.
6. Zeigen Sie Maßnahmen, wie sich dieses Ziel erreichen lässt.
7. Liefern Sie eine Zusammenfassung mit klaren Handlungsanweisungen.

Wenn Sie sich dann noch überlegen, welche Medien Sie zur Unterstützung einsetzen wollen, können Sie dem Vortrag gelassen entgegensehen. Zunächst möchten wir Ihnen aber gerne noch zeigen, was beim Vortrag alles schieflaufen kann.

Fehler im Vortrag

Bei der Übung »Vortrag« lassen sich alle Fehler beobachten, die auch bei anderen Redeauftritten immer wieder begangen werden. Im Assessment-Center wiegen diese Fehler aber besonders schwer.

Wer sich beim Vortrag schutzsuchend hinter den Tisch stellt, sich am Overheadprojektor festklammert oder in die hinterste Ecke verdrückt, macht natürlich keinen souveränen Eindruck. Gerade in der wichtigen Anfangsphase des Vortrags wird genau registriert, wie der Vortragende die Bühne betritt und sich seinem Publikum stellt. Wer sich eher ängstlich und eingeschüchtert zeigt, kann kaum darauf hoffen, von seinen Zuhörern ernst genommen zu werden.

Manche Kandidaten versuchen, ihre Anspannung im Zaum zu halten, indem sie ihren während der Vorbereitungszeit ausformulierten Vortrag ablesen. Sie hoffen, dass sie dadurch den gefürchteten Blackout umgehen können. Diese Hoffnung kann aber trügen, da das in den Händen gehaltene Papier ein erstklassiger »Zitterverstärker« ist: Eine leichte Nervosität, die sonst unbemerkt bleiben würde, wird durch das vibrierende Papier nicht nur dem Publikum bewusst, sondern auch dem Redner selbst. Unsicheren Kandidaten kann es dann passieren, dass sie den Faden verlieren – also genau das, was sie eigentlich vermeiden wollten. Zudem leidet die Lebendigkeit des Vortrags, wenn man nur vom Papier abliest und das Publikum nicht im Blick behält.

Ein Publikum, das nicht richtig wahrgenommen wird, kann aber auch nicht überzeugt werden. Um das zu vermeiden und um den Vortrag insgesamt aufzulockern, empfehlen wir Ihnen, den Zuhörern die Vortragsinhalte durch einen gekonnten Medieneinsatz zu visualisieren. Im Assessment-Center ist die Verwendung von Laptop und Beamer aber die absolute Ausnahme. Deshalb sollten Sie die traditionellen Medien für Ihren Vortrag einplanen.

Viele Kandidaten machen auch den Fehler, dass sie ihren Vortrag nicht gliedern. Ein Vortrag ohne Gliederung verwirrt aber mehr, als dass er informiert. Hilflose Kandidaten, die ihren Text einfach herunterleiern und nicht deutlich machen können, an welcher Stelle im Vortrag sie sich gerade befinden, hinterlassen den Eindruck, auch sonst unstrukturiert vorzugehen. Gleiches gilt für fehlende Zwischen- und Schlusszusammenfassungen.

Der Respekt der meisten Menschen vor öffentlichen Redeauftritten ist durchaus berechtigt – schließlich steht man als Einzelner vor einer fremden

Horde, ohne zu wissen, wie wohlgesonnen sie einem ist. Daher tauchen gerade im Vortrag massiv die so genannten Unsicherheitsgesten auf: Wer Übersprungshandlungen wie das Kratzen am Kopf, das Reiben der Nase oder das Herumnesteln an der Kleidung zeigt, wirkt allerdings wenig überzeugend.

Aber auch eine körpersprachliche Kampfansage an das Publikum schwächt die eigene Position. Wer auf Zwischenfragen in patzigem Ton antwortet, wegwischende Handbewegungen macht oder womöglich die Fäuste ballt, zeigt nur, dass er schnell die Nerven verliert.

Damit Ihnen diese Fehler nicht passieren, haben wir die häufigsten in der folgenden Übersicht für Sie festgehalten.

Misslungener Vortrag

Verhalten des Kandidaten:	Deutung der Beobachter:
Der Kandidat versteckt sich hinter dem Overheadprojektor oder dem Tisch.	Er hat Angst vor öffentlichen Auftritten.
Der Kandidat liest sein Manuskript ab.	Er hat keine Überzeugungskraft.
Die Kandidatin liefert keine Gliederung und keine Zusammenfassung.	Sie hat eine unstrukturierte Arbeitsweise.
Die Kandidatin spricht zu leise.	Sie hat kein Selbstbewusstsein.
Die Kandidatin setzt keine Medien ein.	Sie verfügt über ein schlechtes Informationsverhalten.
Der Kandidat verknotet seine Beine ineinander.	Er ist unsicher.
Der Kandidat zeigt Übersprungshandlungen wie das Kratzen am Hinterkopf oder das Reiben des Nasenrückens.	Er hat kein souveränes, glaubwürdiges Auftreten.
Die Kandidatin antwortet patzig auf Nachfragen.	Sie ist nicht kritikfähig.

So reden Sie wie ein Profi

Da auch die Beobachter aus eigener – teils leidvoller – Erfahrung wissen, wie sehr Redeauftritte am Nervenkostüm zerren können, lassen sie sich durch einen souveränen Auftritt beim Vortrag beeindrucken.

Um von Anfang an Belastbarkeit und Selbstsicherheit zu demonstrieren, sollten Sie sich unbedingt frei vor das Publikum stellen. Widerstehen Sie der Versuchung, Schutz hinter Gegenständen zu suchen. Treten Sie stattdessen nach vorne und positionieren Sie sich zwischen den Medien, die Sie einsetzen werden, also beispielsweise zwischen Flipchart und Overheadprojektor.

Richten Sie von Anfang an den Blick ins Publikum und sorgen Sie dafür, dass Sie den Blickkontakt immer wieder neu aufbauen, wenn Sie sich zwischenzeitlich mit den verschiedenen Medien beschäftigt haben. Denken Sie also beim Anschreiben an das Flipchart daran, sich immer wieder zum Publikum umzudrehen und Ihre Skizzen zu erläutern.

Achten Sie darauf, dass Sie dem Publikum einen freien Blick auf Ihre Visualisierungen geben. Stellen Sie sich also nicht in den Lichtkegel des Overheadprojektors oder vor das Flipchart. Gute Visualisierungen sollten auch lesbar sein, deshalb sollten Sie für Flipchart, Whiteboard und Overheadfolien große Druckbuchstaben verwenden.

Beachten Sie auch die goldene Präsentationsregel, nicht mehr als sieben Gliederungspunkte auf einer Folie festzuhalten. Wenn Sie mehr zu sagen haben, müssen Sie mehrere Folien anfertigen.

Ihre Vortragsgliederung sollten Sie gleich am Anfang der Präsentation vorstellen. Eine Overheadfolie, die immer wieder aufgelegt werden kann, eignet sich dafür optimal. Sie können aber auch die Hauptgliederungspunkte an das Flipchart oder Whiteboard schreiben oder aber Gliederungskarten an den Metaplan heften.

Ihre Vortragsgliederung wird Ihnen helfen, den Vortrag strukturiert durchzuführen. Sie können dann Ihre Notizen getrost aus der Hand legen und frei vortragen.

Sie sollten auch deswegen frei reden, weil Sie Ihre Hände für unterstützende Gesten brauchen: Sie können Ihre Hände nicht für Aufzählungs-, Unterstreichungs- oder Hinweisgesten nutzen, wenn Sie sie durch ein in den Händen gehaltenes Manuskript blockieren.

Mikrofone werden bei der Vortragsübung selten gestellt. Daher müssen Sie sich um eine angemessene Lautstärke bemühen. Sprechen Sie lieber etwas langsamer als zu schnell. Berücksichtigen Sie, dass das Publikum Ihre Äußerungen dann am besten versteht, wenn Sie sich ihm zuwenden.

Wie bei der Gruppendiskussion, dem Mitarbeitergespräch oder dem Kundengespräch sollte auch Ihr Vortrag mit einem Ergebnis enden. Treffen Sie eine Abwägung zwischen verschiedenen Alternativen, zeigen Sie einen gangbaren Weg auf oder umreißen Sie noch einmal die Maßnahmen, die Ihrer Meinung nach getroffen werden müssen.

In der eventuell anschließenden Fragerunde sollten Sie im Kopf behalten, dass es den Beobachtern hauptsächlich darum gehen wird, Sie aus dem Konzept zu bringen. Lassen Sie sich nicht auf einen Streit ein, sondern verteidigen Sie ruhig und gelassen Ihre Position, indem Sie Ihre schlagkräftigsten Argumente wiederholen. Bleiben Sie auch körpersprachlich souverän: Weichen Sie nicht vor kritischen Fragen zurück, sondern gehen Sie stattdessen lieber einen Schritt auf den Frager zu und blicken Sie ihm freundlich ins Gesicht.

Das Ende der Fragerunde sollten Sie aktiv gestalten. Bedanken Sie sich für die Anmerkungen und Ergänzungen aus dem Publikum und erklären Sie den Vortrag offiziell für beendet. Stürmen Sie dann nicht gleich hektisch von der Bühne. Besser ist es, noch einen Moment stehen zu bleiben und den Blick noch ein letztes Mal ins Publikum zu richten – dann können Sie ruhig an Ihren Platz zurückgehen.

Hier nochmals die wichtigsten Tipps, mit denen Sie die Übung »Vortrag« souverän meistern.

Gelungener Vortrag

Verhalten des Kandidaten:	Deutung der Beobachter:
Die Kandidatin stellt sich frei vor das Publikum.	Sie ist belastbar und selbstsicher.
Die Kandidatin trägt frei vor.	Sie ist überzeugend und kommunikativ.
Der Kandidat arbeitet mit einer Vortragsgliederung und abschließender Zusammenfassung.	Er verfügt über eine klare und strukturierte Vorgehensweise.

Verhalten des Kandidaten:	Deutung der Beobachter:
Die Kandidatin spricht in angemessener Lautstärke direkt ins Publikum.	Sie ist selbstbewusst und standfest.
Der Kandidat setzt Medien ein und liefert anschauliche Beispiele.	Er ist ein mitreißender Redner mit Motivationskraft.
Der Kandidat unterstreicht Äußerungen mit Gesten.	Er kann glaubwürdig auftreten.
Die Kandidatin beendet den Vortrag mit einem Maßnahmenkatalog.	Sie hat Macherqualitäten.
Die Kandidatin bleibt auch bei Nachfragen souverän.	Sie ist standhaft und souverän.

Es lohnt sich, sich zu Hause mit der Strukturierung und dem Aufbau von Vorträgen zu beschäftigen. Sie tun sich auch einen großen Gefallen, wenn Sie sich *vor* dem Assessment-Center die gängigen Argumente und Schlagworte zu aktuellen Themen vergegenwärtigen, beispielsweise durch die Lektüre von Zeitungen und Zeitschriften oder durch eine gezielte Internetrecherche.

Üben Sie zu Hause, unsere Tipps zur Übung »Vortrag« sauber umzusetzen. Als Ersatz für das Publikum können Sie eine Videokamera verwenden. Wenn Sie sich in Aktion filmen, können Sie sowohl einen Lautstärke-Check als auch eine Überprüfung des Blickkontakts und der Körpersprache durchführen. Setzen Sie sich ausgewählte Übungsziele, um ein besseres und souveräneres Vortragsverhalten zu entwickeln. So können Sie sich beispielsweise vornehmen, am Prinzip der freien Hände zu arbeiten, Zwischenzusammenfassungen zu geben oder immer wieder den Blickkontakt zum – imaginären – Publikum aufzubauen.

Mit der folgenden Checkliste stellen wir Ihnen jetzt noch einmal die Essentials für Präsentationen im Assessment-Center vor, die Sie auch bereits bei Ihren Testläufen berücksichtigen sollten:

Checkliste für Ihren Vortrag

❑ Sammeln Sie in der Vorbereitungszeit in einem Brainstorming die wesentlichen Schlagworte zum Thema.

❑ Entwickeln Sie dann ein stichwortartiges Vortragsmanuskript.

❑ Notieren Sie sich Anfangs- und Endzeit des Vortrags auf Ihrem Manuskript.

❑ Überlegen Sie sich, wie Sie die vorhandenen Medien einsetzen können.

❑ Positionieren Sie sich zu Beginn des Vortrags frei vor dem Publikum und legen Sie Papier und Stift aus der Hand.

❑ Wiederholen Sie für die Zuhörer das Thema und legen Sie die Vortragsgliederung dar.

❑ Visualisieren Sie Ihre Vortragsinhalte, um Ihren Vortrag lebendig zu gestalten.

❑ Medieneinsatz ist aktiver Stressabbau. Wechseln Sie deshalb beispielsweise zwischen Flipchart und Overheadprojektor hin und her.

❑ Halten Sie während des Vortrages Blickkontakt mit dem Publikum.

❑ Blockieren Sie sich nicht körpersprachlich und vermeiden Sie Stressgesten, denn sonst verlieren Sie an Glaubwürdigkeit.

❑ Liefern Sie eine Schlusszusammenfassung und stellen Sie, wenn möglich, einen Maßnahmenkatalog vor.

❑ Bleiben Sie in einer eventuell anschließenden Fragerunde ruhig und gelassen, und verfallen Sie auch bei bohrenden Nachfragen nicht in Unsicherheitsgesten oder aggressives Verhalten.

Übungen und Tests

Neben den Übungen aus den vorherigen Kapiteln, in denen es vor allem darum geht, aktiv in Gesprächen, Diskussionen oder Vorträgen vor den Beobachtern zu überzeugen, gibt es im Assessment-Center auch noch verschiedene Übungen und Tests, in denen es nicht vorrangig um Ihre Kommunikationsstärken geht. In diesem Kapitel möchten wir Ihnen drei verschiedene Arten von Tests vorstellen, die gelegentlich in Assessment-Centern durchgeführt werden.

Zuerst werden wir auf die Fallstudien eingehen, bei denen es vor allem darum geht, eine komplexe Aufgabenstellung aus dem Berufsalltag zu lösen. Hier sind analytische Fähigkeiten und ergebnisorientiertes Arbeiten gefragt.

Der wohl bekannteste und häufigste Test im Assessment-Center ist die sogenannte Postkorbübung: Die Kandidaten werden mit einem Stapel Papiere konfrontiert und müssen in kurzer Zeit Termine vergeben, Aufgaben delegieren und Vorgänge beurteilen – es wird also ihre Fähigkeit getestet, schnelle und sinnvolle Entscheidungen zu treffen.

Eine weitere Gruppe von Tests sind die Konstruktionsübungen, in denen die Teamfähigkeit der Kandidaten geprüft wird: In begrenzter Zeit müssen sie aus vorliegenden Materialien ein bestimmtes Produkt anfertigen.

Fallstudie: Ihr analytisches Geschick

Wenn man Ihnen eine Fallstudie zur Lösung vorlegt, sind neben Ihren Soft Skills auch Ihre fachlichen Kenntnisse und Ihr Branchenwissen gefragt. Sie können und sollten hier an Ihre Erfahrungen aus dem beruflichen Alltag anknüpfen. Üblicherweise erhalten Sie ein mit Zahlen und Kennziffern gespicktes Szenario. Dieses Szenario müssen Sie innerhalb der vorgegebenen Zeit auswerten und eine Entscheidungsvorlage erarbeiten. Im Mittelpunkt der Übung »Fallstudie« stehen also Ihre analytischen Fähigkeiten: Sind Sie in der Lage, komplexe Sachverhalte zu durchdringen? Können Sie aus einer abstrakten Datenmenge konkrete Handlungsanweisungen entwickeln?

Fallstudien können Ihnen sowohl als Einzelübung als auch als Gruppenübung begegnen. Im ersten Fall spielt das von Ihnen vorgelegte Ergebnis die entscheidende Rolle, im zweiten Fall geht es neben dem Ergebnis vor allem auch um den Prozess der Ergebnisfindung in der Gruppe. Hier sollten Sie ebenfalls unsere Tipps aus dem Kapitel »Gruppendiskussion« berücksichtigen. Damit Sie eine bessere Vorstellung von dieser Übung bekommen, zeigen wir Ihnen nun die Aufgabenstellung aus den Assessment-Centern eines Markenartikelherstellers:

Fallstudie bei einem Markenartikelhersteller

»Mit unseren beiden erfolgreichsten Produkten wollen wir unseren Hauptkonkurrenten angreifen und die Position als Marktführer in diesem Bereich übernehmen. Entwickeln Sie eine Marketingstrategie mit detaillierter Planung der eingesetzten Medien und einem Zeitplan. Sie haben 60 Minuten Zeit, anschließend präsentieren Sie das Ergebnis vor der Geschäftsleitung.«

Damit Sie die Bearbeitungszeit optimal ausnutzen können, sollten Sie sich zuerst einen Überblick über die zur Verfügung stehenden Informationen verschaffen. Es gibt Fallstudien, die nur einige Seiten Papier umfassen, wir haben aber auch schon solche erlebt, die den Umfang eines prall gefüllten Aktenordners hatten.

Alle Fallstudien sind mit reichlich Zahlenmaterial unterfüttert. So gibt es beispielsweise Angaben zur Personaldecke, zu wichtigen Umsatzträgern, zum Cashflow, zu Investitionskosten und zu Gewinnen beziehungsweise Verlusten. Suchen Sie sich die für Ihre Aufgabenstellung wesentlichen Kennziffern heraus, um Ihre Entscheidungsvorlage auch mit Zahlen versehen zu können.

Da es üblicherweise mehr als einen gangbaren Weg gibt, sollten Sie ruhig mehrere Szenarien entwickeln und bewerten. Allerdings dürfen Sie Ihre Entscheidung dann nicht beliebig halten, sondern müssen sich schon für die optimale Vorgehensweise entscheiden.

Die Visualisierung Ihrer Ergebnisse spielt in dieser Übung eine große Rolle, denn nur so können Sie Ihren Entschluss nachvollziehbar machen. Dabei müssen Sie natürlich einige Präsentationsregeln beachten: Überladen Sie Ihre Folien nicht, setzen Sie lieber Grafiken als Zahlenkolonnen ein und stellen Sie die Kernpunkte Ihrer Entscheidung grafisch heraus.

Checkliste für Ihre Fallstudie

❏ Verschaffen Sie sich zuerst einen Überblick über alle zur Verfügung stehenden Informationen.

❏ Halten Sie die wichtigsten Kennziffern fest.

❏ Erarbeiten Sie Strategien zur Beseitigung der bestehenden Probleme.

❏ Entwickeln Sie alternative Vorgehensweisen, die Sie gegeneinander abwägen.

❏ Arbeiten Sie die Unterschiede zwischen den verschiedenen Alternativen heraus und entscheiden Sie sich für die Ihrer Meinung nach beste Lösung.

❏ Visualisieren Sie Ihre Ergebnisse.

❏ Beachten Sie beim Ergebnisvortrag die Regeln für eine gelungene Präsentation.

Postkorb: Ihre Entscheidungsfreude

Bei der Assessment-Center-Übung »Postkorb« handelt es sich um eine Entscheidungsübung unter Zeitdruck – grob gesagt müssen Sie die Ablage bearbeiten. Sie erhalten einen Stapel von Schriftstücken, verschlossenen Umschlägen und Briefen, oder es kann Ihnen auch passieren, dass Sie den Posteingang Ihres E-Mail-Accounts an einem Computer durchgehen müssen. Ihre Aufgabe ist es dann, in einer bestimmten Zeitspanne alle Vorgänge zu sichten und zu entscheiden, wie Sie mit den enthaltenen Informationen umgehen.

Nicht in jedem Assessment-Center wird die Übung »Postkorb« durchgeführt. Insbesondere bei zweitägigen Auswahlverfahren sollten Sie sich aber darauf einstellen, dass Sie diese Übung erwartet. Das Szenario ist bei der Postkorbübung meistens gleich: Sie nehmen die Rolle einer Führungskraft ein, die kurz vor einer Dienstreise oder einem Urlaub steht. Nun müssen Sie sich noch um Entscheidungsvorlagen, Anfragen, Beschwerden, Notizen von Mitarbeitern und private Angelegenheiten kümmern.

Überfliegen Sie zunächst alle Schriftstücke, die man Ihnen vorgelegt hat. Das ist unbedingt notwendig, denn sonst kann es Ihnen passieren, dass im letzten Schriftstück beispielsweise bekannt gegeben wird, dass sich die Dienstreise um eine Woche verschiebt – und Ihre bisherige Planung damit wertlos wird.

Damit Sie richtig delegieren können, benötigen Sie ein Organigramm des fiktiven Unternehmens. Wird Ihnen keines geliefert, sollten Sie sich selbst eines mit den Mitarbeitern und Kollegen, auf die Sie zurückgreifen können, erstellen. Bei der Terminplanung sollten Sie den zur Verfügung gestellten Kalender verwenden oder selbst einen entwerfen. So überblicken Sie schnell, welche Termine sich überschneiden könnten.

Wichtig ist es bei der Durchsicht der Vorgänge, dass Sie erkennen und auch vermerken, welche zusammengehören oder sich gegenseitig bedingen. Wenn Sie beispielsweise eine Einladung zu einer Konferenz erhalten, kurz darauf aber eine Notiz finden, auf der vermerkt ist, dass die Konferenz auf einen anderen Termin verschoben wurde, müssen Sie natürlich beachten, dass der erste Termin wieder frei geworden ist.

In den Unterlagen werden Sie auch Informationen finden, die für Sie irrelevant sind. Trennen Sie Wichtiges von Unwichtigem, damit Sie keine Energie in Belanglosigkeiten stecken und dadurch in Zeitnot geraten. Eine weitere Unterscheidung, die Sie treffen sollten, ist die in »dringlich« und »nicht dringlich«: Manche Aufgaben können Sie bis nach dem Urlaub aufschieben, andere müssen sofort erledigt werden. Abgeleitet aus den vier Kategorien »wichtig«, »weniger wichtig«, »dringlich« und »weniger dringlich haben wir folgende Übersicht erstellt, die Ihnen bei der Entscheidungsfindung helfen kann:

Entscheidungsmatrix für die Postkorbübung

1. Kategorie: Sehr wichtige und sehr dringliche Vorgänge müssen Sie selbst bearbeiten und entscheiden.
2. Kategorie: Bei sehr wichtigen, aber weniger dringlichen Vorgängen sollten Sie sich die Entscheidung vorbehalten und auf einen späteren Termin verschieben.
3. Kategorie: Weniger wichtige, aber dringliche Vorgänge sollten Sie an Mitarbeiter delegieren.
4. Kategorie: Unwichtige und nicht dringliche Vorgänge sind Zeitfallen, auf die Sie beim Durchsehen nur kurz eingehen und die Sie dann ebenfalls delegieren sollten.

Wenn Sie entscheiden, delegieren und Memos verfassen, sollten Sie sich so verhalten, wie es die Rollenvorgabe auch erfordert. Beachten Sie die Befugnisse, die Sie beispielsweise als Abteilungsleiter haben: Sie dürfen nicht ohne weiteres in andere Ressorts hineinregieren, und auch Fragen der Unternehmensausrichtung sollten Sie lieber der Geschäftsleitung überlassen.

Die Übung »Postkorb« ist auch ein Stresstest. Nur selten reicht die Zeitvorgabe aus, um eine perfekte Lösung zu erarbeiten. Wichtig ist, dass Sie nicht zwischendurch einbrechen. Analysieren Sie die Informationen gründlich, aber zügig, vermerken Sie Zusammenhänge und tragen Sie dann die Termine in den Kalender ein. Dann erst sollten Sie schriftliche Anweisungen und Memos zu den einzelnen Vorgängen verfassen.

Zum Teil schließt sich an den Postkorb ein Gespräch mit einem Beobachter an, der Sie zu den Gründen für Ihre Entscheidungen befragt. Bleiben Sie ruhig, auch wenn man Ihnen an den Kopf wirft, dass Sie gravierende Fehler gemacht haben. Im Wesentlichen möchte man nur überprüfen, ob Sie gute Gründe für Ihre Beschlüsse haben und zu getroffenen Entscheidungen stehen können.

Die Abbildung eines kompletten Postkorbs, den Sie zu Übungszwecken durcharbeiten können, ist aus Platzgründen hier nicht möglich. Sie finden aber einen exemplarischen Postkorb samt Lösungsskizze in unserem Buch *Assessment-Center-Training für Führungskräfte*.

In der »Checkliste Postkorbübung« haben wir die wichtigsten Tipps zur Bewältigung dieser Assessment-Center-Übung für Sie zusammengefasst, damit Sie sich bereits vorher auf diese Übung vorbereiten können.

Checkliste Postkorbübung

❏ Lesen Sie alle gegebenen Informationen, bevor Sie mit der Bearbeitung des Postkorbs beginnen.

❏ Falls nicht vorhanden, fertigen Sie ein Organigramm der beteiligten Personen an, um besser delegieren zu können.

❏ Machen Sie eine saubere Terminplanung mithilfe eines Kalenders.

❏ Unterscheiden Sie, was wichtig, weniger wichtig, dringlich und weniger dringlich ist.

❏ Machen Sie sich Zusammenhänge zwischen einzelnen Vorgängen klar und vermerken Sie diese auf den Schriftstücken.

❏ Denken Sie auch an den betrieblichen Alltag: Was wird üblicherweise delegiert und was übernimmt der Chef oder die Chefin selbst?

❏ Beachten Sie die Rollenvorgabe und treffen Sie Ihre Entscheidungen aus der vorgegebenen Perspektive, beispielsweise als Abteilungsleiter.

❏ Lassen Sie sich nicht von der knappen Zeitvorgabe irritieren. Nur selten ist der gesamte Postkorb in der vorgegebenen Zeit zu schaffen.

Konstruktionsübung: Ihre Kreativität

Konstruktionsübungen werden eher selten in Assessment-Centern eingesetzt. Es besteht in gewisser Weise eine Nähe zu den Gruppendiskussionen, denn Sie müssen in den Konstruktionsübungen ebenfalls unter Zeitdruck in der Gruppe ein Ergebnis erzielen. Bei Konstruktionsübungen steht aber nicht nur die Kommunikations- und Teamfähigkeit der Teilnehmer im Vordergrund, sondern es kommt auch das praktische Handeln hinzu. Manchmal lässt man auch Gruppen gegeneinander antreten, um durch die Wettbewerbssituation den Stressfaktor zu erhöhen.

Damit Sie sich ein besseres Bild davon machen können, was sich hinter der Konstruktionsübung verbirgt, haben wir für Sie einige Aufgabenstellungen aus Assessment-Centern aufgelistet:

Themen in Konstruktionsübungen

»Sie erhalten Pappkartons, Klebstoff und Scheren. Konstruieren Sie im Team eine Brücke, die von einem Tisch zum anderen reichen soll und mindestens einen Meter überbrücken kann!«

»Wir stellen Ihnen einen Karton mit Bauklötzen zur Verfügung. Entwerfen Sie aus diesen Bauklötzen ein Gebilde, das die optimale Teamstruktur wiedergibt!«

»Entwerfen und fertigen Sie aus den zur Verfügung gestellten Materialien eine Verpackung für ein rohes Ei. Ihre Verpackung muss das Ei so schützen, dass es einen Sturz aus 80 Zentimetern Höhe unbeschadet übersteht!«

Bei der Konstruktionsübung müssen Sie sowohl einen eigenen Beitrag für die Lösung leisten als auch an einer ergebnisorientierten Atmosphäre in der Gruppe mitarbeiten. Versuchen Sie nicht, das Geschehen an sich zu reißen. Lassen Sie durchblicken, dass Sie Lösungsideen haben, aber bemühen Sie sich auch, die Stärken der anderen Teammitglieder herauszufinden.

Optimalerweise haben Sie die Pausen im Assessment-Center dazu genutzt, sich die Namen der Mitkandidaten einzuprägen und auch die eine oder andere Information zum beruflichen Hintergrund behalten. Dann können Sie jetzt Ihre Mitstreiter namentlich ansprechen und sie beispielsweise bitten, ihr Ingenieurwissen, ihre Architekturkenntnisse oder ihr grafisches Geschick einzusetzen.

Bevor Sie sich in die Übung stürzen, sollten Sie in der Gruppe einen gangbaren Lösungsweg erarbeiten. Einigen Sie sich mit den anderen auf ein schrittweises Vorgehen. Sie müssen dafür natürlich eigene Impulse liefern, aber es ist ebenso wichtig, die anderen mit ihren Vorschlägen ernst zu nehmen.

In Konstruktionsübungen kann es passieren, dass sich das Team in Detaillösungen verbeißt. In diesem Fall müssen Sie gegensteuern – lassen Sie zur Not zwei Prototypen erstellen, um sich dann letztendlich in der Gruppe für die besser funktionierende Lösung zu entscheiden.

Auch persönliche Spannungen zwischen Mitkandidaten sollten Sie neutralisieren und Animositäten wie »immer diese neunmalklugen Techniker« oder »typisch Marketing, viel Gerede um nichts« entschärfen. Betonen Sie, dass nur das gemeinsame Vorgehen zum Erfolg führen wird und man auf die konstruktive Mitarbeit aller angewiesen ist. Im Gegenzug sollten Sie deshalb auf konstruktive Beiträge Ihrer Mitarbeiter auch besonders eingehen und diese ausdrücklich loben, um eine positive Arbeitsatmosphäre zu schaffen.

Gerade bei der Konstruktionsübung vergeht die Zeit sehr schnell, da die meisten Kandidaten sich sehr aktiv mit eigenen Vorschlägen einklinken. Achten Sie darauf, dass die Lösung innerhalb der vorgegebenen Zeit gefunden wird. Statt mit einer 150-prozentigen, höchst innovativen Lösung an der

Zeit zu scheitern, sollten Sie lieber einer einfachen, aber praktikablen Lösung den Vorzug geben.

Sollten Sie auf die sehr selten eingesetzte Konstruktionsübung treffen, hilft Ihnen unsere *Checkliste für Ihre Konstruktionsübung* bei der erfolgreichen Bewältigung:

Checkliste für Ihre Konstruktionsübung

- ❏ Konstruktionsübungen sind in der Regel Gruppenübungen. Zeigen Sie, dass Sie sich produktiv ins Team integrieren können.
- ❏ Schwören Sie die Gruppe auf ergebnisorientiertes Handeln ein.
- ❏ Erarbeiten Sie gemeinsam mit den anderen Lösungsschritte, bevor Sie ans Werk gehen.
- ❏ Trennen Sie konstruktive von weniger konstruktiven Lösungsvorschlägen.
- ❏ Verhindern Sie, dass sich die Gruppe an Details festbeißt und die Lösung aus den Augen verliert.
- ❏ Bringen Sie bei der Lösungsfindung Ihre eigenen Stärken und Qualifikationen in die Gruppe ein.
- ❏ Suchen Sie nach besonderen Fähigkeiten der Mitkandidaten, die bei der Bewältigung der Aufgabe nützlich sein können.
- ❏ Setzen Sie die Fähigkeiten der anderen gezielt ein.
- ❏ Lösen Sie Spannungen zwischen den Mitkandidaten auf.
- ❏ Loben Sie gelungene Vorgehensweisen und produktive Ideen der anderen.
- ❏ Behalten Sie die Zeit im Blick.

Heimliche Übungen

In Assessment-Centern stehen Sie die ganze Zeit unter Beobachtung. Leider vergessen manche Kandidaten, dass auch ihr Auftritt in den Pausen zählt. In den sogenannten »heimlichen Übungen« machen sich die Beobachter ein Bild von Ihnen abseits der harten Bewerbungsfakten. Natürlich ist es verlockend, den Druck von sich abfallen zu lassen, wenn man mit einer Übung durch ist. Leider schlägt sich das für die Kandidaten eher negativ nieder. Deshalb ist es wichtig, auch in den heimlichen Übungen souverän zu bleiben.

Ständig unter Beobachtung

Sie wissen selbst, dass Ihr Bild von Kollegen, Mitstudenten oder Bekannten ganz entscheidend auch von deren Auftritt in der Kantine, in der Mensa oder beim sonstigen geselligen Beisammensein bestimmt wird. Genauso ist es auch im Assessment-Center: Es spielt durchaus eine wichtige Rolle, wie Sie sich in den Kaffeepausen, der Mittagspause oder auch am Abend beim geselligen Zusammensein verhalten.

Fehler bei heimlichen Übungen

Widerstehen Sie unbedingt der Versuchung, nach den Übungen in den Pausen nachzulegen. Lassen Sie beispielsweise die Gruppendiskussion nicht noch einmal aufflammen, nur weil Sie sich in der Übung von anderen Teilnehmern falsch verstanden gefühlt haben, – dadurch schaden Sie sich eher, als dass es Ihnen einen Nutzen bringt.

Manchmal wird dann auch gerne über Teilnehmer, die Art der Assessment-Center-Durchführung, Kollegen, Vorgesetzte oder Minderheiten gelästert. Auch das leider oft typische Kantinenverhalten, zu kritisieren, zu nörgeln oder sich zu beklagen, bricht in den Pausen gerne durch. Kandidaten, die aber ein negatives Weltbild vor sich hertragen, können schnell die positiven Eindrücke aus den Übungen verspielen.

Häufig gibt es auch die Neigung, sich zu verkriechen und sich den Gesprächen zu entziehen. Kandidaten verschwinden bei längeren Pausen gerne in ihrem Zimmer oder lassen bei zweitägigen Assessment-Centern das abendliche Beisammensein ausfallen. Damit wecken sie aber deutliche Zweifel daran, dass sie tatsächlich der gesuchte, sozial kompetente Wunschkandidat sind.

Es können viele Patzer in den Pausen passieren, die das Bild der Beobachter von den Kandidaten mit beeinflussen. Damit sie Ihnen nicht passieren, haben wir sie noch einmal zusammengefasst:

Misslungene heimliche Übung

Verhalten des Kandidaten:	Deutung der Beobachter:
Der Kandidat zieht sich in den Pausen zurück.	Er ist introvertiert.
Die Kandidatin lästert über andere Teilnehmer.	Sie ist intrigant.
Der Kandidat äußert sich nur negativ.	Er ist übermäßig krisenorientiert.
Die Kandidatin vergisst ständig die Namen anderer Teilnehmer.	Sie ist nicht souverän im Small Talk.
Die Kandidatin wirkt unsicher im Kontakt mit den Beobachtern.	Sie hat kein Selbstbewusstsein.

So punkten Sie bei den heimlichen Übungen

Unter Stress zeigt sich bei vielen Menschen ein anderes Verhalten als in entspannter Atmosphäre. Bei Ihrem Auftritt im Assessment-Center müssen Sie diese Erkenntnis berücksichtigen und darauf achten, dass Sie diesen Druck in den Pausen nicht unkontrolliert an andere weitergeben oder sich still ins Schneckenhaus zurückziehen.

Zeigen Sie sich stattdessen als im Small Talk erfahrener, kontaktfreudiger Kandidat. Sie sollten von sich aus auf andere Teilnehmer zugehen und einige nette Worte wechseln. So stellen Sie auch in den Pausen Ihr kommunikatives Geschick unter Beweis und geben sich als integrierender Teamplayer.

Ein wichtiger Punkt, den Assessment-Center-Teilnehmer immer wieder vernachlässigen, ist das namentliche Ansprechen von Mitkandidaten, Moderator und Beobachtern. Wer Schwierigkeiten damit hat, sich Namen zu merken, sollte sich einen kleinen Notizzettel machen, auf dem die Namen mit einem persönlichen Erkennungsmerkmal vermerkt sind. Auf diese Weise können Sie zusätzlich punkten, denn das Ansprechen mit Namen hat stets eine positive Wirkung: Auch die Beobachter werden erfreut registrieren, dass Sie souverän auf andere zugehen können.

Wenn Beobachter in den Pausen das Gespräch mit Ihnen suchen, sollten Sie dies als kleine Auszeichnung sehen. Die Entscheider sind dann von Ihren Übungsleistungen angetan und möchten Sie näher kennen lernen. Geben Sie ruhig ein paar Kenndaten zu Ihren beruflichen Erfahrungen, ansonsten sollten Sie aber beim unbelasteten Small Talk bleiben.

Die folgende Übersicht zeigt Ihnen nochmals, wie Sie auch in den heimlichen Übungen überzeugen – damit sich der positive Eindruck, den die Beobachter in den anderen Übungen von Ihnen gewinnen konnten, weiter verfestigt.

Gelungene heimliche Übung

Verhalten des Kandidaten:	Deutung der Beobachter:
Der Kandidat betreibt Small Talk mit anderen Teilnehmern.	Er verfügt über Kommunikationsgeschick.
Der Kandidat sucht den Kontakt zu anderen Kandidaten.	Er ist teamfähig.
Die Kandidatin betont in den Gesprächen positive Aspekte.	Sie ist erfolgsorientiert.
Die Kandidatin spricht Teilnehmer, Beobachter und Moderator mit Namen an.	Sie ist sicher im Small Talk und kann einen persönlichen Draht aufbauen.
Der Kandidat bleibt im Pausengespräch mit den Beobachtern souverän.	Er ist selbstbewusst.

Damit Ihnen beim Small Talk nicht der Gesprächsstoff ausgeht, sollten Sie sich vor dem Assessment-Center einige allgemeine Themen überlegen, über die Sie mit den anderen Teilnehmern sprechen können. Vermeiden Sie kontroverse Themen, damit keine schlechte Stimmung entsteht, und bleiben Sie in Ihren Wortäußerungen positiv. Erwähnen Sie Erfolge aus dem Berufsleben, aber beschränken Sie sich nicht ausschließlich auf Berufliches. Denken Sie an Ihre Hobbys, Urlaubsreisen oder Ihre Familie, um den Small Talk in der Zeit zwischen den offiziellen Übungen in Schwung zu bringen.

Checkliste für die heimlichen Übungen

❏ Bedenken Sie, dass das Assessment-Center auch in den Pausen weitergeht.

❏ Suchen Sie von sich aus den Kontakt zu den anderen Teilnehmern.

❏ Betreiben Sie Small Talk und lassen Sie Berufliches dabei möglichst außen vor.

❏ Emotional belastete Themen wie Religion, Parteizugehörigkeit, schlüpfrige Witze oder kontroverse politische Ansichten haben im Small Talk nichts verloren.

❏ Insbesondere in zweitägigen Assessment-Centern sollten Sie bei passender Gelegenheit auch einige Worte mit den Beobachtern wechseln.

❏ Beachten Sie bei den Mahlzeiten die gängigen Tischmanieren und verzichten Sie auf Alkoholgenuss.

Selbsteinschätzung

Für die Beobachter ist es interessant, das Bild, das sie von Ihnen durch die Bewerbungsunterlagen und vor allem in den einzelnen Übungen des Assessment-Centers gewonnen haben, mit Ihrem Selbstbild abzugleichen. Daher ist die Übung »Selbsteinschätzung« in einige Auswahlverfahren integriert worden. Ein Sonderfall ist die vorgeschaltete Selbsteinschätzung, das heißt, bevor Sie in das Assessment-Center gehen, werden Sie gebeten, einen Bogen mit Fragen zu Ihrem Selbstbild auszufüllen.

Wie sieht Ihr Selbstbild aus?

Für die Beobachter ist es natürlich besonders wichtig, herauszufinden, ob Sie sich überhaupt selbst die neue Stelle zutrauen. Daher spielt das Bild, das Sie von sich haben, eine große Rolle. In der Übung »Selbsteinschätzung« wird nicht nur indirekt überprüft, ob Sie etwas von sich selbst und Ihren Leistungen halten, sondern auch direkt erfragt, wie Sie sich einschätzen.

Diese Selbsteinschätzung kann anhand eines Fragebogens oder auch eines strukturierten Interviews durchgeführt werden. Üblicherweise müssen Sie Ihre Leistung im Assessment-Center in Relation zu denen der anderen Kandidaten setzen, oder Sie werden gefragt, ob Sie glauben, die Anforderungen der Beobachter erfüllt zu haben. In der folgenden Übersicht stellen wir Ihnen typische Fragen vor, die in der Übung »Selbsteinschätzung« gestellt werden können:

Fragen zu Ihrem Selbstbild

»Was haben Sie in diesem Assessment-Center über sich gelernt?«

»Bewerten Sie Ihre Gesamtleistung im Assessment-Center mit einer Schulnote!«

»Geben Sie auf einer Skala von 1 bis 5 an, wie Sie jeweils in den einzelnen Übungen abgeschnitten haben. 1 steht dabei für nicht ausreichende Leistungen, 5 für sehr gute Leistungen.«

»In welchen Bereichen sehen Sie bei sich Verbesserungsbedarf?«
»Wer war Ihrer Meinung nach der beste Kandidat?«
»Ordnen Sie Ihre Mitkandidaten bitte in drei Gruppen. Wer hat über-
durchschnittliche Leistungen erbracht, wer durchschnittliche und wer
unterdurchschnittliche?«

Auch in dieser Übung ist taktisches Vorgehen gefragt. Sie dürfen kein negatives Bild von sich zeichnen, denn wenn schon Sie selbst nicht an sich glauben, werden es auch die anderen nicht tun. Grundsätzlich sollten Sie sich im
oberen Mittelfeld einordnen, besonders gute Leistungen sollten Sie aber auch
als solche herausstellen.

Auf jeden Fall sollten Sie Angriffe auf andere Kandidaten oder womöglich
die Art der Übungsdurchführung vermeiden. Leider gibt es immer wieder
Teilnehmer in Assessment-Centern, die die Übung »Selbsteinschätzung«
nutzen, um Dampf abzulassen. So ein Verhalten entwickelt sich zum Bume-
rang, denn die Kritik fällt immer auf Sie selbst zurück.

Versuchen Sie auch nicht, unzureichende Leistungen mit einer schlechten Tagesform, Nervosität, dem Anflug einer Erkältung oder einer missver-
ständlichen Übungsanweisung zu rechtfertigen. Man wird Ihnen sonst attes-
tieren, dass Sie zur Schuldverschiebung neigen und stets die Fehler bei
anderen suchen.

Bleiben Sie besser in Ihren Aussagen beschreibend und begründen Sie Ihre
Meinung mit konkreten Beispielen aus der jeweiligen Übungsdurchführung.
Sie brauchen in der Selbsteinschätzung keinem Idealbild nachzujagen. Setzen
Sie Ihre Leistungen objektiv in Bezug zu denen der anderen Kandidaten, und
heben Sie hervor, dass Ihnen des Öfteren etwas besonders gut gelungen ist.

Checkliste für Ihre Selbsteinschätzung

❏ Setzen Sie sich mit Ihren Stärken und Schwächen auseinander, damit Sie sich besser einschätzen können.

❏ Übertriebenes Eigenlob ist genauso wenig gefragt wie die Neigung,
sich selbst unter Wert zu verkaufen.

❑ Ihre Beurteilung über Ihr eigenes Abschneiden im Assessment-Center sollte realistisch sein.

❑ Wenn Sie Übungen gut bewältigt haben, sollten Sie das auch herausstellen.

❑ Messen Sie sich nicht an einem abgehobenen Idealbild, sondern beurteilen Sie Ihre Leistungen im Vergleich zu den anderen Kandidaten.

Online-Assessment

Der Siegeszug des Internets macht auch nicht vor dem klassischen Assessment-Center Halt. Daher sollten Sie auch gerüstet sein, um im Ernstfall zu wissen, was genau auf sie zukommt.

Richtig geklickt

Aus Sicht mancher Firmen gibt es einige gute Argumente, um Kandidaten im Online-Assessment zu testen. Große Mengen von Bewerbern lassen sich per elektronischem Test im Ankreuzverfahren kostengünstig auf eine deutlich geringere Zahl reduzieren. Hinzu kommt, dass umfangreiche und zeitlich aufwändige Tests im Internet ohne personalintensiven Betreuungsaufwand angeboten werden können.

Nicht zuletzt spielt auch das Personalmarketing eine Rolle. Da Online-Assessments noch der Ruf des Unbekannten anhaftet, »spielen« besonders aufgeschlossene und computerinteressierte Hochschulabsolventen oder Ausbildungsplatzsuchende gerne bei den Online-Assessments der bisher wenigen Anbieter mit. Diese Firmen bringen sich auf diese Weise als moderne und attraktive Arbeitgeber ins Gespräch.

Prinzipiell sind Online-Assessments von Online-Bewerbungsformularen zu unterscheiden. Bei den Online-Bewerbungsformularen handelt es sich um standardisierte Erfassungsbögen, mit denen ähnlich wie im Lebenslauf berufliche Kenntnisse, EDV- und Sprachkenntnisse erfragt werden. Bei den Online-Assessments handelt es sich hingegen um Ankreuztests im Internet.

Man stellt Ihnen also verschiedene Aufgaben, um herauszubekommen, ob bestimmte gewünschte Eigenschaften oder Persönlichkeitsmerkmale in der als notwendig erachteten Ausprägung vorhanden sind. Gerade Persönlichkeitstests werden im Online-Assessment gerne eingesetzt. Diese Tests sind wegen ihrer nur eingeschränkten Vorhersagekraft für den beruflichen Erfolg am Arbeitsplatz allerdings umstritten. Die gute Nachricht für Sie als Bewerber: Persönlichkeitstests lassen sich mit etwas Übung leicht durchschauen und deshalb auch aushebeln.

Die Konstrukteure der Online-Assessments suchen – genau wie im klassischen Assessment-Center auch – in der Regel einen ganz bestimmten Menschentypus: den unternehmerisch denkenden, entscheidungsfreudigen und stressresistenten Teamplayer. Berücksichtigen Sie dieses Leitbild, wenn Sie sich durch die Übungen klicken.

Nähere Informationen darüber, wie Sie Ihr Antwortverhalten ausrichten sollten, liefert Ihnen ein gründlicher Blick auf die Stellenausschreibung des suchenden Unternehmens, die meist auch auf der Firmenhomepage zu finden ist. Bevor Sie mit Ihrem Online-Assessment beginnen, sollten Sie sich also intensiv mit den Anforderungen der zu vergebenden Stelle, aber auch mit der speziellen Unternehmenskultur auseinandersetzen. Wird ein durchsetzungsstarker Macher gesucht oder eher ein konsensorientierter Teamplayer? Handelt es sich um ein dynamisches Unternehmen mit flachen Hierarchien oder einen Konzern mit eher traditionellen Entscheidungswegen?

Da Ihnen die Antwortmöglichkeiten zu den einzelnen Fragen üblicherweise vorgegeben sind, sollten Sie ohne Scheu die Variante anklicken, die Ihrer Überzeugung nach für die zu vergebende Stelle am meisten Sinn macht. Nehmen Sie das Online-Assessment nicht zu ernst: Die tatsächliche Entscheidung, ob Sie bei gerade diesem Unternehmen anfangen möchten oder nicht, treffen Sie sowieso erst nach einem persönlichen Kontakt im Vorstellungsgespräch.

Damit es zu diesem persönlichen Treffen kommt, sollten Sie sich zunächst alle Optionen offen halten, sprich: beim Online-Assessment die Antworten auswählen, die Ihrer Meinung nach bei den Personalverantwortlichen gut ankommen werden. Und auch für das Unternehmen ist das Online-Assessment ja in der Hauptsache nur ein Vorauswahl-Test, um die Bewerberzahl überschaubar zu halten.

Da auch im Online-Assessment das Motto »Versuch macht klug« gilt, brauchen Sie den ersten Durchlauf nicht gleich mit der Preisgabe Ihrer persönlichen Daten zu starten. Setzen Sie auf den Trainingseffekt und loggen Sie sich beim ersten Mal unter einer Scheinidentität ein. So können Sie sich mit den Fragen und dem Ablauf vertraut machen, ohne befürchten zu müssen, schlecht abzuschneiden. Wenn Sie dann gut vorbereitet sind, geht es in den zweiten Durchlauf – dann allerdings mit Ihrer wirklichen Identität.

Dieses Vorgehen empfiehlt sich auch deshalb, weil nicht alle Unternehmen, die Online-Assessments einsetzen, mit offenen Karten spielen, indem sie mehr oder weniger heimlich die Zeit messen.

Dass auch Ihr Zeitmanagement im Online-Assessment überprüft wird, wird allerdings nur selten schon im Vorfeld bekannt gegeben. Diese Tatsache ist also ein weiteres Argument dafür, immer zuerst einen anonymen Probelauf zu machen.

Nutzen Sie unsere *Checkliste für Ihr Online-Assessment*, um beim digitalen Auswahlverfahren nicht schon vorzeitig aussortiert zu werden.

Checkliste für Ihr Online-Assessment

- ❏ Online-Assessments sind keine Online-Bewerbungen. Es werden also nicht nur berufliche Qualifikationen, sondern auch Persönlichkeitsmerkmale mithilfe von Tests abgefragt.
- ❏ Führen Sie zu Übungszwecken erst einen Probedurchlauf mit einer ausgedachten Identität durch.
- ❏ Machen Sie sich vor dem Online-Assessment noch einmal das Stellenprofil klar: Was ist für die Stelle besonders wichtig? Welche Persönlichkeitsmerkmale sind gefragt?
- ❏ Klicken Sie bei den Fragen die Antwortmöglichkeiten an, die zu der zu vergebenden Stelle am besten passen.
- ❏ Berücksichtigen Sie bei Ihren Antworten, dass in der Regel unternehmerisch denkende, entscheidungsfreudige und stressresistente Teamplayer gesucht werden.
- ❏ Bedenken Sie, dass manche Firmen bei Übungen im Online-Assessment die Zeit stoppen, die die Kandidaten benötigen. Dies wird nicht immer vorher mitgeteilt. Arbeiten Sie daher immer zügig.

Tipps für den Testtag

Wie gelingt ein guter Start in den Testtag?

Personalverantwortliche wundern sich manchmal, wie unvorbereitet einige Bewerber zum Testtag erscheinen. Deswegen sollten Sie sich vor dem Testtag noch einmal ins Gedächtnis rufen, welche Informationen Sie über die Firma haben. Schauen Sie im Zweifelsfall lieber noch einmal auf die Unternehmenshomepage und recherchieren Sie aktuelle Meldungen zu der Firma im Internet.

Für den Hinweg sollten Sie sich unbedingt genügend Zeit nehmen. Sehen Sie schon ein paar Tage vorher nach, wann welche Bahnen oder Busse fahren und wie lange Sie brauchen werden. Seien Sie lieber etwas zu früh da! Wenn Sie sich abhetzen müssen, um gerade noch rechtzeitig zu erscheinen, geraten Sie nur noch mehr unter Stress.

Ein letzter Tipp: Bitte schalten Sie Ihr Handy vor dem Betreten der Firma aus. Es wäre nicht nur peinlich, sondern würde auch noch Ihre Nervosität steigern, wenn mitten im Test Ihr Handy klingelt.

Welches Outfit passt?

Glücklicherweise sind die Anforderungen an die Kleidung von Bewerbern nicht mehr ganz so verstaubt, wie es früher der Fall war. Sie haben heutzutage mehr Möglichkeiten, Ihre Persönlichkeit auch optisch zu unterstreichen. Allerdings ist diese Freiheit nicht unbegrenzt.

Bewerber, die einen Ausbildungsplatz im Banken- oder im Versicherungsgewerbe suchen, sollten seriös auftreten. Zum Vorstellungsgespräch erwartet man generell Bewerber mit ordentlicher und adretter, also eher etwas konservativer Kleidung. Dabei gilt es, die Branche im Blick zu behalten, in der man später arbeiten will.

Was tun gegen Testangst?

Es ist völlig normal, wenn Sie dem Testtag mit gemischten Gefühlen entgegensehen, schließlich wollen Sie im Test eine gute Leistung abliefern.

Die wichtigste Vorarbeit, um sich gegen Testangst zu wappnen, haben Sie bereits geleistet: Sie haben sich mithilfe dieses Ratgebers umfassend mit typischen Testaufgaben auseinandergesetzt und Ihre Kenntnisse in vielen Bereichen aufgefrischt. Dabei haben Sie gesehen, dass es ganz unterschiedliche Aufgabentypen gibt. Sie werden in einigen Bereichen vielleicht mehr Punkte als in anderen sammeln. Das ist in Ordnung, schließlich hat jeder Mensch unterschiedliche Fähigkeiten und Stärken. Sie müssen nicht alles perfekt lösen können! Die Firmen erwarten dies auch gar nicht. Sie können zufrieden sein, wenn Sie ein Ergebnis im oberen Drittel erzielen.

Sollte ein Test trotz aller Anstrengungen einmal nicht so ausfallen wie gewünscht, hilft es, sich in Erinnerung zu rufen, dass der Einstellungstest bei der Auswahl von Bewerbern nur ein Baustein unter vielen ist. Die meisten Firmen legen genauso viel Wert auf praktische Erfahrung oder einen überzeugenden Auftritt im Vorstellungsgespräch. Es gilt: Bereiten Sie sich so gut vor, wie es Ihnen möglich ist, dann müssen Sie sich später nicht über leichtfertig vergebene Chancen ärgern.

Aus unserer langjährigen Erfahrung wissen wir, dass die Angst vor dem Test oft schlimmer ist als der Test selbst. Nutzen Sie also Ihre Chancen, packen Sie die Testvorbereitung an, damit Sie Sicherheit für den Testtag gewinnen!

Schlusswort: Hurra, ich habe den Einstellungstest überlebt!

Welche Strategie führt zum Ziel?

Viele Menschen verteufeln Einstellungstests. Immer wieder erzählen uns Bewerber, es sei doch völlig gleich, ob und wie man sich auf Tests vorbereiten würde, da das Ergebnis stets Glückssache sei und man als Bewerber sowieso in die Rolle des Bittstellers, mit dem die Arbeitgeber doch machen würden, was sie wollen, gedrängt werde. Andere haben eine etwas differenziertere Meinung zu diesem Thema. Sie zählen die Teilnahme an Eignungstests vielleicht nicht gerade zu ihren Lieblingsbeschäftigungen, bereiten sich aber gründlich vor und kommen dadurch mit den gestellten Aufgaben gut zurecht. Und genau diese Strategie im Umgang mit Einstellungstests empfehlen wir auch Ihnen.

Alles Glückssache?

Die Realität zeigt: Mit Einstellungstests ist es wie mit allen anderen Prüfungen und Tests. Irgendwann kommt der festgesetzte Prüfungstermin, dann gibt man sein Bestes und wartet ab, welches Ergebnis dabei herauskommt. Unserer Erfahrung und unserer Überzeugung nach gilt hier das Gleiche, was auch für alle anderen Prüfungen und Tests gilt: Wer sich im Vorfeld Gedanken darüber macht, welche Aufgaben ihn erwarten könnten und sich entsprechend vorbereitet, steigert damit seine Chancen auf ein besseres Abschneiden – im Gegensatz zu demjenigen, der nur auf sein Glück vertraut. Und mit dieser Ansicht stehen wir nicht allein da, auch viele Ausbildungs- und Personalverantwortliche verweisen immer wieder darauf, dass man sich mithilfe von Testratgebern doch ausreichend vorbereiten könne und die meisten Aufgaben und Übungen in Einstellungstests deshalb auch offene Geheimnisse seien.

Ernst, aber nicht zu ernst

Nehmen Sie Einstellungstests als Herausforderung und Hürde ernst, aber lassen Sie sich nicht von den vermeintlichen Anforderungen derart unter Stress setzen, dass Sie völlig handlungsunfähig werden und am liebsten weglaufen oder den Kopf in den Sand stecken möchten. Es gibt viele Wege zum Wunscharbeitsplatz, und nicht immer führt der direkte Weg im ersten Anlauf zum angestrebten Ziel. Grundsätzlich setzen sich die Bewerberinnen und Bewerber durch, die sich mit den Wünschen der Firmen an künftige Mitarbeiter intensiv auseinandergesetzt haben, die sich über die Abläufe in Einstellungstests, Vorstellungsgesprächen und Gruppenübungen informiert haben, die ihre Interessen, Neigungen und Stärken kennen und glaubwürdige Argumente dafür liefern können, warum sie sich für einen bestimmten Beruf entschieden haben.

Wer unterstützt Sie?

Wenn Sie mitten im Bewerbungsverfahren stecken, benötigen Sie Zuspruch und Unterstützung, damit Sie genügend Kraft und Ausdauer haben, um Ihre beruflichen Wünsche zu verwirklichen. Halten Sie sich deshalb fern von Menschen, die übertrieben pessimistisch sind, die bei jeder Gelegenheit Weltuntergangsstimmung verbreiten und die sich mutlos einem vermeintlich vorbestimmten Schicksal hingeben. Wir sehen unsere Rolle schon seit mehr als 15 Jahren darin, Bewerberinnen und Bewerbern Mut zu machen, ihnen zu erklären, welche Spielregeln bei der Bewerberauswahl gelten, und konkrete Empfehlungen dafür auszusprechen, was bei der Vorbereitung auf die verschiedenen Auswahlverfahren wirklich sinnvoll ist. Wir hoffen, auch Ihnen mit unseren Übungsaufgaben, Lösungstipps, Praxisbeispielen und Erklärungen erfolgreich zur Seite gestanden zu haben.

Viel Erfolg im Einstellungstest wünschen Ihnen

Christian Püttjer & Uwe Schnierda

P.S.: Wenn Sie Anmerkungen oder Ergänzungen zu unseren Übungen haben, schicken Sie bitte eine E-Mail an team@karriereakademie.de. Wir freuen uns auch über Schilderungen Ihrer ganz persönlichen Testerlebnisse.

Lösungen

Wissenstest: Allgemeinbildung

Europäische Union

1. b	8. d	15. a	22. c	29. a	36. c	43. a
2. c	9. d	16. d	23. b	30. c	37. d	44. a
3. a	10. a	17. c	24. a	31. d	38. b	45. c
4. b	11. c	18. b	25. d	32. c	39. c	46. b
5. c	12. d	19. c	26. b	33. d	40. c	
6. d	13. a	20. c	27. d	34. a	41. d	
7. a	14. b	21. b	28. b	35. d	42. a	

Wirtschaft

47. a	59. c	71. b	83. c	95. b	107. c	119. a
48. c	60. d	72. a	84. a	96. a	108. b	120. c
49. d	61. c	73. c	85. b	97. b	109. a	121. d
50. a	62. d	74. d	86. d	98. c	110. c	122. b
51. d	63. a	75. b	87. c	99. b	111. a	123. c
52. b	64. a	76. b	88. d	100. b	112. d	124. b
53. c	65. b	77. d	89. a	101. d	113. c	125. a
54. a	66. a	78. c	90. b	102. d	114. d	126. b
55. b	67. b	79. d	91. c	103. c	115. c	127. b
56. b	68. c	80. b	92. d	104. b	116. c	
57. c	69. a	81. d	93. b	105. d	117. a	
58. d	70. c	82. b	94. a	106. b	118. b	

Geografie

128.	d	136.	b	144.	d	152.	b	160.	c	168.	c	176.	d
129.	c	137.	c	145.	c	153.	d	161.	a	169.	b	177.	c
130.	d	138.	a	146.	d	154.	a	162.	c	170.	b		
131.	c	139.	b	147.	c	155.	d	163.	d	171.	a		
132.	b	140.	b	148.	a	156.	a	164.	a	172.	b		
133.	d	141.	d	149.	c	157.	d	165.	d	173.	a		
134.	c	142.	c	150.	d	158.	d	166.	b	174.	b		
135.	a	143.	c	151.	a	159.	d	167.	d	175.	b		

Geschichte

178.	b	184.	c	190.	c	196.	d	202.	a	208.	d	214.	b
179.	c	185.	b	191.	a	197.	b	203.	b	209.	b	215.	a
180.	c	186.	a	192.	d	198.	a	204.	c	210.	c	216.	c
181.	a	187.	b	193.	d	199.	c	205.	b	211.	b	217.	a
182.	d	188.	c	194.	b	200.	c	206.	a	212.	d	218.	d
183.	a	189.	d	195.	c	201.	c	207.	c	213.	d		

Politik

219.	c	228.	d	237.	d	246.	c	255.	b	264.	a	273.	c
220.	c	229.	c	238.	d	247.	d	256.	c	265.	a	274.	c
221.	c	230.	a	239.	c	248.	b	257.	a	266.	d	275.	b
222.	c	231.	d	240.	c	249.	a	258.	b	267.	b	276.	a
223.	a	232.	a	241.	b	250.	d	259.	a	268.	d	277.	c
224.	c	233.	b	242.	b	251.	b	260.	b	269.	d	278.	d
225.	a	234.	a	243.	d	252.	d	261.	a	270.	b		
226.	b	235.	d	244.	c	253.	d	262.	a	271.	d		
227.	b	236.	a	245.	d	254.	d	263.	d	272.	a		

Kultur

279.	a	283.	a	287.	a	291.	a	295.	c	299.	b	303.	c
280.	d	284.	d	288.	c	292.	c	296.	b	300.	b		
281.	c	285.	b	289.	b	293.	c	297.	b	301.	a		
282.	b	286.	d	290.	b	294.	b	298.	d	302.	b		

Religion

304. c	308. d	312. c	316. a	320. a	324. d
305. c	309. c	313. b	317. d	321. c	325. a
306. b	310. a	314. c	318. d	322. d	
307. a	311. b	315. b	319. c	323. a	

Entdecker und Erfindungen

326. c	330. b	334. b	338. c	342. a	346. b	350. a
327. b	331. d	335. a	339. a	343. b	347. a	
328. c	332. b	336. c	340. c	344. a	348. c	
329. a	333. a	337. d	341. d	345. c	349. b	

Naturwissenschaften

351. c	359. a	367. c	375. b	383. b	391. a	399. c
352. d	360. d	368. b	376. c	384. a	392. c	400. b
353. a	361. b	369. d	377. a	385. c	393. c	
354. b	362. d	370. a	378. a	386. b	394. a	
355. a	363. a	371. b	379. d	387. a	395. b	
356. b	364. c	372. b	380. c	388. d	396. d	
357. a	365. b	373. a	381. b	389. d	397. c	
358. d	366. b	374. b	382. d	390. a	398. b	

Medien und Computer

401. b	404. b	407. c	410. c	413. a
402. d	405. d	408. b	411. b	414. d
403. b	406. c	409. a	412. a	415. d

Wissenstest: Rechtschreibung

Überflüssige Buchstaben

1. Fahrrrad
2. Fiesch
3. Fäehre
4. Väerkehr
5. Bahnhoff
6. Kahrdiogramm
7. Günsstling
8. Jahpaner
9. Einleihtung
10. defennsiv

11. Karamellye
12. energiebewunsst
13. Ennquete
14. Flöair
15. Kommenntar
16. Ligteraturkritik
17. dableibben
18. Medailljon
19. Dankesformehl
20. pflichtwiedrig

21. Fliehder
22. einnmotten
23. fuhrehn
24. flexiebel
25. beißßen
26. Gyryos
27. Neoklassizissmus
28. Baikallsee
29. Queadriga
30. Reiemplantation

Fremdwörter richtig schreiben

1. c, 2. a, 3. d, 4. b, 5. b, 6. a, 7. d, 8. c, 9. c, 10. a, 11. c, 12. a

Schnell durchgestrichen

1. verspinnen
2. Verschlussstreifen
3. Katastrophe
4. Ostinato
5. Staatsaffäre
6. Orthopädie
7. Tristesse
8. Koeffizient
9. Reykjavik
10. Opportunität
11. narzisstisch
12. überstrapazieren
13. Myrtenzweig
14. Trophäe
15. Restsüße

16. Rhythmus
17. Megahertz
18. Transpiration
19. Ingenieur
20. Königsstuhl
21. Rollladenschrank
22. Existenzphilosophie
23. Tranquilizer
24. vollkritzeln
25. Koalition
26. Mythologie
27. sekundär
28. Multiplikand
29. Lohnsteuer
30. Kolloquium

Sprichwörter richtig schreiben

1. Wer im Glashaus sitzt, soll nicht mit Steinen werfen.
2. Erfahrung ist der Name, den die Menschen ihren Irrtümern geben.
3. Wer die Laterne trägt stolpert leichter, als wer ihr folgt.
4. Ein Lügner muss ein gutes Gedächtnis haben.
5. Man sollte viel öfter nachdenken, und zwar vorher.

Fehlerteufel im Griff

1. Tischler	31. Tourenplanung	61. Herausforderung
2. ledig	32. Termine	62. senden
3. Insolvenz	33. Sonderanfertigungen	63. Unterlagen
4. Firma	34. Behörden	64. Vertriebstrainer
5. vorwiegend	35. Einbauküchenplanung	65. Beschwerdetraining
6. Innenausbau	36. Zeitdruck	66. Servicetraining
7. Segellehrer	37. Ermittlung	67. Produktschulung
8. Holztechniker	38. Trainingsbedarf	68. Telefonverkauf
9. Auslieferung	39. Durchführung	69. Dienstleistungsschulung
10. Montage	40. Dokumentation	70. freiberuflich
11. Einbauküchen	41. Schulungsaktivitäten	71. Zeitmanagement
12. Kunden	42. Vermarktung	72. Selbstmotivation
13. Nachbesserung	43. eigenständige	73. Verhandlung
14. Reklamationen	44. Konzepte	74. Mitarbeiterleitfäden
15. Einarbeitung	45. Erarbeitung	75. Personalreferent
16. Kollegen	46. Fachwissen	76. Neukundengewinnung
17. Umbau	47. fundiertes	77. Kostensenkung
18. gastronomischer	48. Vertrieb	78. Maßnahme
19. Einbau	49. Berufserfahrung	79. Koordination
20. Zeitarbeit	50. mindestens	80. Salesaufgaben
21. Umsatzsteuer	51. ausgeprägtes	81. Direktmarketing
22. Auftraggebern	52. Verhandlungsgeschick	82. Reisekosten
23. Bauleitung	53. souveräner	83. Absprache
24. Immobilien	54. Umgang	84. Arbeitgeber
25. Sanierung	55. Kunden	85. nebenberuflich
26. Fincas	56. Management	86. Kursschwerpunkte
27. Appartments	57. zielorientierte	87. Berufsweg
28. Messen	58. Arbeitsweise	88. Abstimmung
29. Events	59. Rhetorik	89. Gehaltsvorstellung
30 Preisverhandlungen	60. Präsentation	90. Grüßen

Der Sinn von Abkürzungen

1. z. B. = zum Beispiel
2. u. a. = und andere
3. Jh. = Jahrhundert
4. franz. = französisch
5. eigtl. = eigentlich
6. allg. = allgemein
7. u. = und
8. Geogr. = Geografie
9. EDV = elektronische Datenverarbeitung
10. Abk. = Abkürzung
11. dt. = deutsch
12. KFZ = Kraftfahrzeug
13. Okt. = Oktober
14. med. = medizinisch
15. jmd. = jemand
16. kath. = katholisch
17. USA = United States of America
18. ev. = evangelisch
19. A. T. = Altes Testament
20. lat. = lateinisch
21. etw. = etwas
22. o. ä. = oder ähnlich
23. Plur. = Plural
24. Ggs. = Gegensatz
25. Sing. = Singular
26. Anm. = Anmerkung
27. u. Ä. = und Ähnliches
28. Abt. = Abteilung
29. AG = Aktiengesellschaft
30. zzt. = zurzeit
31. MdB = Mitglied des Buntestags
32. m. a. W. = mit anderen Worten
33. u. U. = unter Umständen
34. usw. = und so weiter

Wissenstest: praktische Mathematik

Diagramme interpretieren

Die Allfinanz-Bank

1. nicht zutreffend
2. nicht zutreffend, über die Höhe von Abschlusszahlen sagen prozentuale Zu- und Abnahmen nichts aus.
3. zutreffend
4. nicht zutreffend, die Steigerung beträgt wie ausgewiesen 1,4 Prozent
5. zutreffend
6. zutreffend
7. nicht zutreffend, die prozentualen Steigerungen sagen nichts über Wertzuwächse in der Einheit Millionen aus
8. zutreffend
9. nicht zutreffend, die Steigerung beträgt wie ausgewiesen 0,3 Prozent

Die Autoversicherungs AG

1. nicht zutreffend
2. zutreffend
3. nicht zutreffend
4. zutreffend
5. nicht zutreffend, über die Niederschlagswahrscheinlichkeit gibt es keine Informationen
6. nicht zutreffend, es sind Unfallzahlen und nicht Prozentzahlen angegeben.
7. nicht zutreffend, dies ist dem Diagramm nicht zu entnehmen

8. zutreffend
9. nicht zutreffend

Schätzaufgaben

1. e, 2. b, 3. a, 4. e, 5. c, 6. d, 7. c, 8. c

Prozentrechnen, Zinsrechnen

1. 30 Euro, 2. 225 Euro, 3. 3 240 Euro, 4. 70 Prozent, 5. 624 Euro,
6. 500 Brötchen, 7. 646 Erwachsene, 8. 1 980 Jungen, 9. 90 Euro, 10. 12 Prozent

Maße und Gewichte

1. a, 2. c, 3. b, 4. d, 5. a, 6. b

Dezimalzahlen

1. b, 2. c, 3. c, 4. d, 5. a, 6. b

Bruchrechnen

1. d, 2. c, 3. d, 4. a, 5. b, 6. b

Kettenrechnen

a. 71, b. 57, c. 56, d. 46, e. 24, f. 40, g. 48, h. 42, i. 20, j. 20, k. 20, l. 24,
m. 7, n. 13, o. 14, p. 11, q. –7, r. –5, s. 6, t. 14, u. 12, v. 15

Textaufgaben

1. 14,5 Liter, 2. 12 Tage, 3. 2 940 Gramm, 4. 75 Kilometer, 5. 126 Stundenkilometer, 6. 975 Euro, 7. Marie 20, Nikolaj 40, Sascha 120 Euro, 8. 16 Zentimeter

Falsche Zahlenreihen

1. 42, 2. 18, 3. 32, 4. die zweitgenannte 23, 5. 116

Wissenstest: Englisch

Mixed excercises

1. c, 2. a, 3. b, 4. c, 5. d, 6. a, 7. d, 8. d, 9. a, 10. c, 11. d, 12. a, 13. b, 14. a,
15. d, 16. c, 17. b, 18. c, 19. c, 20. b, 21. c, 22. b, 23. a, 24. d, 25. b, 26. d,
27. b, 28. a, 29. c, 30. d, 31. c, 32. d, 33. c, 34.d, 35. c, 36. a, 37. c, 38. d,
39. a, 40. d, 41. b, 42. c, 43. a, 44. b, 45. b, 46. c, 47. d, 48. c, 49. d, 50. c

Wortbedeutung

1. b, 2. a, 3. a, 4. c, 5. d, 6. c, 7. b, 8. a, 9. d, 10. b, 11. c, 12. d, 13. a, 14. b,
15. d, 16. c, 17. c, 18. b, 19. a, 20. d

Richtige Schreibweise

1. a, 2. a, 3. b, 4. a, 5. b, 6. b, 7. b, 8. a, 9. a, 10. b, 11. a, 12. b, 13. b, 14. a,
15. b, 16. a, 17. a, 18. b, 19. a, 20. a

Grammatiktest

1. you look	11. he is reading	21. he has been sleeping
2. he came	12. Anne was taking	22. he had been eating
3. I do	13. it is having	23. he helped
4. we bought	14. we were carrying	24. you started
5. they sing	15. Ron will give	25. I wrote
6. you ran	16. she would hope	26. she knew
7. she has paid	17. they will meet	27. we rang
8. it had gone	18. they would like	28. they let
9. they have talked	19. he has been being	29. you will be making
10. we had cooked	20. Sally had been living	30. I will have spent

Lückentext

Last year my friend and I went[1] (go) to London on holiday. We stayed[2] (stay) in a youth hostel near Piccadilly Circus. The hostel was not/wasn't[3] (not be) very nice, but at least the other guests were[4] (be) friendly.

One evening my friend and I decided[5] (decide) to go for a drink. We found[6] (find) a nice bar near the hostel and bought[7] (buy) two drinks.

While we <u>were drinking</u>[8] (drink) them, two tough-looking men <u>walked</u>[9] (walk) into the bar. They <u>sat</u>[10] (sit) down at a table. They <u>did not see/didn't see</u>[11] (not see) us because we <u>were sitting</u>[12] (sit) in a dark corner. We <u>listened</u>[13] (listen) to their conversation for a few minutes and soon <u>realised</u>[14] (realise) that they <u>were talking</u>[15] (talk) about a bank robbery ...

Wissenstest: Berufswissen

Was macht eigentlich ein ...?

Ihr Beruf: Informatikkauffrau

Aufgabe 1: Analyse von Geschäftsprozessen
Aufgabe 2: Ermittlung von informationstechnischem Bedarf im Betrieb
Aufgabe 3: Schulung von Anwendern
Aufgabe 4: Einführung informations- und telekommunikationstechnischer Systeme
Aufgabe 5: Betreuung von informations- und telekommunikationstechnischen Systemen

Was gehört wozu?

Kaufmännischer Bereich: 1, 5, 6, 11, 15
Technischer Bereich: 2, 4, 8, 10, 14
Pflegerischer Bereich: 3, 7, 9, 12, 13

Intelligenztest: logisches Denken

Symbolanalogien

1. d, 2. d, 3. a, 4. b, 5. d, 6. b, 7. c, 8. e, 9. a, 10. a, 11. d, 12. c, 13. a, 14. a
15. c, 16. e, 17. a, 18. b, 19. a, 20. c

Ablaufdiagramme

KFZ-Schadensabwicklung
1. b, 2. c, 3. a, 4. d

Monitor prüfen
1. c, 2. a, 3. b

Müll sortieren
1. b,   2. d,   3. c,   4. a

Telefonanbieter
1. a,   2. d,   3 b,   4. c

Welcher Dominostein ist der richtige?

1. f,   2. a,   3. b,   4. e,   5. d,   6. b,   7. c,   8. c,   9. f,   10. a,   11. e,   12. d,   13. e,   14. b,
15. f,   16. d

Zahlenreihen

1. (Reihe: + 1 + 2 + 3 + 4 + 5 + 6 + 7)	X = 38	Y = 47
2. (Reihe: – 1 + 2 – 1 + 2 – 1 + 2 – 1)	X = 7	Y = 6
3. (Reihe: + 3 – 2 – 1 + 3 – 2 – 1 + 3 – 2)	X = 19	Y = 22
4. (Reihe: + 7 – 9 + 7 – 9 + 7 – 9 + 7 – 9)	X = 64	Y = 55
5. (Reihe: + 4 – 2 + 1 + 4 – 2 + 1 + 4 – 2)	X = 11	Y = 15
6. (Reihe: × 2 + 1 × 2 + 1 × 2 + 1)	X = 446	Y = 447
7. (Reihe: : 2 : 2 : 2 : 2 : 2 : 2 : 2)	X = 6	Y = 3
8. (Reihe: – 4 + 6 – 5 + 7 – 6 + 8 – 7 + 9)	X = 32	Y = 42
9. (Reihe: × 2 – 2 × 2 – 2 × 2 – 2 × 2 – 2)	X = 452	Y = 450
10. (Reihe: × 3 – 3 × 3 – 3 × 3 – 3 × 3 – 3)	X = 24	Y = 72
11. (Reihe: – 11 – 13)	X = 75	Y = 62
12. (Reihe: + 15 + 17 + 19)	X = 89	Y = 112
13. (Reihe: + 4 + 12 + 36)	X = 166	Y = 490
14. (Reihe: – 51 – 52 – 53)	X = 201	Y = 146
15. (Reihe: – 2 + 3 – 4 + 5 – 6)	X = 30	Y = 22
16. (Reihe: × 2 × 2 – 5 × 2 × 2)	X = 551	Y = 1102
17. (Reihe: + 2 – 13 + 4 – 10 + 6 –7)	X = 13	Y = 9
18. (Reihe: × 2 + 4 × 3 + 5 × 4 + 6)	X = 730	Y = 737

Buchstabenreihen

1. + 1 + 2 + 3 ...
   weiter: + 4, also K

2. – 1 + 2 – 1 + 2 ...
   weiter: – 1, also I

3. + 2 – 4 + 2 – 4 ...
   weiter: + 2, also Q

4. – 4 – 3 – 2 ...
   weiter: – 1, also M

5. + 2 – 2 + 3 – 3 ...
   weiter: + 4, also O

6. + 5 – 1 + 5 – 1 ...
   weiter: + 5, also N

7. – 6 + 5 – 4 + 3 ...
   weiter: – 2, also V

Zahlenmatrix

1. 14   (Weg: + 6 + 5)
2. 29   (Weg: – 24 – 19)
3. 10   (Weg: × 2 × 2)
4. 22   (Weg: – 22 + 3)
5. 1/9   (Weg: : 3 : 3)
6. 1,3   (Weg: : 11 : 10)
7. 157   (Weg: + 135 + 99)
8. 12   (Weg: × 3 : 4)
9. 1   (Weg: : 4 : 4)

Richtig fortsetzen

1. b, 2. a, 3. b, 4. c, 5. d, 6. c, 7. c, 8. a, 9. d, 10. a, 11. d, 12. c

Welcher Wochentag?

1. Donnerstag
2. Sonntag
3. Dienstag
4. Freitag
5. Sonnabend
6. Montag
7. Mittwoch
8. Dienstag
9. Donnerstag
10. Donnerstag

Schlussfolgerungen

1. Konstantin
2. Sarah
3. Anke
4. Harald
5. Volkan
6. nicht lösbar
7. Adriane
8. nicht lösbar
9. Maurizio
10. nicht lösbar

Intelligenztest: räumliches Vorstellungsvermögen

Würfel zuordnen

1. b, 2. c, 3. c, 4. d, 5. a, 6. d, 7. a, 8. d, 9. c, 10. b, 11. d, 12. b, 13. c, 14. c, 15. c, 16. a, 17. d, 18. b, 19. d, 20. a, 21. c, 22. b, 23. d, 24. c

Formen kombinieren

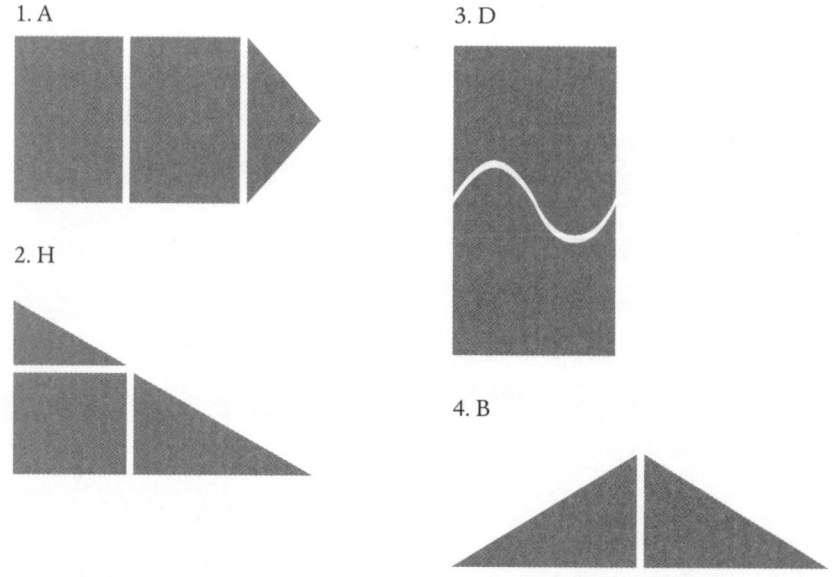

1. A

2. H

3. D

4. B

5. H

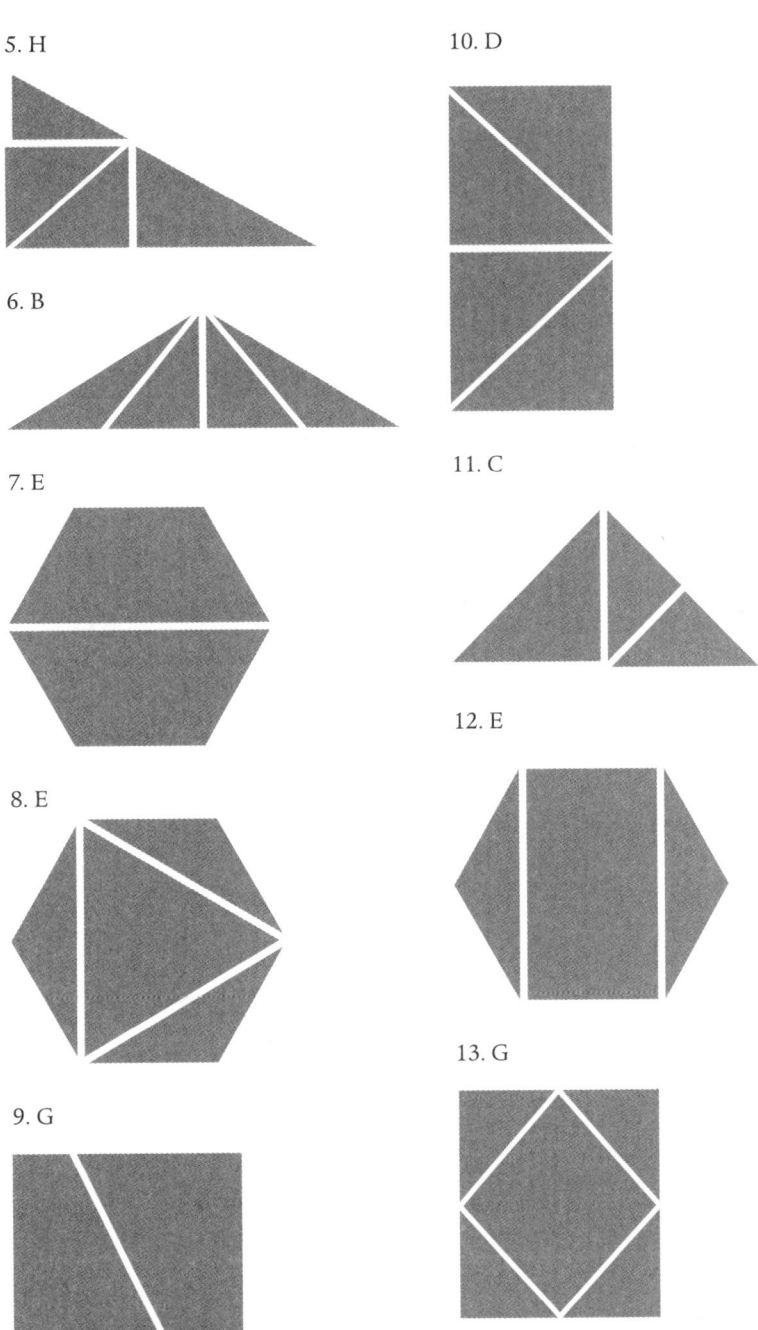

6. B

7. E

10. D

11. C

12. E

8. E

9. G

13. G

14. F

15. E

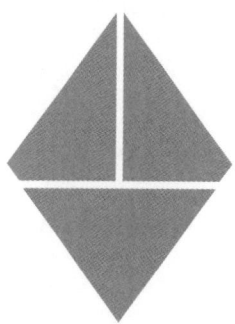

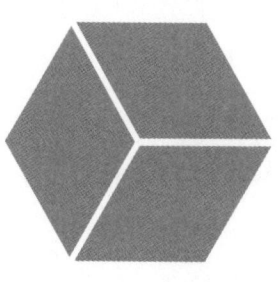

Formenpuzzle prüfen

1. B, 2. D, 3. E, 4. E, 5. B und C, 6. A, 7. B und C, 8. B und C, 9. C, 10. A und D, 11. B und D, 12. A und D

Antriebskonstruktionen

1. c, 2. d, 3. a, 4. b, 5. b, 6. c, 7. d

Der rotierende Würfel

1.

4.

7.

10.

2.

5.

8.

11.

3.

6.

9.

12.

13. 15. 17. 19.

14. 16. 18. 20.

Seiten/Flächen zählen

1. 12, 2. 9, 3. 7, 4. 10, 5. 9, 6. 12, 7. 22, 8. 17

Spiegelbilder: gekippt oder gedreht?

1. d, 2. b, 3. a, 4. f, 5. b, 6. a, e, 7. f, g, 8. b, d, 9. b, f, 10. a, d, 11. d, e, 12. a, f,
13. b, e, 14. b, c, 15. c, f, 16. c, g, 17. b, e, 18. e, f, 19. b, g, 20. c, d, 21. a, g,
22. b, g, 23. c, d, 24. b, d, 25. e, g, 26. b, f, 27. b, e, g, 28. c, e, g, 29. a, c, g,
30. a, d, f, 31. b, c, d, 32. a, e, f, 33. e, f, g, 34. a, e, f, 35. b, e, f, 36. a, c, g, 37. b, f,
38. c, 39. f, 40. a, b, c

Intelligenztest: sprachliche Intelligenz

Der schnelle Infinitiv

1. bändigen
2. meiden
3. zerschießen
4. bemuttern
5. messen
6. wachsen
7. beschreiten
8. siezen
9. wissen
10. beschleichen
11. öden
12. erschrecken
13. besetzen
14. missfallen
15. fahren
16. bespannen
17. verstehen
18. empfangen
19. besinnen
20. bluten
21. sitzen
22. bestreben
23. lügen
24. hausen
25. bezichtigen
26. knacksen
27. essen
28. blamieren
29. misstrauen
30. bräunen

Begriffspaare

1. d, 2. c, 3. c, 4. a, 5. b, 6. d, 7. a, 8. b, 9. c, 10. a, 11. c, 12. d, 13. b, 14. d, 15. b, 16. c

Der Buchstabenteufel

1. d) HORNISSE
2. a) GÖTTINGEN
3. c) LONDON
4. b) ANDREA
5. b) THOMAS
6. c) MILCH
7. b) KARTOFFEL
8. a) HANDBALL
9. c) OLYMPIADE
10. a) CHAMPAGNER
11. b) WUPPERTAL
12. c) KONTRABASS

Sprichwörter ergänzen

1. b, 2. c, 3. c, 4. a, 5. d, 6. b, 7. a, 8. c, 9. d, 10. d

Gemeinsamkeiten

1. a, 2. d, 3. b, 4. a, 5. b, 6. c, 7. c, 8. c, 9. a, 10. b, 11. b, 12. d, 13. a, 14. c, 15. a, 16. a, 17. c

Konzentrationstest: Aufmerksamkeit

Buchstabenfolgen erkennen

```
a t d j y t f l u j f g h j d j t f d s f d l z r w h t g l m
u t d h k h o f g j s d y u g l m j k u h g r e l i f j k l a
h f k h i l e h j w q l i w b c s k g a q d f h f a s k g t u
s m n o l j a h f s i v h l i e s e f g k a k j v o l a m q t
s c a v m l k s h g q r s t j h s g e u o w a o v a z f h i
n g f n j f d h j k g a h i j f g h b g f g f j k f e w v l k
h i g h j u i f e w j g i v l f e i h t u v r l o i r t h i a
r t u h i r n f u h r g a e i h n f d x c y o t z m u i w u v
f d j f k a e u a m b l d o w p f h g w x y u f h b h o r s p
n b c d h i r g y u r t i g h j b g t i d e f g p o g n h g j
f g b d a s e y t p m b v s a i l r u s a o g f y t u a e w v
k g m a n g b r i j k l m n s h t a a n j a v s k d f u t h i k
v n e l j r t u v s u h t h f g h p h o s g w f m f g l a g f
h g l k r u v w x g i r u g u k l p i o h d s g d a v k u f h
h s t e g n y h k i j p g j m g i h s r d s d i j k e q g f h
```

Adressen vergleichen – Original und Abschrift

Name	PLZ und Ort	Straße und Hausnummer	Telefon	Fehler
Computer-Service Peter Huber	56068 Koblenz	Gaswerkstr. 21b	0 43 22 95 02 01	1
Klaus Schmitz	76530 Baden-Baden	Streubenstr. 57	0 82 41 23 36	1
Katarina Merina	26180 Rastede	Weißkircher Str. 15	0 36 43 47 94 76	2
Karl Friedrich Schultze	99423 Weimar	Schmetterlingsweg 7	02 61 33 9 90	1
Benjamin S. Flüchter	86807 Buchloe	Ring 12	0 40 50 05 35 55	0
Prof. Dr. M. Tarvast	68229 Mannheim	Albrecht-Thaer-Str. 18	01 71 7 35 22 66	2
Alten- und Pflegeheim St. Sebastian	48147 Münster	Wismarsche Str. 50	05 51 4 88 27 90	0
Alwitra GmbH & Co Klaus Göbel	27777 Ganderkesee	Kaufbeugrer Str. 12	02 51 9 28 06-0	1
Gerhard Mayer	22355 Haburg	Friedrich-Ebert-Ring 38	05 21 47 54 14	4
Rechtsanwälte H. P. Ehlen & G. Fuchs	72770 Reutlingen/ Betzingen	Erdkampfsweg 1a	0 71 21 74 20 98	1

Jan-Peter Wallichs	37073 Göttingen	Hirschgasse 51	01 79 49 73 27 8	0
A. Otto&Sohn GmbH	50858 Köln	Schlossberg 14	0 40 31 79 05 16	0
Rolf Aschenbach	20459 Bremerhaven	Großner Str. 60	0 89 84 06 02 58	2
Anna Clara Schwarz	67454 Haßloch	An Galgenberg 55	0 63 24 98 91 80	1
Fa. W. Zuckermann	70327 Stuttgart	Justus-von-Liebig-Str. 3	0 75 83 94 69 94	0
Peter Abt	80538 München	Studentenweg 26	01 73 27 47 79 17	3
Frauke Abatzis	85354 Freising	Dithmar-Koel-Str. 23b	0 81 70 74 94	2
Dr. Charlotte Manitski	30163 Hannover	Langgasse 73	05 41 9 33 98	2
Raoul Pyttlik	52062 Aachen	Steinhauser Str. 1	0 89 29 82 86	0
Dr. Merle Jung	24106 Kiel	Knorrstr. 1	0 43 13 24 35	0

Der d-b-p-q-Test

q q b q q b p b q p b b q d q p d d b p q d p q b p d b p d p d q b p q d b p q p b d q b
p d q b d q b p d b d q p b q p d b p b q d d b q p b q d q p b d q d d p b q d b p b q p
b b q d q p d d b p q d p q b p d b p d p d q b p q d b p q p b d q b p d d p q b b d p q
q b d p q b b d p q d b p d d p q b b d p q q q b p p d q q q b p p p d q q q b p p d q b p
d b d p q b b d p q q b q q b p b q p d p d q b d q b p d d p q b b d p q q q b p d p q b
p d p d q b b p q d b p d b p p b p b d b d q p b b p q p b d q b d p q b d q p b q d b d
p q b p q q q b p d b q d q p p b d b q b q d p q d b p q d p b q d b d q p b d d b q d p p
d q p q b d b q d p b p q q b p d q d q p p b q b p d q b q p q d p b q b p d d q p b q d b
p q d q q d p d b q b d p p q d b q d b q d q q p b q b q d p p q d q b b d p q b d b d q
b q p d d p p q d d b p p q b p p q b p d p b d q p b q d b q p d q b d q b q d p b d d q
q b d q b p d b d q p b q p d b p b q d d p p q d b q d b q b d b q d p b p d q p b d q d
d q b p q d b p q p b d q b p d b d q p b q d b q p d q b d q b q d p b d d p q d b q d
b p p q b p p q b p d p b d q p b q d b q p d q b d q b q d p b d d q q b d b q d p b p d
d b q d p b p q q b p d q d p p b q b p d q b q p q d p b q b p d d q p b q d b q b d b q
d d b p p q b p p q b p d p b b p q d b p q p b d q b p d b d q p b q d b q p d q p b d q
q b d b q d p b p b p p q b p p q b p d p b d q p b q d b q p d q b d q b q d p b d d q b
p q p b d q b p d d d p q b b d p q q b d p q b b d p q d b p d d p q b b d p q q q b p p d
q d q p b d q q b p p p q b p p q b p d p b d q p b q d b q p d q b d q b q d p b d d q b b
p d d p p q d d b p p q b p p q b d q b p q d b p q p b d q b p d p q d q q d p d b q b d

19 = 426-57-15   22 = 422-52-10   25 = 402-55-09
20 = 423-14-16   23 = 425-16-01
21 = 412-56-07   24 = 423-11-14

Karten sortieren

Reihe A
3, 2, 4, 3, 4, 1, 3

Reihe B
1, 1, 3, 4, 1, 1, 4

Reihe C
1, 3, 2, 4, 1, 2, 4

Reihe D
2, 2, 3, 2, 3, 3, 4

Reihe E
2, 2, 2, 1, 1, 1, 2

Reihe F
4, 4, 1, 3, 2, 4, 3

Reihe G
3, 2, 2, 4, 1, 2, 4

Kleiner addieren und größer subtrahieren

A1: 19	B1: 13	C1: 2
A2: 2	B2: 2	C2: 10
A3: 13	B3: 18	C3: 13
A4: 6	B4: 10	C4: 27
A5: 6	B5: 4	C5: 3
A6: 4	B6: 5	C6: 15
A7: 19	B7: 7	C7: 14
A8: 8	B8: 14	C8: 3
A9: 4	B9: 12	C9: 6
A10: 7	B10: 31	C10: 5
A11: 26	B11: 5	C11: 14
A12: 10	B12: 4	C12: 3
A13: 16	B13: 2	C13: 5
A14: 2	B14: 20	C14: 3

Konzentrationstest: Merkfähigkeit

Flächen merken

1. 3	5. 5	9. 11
2. 1, 5	6. 5	10. 4, 7
3. 5	7. 1, 8	11. 2, 9
4. 3, 12	8. 3, 8	12. 4, 9

Begriffe behalten

1. c, 2. e, 3. d, 4. e, 5. b, 6. c, 7. c, 8. a, 9. b, 10. c, 11. a, 12. d, 13. c, 14. a, 15. b, 16. e

Die Arztpraxis

1. Dr. Timothy Braun, 2. Dienstag- und Donnerstagabend, 3. Dr. Charles Braun, 4. Nordic Walking, 5. Ökotrophologie, 6. 2015, 7. Eigenbluttherapie und Bioresonanzverfahren, 8. Kathrin, 9. Frau Dr. Meyerhoff, 10. 2006, 11. Montag, Dienstag, Donnerstag, 12. Karin Schmid, 13. nein, 14. Akupunktur, 15. 16 Jahre

Foto Dr. Timothy Braun: Nr. 3
Foto Ernährungsberater: Nr. 4
Foto Karin Schmid: Nr. 8
Foto Ehefrau von Dr. Timothy Braun: Nr. 10

Persönlichkeitstest: Selbsteinschätzung

Test: Check Young Professional

Wie Sie vielleicht schon beim Ausfüllen festgestellt haben, zielen einzelne Aussagen auf bestimmte Merkmale ab. Es geht um diese sieben Dimensionen:

Kommunikationsverhalten,
* Konfliktfähigkeit,
* Kundenorientierung,
* Führungskompetenz,
* Vertriebsausrichtung,

- unternehmerisches Denken,
- Ergebnisorientierung.

Die einzelnen Fragen sind den verschiedenen Dimensionen folgendermaßen zugeordnet:

- Kommunikationsverhalten: 2, 7, 16, 22, 26, 27, 33, 37, 52, 66;
- Konfliktfähigkeit: 3, 11, 18, 19, 28, 36, 47, 58, 61, 69;
- Kundenorientierung: 4, 17, 35, 44, 46, 51, 53, 59, 62, 67;
- Führungskompetenz: 5, 13, 24, 29, 34, 42, 45, 50, 56, 68;
- Vertriebsausrichtung: 9, 14, 25, 32, 40, 41, 43, 54, 55, 63;
- unternehmerisches Denken: 6, 10, 12, 21, 30, 38, 48, 57, 64, 70;
- Ergebnisorientierung: 1, 8, 15, 20, 23, 31, 39, 49, 60, 65.

Ermitteln Sie nun Ihr individuelles Ergebnis, indem Sie Punkte für Ihre Einschätzungen vergeben. Für »sehr zutreffend« gibt es 5 Punkte, für »überwiegend zutreffend« 4 Punkte, für »teilweise zutreffend« 3 Punkte, für »weniger zutreffend« 2 Punkte und für »kaum zutreffend« 1 Punkt.

Im zweiten Schritt der Auswertung addieren Sie die Punkte innerhalb der einzelnen Dimensionen. Beispiel: Um Ihr Kommunikationsverhalten zu bewerten, müssen Sie die Ergebnisse aus den Fragen 2, 7, 16, 22, 26, 27, 33, 37, 52 und 66 addieren. Da Sie für jede Frage 1 bis 5 Punkte erhalten, können Sie für diese Dimension maximal 50 Punkte und minimal 10 Punkte erzielen.

Ihr Kommunikationsverhalten:

2	7	16	22	26	27	33	37	52	66	Ergebnis

Ihre Konfliktfähigkeit:

3	11	18	19	28	36	47	58	61	69	Ergebnis

Ihre Kundenorientierung:

4	17	35	44	46	51	53	59	62	67	Ergebnis

Ihre Führungskompetenz:

5	13	24	29	34	42	45	50	56	68	Ergebnis

Ihre Vertriebsausrichtung:

9	14	25	32	40	41	43	54	55	63	Ergebnis

Ihr unternehmerisches Denken:

6	10	12	21	30	38	48	57	64	70	Ergebnis

Ihre Ergebnisorientierung:

1	8	15	20	23	31	39	49	60	65	Ergebnis

Übertragen Sie nun Ihre Einzelergebnisse in die folgende Tabelle. Machen Sie für jede der sieben Dimensionen ein Kreuz in der Spalte, in der sich Ihr jeweiliger Punktwert befindet. Wenn Sie dann die sieben Kreuze miteinander verbinden, erhalten Sie ein Persönlichkeitsprofil, wie es sich auch beim Persönlichkeitstest im Assessment-Center aus Ihren Antworten ergeben würde.

Ihr Gesamtergebnis

	50–43	42–35	34–26	25–18	17–10	
kommunika-tionsstark						unkommuni-kativ
konflikt-orientiert						harmonie-orientiert
kundenbezogen						kunden-abgewandt
führungsstark						führungs-schwach
Vertriebstalent						vertriebs-schwach
Unternehmer						Weisungs-empfänger
Macher						passiv ausgerichtet

Damit Sie Ihr Ergebnis besser einschätzen können, zeigen wir Ihnen nun als Beispiel zwei Profile: zum einen das einer Führungskraft und zum anderen das eines Vertriebsmitarbeiters.

Profil einer Führungskraft

	50–43	42–35	34–26	25–18	17–10	
kommunika-tionsstark	x					unkommuni-kativ
konflikt-orientiert		x				harmonie-orientiert
kundenbezogen		x				kunden-abgewandt
führungsstark	x					führungs-schwach
Vertriebstalent			x			vertriebs-schwach
Unternehmer	x					Weisungs-empfänger
Macher		x				passiv ausgerichtet

Profil eines Vertriebsmitarbeiters

	50–43	42–35	34–26	25–18	17–10	
kommunika-tionsstark		x				unkommuni-kativ
konflikt-orientiert			x			harmonie-orientiert
kundenbezogen	x					kunden-abgewandt
führungsstark			x			führungs-schwach
Vertriebstalent	x					vertriebs-schwach
Unternehmer			x			Weisungs-empfänger
Macher		x				passiv ausgerichtet

Sie sehen, dass die Beispielprofile nur Näherungswerte geben können. Je nach Einsatzbereich, Branche und Unternehmensphilosophie sind die Anforderungen unterschiedlich gewichtet. Wichtig ist, beim Persönlichkeitstest zu zeigen, dass Sie wissen, worauf es in der neuen Position ankommt. Zeichnen Sie ein positives Bild Ihrer Persönlichkeit und bewerten Sie sich besonders bei den Dimensionen positiv, die für die ausgeschriebene Stelle wichtig sind.

Persönlichkeitstest: Kommunikation im Vorstellungsgespräch

Ausbildungsplatzsuchende im Vorstellungsgespräch

Ungünstige Antwort auf Frage 1
»Ich wusste nicht so recht, was ich machen sollte, bei der Agentur für Arbeit hat man mir gesagt, dass ich mich bei Ihnen bewerben sollte.«

Gelungene Antwort auf Frage 1
»Ich habe mich über die Aufgaben in verschiedenen Ausbildungsberufen informiert. Dann machte ich mir Gedanken, was am besten zu mir passt. Während meines Praktikums habe ich dann schon einige der Aufgaben aus der Ausbildung kennen gelernt. Deshalb möchte ich die Ausbildung zum ... machen.«

Ungünstige Antwort auf Frage 2
»Ich habe noch keine richtige Idee, was ich eigentlich in der Ausbildung machen soll, aber das wird schon.«

Gelungene Antwort auf Frage 2
»Mich interessiert insbesondere der Kontakt zu Kunden. In meinem Praktikum habe ich gesehen, wie die Mitarbeiter Beratungsgespräche durchgeführt haben. Auch ich möchte Ihre Produkte genau kennen lernen, damit ich die Fragen der Kunden beantworten und sie gut beraten kann.«

Ungünstige Antwort auf Frage 3
»Die Frage überrascht mich etwas, tja ... es reizt mich, dass ich endlich arbeiten kann und die Schulzeit vorbei ist.«

Gelungene Antwort auf Frage 3
»Als Diätassistentin möchte ich Patienten bei Ihrer Ernährung helfen. Manche Krankheiten hängen ja mit den Essgewohnheiten zusammen. Deswegen möchte ich lernen, wie man Diätpläne aufstellt. Es reizt mich, anderen Menschen helfen zu können.«

Ungünstige Antwort auf Frage 4

»Sicherlich sind das eine ganze Menge Aufgaben. In der Werbung muss man, glaube ich, schon ein bisschen übertreiben und vielleicht kann ich ja auch bei Werbefilmen mitmachen.«

Gelungene Antwort auf Frage 4

»In meinem Praktikum bei der Media-Profiles habe ich gesehen, dass Werbekaufleute monatliche Abrechnungen für Kampagnen machen, die Zahlungen von Kunden überprüfen und auch die Kosten für bestimmte Werbekampagnen ermitteln.«

Ungünstige Antwort auf Frage 5

»Ich werde Sie bestimmt überzeugen können. Eigentlich gelingt mir alles, was ich anpacke, wenn ich nur richtig will.«

Gelungene Antwort auf Frage 5

»Ich würde mich freuen, den Ausbildungsplatz zu bekommen. In meinem Praktikum habe ich schon einige Erfahrungen mit der Arbeit im Büro gemacht. Ich habe Kundenanfragen per E-Mail weitergeleitet, Daten am PC eingegeben und Telefonate weitervermittelt. In der Ausbildung möchte ich noch mehr dazu lernen.«

Ungünstige Antwort auf Frage 6

»Sie sind eine große Firma und beschäftigen viele Auszubildende, deswegen habe ich mir gedacht, dass ich mich ja auch bei Ihnen bewerben könnte.«

Gelungene Antwort auf Frage 6

»Nachdem ich wusste, welche Ausbildung ich machen will, habe ich nach der richtigen Firma für mich gesucht. Im Internet habe ich mich auf Ihrer Homepage informiert. Ich finde es sehr interessant, was Sie herstellen/welche Dienstleistung Sie anbieten. Ich könnte mir gut vorstellen, daran mitzuarbeiten.«

Ungünstige Antwort auf Frage 7

»Ich glaube nicht, dass es so wichtig ist, wo man die Ausbildung macht, sondern dass man nachher gut arbeiten kann. Außerdem wohne ich in der Nähe.«

Gelungene Antwort auf Frage 7

»Ich habe mich informiert, bei welchen Firmen ich meine Wunschausbildung machen kann. Ihre Firma gefiel mir deswegen sehr gut, weil Sie interessante Produkte herstellen. Ich habe auch im Internet Berichte über Sie gefunden, die meinen Wunsch, bei Ihnen die Ausbildung zu machen, verstärkt haben.«

Ungünstige Antwort auf Frage 8

»Äääh, nicht wirklich, aber die kann ich ja in der Ausbildung kennen lernen.«

Gelungene Antwort auf Frage 8

»Ich weiß, dass Sie LKW-Planen herstellen und bedrucken. Im Internet habe ich erfahren, dass Sie eng mit großen Speditionen zusammenarbeiten. Neben den LKW-Planen fertigen Sie auch Abdeckplanen für Boote und andere Sonderanfertigungen.«

Ungünstige Antwort auf Frage 9
»Nein.«

Gelungene Antwort auf Frage 9
»Sie sind ja im Maschinenbau tätig, da gibt es auch noch andere Firmen, die Werkzeugmaschinen herstellen. Mir fallen noch die Werkzeug GmbH, die Metall GmbH und die Robotics AG ein.«

Ungünstige Antwort auf Frage 10
»Ich habe mir Ihre Adresse besorgt und dann konnte ich Ihnen meine Bewerbung schicken.«

Gelungene Antwort auf Frage 10
»Am besten gefallen hat mir die Informationssuche im Internet. Ich war erst auf Ihrer Firmenhomepage und habe mich durchgeklickt. Interessant fand ich die Berichte über die einzelnen Unternehmensbereiche. Auch die Rubrik Beschäftigungsmöglichkeiten habe ich mir gründlich angesehen.«

Ungünstige Antwort auf Frage 11
»Endlich mal raus aus der Schule. Die Tage waren zwar ziemlich lang, aber es hat mir schon gefallen.«

Gelungene Antwort auf Frage 11
»Mir hat sehr gefallen, dass ich schon einige Aufgaben übernehmen konnte. So durfte ich mit dem Servicemitarbeiter mitfahren. Dabei habe ich gelernt, wie man Fehlermeldungen beim Kunden schriftlich aufnimmt.«

Ungünstige Antwort auf Frage 12
»Na ja, da war der Chef und die Kollegen ... ach ja, und noch eine Auszubildende.«

Gelungene Antwort auf Frage 12
»Ich habe ein Praktikum im Einzelhandel gemacht, dabei habe ich den Filialleiter kennen gelernt. Am meisten zu tun hatte ich mit einer Verkäuferin, die mich betreut hat. Auch mit den anderen Verkäufern und den Kassiererinnen hatte ich zu tun. Daneben habe ich einige Anlieferungsfahrer kennen gelernt, die die neue Ware gebracht haben.«

Ungünstige Antwort auf Frage 13
»Eigentlich nicht viel, man hatte wenig Zeit für mich und hat mir gar nichts richtig erklärt. Deswegen war ich oft im Pausenraum.«

Gelungene Antwort auf Frage 13
»In meinem Praktikum hatte ich keinen direkten Betreuer, ich habe dann gefragt, wo ich mithelfen kann, es gab eigentlich immer etwas zu tun. So habe ich viele verschiedene Sachen kennen gelernt, wie den Zusammenbau von PCs, die Softwareinstallation, die Fehlersuche und die Warenannahme.«

Ungünstige Antwort auf Frage 14
»Die Lehrerin hatte eine Liste mit Firmennamen, und da habe ich irgendetwas genommen.«

Gelungene Antwort auf Frage 14
»Die Schule hatte Vorschläge für Praktikumsplätze vorgestellt. Daraufhin habe ich mich erkundigt, was die Firmen eigentlich machen und mir einen geeigneten Praktikumsplatz ausgesucht.«

Ungünstige Antwort auf Frage 15
»Am schönsten war es, als der Chef mal nicht da war. Da hat ein Mitarbeiter Kuchen geholt, und wir haben richtig schön Kaffee getrunken und geredet.«

Gelungene Antwort auf Frage 15
»Am besten gefiel mir, dass ich selbstständig den Tisch für eine Silberne Hochzeit eindecken durfte. Ich habe Besteck, Geschirr und Gläser auf die Tische gestellt und die Namenskarten verteilt. Immerhin waren über 60 Gäste eingeladen. Meine Arbeit wurde gelobt.«

Ungünstige Antwort auf Frage 16
»Englisch und Erdkunde, da ist es immer ein wenig interessanter als in den anderen Fächern.«

Gelungene Antwort auf Frage 16
»Meine Lieblingsfächer sind Englisch und Erdkunde, aber auch mit Deutsch und Mathe komme ich gut zurecht. Englisch interessiert mich besonders, weil ich im Praktikum gesehen habe, wie wichtig Kunden aus dem Ausland sind.«

Ungünstige Antwort auf Frage 17
»Naturwissenschaften sind nichts für mich, in Biologie und Physik hatte ich doch öfter Schwierigkeiten.«

Gelungene Antwort auf Frage 17
»Ich mochte einige Fächer lieber als andere, aber eigentlich bin ich in allen mitgekommen. In Biologie und Physik hätte ich mir mehr Experimente gewünscht, das war manchmal doch sehr trocken.«

Ungünstige Antwort auf Frage 18
»Herr Schmidt ist ganz prima, der ist nicht so streng, wenn man mal die Hausaufgaben vergisst.«

Gelungene Antwort auf Frage 18
»Frau Müller habe ich richtig gern gemocht, die hat sehr interessant unterrichtet. Da war es ruhig in der Klasse, und wenn jemand den Stoff nicht gleich beim ersten Mal verstanden hat, hat sie es noch einmal anders erklärt.«

Ungünstige Antwort auf Frage 19
»Ich habe gelernt, so gut es ging, meistens habe ich mir die Sachen kurz vorher noch angeguckt.«

Gelungene Antwort auf Frage 19
»Wenn man die Hausaufgaben regelmäßig macht, ist die halbe Arbeit schon getan. Wichtig war mir, nicht erst einen Tag vor der Arbeit mit dem Wiederholen anzufangen. Fast alle Lehrer kündigen Klassenarbeiten ja an, ich habe dann rechtzeitig ein paar Tage vorher mit dem Lernen angefangen.«

Ungünstige Antwort auf Frage 20
»Ich chille mit meinen Homies.«

Gelungene Antwort auf Frage 20
»Ich unterhalte mich mit Freunden, wir reden über Sport oder Musik und in letzter Zeit natürlich auch über die Ausbildungsplatzsuche.«

Ungünstige Antwort auf Frage 21
»Ich erhole mich vom Schulstress. Computerspiele gehören für mich irgendwie auch zur Freizeit und natürlich ein bisschen chatten.«

Gelungene Antwort auf Frage 21
»Ich treffe mich gerne mit Freunden und gehe mit ihnen ins Kino. Ein Hobby von mir ist auch Fußball/Volleyball/Judo. Sport gehört für mich zur Freizeit dazu.«

Ungünstige Antwort auf Frage 22
»Ich lasse mir auf jeden Fall nichts gefallen, das wissen die ganz genau, deswegen würden sie mit Sicherheit auch nichts Schlechtes sagen.«

Gelungene Antwort auf Frage 22
»Sie würden sagen, dass man sich auf mich verlassen kann. Wenn es darum geht, etwas zu organisieren, werde ich öfter angesprochen, ob ich nicht mithelfen will, und das mache ich dann auch gerne.«

Ungünstige Antwort auf Frage 23

»Meine Eltern haben mich früher immer zum Judo geschleppt, deshalb bin ich dabeigeblieben.«

Gelungene Antwort auf Frage 23

»Ich treffe gerne Leute in meiner Freizeit. Deshalb bin ich auch im Judoclub Mitglied. Wir trainieren zweimal in der Woche und fahren am Wochenende auch öfter zu Wettkämpfen.«

Ungünstige Antwort auf Frage 24

»So einen Roman in der Schule, ich weiß jetzt aber nicht mehr genau, wie der heißt. Ich gucke eigentlich lieber DVDs.«

Gelungene Antwort auf Frage 24

»Das letzte Buch, das ich gelesen habe, hieß »...«. Die Geschichte war spannend geschrieben und ist auch verfilmt worden. Ich fand es interessant, beide Versionen kennen zu lernen.«

Ungünstige Antwort auf Frage 25

»In der Schule lernt man doch sowieso wenig Wichtiges. In der Freizeit habe ich mehr Praktisches gelernt.«

Gelungene Antwort auf Frage 25

»In der Freizeit habe ich schon viel gelernt. Ich habe mich mit Computerprogrammen zur Bildbearbeitung und Textverarbeitung auseinandergesetzt. Vor einigen Monaten habe ich auch einen zusätzlichen Englischkurs an der Volkshochschule besucht, das gefiel mir, weil dort viel auf Englisch miteinander geredet wurde.«

Ungünstige Antwort auf Frage 26

»Ich bin natürlich leistungsbereit und wirklich gut in dem, was ich mache. Schwächen wüsste ich jetzt nicht.«

Gelungene Antwort auf Frage 26

»Ich bin zuverlässig und packe auch gerne mit an. Neben der Schule habe ich im Supermarkt Regale aufgefüllt. Der Filialleiter hat mich dafür gelobt, dass immer alles für die Kunden da war und dass ich immer pünktlich war. Manchmal bin ich zu abwartend, was ich als Schwäche sehen würde. Ein Lehrer hat mir mal gesagt, dass ich mich mehr melden sollte. Im Praktikum habe ich aber viel von mir aus gefragt und dadurch auch gute Tipps bekommen.«

Ungünstige Antwort auf Frage 27

»Besonders gut klingt natürlich sehr anspruchsvoll, also ich kann nichts so völlig perfekt, aber bisher bin ich zurechtgekommen.«

Gelungene Antwort auf Frage 27
»Ich kann gut herausfinden, warum etwas nicht richtig funktioniert. Meiner Mutter habe ich schon öfter geholfen, wenn sie mit dem Computer nicht zurechtkam. Kleinere Fehler am Computer kann ich auch reparieren.«

Ungünstige Antwort auf Frage 28
»Ich habe gar keine Schwächen.«

Gelungene Antwort auf Frage 28
»Im Großen und Ganzen bin ich mit mir zufrieden, in Englisch würde ich mich gerne fließend unterhalten können. Das ist bestimmt noch etwas, wo ich dazu lernen muss.«

Ungünstige Antwort auf Frage 29
»Sie mögen meine Spontaneität.«

Gelungene Antwort auf Frage 29
»Andere mögen an mir, dass ich mich um Sachen kümmere. Wenn ich verspreche, jemandem vor einer Klassenarbeit zu helfen, dann mache ich das auch.«

Ungünstige Antwort auf Frage 30
»Shoppen finde ich prima.«

Gelungene Antwort auf Frage 30
»Ich lerne gerne neue Leute kennen, auch auf Partys gehe ich gerne auf andere zu. Neulich habe ich einen Schüler kennen gelernt, der aus Kroatien kommt, ich fand ganz spannend, was er erzählte.«

Ungünstige Antwort auf Frage 31
»Natürlich, und ich bin auch motiviert.«

Gelungene Antwort auf Frage 31
»Ja, ich komme gut mit anderen Menschen aus. Im Praktikum habe ich gesehen, wie wichtig es ist, dass bei der Arbeit alle an einem Strang ziehen. Und es ist auch wichtig, dass sich die einzelnen Mitarbeiter in einer Firma verstehen.«

Ungünstige Antwort auf Frage 32
»Der Kunde ist wichtig, das habe ich schon öfter gehört.«

Gelungene Antwort auf Frage 32
»Kundenorientierung heißt für mich, dass man heraushört, was der Kunde eigentlich will. In meinem Praktikum im Reisebüro habe ich gemerkt, dass viele Kunden gar nicht so ganz genau sagen, was sie wollen. Man muss dann sehr gezielt nachfragen, um ihnen das richtige Angebot machen zu können.«

Ungünstige Antwort auf Frage 33
»Ich lasse mir nichts gefallen.«

Gelungene Antwort auf Frage 33
»Ich finde es ganz gut, wenn man mir sagt, was ich anders machen kann. Kritik bringt einen dann ja weiter.«

Ungünstige Antwort auf Frage 34
»Dann bin ich ziemlich frustriert, aber man kann ja auch was anderes machen.«

Gelungene Antwort auf Frage 34
»Ich überlege mir dann, wer mir helfen könnte. Ich habe gute Erfahrungen damit gemacht, andere direkt anzusprechen, dann findet man schon eine Lösung.«

Ungünstige Antwort auf Frage 35
»Lieber allein, dann brauche ich mich nicht mit anderen herumschlagen und kann machen, was ich will.«

Gelungene Antwort auf Frage 35
»Eigentlich arbeite ich lieber in der Gruppe, wenn man mit mehreren zusammen ist, hat man mehr Ideen. Auch in der Schule haben wir ja öfter Projektarbeiten gehabt, das gefiel mir gut. Manche Aufgaben muss man natürlich alleine erledigen, wie zum Beispiel Klausuren.«

Ungünstige Antwort auf Frage 36
»Da hätte ich mich wohl mehr anstrengen müssen, aber bei meinen Lehrern hätte das keinen Sinn gehabt.«

Gelungene Antwort auf Frage 36
»Ich hätte mir auch bessere Noten gewünscht. Bei uns in der Schule waren die Lehrer bei der Vergabe der Noten ziemlich streng. Das, was wir im Unterricht gemacht haben, beherrsche ich aber gut. Im Praktikum habe ich auch gesehen, dass es wirklich darauf ankommt, Flächen genau berechnen zu können. Das ist mir auch gelungen.«

Ungünstige Antwort auf Frage 37
»Das muss ich erst einmal herausfinden, in der Ausbildung sehe ich ja, ob mir der Beruf liegt.«

Gelungene Antwort auf Frage 37
»Das glaube ich schon, schließlich habe ich mich ja vorher informiert und in meinem Praktikum habe ich schon einige wichtige Aufgaben kennen gelernt. Dabei habe ich gemerkt, dass es mir liegt, Abrechnungen zu erstellen, Zahlungseingänge zu überprüfen und im Büro zu arbeiten.«

Ungünstige Antwort auf Frage 38
»Das kann ich nicht entscheiden, es gibt ja sehr viele gute Bewerber, oder?«

Gelungene Antwort auf Frage 38
»Ich glaube schon, schließlich habe ich mich gründlich über den Ausbildungsberuf informiert. Auch auf der Ausbildungsmesse habe ich ein längeres Gespräch mit einer Auszubildenden im dritten Jahr geführt. In meinem Praktikum in der Tischlerei Schmidt habe ich auch gemerkt, dass mir das praktische Arbeiten gut gelingt.«

Ungünstige Antwort auf Frage 39
»Ja, ziemlich viele, deswegen werde ich wohl auch keine Zusage in meinem Wunschberuf bekommen. Eigentlich wollte ich nämlich KFZ-Mechatroniker werden.«

Gelungene Antwort auf Frage 39
»Absagen gehören wohl dazu, auch ich habe schon einige bekommen. Da ich mich aber gezielt beworben habe, habe ich schon einige Vorstellungsgespräche geführt. Über die Einladung von Ihnen habe ich mich besonders gefreut.«

Ungünstige Antwort auf Frage 40
»Man weiß im Voraus ja nie so genau, was passiert, das liegt ja auch nicht nur an mir, ob es mit der Ausbildung klappt. Schließlich gehen einige Firmen ja nicht besonders nett mit ihren Auszubildenden um.«

Gelungene Antwort auf Frage 40
»Da ich rechtzeitig mit der Ausbildungsplatzsuche begonnen habe und zusätzlich zu meinen zwei Schulpraktika noch zwei freiwillige Praktika gemacht habe, glaube ich, dass ich mit der Ausbildung gut zurechtkommen werde.«

Hochschulabsolventen im Vorstellungsgespräch

Ungünstige Antwort auf Frage 1
»Ich habe Ihre Stellenausschreibung im Internet gesehen.«

Gelungene Antwort auf Frage 1
»Weil ich bereits erste berufliche Erfahrungen im Bereich Marketing/Konstruktion/Vertrieb/Programmierung/Öffentlichkeitsarbeit gesammelt habe. Diese Erfahrungen möchte ich bei Ihnen einsetzen und weiter ausbauen.«

Ungünstige Antwort auf Frage 2
»Ich weiß nicht so recht, was da üblich ist. Vielleicht schaue ich mich ein bisschen im Unternehmen um.«

Gelungene Antwort auf Frage 2
»Ich stelle mich meinem Vorgesetzten und den Kollegen vor und mache mich dann mit den üblichen Arbeitsabläufen vertraut.«

Ungünstige Antwort auf Frage 3
»Ich möchte Karriere machen und später auch mehr Geld verdienen.«

Gelungene Antwort auf Frage 3
»Ich möchte nach und nach mehr Verantwortung und anspruchsvollere Aufgaben übernehmen. Das kann eine Führungsposition sein, aber auch die Übernahme von Projektverantwortung.«

Ungünstige Antwort auf Frage 4
»Sicher, wenn es da etwas für mich zu tun gibt.«

Gelungene Antwort auf Frage 4
»Wenn ich auch in den anderen Positionen meine Stärken einbringen kann, ja. Vor allem möchte ich gerne meine Kenntnisse aus dem Studium und meine Praxiserfahrungen weiter ausbauen.«

Ungünstige Antwort auf Frage 5
»Bestimmt, obwohl Mitstudenten von mir mehr Praktika gemacht haben und schon im Ausland waren.«

Gelungene Antwort auf Frage 5
»Wenn ich eine Stelle zu vergeben hätte, auf die mein Profil passt, ja. Ich habe schon berufliche Erfahrungen in meinem zukünftigen Arbeitsbereich gesammelt und könnte gleich mit anpacken.«

Ungünstige Antwort auf Frage 6
»Einige Studiengänge waren durch den Numerus clausus blockiert, deswegen habe ich einen genommen, für den meine Noten ausreichten.«

Gelungene Antwort auf Frage 6
»Ich habe mich informiert, welche beruflichen Entwicklungsmöglichkeiten mir bestimmte Studiengänge bieten und habe mich dann für meinen Studiengang entschieden, weil ich dort am besten meine Interessen und Stärken einbringen konnte.«

Ungünstige Antwort auf Frage 7
»Es war zwar manchmal anstrengend, aber man hatte doch eigentlich eine lockere Zeit.«

Gelungene Antwort auf Frage 7
»Besonders gut fand ich die Praxisbezüge. Für mich war das Studium immer dann besonders spannend, wenn ich den Lernstoff anwenden konnte, um in Praktika berufliche Probleme zu lösen.«

Ungünstige Antwort auf Frage 8
»Für Extras hatte ich keine Zeit, das Studium war ziemlich verschult, sodass man kaum zum Luftholen kam.«

Gelungene Antwort auf Frage 8
»In Praktika habe ich erste berufliche Erfahrungen sammeln können. Ich habe bei Projektarbeiten mitgeholfen, Dokumentationen erstellt und Ergebnispräsentationen vorbereitet.«

Ungünstige Antwort auf Frage 9
»Ich war schon in der Schule nicht ganz so schlecht, und mit meinem Abiturdurchschnitt wäre es doch schade gewesen, wenn ich nicht studiert hätte.«

Gelungene Antwort auf Frage 9
»Ich habe mich schon immer gerne intensiv mit bestimmten Themen auseinandergesetzt. In der Schule nutzte ich die Möglichkeit, eigenständig Referate vorzubereiten und zu halten, und im Studium habe ich dies weitergeführt. In Praktika habe ich das Wissen aus meinem Studium dann praktisch anwenden können. Meine Kenntnisse und praktischen Erfahrungen möchte ich jetzt bei Ihnen als Marketing-Assistent/Consultant/Produktmanagerin/Wirtschaftsingenieurin/Sozialpädagoge einsetzen.«

Ungünstige Antwort auf Frage 10
»Mein Studium war doch sehr theoretisch, zum Glück bekommt man heute als Ingenieur automatisch eine Stelle, deswegen wahrscheinlich ja.«

Gelungene Antwort auf Frage 10
»Ja, denn mein Studium bietet viele Möglichkeiten zur Schwerpunktbildung. Ich fand es gut, dass in vielen Seminaren Eigeninitiative gefragt war. Die theoretischen Inhalte lagen mir. Zudem konnte ich in Praktika berufliche Erfahrungen gewinnen, daher würde ich wieder das gleiche Studienfach wählen.«

Ungünstige Antwort auf Frage 11
»Ich bin so mitgelaufen und habe als Praktikant das eine oder andere kennen gelernt. Allerdings war das Betreuungsprogramm nicht besonders gut. Oft gab es auch Leerlauf.«

Gelungene Antwort auf Frage 11
»Ich habe Einblicke in das Marketing und das Produktmanagement gewonnen. Bei meinen Aufgaben ging es um die Auswertung von Marktforschungsdaten, um eine Produkteinführung vorzubereiten. Auch mit der praktischen Umsetzung des Marketing-Mix konnte ich mich vertraut machen.«

Ungünstige Antwort auf Frage 12

»Eigentlich hätte ich ja nur ein Praktikum machen müssen, für mehr als zwei Praktika war im Studium einfach keine Zeit.«

Gelungene Antwort auf Frage 12

»Ich habe mich ganz gezielt auf Praktikumsstellen beworben, die eine Nähe zu meinem Wunschberuf haben. Die gewonnenen Einblicke in die Berufspraxis waren für mich sehr wichtig. Außerdem habe ich das zweite Praktikum aufbauend auf die Erfahrungen aus dem ersten in Angriff genommen. So konnte ich komplexere Aufgabenstellungen bearbeiten, was mir auch sehr gut gelungen ist.«

Ungünstige Antwort auf Frage 13

»Ich hätte gerne ein Praktikum im Ausland gemacht, aber der Aufwand dafür war mir zu hoch, und das Praktikum bei der Worldwide AG hätte ich auch gerne gemacht, allerdings haben die mich nicht genommen.«

Gelungene Antwort auf Frage 13

»Die Erfahrungen, die ich in meinen Praktika sammeln konnte, fand ich sehr nützlich. Insbesondere die Projektarbeit, an der ich beteiligt war, hat mir gezeigt, wie wichtig die Abstimmung aller Beteiligten ist. Ich hätte gerne noch ein weiteres Praktikum bei einer anderen Firma gemacht, habe mich dann aber entschieden, den Berufseinstieg in den Vordergrund zu stellen.«

Ungünstige Antwort auf Frage 14

»Ich fand es gut, zu sehen, dass in der Berufspraxis auch einiges schiefgehen kann.«

Gelungene Antwort auf Frage 14

»Ein Schlüsselerlebnis war die Teilnahme an Meetings und Konferenzen. Ich fand es spannend, zu sehen, wie Entscheidungen vorbereitet werden. Dabei kam es besonders auf die Aussagekraft der Argumente an. Präsentationen wurden lieber kurz und knapp durchgeführt, das Ganze war sehr zielorientiert.«

Ungünstige Antwort auf Frage 15

»Ich glaube schon, allerdings läuft das ja in jeder Firma anders, deswegen bin ich mir nicht so ganz sicher.«

Gelungene Antwort auf Frage 15

»Ja, besonders meine Erfahrungen im Umgang mit Kunden werden mir weiterhelfen. Ich konnte im Praktikum an vielen Kundengesprächen teilnehmen. So habe ich gelernt, genau nachzufragen, woran die Kunden Interesse haben, um passende Angebote zu machen. Hilfreich wird sicherlich auch sein, dass ich bereits Angebote kalkuliert und erstellt habe.«

Ungünstige Antwort auf Frage 16
»Im Studium hat mich am meisten gestört, wenn Professoren an Studenten einfach vorbeigeredet haben. Meine Mitstudenten waren ziemlich hochnäsig, und dass ich im Praktikum herumkommandiert wurde, fand ich auch nicht gut.«

Gelungene Antwort auf Frage 16
»Ich komme eigentlich mit allen Menschen gut zurecht. Im Praktikum habe ich gelernt, auch mit schwierigen Kunden umzugehen. Schlecht würde ich es finden, wenn bewusst Informationen zurückbehalten werden.«

Ungünstige Antwort auf Frage 17
»Durchsetzungsfähigkeit, Aufstiegswillen, Führungspotenzial.«

Gelungene Antwort auf Frage 17
»Teamfähigkeit und Kundenorientierung finde ich wichtig. Im Praktikum habe ich gesehen, wie hoch die Anforderungen an die Abstimmung im Team sind. Man sollte offen kommunizieren können und bereit sein, Anregungen aufzunehmen. Kundenorientierung heißt für mich, die Anforderungen des Kunden stets im Blick zu behalten.«

Ungünstige Antwort auf Frage 18
»Dass es nicht so schlecht läuft wie bei uns am Institut, wo jeder nur für sich gearbeitet hat.«

Gelungene Antwort auf Frage 18
»Ich wünsche mir, dass meine Kollegen bereit sind, mit mir zusammenzuarbeiten und wir uns gegenseitig unterstützen können.«

Ungünstige Antwort auf Frage 19
»Ich hoffe, dass ich nie in eine unangenehme Situation komme.«

Gelungene Antwort auf Frage 19
»Ich bemühe mich, schwierige Situationen umgehend aufzulösen. Es hilft eigentlich immer, das persönliche Gespräch zu suchen, um eine Lösung zu finden.«

Ungünstige Antwort auf Frage 20
»Ich stehe zu meiner Meinung.«

Gelungene Antwort auf Frage 20
»Ich versuche herauszubekommen, wo die Gründe für die Kritik liegen. Anregungen, etwas besser zu machen, nehme ich gerne auf.«

Ungünstige Antwort auf Frage 21
»Das war eher ein Zufall, ich war aber sofort davon überzeugt, dass Sie das richtige Unternehmen für mich sind.«

Gelungene Antwort auf Frage 21
»Da ich mich schon im Studium mit branchentypischen Fragestellungen auseinandergesetzt habe, bin ich auch auf Ihr Unternehmen gestoßen. Insbesondere die Spezialisierung Ihres Unternehmens fand ich sehr interessant. Seitdem habe ich immer einmal wieder Informationen über Ihre Firma recherchiert und mich dann für eine Bewerbung bei Ihnen entschieden.«

Ungünstige Antwort auf Frage 22
»Ja, die kenne ich, aber es ist ziemlich schwierig, dort die relevanten Informationen zu finden. Und mein Internetbrowser konnte einige Inhalte nicht richtig darstellen, das müsste einmal verbessert werden.«

Gelungene Antwort auf Frage 22
»Ich fand Ihre Homepage sehr informativ. Um mir einen Überblick zu verschaffen, habe ich die von Ihnen angebotenen Produkte/Dienstleistungen durchgesehen und mich über die verschiedenen Standorte informiert. Die Praxisberichte von Young Professionals fand ich sehr anschaulich.«

Ungünstige Antwort auf Frage 23
»Dass sie einen großen Einstellungsbedarf hat.«

Gelungene Antwort auf Frage 23
»Ich weiß, dass Ihre Branche durch hohe Qualitätsanforderungen/internationalen Wettbewerb/großen Innovationsdruck/starken Preiswettbewerb/erklärungsbedürftige Produkte gekennzeichnet ist. Auf der XY-Messe habe ich mir vertiefende Informationen über Ihre Branche verschafft.«

Ungünstige Antwort auf Frage 24
»Ich habe mal einen Testbericht über eines Ihrer Produkte gelesen, fand es damals aber ziemlich teuer.«

Gelungene Antwort auf Frage 24
»Ich habe mich über das Produkt-/Leistungsangebot Ihres Unternehmens informiert. Daher weiß ich, dass Sie vorrangig XYZ anbieten und für Ihre Produkte auch einen sehr kompetenten Service bereitstellen.«

Ungünstige Antwort auf Frage 25
»Ich hatte es mir schon etwas moderner vorgestellt.«

Gelungene Antwort auf Frage 25
»Ich bin auf jeden Fall in meinem Wunsch bestärkt worden, für Sie arbeiten zu wollen. «

Ungünstige Antwort auf Frage 26
»Ich mache auf jeden Fall lieber Mannschaftssport, als alleine in der Gegend herumzujoggen.«

Gelungene Antwort auf Frage 26
»Ich treffe mich gerne mit Freunden, wir organisieren auch öfter gemeinsame Aktivitäten. Allerdings lese ich auch gerne einmal in Ruhe ein gutes Buch.«

Ungünstige Antwort auf Frage 27
»Eine gute DVD, dazu die richtigen Getränke, dann kann ich richtig abschalten.«

Gelungene Antwort auf Frage 27
»Ich halte mich fit durch Joggen/Tennis/Yoga/Tanzen/Schwimmen ... Manchmal gönne ich mir auch einen ruhigen Abend.«

Ungünstige Antwort auf Frage 28
»Das entscheide ich allein.«

Gelungene Antwort auf Frage 28
»Ich habe mit meiner Partnerin/meinem Partner über meine beruflichen Pläne gesprochen. Er/Sie unterstützt mich dabei.«

Ungünstige Antwort auf Frage 29
»Dafür hatte ich keine Zeit.«

Gelungene Antwort auf Frage 29
»Ich habe schon in den ersten Semestern damit begonnen, bei einer Studenteninitiative mitzumachen. Dadurch habe ich auch schnell Anschluss gefunden. Wir haben Vorträge, Exkursionen und Infoveranstaltungen organisiert.«

Ungünstige Antwort auf Frage 30
»Freunde treffen.«

Gelungene Antwort auf Frage 30
»Ich treffe mich gerne mit Freunden, wir gehen dann ins Kino oder machen uns einen netten Abend. In letzter Zeit war die Zeit dafür allerdings etwas knapp, da ich mich intensiv um die Abschlussprüfungen gekümmert habe.«

Ungünstige Antwort auf Frage 31
»Ich bin teamfähig und leistungsbereit.«

Gelungene Antwort auf Frage 31
»Eine meiner Stärken ist das Arbeiten im Team, ich habe in meinem Praktikum gemerkt, dass es mir leichtfällt, mich mit anderen abzustimmen und Abläufe zu organisieren. Dabei ist mir immer wichtig gewesen, dass die Arbeiten, die ich übernom-

men habe, rechtzeitig fertig waren, schließlich brauchten die Kollegen die Ergebnisse für ihre eigene Arbeit. Ich habe auch gerne Zusatzaufgaben übernommen, beispielsweise die Erstellung von Präsentationen.«

Ungünstige Antwort auf Frage 32
»Ja, ich bin ungeduldig und will immer mehr als andere.«

Gelungene Antwort auf Frage 32
»Es kommt gelegentlich vor, dass ich zurückhaltend wirke. Wenn ich zum Beispiel konzentriert eine Aufgabe durchdenke, fällt es mir schwer, gleich in eine Diskussion einzusteigen.«

Ungünstige Antwort auf Frage 33
»Nichts, sonst wären es ja nicht meine Freunde.«

Gelungene Antwort auf Frage 33
»Ich glaube nicht, dass meine Freunde etwas an mir auszusetzen haben. Sie wissen, dass sie sich immer auf mich verlassen können.«

Ungünstige Antwort auf Frage 34
»Mein Studium war eher breit gefächert, ich hoffe, dass ich mich mit entsprechender Unterstützung in alle Bereich gut einarbeiten kann.«

Gelungene Antwort auf Frage 34
»Meine Kernkompetenz liegt sicherlich im analytischen Bereich. Als Wirtschaftsinformatikerin kann ich sehr gut Zusammenhänge erkennen, Maßnahmenpläne ableiten und Entscheidungen vorbereiten.«

Ungünstige Antwort auf Frage 35
»Das haben Sie bestimmt vorab festgelegt, ich glaube, dass ich diese Eigenschaften mitbringe.«

Gelungene Antwort auf Frage 35
»Besonders wichtig sind bestimmt Teamfähigkeit und Flexibilität. Da es in der Position auch um bereichsübergreifende Abstimmung geht, ist es wichtig, mit anderen an einem Strang zu ziehen und schnell auf sich verändernde Marktbedingungen reagieren zu können.«

Ungünstige Antwort auf Frage 36
»Weil man mir bisher noch kein Angebot gemacht hat.«

Gelungene Antwort auf Frage 36
»Ich habe mich gezielt beworben und nur wenige Bewerbungen verschickt. Über Ihre Einladung habe ich mich gefreut und möchte die Chance nutzen, Sie zu überzeugen.«

Ungünstige Antwort auf Frage 37
»Ich werde ja finanziell entschädigt.«

Gelungene Antwort auf Frage 37
»Ich möchte das Wissen aus dem Studium und die Erfahrungen aus meinen Praktika jetzt in der Praxis einsetzen. Das Studium ist für mich die Voraussetzung, um im Berufsleben weiterzukommen.«

Ungünstige Antwort auf Frage 38
»Nach der Schule wusste ich nicht so richtig, was ich machen sollte, und habe daher zunächst den falschen Studiengang erwischt.«

Gelungene Antwort auf Frage 38
»Weil ich der Meinung war, dass meine Stärken in meinem jetzigen Studiengang besser zum Tragen kommen. Den Wechsel habe ich mir nicht leicht gemacht, nach eingehender Informationssuche ist mir aber mein Berufsbild klarer geworden. In meinen Praktika habe ich dann gemerkt, dass die Entscheidung richtig war.«

Ungünstige Antwort auf Frage 39
»Na ja, aber irgendwo muss man ja anfangen.«

Gelungene Antwort auf Frage 39
»Das sehe ich nicht so. Ich habe in meinem Praktikum viel über das Tagesgeschäft in der von Ihnen ausgeschriebenen Position gelernt. Natürlich bin ich gerne bereit, zusätzliche Aufgaben zu übernehmen oder mich an Projekten zu beteiligen.«

Ungünstige Antwort auf Frage 40
»Schade, dann hat es wohl nicht geklappt.«

Gelungene Antwort auf Frage 40
»Das finde ich schade, dass Sie diesen Eindruck haben. Für mich ist die ausgeschriebene Stelle sehr interessant, weil ich die Erfahrungen aus den Praktika nutzen könnte, um gleich voll einzusteigen. Meine Sprachkenntnisse passen gut zu Ihrem internationalen Kundenstamm, und auch mit der von Ihnen eingesetzten EDV kann ich sicher umgehen.«

Berufserfahrene Bewerber im Vorstellungsgespräch

Ungünstige Antwort auf Frage 1
»Ich bin sehr interessiert an der ausgeschriebenen Position.«

Gelungene Antwort auf Frage 1
»In Ihrer Stellenausschreibung habe ich mich wiedererkannt. Auch zu meinen momentanen Aufgaben gehört die Kostenkalkulation und Angebotseinholung. Die Lieferantenauswahl habe ich während eines Projekts zur besseren Zuliefererintegration

mitbegleitet. In den Bereichen Rechnungsüberwachung, Terminabstimmung und Datenpflege im System verfüge ich über langjährige Berufserfahrung. Sehr interessiert hat mich an der Ausschreibung, dass eine enge Zusammenarbeit mit dem Außendienst geplant ist.«

Ungünstige Antwort auf Frage 2
»Ja, ich bin nach meinem Hauptschulabschluss unzufrieden gewesen mit der Situation, daher habe ich meinen Realschulabschluss nachgeholt. Dann habe ich eine Ausbildung zum Elektrotechniker gemacht. Nach der Lehre bin ich nicht übernommen worden. Ich konnte im Service bei einer anderen Firma weiterarbeiten. Jetzt betreue ich Serviceaufgaben und muss dazu auch einiges an Reisetätigkeit auf mich nehmen.«

Gelungene Antwort auf Frage 2
»Nach einem Realschulabschluss habe ich mich für eine Ausbildung zum Elektrotechniker entschieden. Schon während der Ausbildung übernahm ich selbstständig Serviceaufträge. Ich habe gemerkt, dass mir die Fehlersuche und Problemanalyse beim Kunden gut von der Hand geht. Bei meinem jetzigen Arbeitgeber bin ich neben der SPS-Programmierung für Maschinen auch mit der Erarbeitung von Dokumentationen und Handbüchern beauftragt. Darüber hinaus gehört die Inbetriebnahme beim Kunden zu meinen Aufgaben. Da es mir gut gelingt, einen Draht zu den Bedienungsmannschaften beim Kunden aufzubauen, habe ich in letzter Zeit auch die Einweisung beim Kunden vor Ort übernommen.«

Ungünstige Antwort auf Frage 3
»Nach der Schule wusste ich noch nicht genau, was ich machen wollte. Deshalb war ich erst einmal ein Jahr als Au-pair im Ausland. Dann bin ich als Verkäuferin tätig geworden und habe nach und nach immer mehr Aufgaben bekommen. Jetzt bin ich stellvertretende Filialleiterin.«

Gelungene Antwort auf Frage 3
»Während meines Au-pair-Aufenthalts in den USA hat mich die Art der Amerikaner im Verkauf sehr beeindruckt. Zurück in Deutschland habe ich dann eine Ausbildung zur Einzelhandelskauffrau gemacht. Den Kundenservice habe ich dabei immer besonders im Auge gehabt, beispielsweise habe ich das Lager umstrukturiert. Daraufhin hat mich meine Firma zur stellvertretenden Filialleiterin befördert. Jetzt bin ich für die Sortimentsauswahl, die Einarbeitung neuer Mitarbeiter und auch für Verkaufsförderungsmaßnahmen zuständig.«

Ungünstige Antwort auf Frage 4
»Sie haben mich ja eingeladen, und diese Chance wollte ich nicht verpassen.«

Gelungene Antwort auf Frage 4
»Weil ich Berufserfahrung als Disponent habe. Neben den gängigen Aufgaben wie der zentralen Disposition und der Koordination der Transportabläufe habe ich

auch schon die Logistikkosten durch lagerfreie Lieferketten reduziert. Ich würde bei Ihnen gerne diese Erfahrungen und Kenntnisse einsetzen.«

Ungünstige Antwort auf Frage 5
»Ein gewisses Risiko ist im Leben immer vorhanden. Man kann halt nicht von vornherein sagen, ob es am neuen Arbeitsplatz klappt oder nicht.«

Gelungene Antwort auf Frage 5
»Ich habe mich über Ihre Firma gründlich informiert und verfüge ja auch schon über einige Jahre Branchenerfahrung. Die zukünftigen Aufgaben werde ich also gut in den Griff bekommen. Zu Kollegen und Vorgesetzten habe ich auch immer ein gutes Verhältnis aufbauen können. Daher bin ich mir sicher, dass ich wie bisher auch in der neuen Stelle erfolgreich arbeiten werde.«

Ungünstige Antwort auf Frage 6
»Rückschläge kann man nun mal nicht vermeiden. Da muss man dann durch. Man hat ja auch nicht selber alles in der Hand.«

Gelungene Antwort auf Frage 6
»Es läuft nun mal nicht immer alles von vornherein glatt. Rückschläge sind für mich dann aber ein Hinweis darauf, dass etwas künftig anders angepackt werden muss. Bei uns im Außendienst gab es eine Zeit lang Schwierigkeiten mit der Kundenakquisition. Ich habe dann mit dafür gesorgt, dass Kundentermine telefonisch und mit der Zusendung von Infomaterial vorbereitet wurden. Danach konnten wir unseren Kundenstamm beträchtlich erweitern.«

Ungünstige Antwort auf Frage 7
»Na ja, ich sag immer, irgendwie muss die Miete ja bezahlt werden.«

Gelungene Antwort auf Frage 7
»Mich motiviert es, wenn ich sehe, dass es vorangeht. Ich stelle mich gerne beruflichen Aufgaben. So habe ich zusammen mit dem Service daran gearbeitet, Kundenwünsche besser umzusetzen. Das war eine schwierige Aufgabe, aber die guten Rückmeldungen aus dem Kundenkreis haben mich weiter angespornt.«

Ungünstige Antwort auf Frage 8
»Meine Gesundheit, meine Familie und ein sicheres Einkommen.«

Gelungene Antwort auf Frage 8
»Meine Familie/meine Freunde und dass ich die Möglichkeit habe, meine Erfahrungen und mein Wissen beruflich umzusetzen. Ich habe immer aktiv daran gearbeitet, meinen Arbeitsbereich gut im Griff zu haben. Deswegen habe ich auch eine Weiterbildung zur OP-Schwester gemacht.«

Ungünstige Antwort auf Frage 9
»Ich möchte zuerst einmal diesen Job haben, und privat gibt es natürlich auch noch einige Dinge, die besser werden müssen, aber ich glaube, das gehört nicht hierher.«

Gelungene Antwort auf Frage 9
»Beruflich möchte ich noch den einen oder anderen Schritt machen. Beispielsweise könnte ich mir vorstellen, meine Aufgaben im Einkauf auch auf den internationalen Einkauf auszuweiten. Da ich schon erste Erfahrungen in der Einbindung von Lieferanten habe, würde mich auch ein zeitlich begrenzter Auslandsaufenthalt in Zulieferwerken interessieren. Privat bin ich zufrieden, wenn alles so bleibt, wie es momentan ist.«

Ungünstige Antwort auf Frage 10
»Ich bin stolz auf meinen Sohn, er bringt meistens gute Noten nach Hause.«

Gelungene Antwort auf Frage 10
»Stolz bin ich darauf, dass ich durch Verbesserungsvorschläge Bedienungsfehler an unseren Werkstattmaschinen ausräumen konnte. Durch das Anbringen von Schutzeinrichtungen sind Fehlbedienungen jetzt so gut wie ausgeschlossen. Gefreut habe ich mich auch darüber, dass ich in eine bereichsübergreifende Gruppe zum Qualitätsmanagement berufen worden bin.«

Ungünstige Antwort auf Frage 11
»Ich habe ja nicht direkt mit Kunden zu tun. Daher glaube ich, dass es nicht so wichtig ist.«

Gelungene Antwort auf Frage 11
»Kundenorientierung ist immer wichtig. Auch wenn ich keinen direkten Kundenkontakt habe, ist es absolut notwendig, den Kunden im Hinterkopf zu behalten. Schließlich sind auch die anderen Abteilungen, die mit unseren Ergebnissen umgehen müssen, so etwas wie interne Kunden. Ich bemühe mich immer, Arbeit abzuliefern, die andere auch wirklich verwerten können.«

Ungünstige Antwort auf Frage 12
»Wer die Zeichen der Zeit nicht erkennt, wird zwangsläufig scheitern. Manche müssen Erfahrungen eben auf die schmerzhafte Tour machen, da helfen gute Worte wenig.«

Gelungene Antwort auf Frage 12
»Letztlich hängt jeder einzelne Arbeitsplatz am zufriedenen Kunden. Ich glaube deshalb, dass es wichtig ist, dass jeder Mitarbeiter erkennt, welchen Stellenwert sein Beitrag zum Unternehmenserfolg hat. Eine gute Abstimmung im Unternehmen ist sicher wichtig, damit die Informationen aus Verkauf und Service auch in die Entwicklung und die Verwaltung gelangen. So etwas kann man mit abteilungsübergreifenden Projektgruppen erreichen.«

Ungünstige Antwort auf Frage 13
»Ich glaube, da müsste ich mich für Preisreduzierungen einsetzen.«

Gelungene Antwort auf Frage 13
»In der Fertigung ist es ganz wichtig, dass keine Produkte die Halle verlassen, die in irgendeiner Weise schadhaft sind. Ich habe bei meinen früheren Arbeitgebern auch schon in Qualitätsgruppen mitgearbeitet. Daher weiß ich, dass wir in der Fertigung auch gezielt Rückmeldung geben müssen, wenn Herstellungsschritte so kompliziert sind, dass sich Fehler einstellen können. Wenn wir in der Fertigung genau hinschauen, lässt sich die Qualität und Zuverlässigkeit der Produkte steigern – und dann greifen auch noch mehr Kunden zu.«

Ungünstige Antwort auf Frage 14
»Ich gebe das in der Firma weiter, soll sich der Verantwortliche damit herumschlagen.«

Gelungene Antwort auf Frage 14
»Ich nehme die Beschwerde ernst und erkundige mich, wo der Kunde den Mangel sieht. Dann versuche ich, ihm eine Lösung anzubieten. Das kann eine Reparatur sein oder ein Austauschprodukt. Wichtig ist, dass der Kunde trotz der Beschwerde das nächste Mal wieder bei uns kauft.«

Ungünstige Antwort auf Frage 15
»Gute und schlechte, je nachdem welche Produkte ich verkaufen musste.«

Gelungene Antwort auf Frage 15
»Der Kontakt zum Kunden ist mir sehr wichtig. Für mich waren Reklamationen immer auch ein Anlass, um über Verbesserungsmöglichkeiten nachzudenken. Und wenn es positive Rückmeldungen gab, hat mich das zusätzlich motiviert. Ganz wichtig ist, dass der Kunde sich ernst genommen fühlt und man ihm ein Produkt anbietet, das seinen Bedürfnissen entspricht.«

Ungünstige Antwort auf Frage 16
»Das kommt nicht vor, mir fällt eigentlich immer etwas ein. Zur Not müssen die Kollegen einspringen.«

Gelungene Antwort auf Frage 16
»Dann informiere ich mich, welche Möglichkeiten es gibt, eine bestimmte Aufgabe in den Griff zu bekommen. Ich würde in einem solchen Fall Kollegen ansprechen. Manchmal ist es auch ratsam, Informationen aus anderen Abteilungen einzuholen. Wenn ich gar keine Informationen bekommen kann, würde ich mich auch nicht davor scheuen, zu meinem Vorgesetzten zu gehen.«

Ungünstige Antwort auf Frage 17
»Manche Menschen sind echte Tyrannen, die unterdrücken jegliche Eigeninitiative. Mein letzter Chef war so einer. Der war so selbstherrlich, dass er nie eine andere Meinung gelten lassen wollte.«

Gelungene Antwort auf Frage 17
»Jeder Mensch hat so seine Eigenarten, darauf muss man sich einstellen. Schlecht finde ich es, wenn bewusst Informationen vorenthalten werden oder Fehlinformationen gestreut werden. Mit solchen Menschen kann man nicht wirklich zusammenarbeiten.«

Ungünstige Antwort auf Frage 18
»Hauptsächlich erwarte ich, dass er mich jederzeit unterstützt.«

Gelungene Antwort auf Frage 18
»Ich möchte gut in die Arbeitsabläufe eingebunden werden. Am Anfang ist es besonders wichtig, sich damit vertraut zu machen, wer für welche Dinge der richtige Ansprechpartner ist. Hier wünsche ich mir Unterstützung vom Vorgesetzten.«

Ungünstige Antwort auf Frage 19
»Ach, wer ist schon ganz mit sich zufrieden. Ich wäre schon gerne offener gegenüber anderen Menschen. Manchmal habe ich auch den Eindruck, dass ich die Dinge immer viel zu pessimistisch sehe. Und ein paar Kilo abnehmen könnte ich auch.«

Gelungene Antwort auf Frage 19
»Große Defizite sehe ich bei mir nicht. Interessieren würden mich schon Spanischsprachkurse. Auch ein Rhetorikseminar würde ich gerne einmal wieder besuchen. Vor allem, um besser Reden aus dem Stegreif halten zu können.«

Ungünstige Antwort auf Frage 20
»Ich stehe für Orientierung und das Machbare. Meine besonderen Stärken sind positives Denken, Optimismus ohne Blauäugigkeit und ausdauerndes Engagement. Zu meinen Schwächen gehört sicherlich, dass ich direkt und auch unbequem sein kann. Dabei bleibe ich zwar immer ehrlich, ich bin aber wohl etwas zu undiplomatisch.«

Gelungene Antwort auf Frage 20
»Zu meinen Stärken gehört das Arbeiten im Team. Ich habe einen guten Überblick über die Prozesse im Produktmanagement und weiß, wie ich alle Beteiligten optimal einbinden kann. Ich kann andere auch in Zeiten hohen Arbeitsanfalls mitreißen, indem ich ihnen verdeutliche, wie wichtig ihr Beitrag zum Teamergebnis ist. Daneben hat mir mein gutes Gespür für Zahlen immer geholfen, die richtigen Entscheidungen aus Marktforschungsstudien abzuleiten. Meine Schwäche ist, dass ich manchmal etwas zu direkt bin. Ich musste erst lernen, dass Abteilungsdiplomatie wichtig ist, um ein Projekt auf die Beine stellen zu können.«

Ungünstige Antwort auf Frage 21

»Ich weiß nicht recht, manchmal geht es einfach so nicht weiter wie bisher. In solchen Momenten stelle ich mich auch schon einmal stur. Die Kollegen wundern sich dann.«

Gelungene Antwort auf Frage 21

»Ich finde, dass man es den Kollegen direkt sagen sollte, wenn man der Meinung ist, dass etwas falsch läuft. Nur darauf zu warten, dass die Kollegen von selbst darauf kommen, dass etwas nicht stimmt, ist zu wenig – und schadet letztlich auch dem Unternehmen.«

Ungünstige Antwort auf Frage 22

»Offen und ehrlich, das wird ja auch von einem erwartet.«

Gelungene Antwort auf Frage 22

»Ich höre mir genau an, was an Kritik geäußert wird. Kritik kann einen ja auch weiterbringen. Sie sollte allerdings auch konstruktiv vorgetragen werden. Wenn ich das Gefühl habe, dass ich ungerechtfertigt kritisiert werde, suche ich das persönliche Gespräch unter vier Augen. So lassen sich die allermeisten Verstimmungen beilegen.«

Ungünstige Antwort auf Frage 23

»Ich hätte viel mehr erreichen können, wenn mein Chef mich mehr unterstützt hätte. Deswegen will ich die Firma ja auch verlassen.«

Gelungene Antwort auf Frage 23

»Wie viele Möglichkeiten man am Arbeitsplatz hat, liegt auch immer an einem selbst. Ich habe mich von mir aus um Sonderaufgaben und Projektmitarbeit gekümmert. Natürlich ist es meinem direkten Vorgesetzten wichtig, dass vorrangig die Aufgaben in der Abteilung bearbeitet werden. Ich konnte ihm aber deutlich machen, dass ich selbstverständlich weiterhin gute Arbeit für ihn leiste und zusätzlich etwas für den Ruf der Abteilung tun kann.«

Ungünstige Antwort auf Frage 24

»Da kann man nichts machen, das gehört dazu. Leider wird immer wieder einiges auf dem Rücken der Belegschaft ausgetragen, was eigentlich andere zu verantworten haben.«

Gelungene Antwort auf Frage 24

»Echte berufliche Enttäuschungen habe ich noch nicht erlebt. Natürlich läuft nicht immer alles optimal. So fand ich es schade, dass mein Vorgesetzter mich nicht für die Projektgruppe Dachmarketing freigestellt hat. Ich bin aber am Ball geblieben und jetzt in einem abteilungsübergreifenden Projekt zur Verkaufsförderung tätig.«

Ungünstige Antwort auf Frage 25
»Darüber mache ich mir keine Gedanken. Es ist zwar nicht immer wirklich angenehm, aber so ist das bei der Arbeit nun einmal. Ändern kann man daran nichts.«

Gelungene Antwort auf Frage 25
»Als ich meine damalige Stelle angetreten habe, gab es nicht viel Austausch zwischen uns im Service und der Entwicklung. Ich habe meinen Vorgesetzten darauf angesprochen. Dieser hat uns ermuntert, Kontakte herzustellen. Wir haben es dann zusammen geschafft, alle 14 Tage ein Treffen für einen besseren Erfahrungsaustausch auf die Beine zu stellen.«

Ungünstige Antwort auf Frage 26
»Für meinen letzten Arbeitgeber bin ich umgezogen. Und ich musste sogar einmal meinen Urlaub verschieben.«

Gelungene Antwort auf Frage 26
»Ich habe des Öfteren Kollegen vertreten, einmal über einen längeren Zeitraum. Auch in neue Computerprogramme habe ich mich mehr als einmal eingearbeitet.«

Ungünstige Antwort auf Frage 27
»Ja, ich hoffe zu meinem Vorteil.«

Gelungene Antwort auf Frage 27
»Auf jeden Fall, in meinem Fachgebiet bleibe ich eigentlich immer am Ball. Heutzutage kommt man über das Internet ja wunderbar an aktuelle Informationen. Ich bin auch in schwierigere Aufgaben hineingewachsen. Und nicht zuletzt habe ich durch die Übernahme von Sonderaufgaben einen besseren Draht zu den Kollegen aus anderen Abteilungen entwickelt.«

Ungünstige Antwort auf Frage 28
»Das war in erster Linie die Insolvenz meines Ausbildungsbetriebs. In solchen Situationen merkt man, dass auch der beste Einsatz vergebens sein kann.«

Gelungene Antwort auf Frage 28
»Meine erste Berufung in eine Projektgruppe. Dort habe ich die enge Verzahnung der Abläufe im Unternehmen kennen gelernt. Seitdem blicke ich viel mehr über meine eigene Abteilung hinaus als vorher.«

Ungünstige Antwort auf Frage 29
»Klar, das kann ich. Ich werde von meinen Freunden als sehr flexibel beschrieben.«

Gelungene Antwort auf Frage 29
»Ich habe mich am Arbeitsplatz schon oft auf neue Situationen eingestellt. Es gibt immer wieder Veränderungen, die bewältigt werden müssen. Schon meine erste Stelle nach der Ausbildung war eine Umstellung, da ich von einem kleinen Betrieb der Holz-

verarbeitung in einen großen Baustoffhandel gewechselt bin. Im Lauf der Jahre habe ich dann immer wieder neue Arbeitsabläufe kennen gelernt und mich in neue Aufgaben eingearbeitet.«

Ungünstige Antwort auf Frage 30
»Das kommt darauf an. Netten Kollegen gibt man ja durchaus mal einen Tipp. Ansonsten müssten sich Kollegen eigentlich auch selbst helfen können.«

Gelungene Antwort auf Frage 30
»Ich spreche mit ihnen darüber, wie ich an die neuen Abläufe herangegangen bin. Wenn es um fachliche Zusammenhänge geht, gebe ich den Kollegen natürlich gerne Auskunft. Am besten ist es, wenn man sich untereinander abspricht, dann klappt alles viel reibungsloser.«

Ungünstige Antwort auf Frage 31
»Ja, die habe ich mir angesehen.«

Gelungene Antwort auf Frage 31
»Ich habe mich auf dieses Gespräch gründlich vorbereitet und mir dabei natürlich auch Ihre Homepage ausführlich angeschaut. Gut gefallen haben mir die Struktur und die Übersichtlichkeit. Man kann sich auf der Homepage gut zurechtfinden und mühelos zwischen den einzelnen Informationen navigieren.«

Ungünstige Antwort auf Frage 32
»Ich glaube so um die 400, oder waren es 1 400? Irgendwo habe ich auch gelesen, dass es sogar noch mehr sind. Aber ich weiß es jetzt nicht genau.«

Gelungene Antwort auf Frage 32
»Hier am Standort Stuttgart beschäftigen Sie über 400 Mitarbeiter, bundesweit sind es knapp 1 500. Und europaweit arbeiten für Sie etwa 2 000 Mitarbeiter.«

Ungünstige Antwort auf Frage 33
»Es läuft ja überall nicht so gut. Die Zeiten sind halt momentan eher schlecht, da werden auch Sie unter Druck stehen.«

Gelungene Antwort auf Frage 33
»Meiner Meinung nach ist das zentrale Problem die geringe Marge. Direktvertrieb wäre meiner Ansicht nach eine Möglichkeit, um die Gewinnsituation zu verbessern. Auf diesem Gebiet konnte ich auch schon für meinen letzten Arbeitgeber Erfolge verbuchen.«

Ungünstige Antwort auf Frage 34
»Aus der Stellenanzeige, da bin ich auf Sie zum ersten Mal aufmerksam geworden.«

Gelungene Antwort auf Frage 34
»Ihr Unternehmen ist mir seit einigen Jahren bekannt. Den ersten Kontakt zu Ihnen habe ich auf einer Messe hergestellt. Danach bin ich häufiger auf Veröffentlichungen über Ihr Unternehmen gestoßen. Gerade die Innovationsfreude beeindruckt mich immer wieder.«

Ungünstige Antwort auf Frage 35
»In der Stellenanzeige standen ja einige der wichtigsten Punkte, und ich habe vor einiger Zeit auch mal einen Artikel über Ihr Unternehmen in der Zeitung gelesen.«

Gelungene Antwort auf Frage 35
»Ich habe mich so umfassend wie möglich informiert. Zuerst habe ich mir Ihre Homepage angeschaut. Dann habe ich über eine Suchmaschine nach weiteren Informationen über einzelne Produkte und Kampagnen Ihres Unternehmens gesucht. Darüber hinaus waren Ihre Mitarbeiter in der PR-Abteilung so freundlich, mir noch weiteres Infomaterial zuzusenden, unter anderem auch die Unternehmensleitlinien.«

Ungünstige Antwort auf Frage 36
»Dazu muss ich Ihnen sagen, dass es in meiner jetzigen Firma drunter und drüber geht. Die rechte Hand weiß nicht, was die linke tut. Eigentlich wundert es mich, dass es so lange gutgegangen ist. Jetzt kommt auch noch ein neuer Vorgesetzter, da verabschiede ich mich doch lieber rechtzeitig.«

Gelungene Antwort auf Frage 36
»Ich schätze meinen momentanen Arbeitgeber. Dort habe ich meine berufliche Entwicklung vorantreiben können. Für mich ist es aber wichtig, meine Berufserfahrung nun in einem anderen Zusammenhang und in einer neuen Firma einzusetzen. Ich möchte jetzt, mit den fünf Jahren Berufserfahrung, die ich gesammelt habe, noch einmal neu durchstarten.«

Ungünstige Antwort auf Frage 37
»Ach, ein bisschen Optimismus muss doch sein. Es wird doch überall nur mit Wasser gekocht, das wird schon klappen.«

Gelungene Antwort auf Frage 37
»Viele der Aufgaben, die Sie mir beschrieben haben, habe ich schon in meiner bisherigen beruflichen Laufbahn kennen gelernt. Daher weiß ich, was auf mich zukommt. Ich freue mich auf die neuen Aufgaben.«

Ungünstige Antwort auf Frage 38
»Na ja, bevor man mich offiziell auffordert zu gehen, gehe ich lieber von alleine.«

Gelungene Antwort auf Frage 38
»Nein, meine Firma weiß bisher nichts von meinen Wechselabsichten. Für dieses Gespräch habe ich mir einen Tag Urlaub genommen. Ich könnte auch bei meinem jet-

zigen Arbeitgeber bleiben. Die von Ihnen ausgeschriebene Stelle interessiert mich aber wegen der Möglichkeit, zusätzliche Verantwortung übernehmen zu können.«

Ungünstige Antwort auf Frage 39
»Ja, es gibt viele Anpasser und Duckmäuser. Nur wenige trauen sich doch, dem Chef einmal zu widersprechen. Das liegt aber daran, dass die meisten Vorgesetzten auch nicht wirklich mit Kritik umgehen können.«

Gelungene Antwort auf Frage 39
»So etwas soll es geben. Ich persönlich finde es ja besser, ein gutes Verhältnis zum Vorgesetzten zu pflegen. In meiner Abteilung klappt die Zusammenarbeit sehr gut, was auch den Chef mit einbezieht.«

Ungünstige Antwort auf Frage 40
»Das lag aber nicht an mir, mit dem Vorgesetzten war einfach nicht gut Kirschen essen. Die innovativen Ideen, die ich eingebracht habe, hat er stets abgeschmettert, sodass ich gar keine Gelegenheit hatte, mein kreatives Potenzial ins Spiel zu bringen.«

Gelungene Antwort auf Frage 40
»Sie haben Recht, in der letzten Stelle habe ich nur acht Monate gearbeitet. Davor war ich jedoch vier Jahre auf der gleichen Position bei einer anderen Firma tätig. Ich wäre auch gerne länger beim letzten Arbeitgeber geblieben. Wegen einer internen Umstrukturierung stand jedoch mein Arbeitsplatz infrage, sodass ich mich entschlossen habe, mich nach einer neuen Firma umzusehen.«

Register